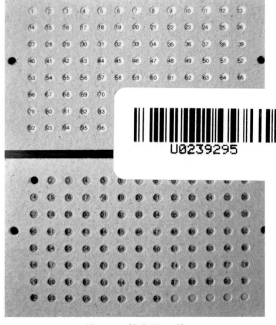

彩图 1　数字号码牌

彩图 2　自制取蜜脱蜂装置 1
A. 三轮车上有发电机组，为脱蜂机提供电力
B. 自制的电动脱蜂机

彩图 3　自制取蜜脱蜂装置 2
A. 为蜂场摇蜜机提供电力　B.12 V 电动摇蜜机

彩图 4　自制上础铁线的分剪线
铁线绕转盘一周，正好是所需铁线的长度

彩图 5　自制治螨器
两个接口，一个连接高压气筒，一个通过软管从
巢门卷入蜂箱

彩图 7　采集花粉的工蜂

彩图 6　烧毁病群的蜂和脾

彩图 8　分蜂前，巢门前形成蜂胡子

彩图 9　抱团厮杀的工蜂

彩图 10　农药中毒死亡的蜜蜂

彩图 11　清理巢框
　A. 清理清沟器　B. 清理巢础沟

彩图 12　拉线后的巢框

彩图 13　埋线器

A. 普通埋线器，上为烙铁式，下为齿轮式　　B. 电热埋线器　C. 用烙铁式埋线器上础
D. 用齿轮式埋线器上础　　E. 用电热埋线器上础

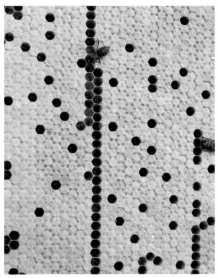
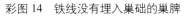

彩图 14　铁线没有埋入巢础的巢脾

彩图 15　巢脾上梁有赘脾，说明蜂群泌蜡造脾的积极性高

彩图 16　蜂王剪翅

彩图 17　野生中蜂蜂巢

A. 树洞野生中蜂蜂巢洞口　　B. 橱柜中的野生中蜂蜂巢
C. 有野生中蜂筑巢的棺材　　D. 天花板上的野生中蜂蜂巢

彩图 18　整体树段蜂巢

A. 树段镂空的原始蜂巢　B. 制作蜂巢的树段　C. 棒棒蜂巢　D. 横放的棒棒蜂巢

彩图 19　纵分树段蜂巢

A. 一对被镂空的半个树段　B. 纵分树段原始蜂巢　C. 九寨沟原始饲养的中蜂场

彩图 20　木桶原始蜂巢

A. 木桶原始蜂巢　B. 木水桶原始蜂巢　C. 横放木桶原始蜂巢　D. 立放木桶原始蜂巢

彩图 21　木箱原始蜂巢

A. 木箱原始蜂巢　B. 木箱原始蜂巢横放　C. 木箱原始蜂巢竖放

彩图 22　编制的原始蜂巢

A. 草编原始蜂巢　B. 竹编原始蜂巢　C. 竹编筐篓原始蜂巢　D. 枝条原始蜂巢

彩图 23　砖砌原始蜂巢

A.砖砌原始蜂巢　B.石砌原始蜂巢　C.内外可用泥土和水泥抹平的砖砌原始蜂巢

彩图 24　缸桶原始蜂巢

A.塑胶水桶原始蜂巢　B.饲养原始蜂群的大缸
C.饲养原始蜂群的坛子　D.打开大缸蜂巢的缸盖

彩图 25　水泥铸成圆筒原始蜂巢

A.用作原始蜂巢的水泥筒　B.水泥筒两端用木板封堵

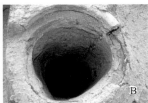

彩图 26　墙壁中的蜂巢

A.镶嵌在院墙的墙壁中的方形巢　B.镶嵌在院墙的墙壁中的圆形巢　C.墙壁中的中蜂巢

彩图 27　墙壁中的蜂巢

A. 镶嵌在房屋的墙壁中的原始蜂巢，示门两旁的巢门　B. 镶嵌在房屋墙壁中的原始蜂巢，
示门两旁的蜂箱　C. 从屋内打开镶嵌在墙壁中蜂箱的原始蜂群

彩图 28　用泥坯等建筑的原始蜂巢组

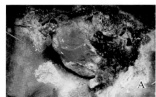

彩图 29　人工石洞、土洞中的原始蜂巢

A. 人工石洞蜂巢　B. 人工土洞蜂巢

彩图 30　原始蜂巢放置在地上

A. 原始蜂巢略垫高　B. 原始蜂巢用支架垫高　C. 原始蜂巢立在地面

彩图 31　原始蜂巢高置

A. 原始蜂巢放置在楼上阳台　B. 原始蜂巢放置在房顶　C. 原始蜂巢放置在墙上

彩图 32　原始蜂巢悬挂或放置在房屋外墙上

A、B. 原始蜂巢悬挂在房屋外墙上　C、D. 原始蜂放置在房屋外墙上

彩图 33　原始蜂群的割脾专用工具

A、B. 具有铲脾和割脾功能　C. 具有铲脾功能　D、E. 具有割脾功能
F. 专用工具的铲头　G. 专用工具的割刀

彩图 34　原始蜂巢取蜜

A. 已翻转的原始蜂巢，蜂巢上方的收蜂笼收集桶中的蜜蜂　B 原始蜂巢不翻转取蜜　C. 割脾时扫去脾上的蜜蜂　D. 放在容器中的蜜脾

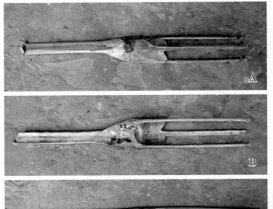

彩图 35　割下子脾

彩图 36　人工分群的专用工具托脾叉

　　A. 竹制的托脾叉　B. 竹制托脾叉的反面　C. 稍长些的竹制托脾叉

彩图 37　用托脾叉固定子脾

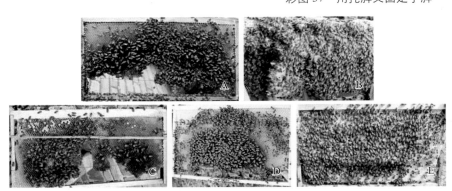

彩图 38　蜂群中的劣脾

A. 脾破损　B. 脾重叠　C. 脾残缺　D. 脾旧　E. 脾翘曲

彩图 39　蜂脾关系

A. 蜂脾相称　B. 巢础框上蜂少　C. 巢脾上蜂少

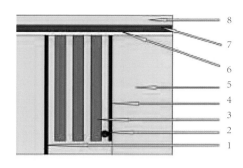

彩图 40　箱内保温

1.闸板　2.固定隔板的铁钉　3.巢脾　4.隔板　5.保温物　6.覆布和报纸　7.副盖　8.保温垫

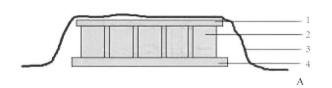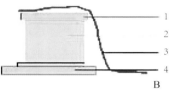

A　　　　　　　　　　B

彩图 41　箱外保温

A.正面观　B.侧面观

1.草帘　2.蜂箱　3.塑料薄膜　4.稻草或谷草

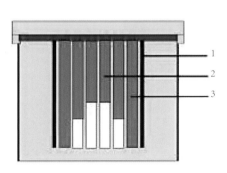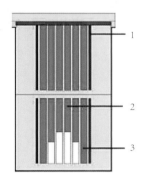

彩图 42　单群平箱越冬

1.隔板　2.半蜜脾　3.全蜜脾

彩图 43　单群双箱体越冬

1.隔板　2.半蜜脾　3.全蜜脾

彩图 44　地上包装

A.“一”字形排列　B.蜂箱上方铺干草，保温垫斜放在巢前　C.四周用草帘保温，用木板斜放在巢门前保持蜂箱通气　D.麻袋中填充干草制成的保温垫

彩图 45　草帘包装

彩图 46　地沟包装

A. 地沟包装外观　B. 通气孔　C. 通气孔中吊放温度计

彩图 47

听箱内声音判断蜂群是否正常

彩图 48　越冬蜂团在巢的中部

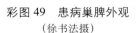

彩图 49　患病巢脾外观

（徐书法摄）

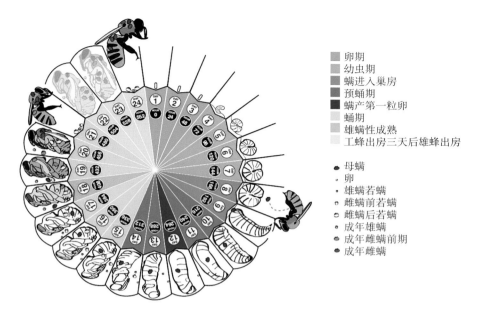

彩图 50　狄斯瓦螨在巢房内的生活史
（引自 Jay D Evans and Steven C Cook，2018）

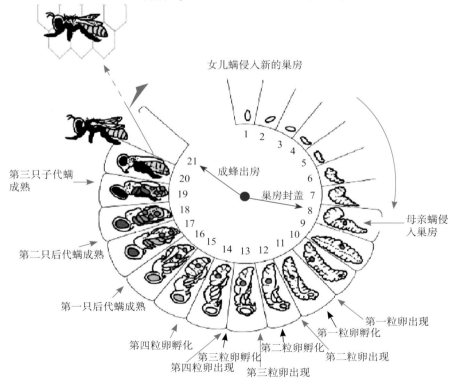

彩图 51　小蜂螨在巢房内的生活史
（引自罗其花，2011）

彩图 52　被危害的封盖幼虫、蛹
（引自 Anderson）

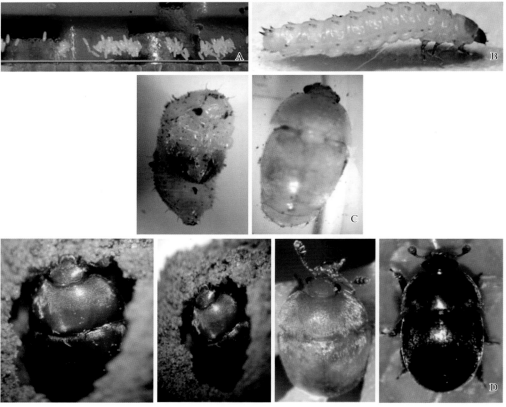

彩图 53　蜂箱小甲虫不同虫态
A. 卵期　B. 幼虫期　C. 蛹期　D. 成虫期

畜禽标准化生产配套技术丛书

蜜蜂标准化
生产配套技术

吴 杰 主 编

中国农业出版社
北 京

本书编写人员

主　编　吴　杰

编　者　吴　杰　周冰峰　胡福良
　　　　胥保华　徐书法　薛运波

我国是世界第一养蜂大国，蜂群数量和蜂产品产量都位居世界第一。据中国养蜂学会统计，我国现有蜂群数量为1442万群，养蜂从业者约30万人，年产蜂蜜40多万 t，蜂王浆4 000多 t，蜂胶约400 t，蜂花粉约5 000 t。

养蜂业是现代农业的重要组成部分，被人们誉为"农业之翼"。养蜂业除了提供蜂蜜、蜂王浆、蜂花粉、蜂胶、蜂毒、蜂蜡等纯天然保健品为人类健康服务外，更为重要的是通过为农作物授粉，能够大幅度提高作物产量并改善品质、美化生态环境，尤其是在帮助贫困地区农民脱贫致富方面发挥着不可替代的作用，日益受到各级政府部门的高度重视。2009年11月，时任国家副主席的习近平曾经批示指出："蜜蜂授粉的'月下老人'作用，对农业的生态、增产效果似应刮目相看。"习总书记的批示为我国蜂产业的发展指明了前进的方向。

我国虽然是世界养蜂大国，但并不是世界养蜂强国；长期以来存在蜂群饲养规模小、标准化程度低、蜂群用药不规范、产品质量不够高等问题。为了进一步落实中共中央、国务院发布的《关于开展质量提升行动的指导意见》精神，促进我国蜂产业尽早实现由重视产品数量和产量到重视产品质量和效益的转变，提升我国蜂产品质量安全和标准化生产水平，打造我国蜂产品知名品牌，提高我国蜂产品的国际竞争力，确保我国蜂产业健康、持续、稳定发展，我们组织部分国内知名蜂学专家编写了本书。

这是一部全面介绍蜜蜂标准化生产的专业书籍，该书共分十三章。第一章、第四章、第五章、第六章、第七章、第十三章由国家蜂产业技术体系饲养与机具研究室主任、岗位科学家、福建农林大学周冰峰教授编写；第二章由中国养蜂学会副理事长、国家蜂产业技术体系岗位科学家、吉林省养蜂科学研究所薛运波研究员编写；第十一章、第十二章由国家蜂产业技术体系岗位科学家、中国农业科学院蜜蜂研究所徐书法研究员编写；第三章由中国养蜂学会副理事长、国家蜂产业技术体系岗位科学家、山东农业大学胥保华教授编写；第八章、第十章由中国养蜂学会副理事长、国家蜂产业技术体系加工研究室主任、岗位科学家、浙江大学胡福良教授编写；第九章由中国养蜂学会理事长、国家蜂产业技术体系首席科学家、中国农业科学院蜜蜂研究所吴杰研究员编写。本书初稿完成后由吴杰研究员统稿。

本书采用通俗易懂的语言详细阐述了蜜蜂标准化生产配套技术的管理要点，内容包括蜂场建设与规划、规模化蜂场良种应用和管理、蜜蜂饲料的配制与使用、规模化蜂场标准化饲养管理的基本技术、中蜂规模化饲养标准化饲养管理技术、西方蜜蜂规模化定地标准化饲养管理技术、西方蜜蜂规模化转地标准化饲养管理技术、蜜蜂产品标准化生产技术、蜜蜂授粉蜂场的标准化饲养管理技术、蜂产品质量控制与加工技术、规模化蜂场病敌害的标准化防治技术、规模化蜂场疾病的防控、规模化蜂场的经营与管理，基本上包含蜜蜂产业链上下游的各个环节。本书可以作为养蜂技术培训教材，也可供养蜂科技工作者、蜂业管理者、蜂产品经营者以及养蜂从业者参考。

编　者

2020 年 4 月

第一章　蜂场建设与规划

根据蜂场的规模和产值，蜂场可分为专业蜂场、副业蜂场和业余蜂场。不同类型蜂场的规划应有所不同，需要根据蜂场的性质、特点和环境进行规划建设。

第一节　固定养蜂场址的选择

养蜂场址直接影响养蜂生产成败。选择养蜂固定的场地时，要从有利于蜂群生存发展和蜂产品的优质高产来考虑，同时也要兼顾养蜂人的生活条件。由于选场时仍可能对自然环境或社会条件等问题考虑不周，如果定场过急，常会出现进退两难的局面。在投入大量资金建场之前，最好经 2~3 年的养蜂实践考察后，认为确实符合要求，方可进行大规模基建。理想的养蜂场址应具备蜜粉源丰富、交通方便、小气候适宜、水源良好、场地开阔、蜂群密度适当和人蜂安全等基本条件。

1. 蜜粉源丰富　丰富的蜜粉源是养蜂生产最基本的条件，蜜粉源是蜜源植物和粉源植物的统称，是蜜蜂生存和发展的物质基础。粉源植物是指蜜蜂能够在其花朵中采集到花粉的植物，花粉是蜜蜂除了糖之外所有营养素的来源，对蜂群增长必不可少。

选择养蜂场址时首先应考虑在蜜蜂飞行范围内是否有充足的蜜粉源。蜜蜂的采集活动范围与蜂巢周围蜜粉源的丰富程度有关：蜜粉源丰富，则蜜蜂活动范围较小；周边蜜粉源不能满足蜜蜂需要，蜜蜂的采集活动范围就扩大。但是采集距离超过3.0 km，蜜蜂的采集效率降低。以生产蜂蜜为主的蜂场在半径 1.5~3.0 km 范围内，全年需要有 1~3 种甚至更多的高产且稳产的主要蜜源，在活动季节还需要有多种花期交错连续不断的辅助蜜源和丰富的粉源。较丰富的辅助蜜源和粉源也是生产蜂王浆、雄蜂蛹、笼蜂、授粉蜂群及培育蜂王等的重要条件。生产蜂蜜的蜂场在增长阶段和越冬准备阶段需要充足的辅助蜜源和粉源，保证蜂群的恢复和发展。

以林木为主要蜜源，应选择林木稳定的地区建场，尤其是要注意人工种植速生林，如南方山区广泛种植的速生桉树，极有可能在桉树大量开花前被砍伐。农业种植的一年生蜜源作物，也要注意农民改种非蜜源作物的风险，如泌蜜丰富的油菜和紫云英等作物。

蜂场应该建在蜜源的下风处或地势低于蜜源的地方，以便于蜜蜂在采集飞行中轻载逆风和向上飞行，顺风和向下满载归巢飞行。在山区建场还应考虑蜜蜂的飞行高度，蜜蜂能够利用垂直分布的蜜源范围大约为 1 000 m。

在蜂群已停卵的越冬前后，蜂场周围不宜有开花的蜜粉源植物，以防零星的蜜粉源植物诱使外勤蜂出巢采集，刺激蜂王产卵；不能有甘露蜜源。

2. 蜂场的交通条件　蜂场交通条件与养蜂场的生产和养蜂人的生活都有密切相关，蜂场的交通条件太差，就会影响到生产和生活。一般情况下，交通十分方便的地方，野生蜜粉源植物资源往往也被破坏得比较严重。在考虑蜜粉源条件的同时，还应兼顾蜂场的交通条件。规模化专业蜂场应有中型以上运输车辆出入的道路和相应的运输车辆。建场需特别注意自然灾害，如地震、滑坡、洪涝、泥石流等，这些会影响道路通畅和安全。

3. 适宜的小气候　蜂场周围小气候会直接影响蜜蜂的飞翔天数、日出勤的时间的长短、采集蜜粉的飞行强度以及蜜粉源植物的泌蜜量。小气候主要受植被特点、土壤性质、地形地势和湖泊河流等因素的影响形成的。养蜂场地应选择地势高燥、背风向阳的地方，山腰或近山麓南向坡地上，背有高山屏障，南面一片开阔地，阳光充足，中间布满稀疏的高大林木。

蜂场可以通过绿化、设立挡风屏障、搭建遮阳棚、建筑养蜂室等措施改造蜂群生活的环境，优化蜂箱周边的小气候。

4. 水源良好　蜂群和养蜂员的生活都离不开水，没有良好的水源的地方不宜建立蜂场。蜂场最好建在常年有流水或有较充足水源的地方。蜂场不能设在水库、湖泊、河流、池塘等大面积水域附近，蜂群也不宜放在水塘旁。因为在刮风的天气，蜜蜂采集归巢时容易在飞越水面时落入水中，处女王交尾也常常因此而损失。蜂场周围不能有污染或有毒的水源，以防引起蜂群患病、蜜蜂中毒和污染蜜蜂产品。

5. 场地开阔　稍具规模的蜂场需要分区布局，将生产区、营销区和生活区分开，蜂群放置场地与车间仓库分开，蜂群养殖场地和交尾群放置场分开。蜂场的分区布布局需要一定的空间。

定地的规模化蜂场，蜂群不宜排放过于拥挤，以保证蜜蜂飞行路线通畅，便于管理操作，减少盗蜂、迷巢发生。

6. 蜂场周围的蜂群密度适当　蜂群密度过大会减少蜂蜜、蜂花粉、蜂胶等产品的产量，易在邻场间发生偏集和病害传播。在蜜粉源枯竭期或流蜜期末容易在邻场间引起盗蜂。蜂群密度太小，又不能充分利用蜜源。在蜜粉源丰富的情况下，在半径 0.5 km 范围内蜂群数量不宜超过 100 群。规模化蜂场需要建立多个分场或放蜂点，每个分场放蜂 100 群左右，分场间距离 5 km 以上。

场址选择还应避免相邻蜂场的蜜蜂采集飞行的路线重叠。如果蜂场设在相邻蜂场和蜜源之间，也就是蜂场位于邻场蜜蜂的采集飞行路线上。在流蜜后期或流蜜期结束后易发生盗蜂，被邻场蜜蜂盗蜜。在蜂场和蜜源之间有其他蜂场，也就是本场蜜蜂采集飞行路线途经邻场，在流蜜期采集蜂易偏集于邻场。

7. 保证人、蜂安全　在建立蜂场之前，还应该先摸清危害人、蜂的敌害情况，如虎、熊、狼等大野兽及黄喉貂、胡蜂等，最好能避开有这些敌害猖獗的地方建场，或者采取必要的防护措施。不能在可能发生山洪、泥石流、塌方等危险地点建场。

养蜂场应离铁路、高速公路 1 km 以上，离厂矿、机关、学校、畜牧场 500 m 以上。在垃圾填埋场、香料厂、农药厂、化工厂以及化工农药仓库等环境污染严重的地方不能设立蜂场，蜂场与这些污染源的距离与风向和水流有关，上风向和水的上游考虑到偶尔转风向和涨潮的因素，应在 2 km 之外；下风向和水的下游至少 10 km。蜂场也不能设在糖厂、蜜饯厂及贮存含糖食品的仓库附近，因为采蜜蜂影响工厂仓库生产，工厂仓库采取的防护措施会给蜜蜂造成严重损失。蜂场距糖源工厂仓库应在 5 km 之外。

第二节　蜂场设施

蜂场设施建筑应根据蜂场规模、生产类型、场地大小和经营形式等设置。专业生产蜂蜜的蜂场应设置取蜜车间、蜂蜜包装车间和贮蜜仓库，专业生产蜂王浆的蜂场应设置明亮温暖的移虫室和贮存蜂王浆的冷库或放置大容量冰柜的仓库，专业育王场应将放蜂区分为养殖区和交尾区，观光示范蜂场应园林化布局且设立展示厅，兼营销和加工的蜂场应设立营业场所和蜂产品加工包装车间等。

常年定地饲养的蜂场，在场地选定以后，应本着勤俭办场的原则，根据地形地势、占地面积、生产规模等，兴建房舍。蜂场建筑按功能分区，合理配置。养蜂场设施包括养蜂建筑、生产车间、办公和活动场所、生活建筑、营业场所和展示厅等。

一、养蜂建筑

养蜂建筑是放置蜂群的场所，主要包括养蜂室、越冬室、越冬暗室、遮阳棚架、挡风屏障等。这些养蜂建筑并不是所有蜂场都必需的，可根据气候特点、养蜂方式和蜂场的需要有所选择。

（一）养蜂室

养蜂室是饲养蜜蜂的房屋，也称为室内养蜂场，一般适用于小型或业余蜂场。室内养蜂可避免黄喉貂、熊等敌害的侵袭以及人畜干扰；通过养蜂室的特殊构造和人工调节，蜂巢内温度稳定，受外界气温变化的影响较小，有利于蜂群的生活和发展；开箱管理蜂群不受低温、风、雨等气候条件的限制，蜜蜂较温驯，有利于提高蜂群的管理效率；能够减少盗蜂发生；蜂箱在室内受到保护，免受风雨摧残，能够延长使用寿命，也可用相对较薄的板材制作蜂箱，可减少蜂箱的成本。室内养蜂也有不足，蜂群不便移动，室内的空间有限，蜂群排列紧密，蜜蜂易迷巢错投，养蜂室的建筑成本较高。

养蜂室通常建在蜜源丰富、背风向阳、地势较高的场所。呈长方形，顺室内的墙壁排放蜂群，蜂箱的巢门通过通道穿过墙壁通向室外。养蜂室的高度依蜂箱层数而定，排放一层蜂箱室内至少需 2 m，每增加一层，室内高度应增加 1.5 m。养蜂室的长度由蜂群的数量和蜂箱的长度、蜂箱间的距离决定，室内蜂群多呈双箱排列，两箱间距离 16 cm，两组间距离 660 cm。养蜂室内的宽度为蜂箱所占的位置和室内通道的宽度总和，室内通道宽度一般为 1.2～1.5 m。

养蜂室以土木结构或砖木结构为主。养蜂室的门最好设在侧壁中间，正对室内通道。养蜂室墙壁上方开窗，并在窗上安装遮光板，平时放下遮光板，保持室黑暗，检查和管理蜂群时打开遮光板，方便管理操作。窗上安装脱蜂装置，以使在开箱时少量飞出的蜜蜂飞到室外。养蜂室的地面可用水泥铺设，也可用沙土夯实。室外墙壁巢口，有蜜蜂能够明显区别的颜色和图形作标记，以减少蜜蜂的迷巢。

（二）越冬室

越冬室是北方高寒地区蜂群的越冬场所。我国东北和西北的大部分地区冬季严寒，气温常在－20 ℃以下，甚至极温可达－40 ℃，很多养蜂者都习惯于蜂群室内越冬。北方蜂群在越冬室内的越冬效果，取决于越冬室的温度控制条件和管理水平。

1. 北方蜂群的越冬室的要求　北方越冬室的基本要求是保温、防潮、黑暗、安静、通风、防鼠害。越冬室内的温度、湿度必须保持相对稳定，温度应恒定在－2～2 ℃为宜，最高不能超过 4 ℃，最低不宜低于－8 ℃；室内的相对湿度应控制在70%～85%，湿度过高或过低对蜂群的安全越冬都不利。越冬室过于潮湿，易导致蜂蜜发酵，越冬蜂消化不良；越冬室过于干燥，越冬蜂群中贮蜜脱水结晶，造成越冬蜂饥饿。一般情况下，东北地区越冬室湿度偏高，应注意防潮湿；西北地区越冬室过于干燥，应采取增湿措施。一个 10 框标准蜂箱应约占有 0.6 m² 空间，一个 16～24 框横卧式蜂箱应有 1 m² 的空间。越冬室的高度一般为 2.4 m，宽度分两种，放两排蜂箱的越冬室宽度为 2.7 m，放四排蜂箱的越冬室宽度为 4.8～5.0 m。越冬室的长度则根据蜂群的数量而定。

2. 北方越冬室的种类　北方越冬室的类型很多，主要有地下越冬室、半地下越冬室、地上越冬室以及窑洞等。

（1）地下越冬室　地下越冬室建在地下，比较节省材料，成本低，保温性能好，但是应解决防潮的问题。在水位 3.5 m 以下的地方可以修建地下越冬室。地下越冬室可以是临时简便的防潮地窖，也可以是永久性的越冬室。

（2）地上越冬室　在地下水位较高的地区，越冬室是修建在地上的越冬室，要求越冬室保温性能良好。地上越冬室可将普通民房改造，将门窗用保温材料遮蔽，保持越冬室内黑暗和安静。

（3）半地下越冬室　在地下水位比较高而又寒冷的地区，建筑保温性较强的半地下越冬室比较合适。半地下越冬室的特点是一半在地下，一半在地上，地上部分基本与地上越冬室结构相同。地下部分要深入 1.2 m，根据土质情况还需打 30～50 cm 的地基。沿地下部分的四周用石头砌成 1.0 m 厚的石墙，到地上改为两层单砖墙壁，中间保持 30 cm 的空隙填充保温材料。为了防潮，在室内地面铺上油毡或塑料薄膜，并在其上再铺一层 20 cm 左右的干沙土。在半地下越冬室外，距离外墙壁 2 m 处沿越冬室的外墙壁挖一个略低于越冬室内地平面的排水沟，拦截积水，保持室内干燥。进气孔可从两侧排水沟壁伸入室内。半地越冬的其他设施与地上越冬室相同。

（三）越冬暗室

越冬暗室是长江中下游地区蜂群越冬的理想场所，主要的功能是为越冬蜂群提供适当低温、黑暗、安静的越冬条件。瓦房和草房等民房均可作为蜂群越冬暗室。要求暗室内宽敞、清洁、干燥、通风、隔热、黑暗。室内不能存放过农药等有毒的物质，并且室内应无异味。

（四）蜂棚和遮阳棚架

蜂棚是一种单向排列养蜂的建筑物。蜂棚可用砖木搭建，三面砌墙以避风，一面开口向阳。蜂棚长度根据蜂群数量而定，宽度多为 1.3～1.5 m，高为 1.8～2.0 m。南方气候较炎热，蜂场遮阳是必不可少的养蜂条件。遮阳棚架在排放蜂群地点固定支架，四面通风，顶棚用不透光的建筑材料或种植葡萄、西番莲、瓜类等绿色藤蔓植物。遮阳棚架的长度依排放的蜂群数量而定，顶棚宽度为 2.5～3.0 m，高度为 1.9～2.2 m。

（五）挡风屏障

寒冷地区的平原蜂场应在蜂群的西北方向设立挡风屏障，以抵御寒冷的西北风对室外越冬和早春蜂群的侵袭。挡风屏障设在蜂群的西侧和北侧两个方向，建筑挡风屏障的材料可因地制宜选用木板、砖石、土坯、夯土、草垛等。挡风屏障应牢固，尤其在风沙较大的地区，防止挡风墙倒塌。挡风屏障的高度为 1.0～2.5 m。

二、生产车间

蜂场的生产车间主要包括蜂箱蜂具制作、蜜蜂产品生产操作间、蜜蜂饲料配制间、成品加工包装间等场所。

1. 蜂箱蜂具制作室　蜂箱蜂具制作室是蜂箱蜂具制作、修理和上础等操作的房间。室内设有放置各类工具的橱柜，并备齐木工工具、钳工工具、上础工具以及养蜂操作管理工具等。蜂箱蜂具制作室必须放置稳重厚实的工作台。

2. 蜜蜂产品生产操作间　蜜蜂产品生产操作间分为取蜜车间、蜂王浆生产操作间、蜂花粉干燥室、榨蜡室等。

（1）**取蜜车间**　是分离蜂蜜的场所，是现代化养蜂场的重要建筑。取蜜车间的规模依据蜂群数量、机械化和自动化程度而定。取蜜车间应宽敞明亮，有足够的存放蜜脾的空间。在寒冷地区还需在取蜜车间内分隔出蜜脾温室，能够保持室温 35 ℃，使蜜脾中的贮蜜在分蜜前黏度降低。取蜜车间应易于保持清洁，墙壁和地面能够用水冲洗。地面能够承受搬运蜜桶的重压，并设有排水沟。取蜜车间的门窗应能防止蜜蜂进入，并在窗的上方安装脱蜂器，以脱除进入车间的少量蜜蜂。取蜜车间主要设备包括切割蜜盖机、分蜜机、蜜蜡分离装置、贮蜜容器等。

（2）**蜂王浆生产操作间**　是取浆移虫操作的场所，要求明亮、无尘。温度保持在 25～28 ℃，相对湿度保持在 70%～80%。室内设有清洁整齐的操作台和冷藏设备。操作台上放置产浆设备和工具，操作台的上方应布置光源，以方便在阴天等光线不足的情况下正常移虫。

（3）**蜂花粉干燥室**　要求通风干燥，室内安装蜂花粉干燥设备、蜂花粉分拣装置和包装封装设备，需要清洁宽敞的操作平台。

（4）**榨蜡室**　是从旧巢脾提炼蜂蜡的场所，室内根据榨蜡设备的类型配备相应的辅助设备，墙壁和地面能够用水冲洗，地面设有排水沟。

3. 蜜蜂饲料配制间　蜜蜂饲料配制间是贮存和配制蜜蜂糖饲料和蛋白质饲料的场所。蜜蜂糖饲料配制场所需要加热设施和各类容器。蜜蜂蛋白质饲料配制场所需要配备操作台、粉碎机、搅拌器等设备。

4. 成品加工包装车间　蜜蜂产品加工和成品包装车间应符合卫生要求。根据不同产品的特性，安装相应的分装和包装设备。

三、库房

库房是贮存巢脾、蜂箱和蜂机具、养蜂材料、蜜蜂产品的成品或半成品、交通工具等的场所，不同功能的库房要求不同。

1. 巢脾贮存室　巢脾贮存室要求密封，室内设巢脾架，墙壁下方安装一管道。管道一端通向室中心，另一端通向室外，并与鼓风机相连。在熏蒸巢脾时，鼓风机将燃烧硫黄的烟雾吹入室内。

2. 蜂箱蜂具贮存室　蜂箱蜂具贮存室要求干燥通风，库房内蜂箱蜂具分类放置，设置存放蜂具的层架。蜂箱蜂具贮存室中存放的木制品较多，应防白蚁危害。

3. 半成品贮存室、成品库和蜜蜂饲料贮存室　蜜蜂产品的半成品是指未经包装的蜂蜜、蜂王浆、蜂花粉等，成品是指经加工包装的蜜蜂产品。半成品和成品的贮存要求条件基本相同，均要求清洁、干燥、通风、防鼠。蜜蜂产品的成品与半成品最好分库存放，即使同放一室也应分区摆放。蜂王浆贮存室应配备大型冰柜或小型冷库。

饲料贮存室是贮存饲料糖、蜂花粉及蜂花粉的代用品场所，少量的饲料可贮存在蜜蜂饲料配制间，量多则需专门的库房存放。蜜蜂饲料贮存的条件要求与蜜蜂产品的贮存条件相同，也可与半成品同室分区贮存。

4. 车库　有条件的蜂场，可根据各种车的类型设计车库，车库的地面应能承受重压，车库内应备汽车维修保养的工具和材料。

四、办公场所

蜂场的办公场所包括办公室、会议室、接待室、休息活动室等。办公场所有关蜂场的形象，不求豪华，但要整洁、大方。根据蜂场的财力确定办公场所的规模和办公场所的设施，反铺张浪费。有的办公场所可多功能，如办公室可划分出接待区，会议室可供员工休息和活动等。

五、营业和展示场所

营业场所是蜂场对外销售展示场所，是宣传企业、蜜蜂和蜜蜂产品的重要阵地，在蜂场建设中应给予重视。营业厅的装修和布置应清洁大方、宽敞明亮，并能体现蜜蜂产业的特色。营业厅内可划分功能区：产品展示区陈列蜂场的各种蜂产品，并配有产品简介；顾客休息区可以布置吧台，提供产品消费服务，配备适当的沙发、茶几、桌椅、电视等，方便顾客休息的同时，品尝蜜蜂产品和观看宣传企业和蜜蜂的电视片；蜂产品销售区设置开放式柜台等。

观光示范蜂场还应注重环境布置，设立宣传蜜蜂和蜜蜂产品知识的展室，在进行蜜蜂科普知识宣传的同时，正确引导消费，树立企业形象。展室中以图文、实物陈列和影视等形式介绍养蜂历史、蜜蜂生物学特性、蜜蜂产品的生产、各种蜂产品的功能和食用方法、蜜蜂对农牧业和生态环境的意义等。在室内的窗口处设立蜜蜂观察箱，或门外的适当位置摆放观光蜂群，满足观光者对蜜蜂的好奇心。

第三节　蜂场规划

蜂场规划主要包括蜂场规模和设施项目的确定、场地的规划和布置。蜂场的规划应根据场地的大小、所处地点的气候特点、养蜂的规模、经营形式、生产类型等确定。根据蜂场的场地大小和地形地势合理地划分各功能区，并将养蜂生产作业区、蜜蜂产品加工包装区、办公区、营业展示区、休闲观光区和生活区等各功能区分开，以免相互干扰。凡是定地蜂场，应做好场地环境的规划，种植一些与养蜂有关或美化环境的经济林木或草本蜜源。蜂场内种植的蜜粉源植物应设立标志牌，注明蜜粉源植物的中文名、学名、分类科属、开花泌蜜特性、养蜂的利用价值等。场区的道路尽可能布置在蜜蜂飞行路线后，避免行人对蜜蜂的干扰和蜜蜂螫人事件发生。蜂场道路连接各功能区，场内道路应通汽车，方便生产和生活。

1. 养蜂生产作业区　养蜂生产作业区包括放蜂场地、养蜂建筑、巢脾贮存室、蜂箱蜂具制作室、蜜蜂饲料配制间、蜜蜂产品生产操作间等。

放蜂场地可划分出饲养区和交尾区，放蜂场地应尽量远离人群和畜牧场。饲养区是蜜蜂群势恢复、增长和进行蜜蜂产品生产的场地，蜜蜂的群势较强，场地应宽敞开阔。为方便蜜蜂采水，应在场上设立饲水设施。在饲养区的放蜂场地，可用砖石水泥砌一平台，其上放置一磅秤，磅秤上放一蜂群，作为蜂群进蜜量观察的示磅群。交尾区应与饲养区分开，相距 30 m 以上，最好有天然山头或人工建筑物阻隔。交尾群需分散排列，因此交尾区需要场地面积较大、地形地物较复杂的地方。

养蜂建筑、巢脾贮存室、蜂箱蜂具制作室、蜜蜂饲料配制间、蜜蜂产品生产操作间等均应建在放蜂场地周围，以便于蜜蜂饲养及生产的操作。

2. 蜜蜂产品加工包装区　蜜蜂产品加工包装区主要是蜜蜂产品加工和包装车间，

在总体规划时最好能一边与蜜蜂产品生产操作间相邻，另一边靠近成品库。

3. 办公区 办公区尽可能安排在靠近场区大门的位置，方便外来人员洽谈业务，减少外来人员出入养蜂生产作业区和蜜蜂产品加工包装区。

4. 营业展示区和休闲观光区 休闲观光区在场区户外环境优美处，布置性情温和的示范蜂群和观察箱，设置休闲蜜吧，提供即食的蜂产品糕点和蜂蜜饮料。拉近消费者与蜂场的距离，促进蜂产品消费。

营业展示区主要为营业厅和展示厅，是对外销售、宣传的窗口，一般布置在场区的边缘或靠近场区的大门处。营业展示区紧靠街道，甚至营业厅的门可直接开在面向街道一侧，方便消费参观购买。

第四节 蜂群排列

蜂群排列方式多种多样，应根据蜂群数量、场地面积、蜂种和季节灵活掌握。但都应以管理方便，蜜蜂容易识别蜂巢位置，流蜜期便于形成强群，低温季节便于保温，以及在外界蜜源较少或无蜜源期不易引盗蜂为原则。

1. 中华蜜蜂排列 中蜂排列不宜太紧密，以防工蜂错投、斗杀和引起盗蜂。中蜂的排列应根据地形、地物适当地分散排列，各蜂群的巢门方向应尽可能错开。也可以排成整齐的行列，但需加大蜂箱间的距离，最好能在 1 m 以上。可利用斜坡、树丛或大树布置蜂群，使各个蜂箱巢门的方向、位置高低各不相同，箱位特征明显。

2. 西方蜜蜂排列

（1）单箱排列 指将蜂箱排放在平坦的场地，排成一列或数列的蜂群排列方法。排成一列称之为单箱单列，排成数列称之为单箱多列。每个蜂箱之间相距 0.8～1.2 m，各排之间相距 3～4 m，前、后排的蜂箱交错放置，以便蜜蜂出巢和归巢。这种排列方式便于开箱操作，但占地面积较大，适用于蜂场规模小或场地宽敞的蜂场。

（2）双箱排列 指两个蜂箱并列靠在一起为一组，多组蜂群列成一排或数排的蜂群排列方法。排成一列称之为双箱单列，排成数列称之为双箱多列。两组之间相距 0.8～1.2 m，各排之间相距 3～4 m，前、后排的蜂箱尽可能错开。这种排列方式安放的蜂群数量比单箱排列多，不足之处在于开箱操作时的站位只有一侧。

（3）"一"字形排列　指蜂箱紧靠，巢门朝向一个方向，排成一列或数列的方法。这种方法排列蜂群的优点为占地面积小，蜂群排放集中方便看管；低温季节便于箱外保温，蜂箱底铺稻草或谷草，蜂箱之间的缝隙用稻草或谷草填充，蜂箱上面覆盖草帘，最后用无毒的塑料薄膜或保蜂罩覆盖。"一"字形排列的缺点是蜂群易偏集，蜂群加继箱后不便开箱操作。

（4）环形排列　指蜂箱排列成圆形或方形，巢门向环内的排列方法。蜂群环形排列可以排成一个环，也可以排成多个环。这种排列方式多用于转地放蜂的蜂群排列，尤其是在蜜蜂转地途中临时放蜂更常用。环形排列的特点是既能使蜂群相对集中，又能防止蜂群的偏集。缺陷是巢门朝向 4 个方向，不能朝向一个最好的方向。

第五节　蜂群放置

一、放置环境

蜂群夏日应安放在荫凉通风处，冬日应放置在避风向阳的地方。蜂群最好能放在阔叶落叶树下，炎热的夏天茂密的树冠可为蜂群遮阳；冬日落叶后，温暖的阳光可照射在蜂箱上。排列蜂群时，增长阶段和蜂蜜生产阶段巢门的方向尽可能朝东或朝南，但不可轻易朝西。

放置蜂群的地方，不能有高压电线、高音喇叭、飘动的红旗、路灯、诱虫灯等吸引刺激蜜蜂的物体。蜂箱前面应开阔无阻，便于蜜蜂的进出飞行，不能将蜂群巢门面对墙壁、篱笆或灌木丛。蜂群不宜摆放在密林中，避免蜜蜂找不到归巢的路线。

二、蜂群摆放

除了转地途中临时放蜂之外，无论采用哪一种的蜂群排列方式，都应将蜂箱垫高 20～60 cm。蜂箱垫高的材料可就地取材，山区可选用木桩、竹桩将蜂箱垫高。钉立在地面上的 3 根或 4 根桩上可直接放置蜂箱，也可在木桩、竹桩上放一板材使其更稳固。交通较便利的地方可用砖头、水泥块、钢材支架等将蜂箱垫高。还可利用市售的塑料凳、塑料筐等日常用品将蜂箱垫高。南方山区蜂场蜂箱用竹桩支撑能有效地防白蚁危害。在木桩或竹桩上倒扣玻璃瓶，再放上蜂箱，能防蚂蚁和白蚁等进入蜂箱。也有养蜂人用盛水的容器垫在蜂箱下防蚁。固定蜂场可设立固定的放蜂平台，放蜂平台可用砖石、水泥、木材等材料搭建。

　　蜂箱摆放应左右平衡，避免巢脾倾斜，且蜂箱前部应略低于蜂箱后部，避免雨水进入蜂箱，但是蜂箱倾斜不宜太大，以免刮风或其他因素引起蜂箱翻倒。

（周冰峰）

第二章 规模化蜂场良种应用和管理

第一节 我国饲养的主要蜂种及特性

我国疆域辽阔、地形复杂，蜜源植物丰富，据中国养蜂学会统计，目前全国饲养蜜蜂 1 442 万群，这些蜂群可分为引进的西方蜜蜂品种、培育的西方蜜蜂品种和中华蜜蜂（东方蜜蜂）等地方品种。其中饲养的西方蜜蜂和用其做素材培育的蜜蜂品种有 771 万群，饲养中华蜜蜂 671 万群。

一、引进的西方蜜蜂品种

（一）意大利蜂

意大利蜂（Italian Bee）是西方蜜蜂的一个地理亚种，学名 *Apis mellifera ligustica* Spinola，简称意蜂、原意，是蜂蜜、王浆兼产型蜂种。该蜂在中国大部分地区都有饲养。

1. 原产地 意大利蜂原产于意大利的亚平宁半岛。气候、蜜源特点是：冬季短、温暖而湿润，夏季炎热而干旱；蜜源植物丰富，花期长。主要蜜源植物有油菜、三叶草、刺槐、板栗、椴树、苜蓿、向日葵、薰衣草、油橄榄、柑橘等。在相似的自然条件下，意大利蜂表现出较好的经济性状，在寒冷的冬季、春季常有寒潮袭击的地方，适应性较差。

2. 形态特征 意大利蜂为黄色蜂种，其个体大小和体形与卡尼鄂拉蜂相似。蜂王为黄色，第 6 腹节背板通常为棕褐色；少数蜂王第 6 腹节背板为黑色，第 5 腹节背板后缘有黑色环带。雄蜂腹节背板为黄色，具黑斑或黑色环带，绒毛淡黄色。工蜂为黄色，第 4 腹节背板后缘通常具黑色环带，第 5～6 腹节背板为黑色。其他主要形态特征见表 2-1。

3. 生物学特性 蜂王产卵力强，蜂群育虫节律平缓，早春蜂王开始产卵后，对气候、蜜源等自然条件变化不敏感，即使在炎热的夏季和气温较低的晚秋也能保持

表 2-1 意大利蜂主要形态指标

吻长 (mm)	右前翅长 (mm)	右前翅宽 (mm)	肘脉指数	翅钩数	跗节指数	3+4背板 总长（mm）
6.51±0.11	9.42±0.13	3.31±0.05	2.34±0.40	22.20±1.56	50.24±1.53	4.84±0.13

注：吉林省养蜂科学研究所，2010 年 6 月测定。

较大面积的育虫区。分蜂性弱，易养成强群，能维持 9～11 张子脾、13～15 框蜂量的群势。对大宗蜜源的采集力强，但对零星蜜粉源的利用能力较差，花粉的采集量大。在夏秋两季能够采集较多的树胶。泌蜡造脾能力强；分泌王浆能力较强。繁殖期饲料消耗量大，在蜜源条件不良时，易出现食物短缺现象。性情温驯，不怕光，开箱检查时很安静。定向力较差，易迷巢。盗性强。清巢能力强。在越冬期饲料消耗量仍然较大，在纬度较高的严寒地区越冬较困难。抗病力较弱，易感染幼虫病；抗螨力弱。抗巢虫能力较强。蜜房封盖为干型或中间型。

4. 生产性能 产蜜能力强，在花期较长的大流蜜期，在华北的荆条花期或东北的椴树花期，一个意大利蜂强群最高可产蜂蜜 45 kg。在世界四大名种蜜蜂中，意大利蜂的泌浆能力最强，在大流蜜期，一个意大利蜂强群平均每 72 h 可产王浆 50 g 以上，其 10-羟基-2-癸烯酸（10-HDA）含量达 1.8% 以上。意大利蜂年均群产花粉 3～5 kg，是生产花粉的理想蜂种。夏秋季节，意大利蜂常大量采集和利用蜂胶，也是理想的蜂胶生产蜂种。

（二）美国意大利蜂

美国意大利蜂（Italian Bee from America）是由美国引入中国的意大利蜂（*Apis mellifera ligustica* Spinola），简称美国意蜂，俗称美意蜂。主要用于蜂蜜生产。

1. 原产地 美洲原来没有蜜蜂，美国饲养的蜜蜂是 17 世纪 20 年代开始，由欧洲移民带去的，至 19 世纪中叶，引入美国的都是欧洲黑蜂。1859 年，首批意大利蜂被引入美国。为防止蜜蜂传染病的侵入和传播，1923 年，美国立法禁止从其他国家进口蜜蜂。

美国意蜂的形态特征与原产地意大利的意蜂基本相同，但体色更黄一些，这是美国蜜蜂育种者对较浅色泽类型的偏爱和选择的结果。美国的蜜蜂育种者还特别注意子脾的发展速率、开箱检查时蜂群的安静程度，以及对某些流蜜植物的适应性。从而，美国意蜂形成了如三环黄金种和五环黄金种等一些品系。

2. 形态特征 美国意蜂为黄色蜂种。蜂王黄色，第 6 腹节背板后缘通常为黑色（即尾尖为黑色），少数蜂王第 5 腹节背板后缘具黑色环带；雄蜂黄色，第 3～5 腹节背板后缘具黑色环带；工蜂黄色，第 2～4 腹节背板为黄色，但第 4 腹节背板后缘具有明显的黑色环带，第 5、6 腹节背板为黑色。其他主要形态特征见表 2-2。

表 2-2 美国意蜂主要形态指标

吻长 (mm)	右前翅长 (mm)	右前翅宽 (mm)	肘脉指数	翅钩数	跗节指数	3+4 背板 总长（mm）
6.43±0.13	9.28±0.13	3.28±0.05	2.22±0.29	22.18±1.29	49.51±1.53	4.78±0.10

注：吉林省养蜂科学研究所，2010 年 6 月测定。

3. 生物学特性 蜂王产卵力强，子脾密实度达 90%以上。蜂群育虫节律平缓，群势发展平稳：在外界蜜粉源丰富时，蜂王产卵旺盛，工蜂哺育积极，子脾扩展速度快；在炎热的夏季和气温较低的晚秋，也可保持较大的育虫面积。分蜂性弱，易养成强群，能维持 8～11 张子脾、13～15 框蜂的群势。采集力强，善于利用大宗蜜源，但对零星蜜粉源的利用能力较差。在夏秋两季往往采集较多的树胶。泌蜡造脾能力强。繁殖期饲料消耗量大，在蜜源条件不良时，易出现食物短缺现象。性情温驯，不怕光，开箱检查时很安静。定向力较差，易迷巢。盗性强。易感染幼虫病。越冬期饲养消耗量大，在纬度较高的严寒地区越冬较困难。

4. 生产性能 美意蜂产蜜能力强，在我国华北的荆条花期或东北的椴树花期，1 个美意蜂强群可产蜂蜜 50 kg 以上，高于其他意蜂。产浆能力低于浙江浆蜂，但高于任何黑色蜂种，在大流蜜期，1 个美意强群每 72 h 可产王浆 40～50 g，其 10 -羟基-2 -癸烯酸（10 - HDA）含量不低于 1.8%。对花粉的采集量大，年群产花粉 3～5 kg。因其在夏秋爱采树胶，因此可用其进行蜂胶生产。此外，美意蜂还可用于为果树和大棚内的蔬菜和瓜果授粉。

（三）澳大利亚意大利蜂

澳大利亚意大利蜂（Italian Bee from Australia）是由澳大利亚引入中国的意大利蜂（*Apis mellifera ligustica* Spinola），简称澳大利亚意蜂，俗称澳意蜂。主要用于蜂蜜生产。

1. 原产地 大洋洲原来没有蜜蜂，澳大利亚饲养的蜜蜂都是由欧洲引入的。1814 年，欧洲黑蜂被带入澳大利亚，饲养于塔斯马尼亚岛，该岛已被划为欧洲黑蜂保护区；1884 年，意大利蜂被引入澳大利亚，饲养于坎加鲁岛，第二年该岛就被划为意大利蜂保护区。除意大利蜂外，还陆续引进了卡尼鄂拉蜂和高加索蜂。为防止蜜蜂传染病的侵入和传播，澳大利亚已立法，禁止从其他国家进口蜜蜂。现在，澳大利亚饲养的蜜蜂基本上都是意大利蜂。

2. 形态特征 澳意蜂的形态特征与美意蜂很相似。蜂王黄色，第 6 腹节背板后缘通常为黑色（即尾尖为黑色）；雄蜂黄色，第 3～5 腹节背板后缘具黑色环带；工蜂黄色，第 2～4 腹节背板为黄色，但第 4 腹节背板后缘的黑色环带比美意蜂窄，第 5、6 腹节背板为黑色。其他主要形态特征见表 2-3。

表 2-3　澳大利亚意蜂主要形态指标

吻长 （mm）	右前翅长 （mm）	右前翅宽 （mm）	肘脉指数	翅钩数	跗节指数	3+4 背板 总长（mm）
6.49±0.14	9.39±0.12	3.30±0.06	2.26±0.31	20.44±1.25	49.26±1.68	4.83±0.07

注：吉林省养蜂科学研究所，2010 年 6 月测定。

3. 生物学特性　澳大利亚意蜂的生物学特性与美国意蜂相似。蜂王产卵力强，卵圈集中，子脾密实度达 90% 以上。蜂群育虫节律平缓，群势发展平稳；在外界蜜粉源丰富时，蜂王产卵旺盛，工蜂哺育积极，子脾扩展速度快；在炎热的夏季和气温较低的晚秋，也可保持较大的子脾面积。分蜂性弱，易养成强群，能维持 8～11 张子脾、13～15 框蜂的群势。采集力强，善于利用大宗蜜源，但对零星蜜粉源的利用能力较差。在夏秋两季往往采集较多的树胶。泌蜡造脾能力强。繁殖期饲料消耗量大，在蜜源条件不良时，易出现食物短缺现象。性情温驯，不怕光，开箱检查时很安静。定向力较差，易迷巢。盗性强。易感染幼虫病。越冬期饲料消耗量较大，在纬度较高的严寒地区越冬较困难，以强群的形式越冬效果会好些。

4. 生产性能　澳大利亚意蜂的产蜜能力较强，在中国华北的荆条花期或东北的椴树花期，1 个澳大利亚意蜂强群最高可产蜂蜜 40 kg 以上。产浆能力低于浙江浆蜂，但强于黑色蜂种，在大流蜜期，1 个澳大利亚意蜂强群每 72 h 可产王浆 40～50 g，其 10-羟基-2-癸烯酸（10-HDA）含量不低于 1.8%。对花粉的采集量大，年均群产花粉 3～5 kg。因其在夏秋爱采树胶，因此可用其进行蜂胶生产。此外，澳大利亚意蜂还可用于为果树和大棚内的蔬菜和瓜果授粉。

（四）卡尼鄂拉蜂

卡尼鄂拉蜂（Carniolian Bee），西方蜜蜂的一个地理亚种，学名 *Apis mellifera carnica* Pollmann，简称卡蜂，原译喀尼阿兰蜂（原简称喀蜂），是高产型蜂种，20 世纪 70 年代以后已广泛用于中国的养蜂生产。目前，卡尼鄂拉蜂及其杂交种占中国西方蜜蜂总数的 20%～30%。

1. 原产地　卡尼鄂拉蜂原产于巴尔干半岛北部的多瑙河流域，从阿尔卑斯山脉到黑海之滨，都有其踪迹。自然分布于奥地利、匈牙利、罗马尼亚、保加利亚和希腊北部，其自然分布的东部界线不明显，有资料表明，土耳其西北部也有卡蜂分布。原产地气候、蜜源条件总的特点是，受大陆性气流影响，冬季寒冷而漫长，春季短而花期早，夏季较炎热。在类似上述的生态条件下，卡尼鄂拉蜂可表现出很好的经济性状。因此，很多原来没有卡蜂的国家，也纷纷引种饲养，例如，德国已用卡蜂取代了本国原有的蜂种——欧洲黑蜂。近几十年来，它的分布范围已远远超出了原产地，成为继意大利蜂之后的广泛分布于全世界的第二大蜂种。

卡蜂有若干个生态型（即品系），如奥地利卡蜂（奥卡蜂）、罗马尼亚卡蜂（喀尔巴阡蜂）。

2. 形态特征　卡尼鄂拉蜂为黑色蜂种，其个体大小和体形与意大利蜂相似。蜂王为黑色或深褐色，少数蜂王腹节背板上具棕色斑或棕红色环带；雄蜂为黑色或灰褐色；工蜂为黑色，有些工蜂第 2～3 腹节背板上具棕色斑，少数工蜂具棕红色环带，绒毛多为棕灰色。其他主要形态特征见表 2-4。

表 2-4　卡尼鄂拉蜜蜂主要形态指标

吻长 （mm）	右前翅长 （mm）	右前翅宽 （mm）	肘脉指数	翅钩数	跗节指数	3+4 背板 总长（mm）
6.46±0.11	9.40±0.16	3.33±0.07	2.45±0.42	22.50±1.53	48.95±1.24	4.61±0.12

注：吉林省养蜂科学研究所，2010 年 6 月测定。

3. 生物学特性　蜂王产卵力不强，蜂群育虫节律陡，对外界气候、蜜源等自然条件变化反应敏感；早春，外界出现花粉时开始育虫，当外界蜜粉源丰富时，蜂王产卵增多，工蜂哺育积极，子脾面积扩大；夏季，在气温低于 35 ℃以下，并有较充分的蜜粉源时，才能保持一定面积的育虫区；当气温超过 35 ℃时，育虫面积便明显减少；晚秋，育虫量和群势急剧下降，"秋衰"现象严重。分蜂性强，不易养成强群，一般能维持 7～9 张子脾、10～12 框蜂的群势。采集力特别强，善于利用零散蜜粉源，但对花粉的采集量比意蜂少。节约饲料，在蜜源条件不良时，较少发生饥饿现象。性情较温驯，不怕光，开箱检查时较安静。定向力强，不易迷巢。盗性弱。较少采集树胶。在纬度较高的严寒地区，3.5 框蜂的群势仍然越冬较好。抗病力和抗螨力优于意大利蜂，在原产地几乎未发现过幼虫病。蜜房封盖为干型。

4. 生产性能　卡尼鄂拉蜂的产蜜能力特别强，在中国东北地区的椴树花期，1 个卡蜂强群最高可产蜂蜜 50～80 kg。因其蜜房封盖为干型（白色），故宜用其进行巢蜜生产。产浆能力很低，在大流蜜期，每群每 72 h 只产王浆 20～30 g，但其 10 -羟基-2 -癸烯酸（10 - HDA）含量很高，超过 2.0%。可用其进行花粉生产，年均群产花粉 2～3 kg。此外，卡蜂还可用于为果树和大棚内蔬菜和瓜果授粉。

（五）高加索蜂

高加索蜂（Caucasian Bee），全称灰色山地高加索蜂，西方蜜蜂的一个地理亚种，学名 *Apis mellifera caucasica* Gorb.，简称高蜂，是蜂蜜高产型蜂种。目前，高加索蜂在中国养蜂生产上尚未普遍推广应用。

1. 原产地　高加索蜂原产于高加索和外高加索地区。原产地气候温和，冬季不太寒冷，春季蜜源植物丰富，夏季较热，无霜期较长。主要分布于格鲁吉亚，其次分布于阿塞拜疆、亚美尼亚，有资料介绍土耳其的东北部也有其踪迹。

2. 形态特征　高加索蜂为黑色蜂种，其个体大小、体形和绒毛与卡尼鄂拉蜂相似。蜂王为黑色或深褐色；雄蜂为黑色或灰褐色，其胸部绒毛为黑色；工蜂为黑色，第1腹节背板上有通常具棕色斑，少数工蜂第2腹节背板具棕红色环带，其绒毛多为深灰色。其他主要形态特征见表2-5。

表 2-5　高加索蜜蜂主要形态指标

吻长 (mm)	右前翅长 (mm)	右前翅宽 (mm)	肘脉指数	翅钩数	跗节指数	3+4 背板 总长（mm）
7.05±0.19	9.42±0.13	3.29±0.06	2.28±0.39	21.88±1.77	49.28±1.56	4.77±0.11

注：吉林省养蜂科学研究所，2010 年 6 月测定。

3. 生物学特性　蜂王产卵力强，蜂群育虫节律平缓，气候、蜜源等自然条件对群势发展的影响不太明显。春季群势发展缓慢，在炎热的夏季仍可保持较大面积的育虫区，子脾密实度达 90% 以上，秋季蜂王停产晚。分蜂性弱，能维持较大的群势。采集力强，泌浆能力与卡蜂相似，花粉的采集量低于意大利蜂。泌蜡造脾能力强，爱造赘脾。性情较温驯，不怕光，开箱检查时较安静。定向力差，易迷巢。盗性强。采集树胶的能力强于其他任何品种的蜜蜂。在纬度较高的严寒地区越冬性能较差。抗病力和抗螨力与意大利蜂相似，易感染孢子虫病，易发生甘露蜜中毒。蜜房封盖为湿型。

4. 生产性能　高加索蜂的产蜜能力较强，在我国东北地区的椴树花期，1 个高加索蜂强群最高可产蜂蜜 60 kg 以上。产浆能力低，在大流蜜期，每群每 72 h 只产王浆 20～30 g，但其 10 -羟基- 2 -癸烯酸（10 - HDA）含量超过 2.0%。可用其进行花粉生产，年群产花粉 2～4 kg。因其极爱采集树胶，是进行蜂胶生产的首选蜂种。此外，高加索蜂还可用于为果树和大棚内的蔬菜、瓜果授粉。

（六）喀尔巴阡蜂

喀尔巴阡蜂（Carpathian Bee），罗马尼亚的弗蒂（Foti）认为它是西方蜜蜂的一个地理亚种，并将其定名为 *Apis mellifera carpatica*。但 F. Ruttner 及多数学者认为它是卡尼鄂拉蜂（*Apis mellifera carnica* Pollmann）的一个生态型，简称喀蜂，是蜂蜜高产型蜂种。

1. 原产地　喀尔巴阡蜂原产于罗马尼亚，乌克兰西部的喀尔巴阡山区也有分布。罗马尼亚境内平原、山地、高原各占三分之一，喀尔巴阡山脉呈弧形盘踞中部，多瑙河下游流经南部。全境属温和的大陆性气候，其气候特点是年降水量少，温度变化剧烈并有强烈的气流。蜜源植物种类繁多，蜜源丰富，主要蜜源植物有刺槐、椴树、向日葵以及生产甘露蜜的森林蜜源植物。在类似的自然条件下，喀尔巴阡蜂可表现出很好的经济性状。

2. 形态特征　喀尔巴阡蜂为黑色蜂种，其体色和个体大小与卡尼鄂拉蜂相似，但腹部较卡尼鄂拉蜂细。蜂王为黑色或深褐色，少数蜂王腹节背板上具棕色斑或棕红色环带；雄蜂为黑色或灰褐色；工蜂为黑色，覆毛短，绒毛带宽而密，有些工蜂第2～3腹节背板上具棕色斑，少数工蜂具棕红色环带。其他主要形态特征见表2-6。

表 2-6　喀尔巴阡蜜蜂主要形态指标

吻长 （mm）	右前翅长 （mm）	右前翅宽 （mm）	肘脉指数	翅钩数	跗节指数	3+4 背板 总长（mm）
6.52±0.16	9.25±0.13	3.21±0.08	2.34±0.34	22.17±1.64	59.65±1.84	4.57±0.14

注：吉林省养蜂科学研究所，2010 年 6 月测定。

3. 生物学特性　喀尔巴阡蜂的生物学特性与卡尼鄂拉蜂基本相似，但比卡蜂更温驯，更节省饲料，越冬性能更好。蜂王产卵力强，产卵整齐，子脾面积大，子脾密实度高达 92％以上，子脾数可达 8～11 框，群势达 12～14 框时也不发生分蜂热。蜂群育虫节律陡，对外界气候、蜜粉源条件反应敏感，外界蜜源丰富时，蜂王产卵旺盛，工蜂哺育积极；蜜源较差时蜂王产卵速度下降，不哺育过多幼虫；蜂王喜欢在新脾上产卵，秋季胡枝子蜜源后期，在新脾上新培育的蜂子也能安全羽化出房，子脾成蜂率达 95％以上，高于其他蜂种。采集力比较强，善于利用零散蜜粉源。节约饲料，在蜜源条件不良时，很少发生饥饿现象。性情较温驯，不怕光，开箱检查时较安静，但流蜜期较暴躁。定向力强，不易迷巢。盗性弱。蜂群在纬度较高的严寒地区越冬性能良好，据试验越冬死亡率低于 15％。抗蜂螨能力强于其他西方蜜蜂品种。喀尔巴阡蜂不耐热，蜂群失王后容易出现工蜂产卵现象。

4. 生产性能　喀尔巴阡蜂的产蜜能力特别强，在中国东北地区的椴树花期，1个强群最高可产蜂蜜 50～80 kg。产浆能力低，在大流蜜期，每群每 72 h 只产王浆 25～30 g，但其 10-羟基-2-癸烯酸（10-HDA）含量很高，超过 2.0％。可用其进行花粉生产，年群产花粉 2～3 kg。泌蜡造脾能力强，据吉林省养蜂科学研究所 1983 年测定，喀尔巴阡蜂在 4 个月繁殖和生产期里群均产蜂蜡量 319 g。因其蜜房封盖为干型（白色），故宜用其进行巢蜜生产。此外，喀尔巴阡蜂还可用于为果树和大棚内蔬菜、瓜果授粉。

二、培育的西方蜜蜂品种（或品系）

（一）喀（阡）黑环系蜜蜂

喀（阡）黑环系蜜蜂（Kaqian Black Ring Bee），是 1979—1989 年吉林省养蜂科学研究所以喀尔巴阡蜂为育种素材，在长白山区生态条件下，用纯种选育的方法育成的西方蜜蜂（*Apis mellifera* Linnaeus 1758）新品系。因其腹部背板有棕黑色环节，故定名为"喀（阡）黑环系蜜蜂"，简称黑环系蜜蜂。

1. 形态特征　蜂王个体细长，腹节背板有深棕色环带，体长 16～19 mm，初生重 160～230 mg。雄蜂黑色，个体粗大，尾部钝圆，体长 14～15 mm，初生重 200～210 mg。工蜂黑色，腹部背板有棕黄色环带，腹部细长，覆毛短，绒毛带宽而密，体长 11～13 mm。其他主要形态特征见表 2-7。

表 2-7　喀（阡）黑环系蜜蜂主要形态指标

吻长 （mm）	右前翅长 （mm）	右前翅宽 （mm）	肘脉指数	翅钩数	跗节指数	3+4 背板 总长（mm）
6.56±0.12	9.66±0.12	3.33±0.10	2.47±0.36	21.82±1.44	49.19±1.60	4.74±0.11

注：吉林省养蜂科学研究所，2010 年 6 月测定。

2. 生物学特性　蜂王产卵力较强，子脾密实度高，蜂群对外界条件变化敏感，遇有气候和蜜粉源条件不利，即减少飞行活动，善于保存群体实力。秋季断子早。善于采集零星蜜源，也能利用大宗蜜源，节约饲料。抗逆性强，抗螨、抗白垩病能力强。定向力强，不易迷巢，不爱作盗。耐寒，越冬安全；耐热性低于意大利蜂。杂交配合力强，与意蜂、高蜂杂交能产生良好的杂种优势。

3. 生产性能　与本地意蜂相比，喀（阡）黑环系产蜜量高 20.3%，越冬群势下降率低 18.6%，越冬饲料消耗量低 43.7%。与喀尔巴阡蜂相比，喀（阡）黑环系产蜜量提高 14.7%，王浆产量提高 12.7%；越冬群势下降率低 4.8%，越冬饲料消耗量低 4.3%。饲养成本明显低于其他蜂种。

4. 培育简况

（1）育种素材及来源　育种素材喀尔巴阡蜂，系 1978 年由罗马尼亚引入中国，保存于大连华侨果树农场，1979 年转交吉林省养蜂科学研究所。

（2）育种技术路线　选择→建立近交系→系间混交→闭锁繁育。

（3）培育过程　1979—1981 年，在长白山区自然交尾场地对 200 群喀尔巴阡蜂进行集团繁育时，发现其中有 3 群不但蜂王体色不同于其他蜂群，为红黑色，而且其繁殖力和采集力都优于其他蜂群，饲料消耗和越冬死亡率都较低，于是，便将这 3 群喀尔巴阡蜂挑选出来作为系祖，建立了近交系。

1982—1985 年，在 3 个近交系（共 75 群）的基础上，采用人工授精的方法进行兄妹交配繁育。

1986—1989 年，在近交系兄妹交配繁育的基础上，采用人工授精的方法进行母子回交，使喀（阡）黑环系进入了高纯度阶段（近交系数 0.94）；在此基础上进行近交系间（共 45 群）混交和闭锁繁育（60 群）；通过对比试验考察其生产性能及相关生物学特性，同时在多个蜂场共进行了 3 000 多群的中间试验，最后确定喀（阡）黑环系为新品系。

5. 饲养管理　喀（阡）黑环系蜜蜂善于利用零星蜜源，节约饲料，适合业余饲养以及城郊和没有大蜜源的地方饲养。定地饲养占 35％以上，小转地饲养占 30％，长途转地杂交饲养黑环系占 35％。单场规模 20～100 群，多数采用 10 框标准箱饲养，少数采用卧式箱饲养。

喀（阡）黑环系蜂群饲养技术要点是：选择零星蜜粉源丰富的场地饲养，针对其对气候、蜜源变化敏感的特性，在外界气候温和、有蜜粉源的条件下培育个体较大的优质蜂王，淘汰瘦小蜂王，提高蜂群的产子哺育能力，增加哺育负担，适时修造巢脾，通风散热，延缓春季自然分蜂高潮的出现，提高蜂群的繁殖效率。有效的防治蜂螨及其他病虫害，保持蜂群的健壮程度，增强蜂群的生产能力。

（二）白山 5 号蜜蜂配套系

白山 5 号蜜蜂配套系（Baishan No. 5 Bee）是 1982—1988 年吉林省养蜂科学研究所在长白山区育成的一个以生产蜂蜜为主、王浆为辅的蜜、浆高产型西方蜜蜂（*Apis mellifera* Linnaeus 1758）配套系。

白山 5 号蜂群血统构成：蜂王是单交种（A×B），工蜂是三交种（A・B×C）。

1. 形态特征　近交系 A（卡尼鄂拉蜂）：蜂王黑色，腹部背板有深棕色环带，体长 16～18 mm，初生体重 160～250 mg。雄蜂黑色，个体粗大，尾部钝圆，体长 14～16 mm，初生体重 206～230 mg。工蜂黑色，腹部背板有棕黄色环带，腹部细长，覆毛短，绒毛带宽而密，体长 11～13 mm。

近交系 B（喀尔巴阡蜂）：蜂王体躯细长，体色黑色，腹节背板有棕色斑或棕黄色环带，体长 16～18 mm，初生体重 150～230 mg。雄蜂黑色，体躯粗壮，体长 13～15 mm，初生体重 200～210 mg。工蜂黑色，少数工蜂 2～3 腹节背板有棕黄色斑或棕黄色环带，腹部细长，覆毛短，绒毛带宽而密，体长 12～14 mm。

近交系 C（美国意蜂）：蜂王黄色，尾部有明显的黑色环节，体长 16～18 mm，初生体重 175～290 mg。雄蜂黄色，腹部 3～5 节背板有黑色环带，体躯粗大，尾部钝圆，体长 14～16 mm，初生体重 210～230 mg。工蜂黄色，腹部背板有明显的黑色环节，尾尖黑色，体长 12～14 mm。

白山 5 号（A・B×C）：蜂王个体较大，腹部较长，多为黑色，少数蜂王 3～5 腹节背板有棕黄色环带；背板有灰色绒毛，体长 16～18 mm，初生体重 160～250 mg。雄蜂黑色，体躯粗壮，体长 14～16 mm，初生体重 206～230 mg。工蜂头胸部为灰色，多数工蜂 2～4 腹节背板有黄色环带，少数工蜂黑色，体长 12～14 mm。工蜂其他主要形态特征见表 2 - 8。

表 2-8　白山 5 号蜜蜂配套系的主要形态指标

种系	初生重（mg）	吻长（mm）	前翅长（mm）	前翅宽（mm）	3+4 腹节背板总长（mm）	肘脉指数
近交系 A	125.0±8.4	6.57±0.13	9.28±0.13	3.24±0.09	4.68±0.08	2.74±0.23
近交系 B	110.0±3.9	6.42±0.18	9.45±0.30	3.21±0.08	4.59±0.02	2.33±0.35
近交系 C	113.0±4.0	6.41±0.18	9.72±0.11	3.28±0.07	4.66±0.17	2.27±0.42
白山 5 号	112.7±4.1	6.35±0.05	9.28±0.13	3.27±0.06	4.77±0.12	2.09±0.14

注：吉林省养蜂科学研究所，2006 年 6～8 月。

2. 生物学特性

近交系 A（卡尼鄂拉蜂）：系善于采集零星蜜源，越冬安全，适应性较强。

近交系 B（喀尔巴阡蜂）：采集力较强，越冬安全，节省饲料。

近交系 C（美国意蜂）：繁殖力较强，采集力较强。

白山 5 号（A·B×C）：产育力强，育虫节律较陡，子脾面积较大，能维持 9～11 张子脾，子脾密实度高达 90％以上；分蜂性弱，能养成强群，可维持 14～16 框蜂的群势；一个越冬原群每年能分出 1～2 个新分群；大流蜜期易出现蜜压卵圈现象，流蜜期后群势略有下降；越冬蜂数能达到 5～7 框。

3. 生产性能　白山 5 号蜜蜂配套系采集力较强，蜂产品产量较高，饲养成本降低，与本地意蜂相比，产蜜量提高 30％以上，产浆量提高 20％以上，越冬群势下降率降低 10％左右，越冬饲料消耗量降低 25％以上。

4. 培育简况

（1）培育场地气候、蜜源特点　培育场地在长白山腹地，位于北纬 40°52′～46°18′、东经 121°38′～131°19′之间，具有显著的温带-半干旱大陆性季风气候特点，冬季长而寒冷，夏季短而温暖。年平均气温 3～5 ℃，年降水量 350～1 000 mm，无霜期 110～130 d。越冬试验在延吉市地下越冬室进行，越冬期 130 d 左右。蜜粉源植物 400 余种，主要蜜源植物为椴树、槐树、山花、胡枝子；辅助蜜源植物有侧金盏、柳树、槭树、稠李、忍冬、山里红、山猕猴桃、黄柏、珍珠梅、柳兰、蚊子草、野豌豆、益母草、月见草、香薷、蓝萼香茶菜等，4～9 月花期连续不断。

（2）育种素材　喀尔巴阡蜂（1979 年从大连华侨果树农场引进）、卡尼鄂拉蜂（1980 年从中国农业科学院养蜂研究所引进）、美国意蜂（1983 年从中国农业科学院养蜂研究所引进）。

（3）技术路线　确定育种素材→建立近交系→配套系组配→配套系对比试验→中间试验→确定配套系。

A 系：系祖为卡尼鄂拉蜂，1982 年建立，兄妹交配 9 代，近交系数达 0.859。

　　B系：系祖为喀尔巴阡蜂，1982年建立，兄妹交配7代，母子回交2代，近交系数达0.94。

　　C系：系祖为美国意蜂，1983年建立，兄妹交配3代，近交系数达0.625。

　　（4）培育过程　系祖确定后，用人工授精的方法，通过兄妹交配、母子回交等近交系统建立近交系；当近交系达到一定纯度时，便用其组配配套系，配成A·B×C（即白山5号）、A·C×B、B·A×C等3个三交组合和C×A、C×B、B×A、B×C等4个单交种组合。用美国意蜂生产种作对照组，进行对比试验，并在各地进行了3 000多群的中间试验，筛选出白山5号配套系。

　　5. 饲养管理　目前，白山5号蜜蜂配套系定地饲养蜂群占20%，小转地饲养占50%，大转地饲养占30%。单场规模100群左右，有90%采用标准箱饲养，10%采用其他蜂箱饲养。白山5号蜜蜂配套系饲养技术要点是：选择蜜粉源充足的繁殖和生产场地培育优质蜂王，调动蜂王产卵积极性，延缓蜂群的分蜂热，防治螨害和其他病虫害，保持蜂群生产能力。

（三）松丹蜜蜂配套系

　　松丹蜜蜂（Songdan Bee）配套系是吉林省养蜂科学研究所于1989—1993年在松花江和牡丹江流域育成的蜜、浆高产型西方蜜蜂（*Apis mellifera* Linnaeus 1758）配套系（以生产蜂蜜为主、兼顾王浆生产），由2个单交种正反交组配而成，正交为松丹1号，反交为松丹2号，因其培育场地而得名"松丹"。

　　松丹1号蜂群的血统构成：蜂王是单交种（C×D），工蜂是双交（C·D×R·H）。

　　松丹2号蜂群的血统构成：蜂王是单交种（R×H），工蜂是双交（R·H×C·D）。

　　1. 形态特征

　　C系（卡尼鄂拉蜂）：蜂王个体粗壮，体色黑，腹节背板有棕色斑或棕黄色环带，体长16～18 mm，初生重160～250 mg。雄蜂黑色，体长14～16 mm，初生重206～230 mg。工蜂黑色，少数工蜂第2～3腹节背板有棕黄色斑或棕黄色环带，腹部细长，覆毛短，绒毛带宽而密，体长12～14 mm。

　　D系（喀尔巴阡蜂）：蜂王个体细长，腹节背板有深棕色环带，体长16～18 mm，初生重150～230 mg。雄蜂黑色，个体粗大，尾部钝圆，体长13～15 mm，初生重200～210 mg。工蜂黑色，腹节背板有棕黄色环带，腹部细长，覆毛短，绒毛带宽而密，体长11～13 mm。

　　R系（美国意蜂）：蜂王黄色，尾部有明显的黑色环节，体长16～18 mm，初生重175～290 mg。雄蜂黄色，第3～5腹节背板有黑色环带，个体粗大，尾部钝圆，体长14～16 mm，初生重210～230 mg。工蜂黄色，腹节背板有明显的黑色环节，尾尖黑色，体长12～14 mm。

H系（浙江浆蜂）：蜂王黄红色，尾部有明显的黑色环节，体长 16～18 mm，初生重 200～245 mg。雄蜂黄色，第 3～5 腹节背板有黑色环带，个体粗大，尾部钝圆，体长 14～16 mm，初生重 210～230 mg。工蜂黄色，腹节背板有明显的黑色环节，尾尖黑色，体长 12～14 mm。

松丹 1 号（C·D×R·H）：蜂王个体较大，腹部较长，多为黑色，少数蜂王第 3～5 腹节背板有棕黄色环带，背板有灰色绒毛，体长 16～18 mm，初生重 162～253 mg。雄蜂黑色，个体粗壮，体长 14～16 mm，初生重 208～232 mg。工蜂花色，多数工蜂第 2～4 腹节背板有黄色环带，少数工蜂黑色，体长 12～14 mm。

松丹 2 号（R·H×C·D）：蜂王黄色，少数蜂王尾尖黑色，背板有黄色绒毛，体长 16～18 mm，初生重 181～289 mg。雄蜂黄色，背板有黄色绒毛，个体粗大，尾部钝圆，体长 14～16 mm，初生重 212～235 mg。工蜂黄色，多数工蜂第 2～4 腹节背板有黑色环带，尾尖黑色，体长 12～14 mm。

松丹蜜蜂工蜂其他主要形态特征见表 2-9。

表 2-9　松丹蜜蜂配套系主要形态指标

种系	初生重（mg）	吻长（mm）	前翅长（mm）	前翅宽（mm）	3+4 腹节背板总长（mm）	肘脉指数
近交系 C	125.0±8.4	6.57±0.13	9.28±0.13	3.24±0.09	4.68±0.08	2.74±0.23
近交系 D	110.0±3.9	6.42±0.18	9.45±0.30	3.21±0.08	4.59±0.02	2.33±0.35
近交系 R	113.0±4.0	6.41±0.18	9.72±0.11	3.28±0.07	4.66±0.17	2.27±0.42
近交系 H	110.0±3.76	6.48±0.18	9.55±0.37	3.20±0.14	4.03±0.14	2.27±0.22
松丹 1 号	125.0±3.32	6.52±0.05	9.94±0.11	3.22±0.40	4.85±0.08	2.17±0.14
松丹 2 号	122.0±2.29	6.58±0.06	9.96±0.38	3.25±0.07	4.88±0.09	2.04±0.11

注：吉林省养蜂科学研究所，2006 年 6～8 月测定。

2. 生物学特性

C系（卡尼鄂拉蜂）：善于采集零星蜜源，越冬安全，适应性较强。

D系（喀尔巴阡蜂）：采集力较强，越冬安全，节省饲料。

R系（美国意蜂）：繁殖力和采集力较强。

H系（浙江浆蜂）：产王浆量较高，耐热。

松丹蜜蜂配套系：产卵力强，育虫节律较陡，春季初次进粉后，蜂王产卵积极，子脾面积较大，群势发展快。到椴树花期，群势达到高峰，能维持 9～12 张子脾，外界蜜粉源丰富时蜂王产卵旺盛，工蜂哺育积极，子脾密实度高达 93% 以上，蜜粉源较差时蜂王产卵速度下降。分蜂性弱，能养成强群，可维持 14～17 框蜂群势，一个越冬原群每年分出 1～2 群。大流蜜期易出现蜜压卵圈现象，流蜜期后群势略有下降；越冬群势能达到 6～9 框。

3. 生产性能　松丹蜜蜂配套系采集力较强，蜂产品产量较高。与美国意蜂相比，松丹 1 号产蜜量高 70.8%，产王浆量高 14.4%，越冬群势下降率低 11.9%，越冬饲料消耗量低 23.7%。与美国意蜂相比，松丹 2 号产蜜量高 54.4%，产王浆量高 23.7%，越冬群势下降率低 5%，越冬饲料消耗量低 14.9%。

4. 培育简况　（1）培育场地气候、蜜源特点　培育场地位于东北地区中部，松花江和牡丹江流域，位于北纬 40°52′～46°18′、东经 121°38′～131°19′之间，为低山丘陵区。地势北高南低，海拔 200～800 m。具有显著的温带-半干旱大陆性季风气候特点，冬季长而寒冷，夏季短而温暖。年平均气温为 3～5 ℃，年降水量 350～1 000 mm，无霜期 110～150 d。森林、谷地、草甸构成本区复杂多样的地貌。森林覆盖率达 50%以上，山地、林间蜜源植物繁多。主要蜜源植物为椴树、槐树、山花、胡枝子；辅助蜜源植物有侧金盏、柳树、槭树、稠李、忍冬、山里红、山猕猴桃、黄柏、珍珠梅、柳兰、蚊子草、野豌豆、益母草、月见草、香薷、蓝萼香茶菜等，4～9 月花期连续不断。

（2）育种素材　喀尔巴阡蜂（1979 年由大连华侨农场引进）、卡尼鄂拉蜂（1980 年由中国农业科学院养蜂研究所引进）、美国意大利蜂（1983 年由中国农业科学院养蜂研究所引进）、浙江浆蜂（1987 年由浙江平湖引进）。

（3）技术路线　确定育种素材→近交系选育→配套系组配→配套系对比试验→中间试验→确定配套系。

C 系：系祖为卡尼鄂拉蜂，1982 年建立，兄妹交配 9 代，近交系数 0.859。

D 系：系祖为喀尔巴阡蜂，1982 年建立，兄妹交配 7 代，母子回交 2 代，近交系数 0.94。

R 系：系祖为美国意蜂，1984 年建立，兄妹交配 8 代，近交系数 0.826。

H 系：系祖为浙江浆蜂，1988 年建立，兄妹交配 6 代，近交系数 0.734。

（4）培育过程　系祖确定后，用人工授精的方法，通过兄妹交配、母子回交等近交系统建立近交系；当近交系达到一定纯度时，便用其组配配套系，配成 C·D×R·H（即松丹 1 号）、R·H×C·D（即松丹 2 号）、D·C×R·H、C·R×D·H、D·H×C·R 等 5 个双交组合，C·D×R 一个三交组合，C×D、R×H 两个单交组合；用美国意蜂生产种作对照，进行对比试验，并在多个蜂场共进行了 3 000 多群的中间试验，筛选出松丹 1 号和松丹 2 号蜜蜂配套系。

5. 饲养管理　目前松丹蜜蜂配套系定地饲养量占 20%，小转地饲养占 50%，大转地占 30%。单场规模 100 群左右，有 90% 采用标准箱饲养，10% 采用其他蜂箱饲养。松丹蜜蜂配套系饲养技术要点是：选择蜜粉源充足的繁殖场地和生产场地，培育优质蜂王，调动蜂王产卵积极性，延缓蜂群的分蜂热，有效地防治螨害和其他病虫害，保持蜂群生产能力。

三、中华蜜蜂及其他中国地方品种

（一）北方中蜂

北方中蜂（North Chinese Bee）是中华蜜蜂（*Apis cerana cerana* Fabricius 1793）的一个类型。

1. 品种来源及分布　北方中蜂是其分布区内的自然蜂种，是在黄河中下游流域丘陵、山区生态条件下，经长期自然选择形成的中华蜜蜂的一个类型。

华北地区有文字记载的历史悠久。河南安阳殷墟发掘的 3 300 年前的甲骨文中就有"蜂"字的原型；史料记载，殷末周初，周武王兴兵伐纣，行军大旗上聚集蜂团，被认为是吉兆，命为"蜂纛"；先秦的《文始真经•极》中有"圣人师蜂立君臣"的表述，表明 2 500 年前，古人对蜂群生物学已有所了解。

北方中蜂的中心产区为黄河中下游流域，如山东、山西、河北、河南、陕西、宁夏、北京、天津等地的山区；四川省北部地区也有分布。

2. 形态特征　蜂王体色多为黑色，少数棕红色；雄蜂体色为黑色；工蜂体色以黑色为主，体长 11.0～12.0 mm。其他主要形态特征见表 2-10。

表 2-10　北方中蜂主要形态指标

吻长 (mm)	右前翅长 (mm)	右前翅宽 (mm)	肘脉指数	翅钩数	跗节指数	3+4 背板 总长 (mm)
4.96±0.19	8.81±0.10	2.93±0.05	3.50±0.37	17.14±1.25	58.73±1.23	3.99±0.37

注：吉林省养蜂科学研究所，2012 年 8 月测定；采样地为北京。

3. 生物学特性　耐寒性强，分蜂性弱，较为温驯，防盗性强，可维持 7～8 框以上蜂量的群势；蜂群的抗巢虫能力较弱，易感中蜂囊状幼虫病、欧洲幼虫腐臭病等幼虫病，病群群势下降快。蜂王一般在 2 月初开产，平均每昼夜产卵 200 粒左右，部分蜂王可达 300～400 粒。群势恢复后，蜂王进入产卵盛期，平均有效产卵量为 700余粒，部分蜂王可达 800～900 粒，最高可达 1 030 粒。

4. 生产性能　北方中蜂主要生产蜂蜜、蜂蜡和少量花粉。

（1）蜂产品产量　产蜜量因产地蜜源条件和饲养管理水平而异。转地饲养年均群产蜂蜜 20～35 kg，最高可达 50 kg；定地传统饲养，年群均产蜂蜜 4～6 kg。

（2）蜂产品质量　蜂蜜质量因饲养管理方式而异，其含水量在 19%～29%。活框箱饲养的蜂群蜂蜜纯净，传统方式饲养的蜂群蜂蜜杂质较多。

5. 饲养管理　该区域绝大多数北方中蜂均采用活框饲养，只有山区仍沿用传统饲养方式。

（二）华南中蜂

华南中蜂（South-China Chinese Bee）是中华蜜蜂（*Apis cerana cerana* Fabricius 1793）的一个类型。

1. 品种来源及分布　华南中蜂是其分布区内的自然蜂种，是在华南地区生态条件下，经长期自然选择而形成的中华蜜蜂的一个类型。

900多年前，宋朝大诗人苏轼（1037—1101年），被贬到广东惠州时，看了养蜂人用艾草烟熏驱赶收捕分蜂群的情景后，写下了《收蜜蜂》一诗。当时，养蜂者用竹笼、树筒和木桶等传统饲养方法，产量很低，蜂群处于自生自灭状态。直到20世纪初，西方蜜蜂引进前，华南中蜂都是分布区内饲养的主要蜂种。20世纪中叶，广东省开始将活框饲养技术应用于当地自然蜂种的饲养，养蜂业得到迅猛发展。

据蓝国贤报道，中国台湾地区早在康熙年间已饲养东方蜜蜂。当时的农民由树洞、山壁岩洞中收捕野生蜂，用传统方法饲养。其时，有吕、赖、林三姓家族由大陆移居嘉义县的关子岭地区，带来了养蜂技术。由此推算，中国台湾饲养中华蜜蜂已有200多年的历史。

华南中蜂的中心产区在华南，主要分布于广东、广西、福建、浙江、台湾等地的沿海和丘陵山区，安徽南部、云南东南部也有分布。

2. 形态特征　蜂王基本呈黑灰色，腹节有灰黄色环带；雄蜂黑色；工蜂为黄黑相间。其他主要形态特征见表2-11。

表2-11　华南中蜂主要形态指标

吻长 （mm）	右前翅长 （mm）	右前翅宽 （mm）	肘脉指数	翅钩数	跗节指数	3+4背板 总长（mm）
4.53±0.14	8.15±0.12	2.89±0.08	3.75±0.23	18.83±1.32	57.19±2.83	3.97±0.33

注：吉林省养蜂科学研究所，2011年6月测定；采样地为广东湛江。

3. 生物学特性　繁殖高峰期，平均日产卵量为500～700粒，最高日产卵量为1 200粒。

育虫节律较陡，受气候、蜜源等外界条件影响较明显。春季繁殖较快，夏季繁殖缓慢，秋季有些地方停止产卵，冬季繁殖中等。

维持群势能力较弱，一般群势为3～4框蜂，最大群势达8框蜂左右。分蜂性较强，通常一年分蜂2～3次；分蜂时，群势多为3～5框蜂，有的群势2框蜂即进行分蜂。蜂群经过度夏期后，群势下降40%～45%。

温驯性中等，受外界刺激时反应较强烈，易螫人。盗性较强，食物缺乏时易发生互盗。防卫性能中等。易飞逃。

易感染中蜂囊状幼虫病，病害流行时，发病率高达85%以上。此病尚无有效的治疗药物，主要采取消毒、选育抗病蜂种、幽闭蜂王迫使其停止产卵而断子等措施进行防治。

4. 生产性能

（1）蜂产品产量　产品只有蜂蜜和少量蜂蜡。年均群产蜜量因饲养方式不同差异很大。定地饲养年均群产蜂蜜 $10 \sim 18 \, kg$，转地饲养年均群产蜂蜜 $15 \sim 30 \, kg$。可生产少量蜂蜡（年均群产不足 $0.5 \, kg$），一般自用加工巢础。

（2）蜂产品质量　华南中蜂生产的蜂蜜浓度较低，成熟蜜含水量多在 $23\% \sim 27\%$，淀粉酶值为 $2 \sim 6$，蜂蜜颜色较浅，味香纯。

5. 饲养管理　中心分布区的放养方式有两种：$75\% \sim 80\%$ 的蜂群为定地结合小转地饲养，$20\% \sim 25\%$ 的蜂群为定地饲养。大多数蜂群采用活框饲养，少数蜂群采用传统方式饲养。

（三）华中中蜂

华中中蜂（Centre - China Chinese Bee）是中华蜜蜂（*Apis cerana cerana* Fabricius 1793）的一个类型。

1. 品种来源及分布　华中中蜂是其分布区内的自然蜂种，是在长江中下游流域丘陵、山区生态条件下，经长期自然选择形成的中华蜜蜂的一个类型。

元代王祯在安徽旌德县和江西永丰县任县尹时（1295—1300 年），所著的农书中记载："割蜜者，以薄荷叶细嚼涂于手面，自不螫人""人以竿高悬，笠帽召之，三面扬土阻其出路，蜂自避入笠中，收入，将笠装于布袋悬空处，至晚移于桶内"。这表明，700 多年前的元代，当地人已经掌握了蜜蜂饲养技术，其收蜜和收捕蜜蜂的方法，仍沿用至今。

明朝万历六年（1578 年）成书的《本草纲目》记载，北宋时安徽宣州和亳州已有家养土蜂并分别出产黄连蜜和桂花蜜。

明代江西奉新人宋应星著有《天工开物》一书，在第六卷第六节"蜂蜜"中，记述了蜜蜂、蜂蜜和养蜂技术，这表明，当时当地的养蜂技术已有较高水平，并进行商业化生产。

20 世纪 80 年代，中国首次在全国范围内进行了中蜂资源考察。杨冠煌等根据考察结果将该分布区内的中蜂定名为湖南型（也有人将其称为沅陵型），匡邦郁、龚一飞等也认同上述地区分布的中蜂为一个生态型，匡邦郁还认为该生态型的分布区主要在华中，故将其定名为华中型。

华中中蜂的中心分布区为长江中下游流域，主要分布于湖南、湖北、江西、安徽等省以及浙江西部、江苏南部，此外，贵州东部、广东北部、广西北部、重庆东部、四川东北部也有分布。

2. 形态特征　蜂王一般为黑灰色，少数为棕红色。工蜂多为黑色，腹节背板有明显的黄环。雄蜂黑色。部分地区华中中蜂主要形态特征见表 2-12。

表 2-12　华中中蜂主要形态指标

吻长 (mm)	右前翅长 (mm)	右前翅宽 (mm)	肘脉指数	翅钩数	跗节指数	3+4 背板 总长（mm）
4.92±0.20	8.68±0.14	3.04±0.08	3.98±0.68	17.60±1.19	57.00±1.35	4.24±0.12

注：吉林省养蜂科学研究所，2011 年 6 月测定；采样地为湖北神农架。

3. 生物学特性　活框饲养的华中中蜂，其群势在主要流蜜期到来时可达到 6～8 框蜂，越冬期群势可维持 3～4 框蜂。自然分蜂期为 5 月末 6 月初，一群可以分出 2～3 群，分蜂时间多在 10:00～15:00。遇到敌害侵袭或人为干扰时，常弃巢而逃，另筑新巢。育虫节律陡，早春进入繁殖期较早。早春 2～3 框蜂的群势，到主要流蜜期可发展为 6～8 框蜂的群势。飞行敏捷，采集勤奋，在低温阴雨天气仍出巢采集，能利用零星蜜源。抗寒性能强：树洞、石洞里的野生蜂群，在－20 ℃的环境里仍能自然越冬；传统饲养在树桶中的蜂群，放在院内或野外即可越冬；越冬蜂死亡率 8%～15%。冬季气温在 0 ℃以上时，工蜂便可以飞出巢外在空中排泄。抗巢虫能力较差，易受巢虫危害。温驯，易于管理。盗性中等，防盗能力较差。易感染中蜂囊状幼虫病，该病在中蜂分布区流行已有 30 多年的历史，至今仍在流行，对中蜂生产造成重大损失，威胁着中蜂的生存。

4. 生产性能

（1）蜂产品产量　通常只生产蜂蜜，不产蜂王浆、蜂胶，很少生产蜂花粉。传统饲养的蜂群，年均群产蜂蜜 5～20 kg，活框饲养的蜂群，年均群产蜜 20～40 kg。

（2）蜂产品质量　蜂蜜浓度较高，含水量 19%以下，味清纯。

5. 饲养管理　放养方式多数为定地饲养或定地结合小转地饲养，少数进行转地饲养。

多数蜂群采用活框饲养，有些地区仍沿用传统方式饲养。有些地方，如鄂西北神农架林区，养蜂人对传统的饲养方式进行了改良：在蜂桶中部垂直加两根小方木，用以加固巢脾，创造了每年可以多次取蜜而又不伤害子脾的方法。

（四）云贵高原中蜂

云贵高原中蜂（Yun-Gui Plateau Chinese Bee）是中华蜜蜂（*Apis cerana cerana* Fabricius 1793）的一个类型。

1. 品种来源及分布　云贵高原中蜂是分布区内的自然蜂种，是在云贵高原的生态条件下，经长期自然选择而形成的中华蜜蜂的一个类型。

云南省江川区李家山出土的战国铜臂甲上，发现的蜜蜂形象图；祥云县出土的古墓铜棺上刻有蜜蜂图案，证明云南对蜜蜂的记录可追溯至 2 200 余年前的战国时期；据史料记载，贵州少数民族对蜂产品的利用，至少在千年以上，唐代以来，贵州的苗族、布依族、水族、仫佬族等少数民族利用蜂蜡制作的蜡染久负盛名。

中心产区在云贵高原，主要分布于贵州西部、云南东部和四川西南部三省交会的高海拔区域。

2. 形态特征　蜂王体色多为棕红色或黑褐色，雄蜂为黑色，工蜂体色偏黑，第3、4 腹节背板黑色带达 60%～70%。个体大，体长可达 13.0 mm。其他主要形态特征见表 2 - 13。

表 2 - 13　云贵高原中蜂主要形态指标

吻长（mm）	右前翅长（mm）	右前翅宽（mm）	肘脉指数	翅钩数	跗节指数	3＋4 背板总长（mm）
5.08±0.11	8.47±0.13	3.02±0.06	3.85±0.45	19.1±1.11	56.6±2.08	3.95±0.11

注：吉林省养蜂科学研究所，2015 年 6 月测定；采样地为贵州纳雍。

3. 生物学特性　产卵力较强，蜂王一般在 2 月开产，最高日产卵量可达 1 000 粒以上。

云贵高原夏季气温较低，蜜源植物开花少，蜂群群势平均下降 30% 左右，6 月中旬最严重。越冬期约 3 个月，群势平均下降 50% 左右。

性情较凶暴，盗性较强。分蜂性弱，可维持群势 7～8 框以上。抗病力较弱，易感染中蜂囊状幼虫病和欧洲幼虫腐臭病。

4. 生产性能

（1）蜂产品产量　以产蜜为主，不同地区的蜂群，因管理方式及蜜源条件不同，产量有较大差别。定地结合小转地饲养的蜂群，采油菜、乌桕、秋季山花，年均群产蜜量可达 30 kg 左右，最高 60 kg；定地饲养群以采荞麦、野藿香为主，年均群产蜂蜜约 15 kg。

（2）蜂产品质量　随管理方式的差异，所产蜂蜜含水量在 21%～29%，活框饲养群生产的蜂蜜纯净，品质好；传统方式饲养的蜂群，生产的蜂蜜杂质含量高。生产花粉较少，能生产蜂蜡。

5. 饲养管理　贵州、云南地区以定地为主；四川多为定地结合小转地。

（五）长白山中蜂

长白山中蜂（Changbaishan Chinese Bee）是中华蜜蜂（*Apis cerana cerana* Fabricius 1793）的一个类型。

1. 品种来源及分布　长白山中蜂是其分布区内的自然蜂种，它是在长白山生态条件下，经过长期自然选择而形成的中华蜜蜂的一个类型。

长白山中蜂历史悠久，唐代已有采捕中蜂蜜的记载。明代，长白山区的女真族和汉族集居地已出现了用空心树桶饲养中蜂的生产活动。清代，朝廷在长白山设立了"打牲乌拉"机构及蜜户，专职世袭从事采捕野生蜂蜜和桶养中蜂生产贡蜜的生产活动，在中蜂密集和生产贡蜜的地方，留下了诸多如蜜蜂岭、蜜蜂碥子、蜜蜂顶子、蜜蜂沟等地名。20 世纪 20 年代，吉林桦甸等地提倡应用活框蜂箱饲养中蜂，使传统饲养的中蜂和活框饲养的中蜂并存。

长白山中蜂，俗称山蜜蜂、野蜜蜂，曾称"东北中蜂"。其特点是：工蜂前翅外横脉中段常有一小突起，肘脉指数高于其他中蜂。

中心产区在吉林省长白山区的通化、白山、吉林、延边以及辽宁东部部分山区。吉林省的长白山中蜂占总群数的 85%，辽宁占 15%。

2. 形态特征　长白山中蜂的蜂王个体较大，腹部较长，尾部稍尖，腹节背板为黑色，有的蜂王腹节背板上有棕红色或深棕色环带；雄蜂个体小，为黑色，毛深褐色至黑色；工蜂个体小，体色分 2 种，一种为黑灰色，一种为黄灰色，各腹节背板前缘均有明显或不明显的黄环；三分之一工蜂的前翅外横脉中段有一分叉突出（又称小突起），这是长白山中蜂的一大特征。其他主要形态特征见表 2 - 14。

表 2 - 14　长白山中蜂主要形态指标

吻长（mm）	右前翅长（mm）	右前翅宽（mm）	肘脉指数	翅钩数	跗节指数	3+4 背板总长（mm）
4.84±0.05	8.81±0.05	2.95±0.04	5.91±0.61	18.85±0.38	56.19±0.68	4.22±0.09

注：吉林省养蜂科学研究所，2011 年 6 月测定；采样地为吉林敦化。

3. 生物学特性　长白山中蜂育虫节律陡，受气候、蜜源条件的影响较大，蜂王有效日产卵量可达 960 粒左右。抗寒，在 -20～-40 ℃的低温环境里不包装或简单包装便能在室外安全越冬。

春季繁殖较快，于 5～6 月达到高峰，开始自然分蜂。一个蜂群每年可繁殖 4～8 个新分群，多者超过 10 个新分群；活框箱饲养的长白山中蜂，一般每年可分出 1～3 个新分群。早春最小群势 1～3 框蜂，生产期最大群势达 12 框以上，维持子脾 5～8 张，子脾密实度 90%以上；越冬群势下降率为 8%～15%。

4. 生产性能

（1）蜂产品产量　长白山中蜂主要生产蜂蜜。传统方式饲养的蜂群一年取蜜一次，每群平均年产蜜 5～10 kg；活框饲养的每群平均年产蜜 10～20 kg，产蜂蜡 0.5～1 kg。越冬期为 4～6 个月，年需越冬饲料 5～8 kg。

（2）蜂产品质量　传统方式饲养的长白山中蜂生产的蜂蜜为封盖成熟蜜，一年取蜜一次，水分含量 18%以下，蔗糖含量 4%以下，酶值 8.3 以上，保持着原生态风味。

5. 饲养管理　长白山中蜂定地饲养占 95%，定地与小转地结合仅占 5%。一般养蜂户饲养 2~20 群，中等蜂场饲养 30~80 群，大型蜂场饲养 100~200 群。

70%以上的长白山中蜂采用传统方式饲养，30%以下为活框饲养。冬季多数为室外越冬，少数为室内越冬。

（六）阿坝中蜂

阿坝中蜂（Aba Chinese Bee）是中华蜜蜂（*Apis cerana cerana* Fabricius 1793）的一个类型。

1. 品种来源及分布 阿坝中蜂是在四川盆地向青藏高原隆升过渡地带生态条件下，经过长期自然选择而形成的中华蜜蜂的一个类型。

20 世纪 80 年代，对分布于阿坝地区东方蜜蜂的分类意见不一，有学者认为它属于中华蜜蜂的一个地理宗，另有学者认它为已形成为亚种。1988 年开始，杨冠煌等对阿坝藏族羌族自治州及甘孜藏族自治州北部的生态环境和蜂群生物学进行了考察，对采自多点的工蜂样本进行了形态测定、酯酶同工酶等电点聚焦电泳分析，并与平原地区的中华蜜蜂进行了比对。通过 3 年考察，杨冠煌等认为：在四川西北高原的大渡河上游，存在阿坝中蜂的稳定种群，它们具有比较一致的形态特征及生物学特性，适应高纬度、高海拔的高山峡谷生态环境，为丘陵和平原之间的过渡类型。

阿坝中蜂分布在四川西北部的雅砻江流域和大渡河流域的阿坝、甘孜两州，包括大雪山、邛崃山等海拔在 2 000 m 以上的山地。原产地为马尔康市，中心分布区在马尔康、金川、小金、壤塘、理县、松潘、九寨沟、茂县、黑水、汶川等县，青海东部和甘肃东南部亦有分布。

2. 形态特征 阿坝中蜂是东方蜜蜂中个体较大的一个生态型。蜂王黑色或棕红色，雄蜂为黑色。工蜂的足及腹节腹板呈黄色，小盾片棕黄或黑色，第三、四腹节背板黄色区很窄，黑色带超过 2/3。其他主要形态特征见表 2-15。

表 2-15 阿坝中蜂主要形态指标

吻长（mm）	右前翅长（mm）	右前翅宽（mm）	肘脉指数	翅钩数	跗节指数	3+4 背板总长（mm）
4.99±0.21	8.95±0.20	2.96±0.07	4.35±0.99	18.87±0.74	54.26±1.06	4.04±0.11

注：吉林省养蜂科学研究所，2011 年 6 月测定；采样地为四川马尔康。

3. 生物学特性 阿坝中蜂耐寒，分蜂性弱，能维持大群，采集力强，性情温驯，适宜高寒山地饲养。在原产地马尔康市自然条件下，蜂王一般在 2 月下旬开始产卵，蜂群开始繁殖，秋季外界蜜源终止后，蜂王于 9 月底至 10 月初停止产卵，繁殖期 8 个月左右。早春最小群势 0.5 框蜂，生产期最大群势 12 框蜂，维持子脾 5~8 框，子脾密实度 50%~65%；越冬群势下降率为 50%~70%。春季开繁较迟，但繁殖快。在蜜源较好的情况下，每年可发生 1~2 次自然分蜂，每次分出 1~2 群。在马尔康市查北村（海拔 3 200 m）定点观察表明，多数蜂群在 5 月 5 日以后发生自然分蜂，出现分蜂王台时，群势为 6～8 框蜂。分蜂期外界最高气温 20～23 ℃，最低温 2～3 ℃。此外，很少发生巢虫危害，飞逃习性弱，活框饲养的蜂群很温顺。

4. 生产性能

（1）蜂产品产量　阿坝中蜂的产品主要是蜂蜜，产量受当地气候、蜜源等自然条件的影响较大，年群均产蜂蜜 10～25 kg，蜂花粉 1 kg，蜂蜡 0.25～0.5 kg。

（2）蜂产品质量　原产地生产的蜂蜜浓度较高，一般含水量在 18%～23%。

5. 饲养管理

定地饲养的阿坝中蜂占 90% 以上，少量蜂群小转地饲养。一般一个蜂场饲养 10～90 群，以取蜜为主。80% 蜂群采用活框饲养，20% 采用传统方式饲养。大部分蜂群在本地越冬和春繁。

（七）浙江浆蜂

浙江浆蜂（Zhejiang Royal Jelly Bee）是一种高产蜂王浆的西方蜜蜂（*Apis mellifera* Linnaeus 1758）遗传资源，2009 年经国家畜禽遗传资源委员会蜜蜂专业委员会鉴定，确认为浙江浆蜂。

1. 浙江浆蜂的来源及分布　20 世纪 50 年代末，桐庐县养蜂名人江小毛首创和推广了"有王群生产王浆"技术。平湖蜂农 1960 年开始生产蜂王浆，70 年代时群单框产浆量为 10～25 g；在生产实践中，在乍浦这个交通闭塞、自然隔离条件好的地方，平湖的周良观和王进、嘉兴的孙勇、萧山的洪德兴等用本地蜂场的蜂群开展了群众性的选种育种工作。经过 20 多年群选群育，该地区蜂群的泌浆能力有了极大提高，并且形成了一个形态特征相对一致、生物学特性相对稳定、王浆特别高产的蜜蜂遗传资源。由于其产浆力特强，又是首先在平湖、萧山一带被发现的，因此又称为"平湖浆蜂"和"萧山浆蜂"，外地蜂农纷纷前来引种。

1986 年 12 月，平湖县农业局陆引法、徐明春等发现该县个别蜂场的王浆产量特别高，群单框产量 40～50 g，并将这一发现向有关专家进行了反映，引起有关方面的重视。1987—1988 年，浙江平湖县农业局联合中国农业科学院养蜂研究所和浙江农业大学畜牧兽医系，对王浆高产蜂群进行了考察，认为其产浆性能突出。1988—1989 年，浙江省畜牧部门在全省组织推广。

浙江浆蜂的原产地在嘉兴、平湖和萧山一带，始发地在平湖乍浦。该地处于钱塘江畔和沿海区，蜜粉资源丰富，交通比较闭塞，隔离条件较好，为浙江浆蜂遗传资源的形成提供了独特的生态环境。中心产区为嘉兴、杭州、宁波、绍兴、金华、衢州。除舟山外，浙江各地都有饲养，饲养量达 56 万群。目前已推广到除西藏外的全国各地。

2. 形态特征　蜂王体色以黄棕色为主，个体较大，腹部较长，尾部稍尖，腹部末节背板略黑。雄蜂体色多为黄色，少数腹部有黑色斑。工蜂体色多为黄色，少数为黄灰色,部分背板前缘有黑色带。其他主要形态特征见表2-16。

表2-16　浙江浆蜂主要形态指标

吻长 (mm)	右前翅长 (mm)	右前翅宽 (mm)	肘脉指数	翅钩数	跗节指数	3+4背板 总长 (mm)
6.46±0.15	9.36±0.10	3.23±0.06	2.38±0.29	22.70±1.24	58.70±1.91	4.74±0.10

注:吉林省养蜂科学研究所2011年6月测定;采样地为浙江平湖。

3. 生产性能

(1) 蜂产品产量　徐明春等(1987年)对王浆高产蜂群的生产性能进行测定,其王浆产量比原意蜂平均高2.19倍。1988—1989年浙江省畜牧局组织32个养蜂重点县(市)进行对比试验,平湖浆蜂比普通意蜂王浆增产83.69%,花粉增产54.5%。据近年来畜牧生产统计,浙江浆蜂年群产量见表2-17。

表2-17　浙江浆蜂蜂产品生产量调查结果

产品类别	蜂蜜 (kg)	蜂王浆 (kg)(6~7月)	蜂花粉 (kg)	蜂胶 (kg)	蜂蜡 (kg)
年均群产量	50	3.5~5.0	5.0	0.05~0.1	0.6~1.0

(2) 蜂产品质量　浙江浆蜂生产的蜂蜜含水量为30%~23%。2006年4月,浙江省畜牧兽医局对全省5个一级种蜂场、2个二级种蜂场的浙江浆蜂在油菜花期生产的蜂王浆抽样检测,其62个样品的测定结果是:蜂王浆中10-羟基-2-癸烯酸(10-HDA)含量为1.40%~2.28%,平均为1.76%。平湖浆蜂蜂王浆中10-HDA含量为1.4%~1.9%,其中春浆10-HDA含量为1.8%左右,水分含量为62%~70%。一般蜂场饲养的浙江浆蜂,油菜花期生产的蜂王浆10-HDA含量为1.4%~1.8%,平均为1.6%。

4. 生物学特征　浙江浆蜂分蜂性较弱,在蜂脾相称、群势小于8框蜂时,一般不会出现分蜂;能维持强群,一般能保持在10框蜂以上。浙江浆蜂全年有效繁殖期为10个月左右,蜂王于冬末开始产卵,繁殖旺季蜂王平均日产卵量超过1 500粒,繁殖期子脾密实度为95.8%。秋季外界蜜源结束后,蜂王停止产卵。冬繁时最小群势为0.5~1框蜂,生产季节最大群势为14~16框蜂,并能保持7张以上子脾。越冬群势下降率为30%。

对大宗蜜源采集力强,对零星蜜源的利用能力也强,哺育力强,育虫积极,性情温驯,适应性广,较耐热,饲料消耗量大,易受大、小螨侵袭,易感染白垩病。

浙江浆蜂咽下腺(工蜂分泌王浆的主要腺体)小囊的数量为579个(原浙江农业大学动物科学学院和北京大学生命科学学院1993年测定),而原种意大利蜂咽下腺小囊的数量为547个(江西农业大学动物科技学院报道),与原意蜂相比,浙江浆蜂咽下腺小囊的数量增加了 5.85%。

5. 饲养管理

（1）蜂群饲养 约有 79% 的浙江浆蜂转地饲养，定地饲养约占 10%，定地加小转地饲养约占 11%。多数蜂场生产蜂蜜、蜂王浆、蜂花粉等产品。蜂群室外越冬。

（2）饲养技术要点 根据浙江浆蜂的生物学特性，在饲养管理上应采取适时冬繁、蜂脾相称、早加继箱、及时生产、安全度夏、维持强群等技术措施。

（八）东北黑蜂

东北黑蜂（Northeast - China Black Bee）是西方蜜蜂（*Apis mellifera* Linnaeus 1758）的一个地方品种。它是 19 世纪末至 20 世纪初由俄罗斯远东地区传入中国黑龙江的一种黑色蜜蜂，是中俄罗斯蜂（欧洲黑蜂的一个生态型）和卡尼鄂拉蜂的过渡类型，并在一定程度上混有高加索蜂血统，与饲养于东北地区的意大利蜂经过长期混养、自然杂交和人工选育后，逐渐形成的一个蜂蜜高产型蜂种。

1. 品种来源及分布 19 世纪 50 年代以后，沙皇俄国由俄罗斯南部、乌克兰和高加索等地向远东地区大量移民，一些移民将其饲养的黑色蜜蜂带入远东地区。19 世纪末，上述黑色蜜蜂分别由三个方向进入中国黑龙江省：一是由乌苏里江以东地区越江进入黑龙江省；二是由黑龙江以北地区越江进入黑龙江省；三是由满洲里口岸用火车运入黑龙江省，分布在中长铁路沿线，至 1925 年，中长铁路沿线饲养的黑色蜜蜂已发展到 12 430 群，养蜂生产发展较快。

1918 年 3 月养蜂人邹兆云迁入饶河，由乌苏里江以东（俄罗斯）引进 15 桶黑色蜜蜂，用他自己设计的"高架方脾十八框蜂箱"在苇子沟定地饲养，后逐步繁殖，推广至石场、太平、大贷、万福碴子等地，成为"饶河东北黑蜂之源"。

中心产区为饶河县，主要分布在饶河、虎林、宝清等地。核心区饲养种群约 5 000 群。

2. 形态特征 东北黑蜂个体大小及体形与卡尼鄂拉蜂相似，蜂王大多为褐色，其第 2～3 腹节背板有黄褐色环带，少数蜂王为黑色。雄蜂为黑色，绒毛灰色至灰褐色。工蜂有黑、褐两种，少数工蜂第 2～3 腹节背板两侧有淡褐色斑，绒毛淡褐色，少数灰色；第 4 腹节背板绒毛带较宽；第 5 腹节背板覆毛较短。其他主要形态特征见表 2 - 18。

表 2 - 18 东北黑蜜蜂主要形态指标

吻长 (mm)	右前翅长 (mm)	右前翅宽 (mm)	肘脉指数	翅钩数	跗节指数	3+4 背板 总长（mm）
6.53±0.15	9.32±0.13	3.29±0.07	2.71±0.40	21.30±1.59	49.50±1.43	4.72±0.10

注：吉林省养蜂科学研究所 2011 年 6 月测定；采样地为黑龙江饶河。

3. 生物学特性 蜂王产卵力强，早春繁殖快；分蜂性弱，可维持大群。采集力强。抗寒，越冬安全。不怕光，开箱检查时较温驯。盗性弱。定向力强。比意蜂抗幼虫病。

4. 生产性能 东北黑蜂生产性能见表 2-19。

表 2-19 东北黑蜂生产性能

产品类别	蜂蜜（kg）	蜂王浆（6~7月）（g）	蜂花粉（kg）	蜂胶（g）	蜂蜡（kg）
平均每群年产量	50~100	300~500	3~5	30~60	1.5~2.5

5. 饲养管理 定地饲养的东北黑蜂占 10%，定地结合小转地饲养的占 90%。一般一个蜂场饲养 50~100 群蜂，最多饲养 240 群。定地蜂场只生产椴树蜜。定地结合小转地饲养蜂场可利用两个大蜜源：椴树蜜源后再采秋季蜜源，或采椴树蜜源后利用秋季蜜源繁殖蜂群。

80% 以上的东北黑蜂采用 18 框卧式蜂箱饲养，20% 以下应用俄氏蜂箱饲养。冬季有 10% 蜂群室内越冬，90% 蜂群室外包装越冬。

根据当地气候蜜源的特点和东北黑蜂的特性，实施早繁殖、早育王、早分蜂、适时繁殖适龄采集蜂、繁殖越冬适龄蜂、强群繁殖、强群生产、强群越冬等技术措施。

（九）新疆黑蜂

新疆黑蜂（Xinjiang Black Bee），是西方蜜蜂（*Apis mellifera* Linnaeus 1758）的一个地方品种。它是 20 世纪初由俄国传入中国新疆的黑色蜜蜂，经过长期自然杂交和人工选育后，逐渐形成的一个蜂蜜高产型蜂种。

1. 品种来源及分布 1900 年，俄国人把黑色蜜蜂带入新疆伊犁和阿勒泰两地饲养。1919 年，黑蜂被带入新疆的布尔津；1925—1926 年，再次被带入新疆伊宁，后发展到整个伊犁地区。另据新源县哈萨克族养蜂老人奴尔旦自克回忆，20 世纪 30—40 年代，天山地区有很多野生黑蜂，俄国侨民常到山里来收捕这些野生黑蜂带回家饲养。

可见，新疆黑蜂是 20 世纪初由俄国传入中国新疆伊犁、阿勒泰等地的黑色蜜蜂，在经过长期混养、自然杂交和人工选育后，逐渐形成的一个西方蜜蜂地方品种，它们对中国新疆地区的气候、蜜源等生态条件产生了很强的适应性。

新疆黑蜂中心产区在阿尔泰山和天山山脉及伊犁河谷地区。主要分布于伊犁的尼勒克、特克斯、新源、巩留、昭苏、伊宁、霍城，阿勒泰的布尔津、哈巴河、吉木乃等地。分布区西部与哈萨克斯坦接壤，北部与俄罗斯相邻。

2. 形态特征 新疆黑蜂为黑色蜂种。蜂王个体较大，黑色，有些蜂王腹节有棕红色环带。雄蜂个体粗大，色黑，体毛密集。工蜂个体比卡尼鄂拉蜂稍大，色黑。

新疆黑蜂与意大利蜂杂交后，蜂王、雄蜂和工蜂的体色由黑到黄，变化较大。其他主要形态特征见表2-20。

表 2-20　新疆黑蜂主要形态指标

吻长 （mm）	右前翅长 （mm）	右前翅宽 （mm）	肘脉指数	翅钩数	跗节指数	3+4背板 总长（mm）
6.15±0.17	9.43±0.11	3.14±0.05	1.75±0.22	19.43±1.45	55.29±1.59	4.79±0.07

注：吉林省养蜂科学研究所2011年6月测定；采样地为新疆尼勒克。

3. 生物学特性　蜂王产卵力较强，产卵整齐，子脾面积大，密实度达90%以上，子脾数可达7～10框，群势达10～14框时也不发生分蜂热。育虫节律陡，对外界气候、蜜粉源条件反应敏感，蜜源丰富时，蜂王产卵旺盛，工蜂哺育积极；在新疆本地自然条件下，蜂王于越冬末期产卵，蜂群开始繁殖，秋季外界蜜源结束后，蜂王停止产卵，繁殖期结束，年有效繁殖期5～7个月。采集力强，善于利用零星蜜粉源，节约饲料。抗病力强，抗巢虫。耐寒，越冬性能强，越冬群势下降率为15%～20%，低于意大利蜂和高加索蜂。性情凶暴，怕光，开箱检查时易骚动，爱螫人。定向力弱，易偏集。不爱作盗，但防盗能力差。抗逆性强于其他西方蜜蜂品种，在恶劣的地理、气候条件下能够生存，是中国唯一能够在野外生存的西方蜜蜂品种。

4. 生产性能

（1）蜂产品产量　20世纪80年代以来，新疆黑蜂更加适应当地的气候和蜜源，由过去单一产蜜型向兼顾蜂蜜、花粉、蜂胶生产发展，产胶性能好。抗逆性强。在正常年份，新疆黑蜂年群均产量见表2-21。

表 2-21　新疆黑蜂平均每群年产量

产品类别	蜂蜜（kg）	蜂花粉（kg）	蜂胶（kg）	蜂蜡（kg）
平均每群年产量	50～70	2～3	0.1～0.2	1～2

（2）蜂产品质量　新疆黑蜂生产的蜂蜜大多为天然成熟蜜，含水量一般在23%以下，最低可达18%，品质优良。以野生牧草和药用蜜源植物生产的特种天然成熟蜜，色泽浅白，细晶细腻，具有独特的芳香气味，当地俗称"黑蜂蜜"。

5. 饲养管理　新疆黑蜂可采用定地结合小转地方式饲养，饲养规模不宜超过100群，年采大宗蜜源1～2个。

现有的新疆黑蜂60%使用郎式标准箱，40%采用俄式蜂箱。约70%的蜂群在室内越冬，30%左右的蜂群在室外越冬。

饲养要点：应根据新疆黑蜂抗寒不耐热的特性，加强夏季通风遮阳，防止偏集，控制分蜂热。应注意防治大蜂螨。

第二节　蜜蜂杂种的优势与利用

目前，在养蜂生产中多以利用杂种优势的途径改良蜂种，其好处是简单易行，时间短，见效快。

一、蜜蜂杂种优势

一个纯种处女王和另一个纯种的雄蜂在交配之后产生的后代工蜂，为杂交种。在其受精过程中相结合的性细胞是异质的，差异较大，因此，其生活力较强。在一定范围内，性细胞的这种差异越大，其后代的生活力就越强。在某些性状上要超过父母双亲（如采集力、繁殖力等）。然而，纯种处女王和本品种的雄蜂交配之后所产生的工蜂仍然是纯种，在其受精过程中相结合的性细胞是同质的，没有差异或差异很小，因此，其生活力较弱，在性状上没有大的变化，表现不出优势来。由两个不同的纯种进行杂交的后代，所表现出来的有益于生产的某些性状，超过了两个纯种应有的生产能力，即为蜜蜂的杂种优势。

（一）蜜蜂杂种优势的特点

蜜蜂是三型蜂同群两代同堂的昆虫，蜂群的性状是由亲代蜂王和子代工蜂共同体现的。要获得一个蜂群的蜂王和工蜂都是一样血统的杂交种是不可能的，因为一个蜂群的工蜂若是单交一代的话，那么这个蜂群的蜂王必然是纯种；假如这个蜂群的蜂王是单交种，那么它的工蜂不是回交后代就是三交一代或双交一代，不可能是单交一代，要想获得亲代和子代都具有优势性能的蜂群，只有采用三个或四个品种配制成三交种或双交种。不过杂交种的生产性能不单与杂交的方法有关，更主要的还取决于亲本的选择是否合适，如果亲本选择适当，单交种也会具有比较理想的生产性能。

（二）杂交种的配制

当前推广的杂交种，多数属于生产性杂交（即以生产上使用的普通品种为父本，以新引进的纯种、单交种、三交种或双交种为母本），只有少数是经过育种单位利用近交系组配的杂交种。

杂交种能否增产，主要取决于杂交组合配制是否得当，也就是参与杂交的亲本配合力如何。配合力强，杂种优势明显，增产效果好；反之效果就差，杂种优势不明显。要想得到配合力强、增产效果好的杂交组合，必须事先进行各杂交组合的对比试验。通过比较它们的经济效益，确定最佳杂交组合之后再推广应用。如果是引进未经试验的品种，盲目搞杂交，那就不一定达到增产的目的。组配杂交种的方法如下。

1. 单交种　两个品种或品系间的杂交称为单杂交，所产生的杂交种为单交种。单交种的蜂王本身是纯种，仅为杂交王，不是杂种王，没有优势；工蜂是单交种，具有优势；雄蜂为纯种。

例1：　　KK（♀）×E（♂）

KE（工蜂）单交种

2. 三交种　三个品种或品系之间的杂交称之为三杂交，所产生的杂交种为三交种。三交种蜂群的蜂王本身是单交种（或纯种），仅为三交王，工蜂是三交种，雄蜂是单交种（或纯种）。当三交的蜂王是单交种时，蜂王和工蜂都具有优势。

例2：　　KK（♀）×E（♂）

KE（♀）×G（♂）

KE·G（工蜂）三交种

例3：　　GG（♀）×E（♂）

GE（♀）

产未受精卵

KK（♀）×GE（♂）

K·GE（工蜂）三交种

3. 双交种　两个单交种之间的杂交称为双杂交，所产生的杂交种为双交种。双交种蜂群的蜂王本身是单交种；仅为双交王，工蜂是双杂交种，雄蜂是单交种。由于含有多种血统，若配合得当，蜂王和工蜂都具有很强的优势。

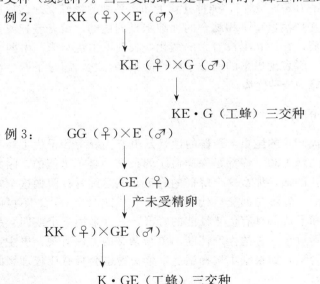

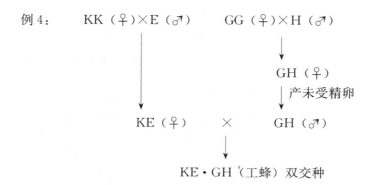

例4：　　KK（♀）×E（♂）　　GG（♀）×H（♂）

二、蜜蜂杂种优势利用

（一）杂交种蜜蜂累代利用

当前，在国内养蜂生产中，除了少数地区饲养纯种蜜蜂以外，大部分地区都饲养杂交种蜜蜂。杂交种蜜蜂，一是由于其生活力强、生产优势大、经济效益高而被广泛利用；二是因为大部分地区空中的雄蜂比较混杂，养蜂者无论是引进纯种还是引进杂交种，只要育成下一代蜂王，在自然交尾中就自然而然地杂交或混杂了，所以杂交种蜜蜂在养蜂生产中较为普遍。常用的蜜蜂杂交种有单交种、三交种、双交种、多交种等，在生产中饲养的杂交种蜜蜂有少部分是直接引进的杂交种；而多数为养蜂者利用引进的蜂种与本地蜜蜂组配的杂交种。有很多蜂场是一次引种、累代利用，即以引进的纯种或杂交种蜜蜂在当地培育第一代蜂王之后，又以第一代为亲本培育第二代，以第二代为亲本培育第三代，以至多代延续利用。

蜜蜂的生殖形式比较独特，它是由两个性别、三个类型、数以万计的个体组成的群体生物，工蜂和蜂王是二倍体，雄蜂是单倍体。其性状是由群体综合表现出来的。另外，蜂王和雄蜂的交尾是在空中飞行时进行的，而且是在短短的几天内完成一生中的一次性组配、多雄授精的交配活动。因此，蜜蜂杂种优势第一代只是表现在工蜂身上（蜂王不具有同代优势），第二代才能表现在蜂王身上。例如，单交种蜂群结构：蜂王（纯种）＋工蜂（单交种）＋雄蜂（纯种）。双交种蜂群结构：蜂王（单交种）＋工蜂（双交种）＋雄蜂（单交种）。在一般情况下，不可能在一个群体里获得蜂王和工蜂同代的优势，但利用三交种、双交种因其蜂王是单交种，所以其效果要比单交种蜂群好得多。

遗传育种理论和育种实践告诉我们，单交种蜜蜂的第一代、第二代，三交种和双交种蜜蜂的第一代具有显著的杂种优势（因为单交种的第二代蜂王有优势，工蜂可能进一步杂交为三交种或出现回交后代，所以仍有优势，但有时也不一致）；而单交种的第三代以后，三交种和双交种的第二代以后，在一般情况下优势明显下降，甚至有的下降到比亲本品种还低，而且遗传性状很不稳定。累代杂交的蜂群发生这种变化现象，主要是由于杂交种在不断的杂交过程中基因不断地发生分离和重组，使原来某些有利的性状减弱或消失。因此，饲养杂交种蜜蜂提倡定期换种，保持利用杂交一、二代蜜蜂的优势取得高产。

　　然而，在养蜂生产中确实也有些养蜂者在饲养杂交种蜜蜂过程中，连续利用二、三代杂交种取得高产；也有的累代利用杂交种优势明显下降，以至失去优势而减产。这是什么原因呢？我们认为：其一是杂交种，特别是一些不同品系的杂交组合或三交种、双交种的母本［如喀（阡）×卡、美意×平湖意等］，从体色到性状，在很大程度上具有共同特点，杂交之后更加巩固。因此，利用其一、二代与其不同血统的纯种或杂交种进行杂交，仍然保持明显的优势或出现更强的优势。其二是利用引进的杂交种或本场配制的杂交种与本地空中雄蜂交配，属于继续杂交或回交，若其血统结构合理则生产优势较强，血统结构不合理则生产优势下降。其三是杂交二代、三代优势虽然开始减退，但由于母本、父本或母本和父本的配合力等方面存在着不同程度的差异，因此优势减退的程度和速度也存在着差异，有的杂交组合优势减退幅度较小、速度较缓慢，有的杂交组合优势减退幅度较大、速度较快。

　　根据蜜蜂育种理论和生产用种的实践经验，杂交种蜜蜂累代利用要有目的，不可盲目、随机地进行。首先要建立在已饲养的杂交种蜜蜂生产优势的基础上，然后根据配制杂交组合的需要培育某一纯种雄蜂或单交种雄蜂；或者根据本地交尾区空中雄蜂血统结构，有目的地利用某一杂交种育王，组配成有优势的杂交二代或三代杂交种。如引进喀（阡）×卡单交种，育第二代王与意蜂杂交便是喀（阡）·卡×意三交种；如果本地上空的雄蜂多数是意×喀（阡）杂交种雄蜂，将可能组配成喀（阡）·卡×意·喀（阡）双交种。这种生产性杂交虽然不像专业育种交尾条件控制的那么严密，但只要达到50％以上杂交目的（预定蜂种参与"多雄授精"的雄蜂比例数高于其他蜂种），就可以保持一部分生产优势。当然有些血统组配合理的杂交组合，其优势不亚于一代杂交种，有时还可能高于一代杂交种。要想达到这种目的，必须要摸清自己蜂场和本地交尾区蜂种血统的结构，摸清原有蜂种或引进蜂种的代次。同时还要准确掌握生产优势较高的杂交种的组配形式（因为并非每个杂交种都有优势），以便根据蜂种血统有目标地组成有优势的杂交种。

　　利用引进的蜂种也要明确目的，要分清是直接用于生产还是再育王用于生产，是利用杂交一代还是利用杂交二、三代，要根据具体条件制订出可行的杂交方式、利用的代次和年度计划。一般认为杂交种的累代利用以不超过三代为好。如果对当地蜂种血统变化掌握不够准确，又没有经验，还是以利用杂交一代为主较为稳妥。

　　利用杂种优势要坚持有目标、有计划地定期换种，及时更新蜂种的血统，不断地巩固杂种优势。在生产中累代利用杂交种要有条件、有目的、不盲目地进行，要对蜂种血统和组配形式进行具体的分析和科学的安排，以保证杂种优势在生产中持续利用。

（二）蜜蜂正、反杂交

用 A、B 两个品种杂交时，若以 A 品种作母本、B 品种作父本为正交，则以 B 品种作母本、A 品种作父本为反交。试验证明，正、反交所用的素材虽然相同，但优势效果却不相同，并且遗传性状表现倾向于母本。如果产蜜量较高的品种甲与产王浆量较高的品种乙进行正、反杂交，甲×乙蜂群的产蜜量高于乙×甲蜂群的蜂蜜产量，而乙×甲蜂群的王浆产量高于甲×乙蜂群的王浆产量。父、母本之间某一遗传性状差异越大，正、反交的某一遗传性状的差异也随之增大，偏向于母本的某一性状也大；反之，父、母本之间某一遗传性状差异较小，其正、反交的遗传性状差异也小，偏向于母本性状也小，甚至有的出现相反现象。

第三节　规模化蜂场的蜂王培育与换王技术

一、培育雄蜂

（一）培育雄蜂的条件

培育优质雄蜂要具备强壮的父群、优质的雄蜂巢脾、充足的蜜粉饲料、适宜的温度和妥善的饲养管理技术。

1. 强壮的父群　蜂群是培育雄蜂的基础，强壮的蜂群拥有过剩的哺育力，才有培育雄蜂的愿望，蜂王才能在雄蜂巢房内产未受精卵。培育雄蜂的蜂群在春季不少于 7 框蜂，在夏季应有 10 框蜂以上。

2. 优质雄蜂巢脾　培育雄蜂要具备专用的雄蜂巢脾。春季培育雄蜂选择羽化过 2～3 次蜂子的雄蜂脾加入蜂巢，不宜使用颜色较深或较浅、雄蜂房不规则的雄蜂脾。夏季培育雄蜂利用巢础新修的雄蜂脾为佳。避免因雄蜂房的因素，导致雄蜂个体瘦小，影响雄蜂质量。

3. 充足蜜粉饲料　培育优质雄蜂必须有充足的蜜粉饲料，特别是花粉饲料，如果花粉饲料不足，即使蜂王在雄蜂巢房里产下未受精卵，当幼虫发育到 5～6 日龄也会被工蜂拖出。因此，培育雄蜂的蜂群不仅应有充足的蜂蜜，而且要有充足的花粉。当外界蜜粉源满足不了蜂群的需要时，要及时补喂蜜粉饲料。

4. 创造适宜温度条件　雄蜂幼虫发育适宜温度是 34～35 ℃，相对湿度是 70%～80%，当外界气温过低或过高都会影响幼虫的正常发育，在气温不正常时，工蜂首先拖掉的是雄蜂幼虫。因此，春季培育雄蜂要紧脾缩巢，加强保温，缩小巢门；炎热季节培育雄蜂要加强遮阳、通风、降温。

（二）培育雄蜂的时间

培育雄蜂的时间要根据育王计划确定。一般情况下，在移虫育王前 20 d 左右往父群加雄蜂脾，因为雄蜂从卵至羽化出房 24 d，从出房到性成熟 12 d，从卵到性成熟共需要 36 d。蜂王从移虫到羽化出房 12 d，从出房到性成熟 5～7 d，从移虫到蜂王性成熟共需要 17～19 d。因此，在移虫育王前 20 d 培育雄蜂的性成熟期正好与蜂王的性成熟期相吻合。

（三）培育雄蜂的数量

培育雄蜂数量要根据育王数量确定。正常情况下，一只蜂王在婚飞过程中与 8～10 只雄蜂交尾。春、夏季培育雄蜂与蜂王的比例是 80∶1，也就是说，计划培育成功 1 只蜂王，首先要计划培育出 80 只雄蜂，因为通常培育出的雄蜂性成熟率最高只能达到 70%～80%。秋季培育出的雄蜂，性成熟率更低，通常是在 50% 以下。因此，秋季培育雄蜂与蜂王的比例为 100∶1，这样才能保证蜂王的正常交尾和充分受精。

（四）培育雄蜂的方法

春季培育雄蜂的蜂群要达到 7 框蜂以上，蜂数达不到标准时从其他群进行调补或合并。7 框蜂的蜂群放 4 张脾，使蜂数密集、拥挤，调动蜜蜂培育雄蜂的积极性。选择优质的雄蜂巢脾加到两个子脾之间供蜂王产未受精卵，雄蜂巢脾的上半部要有粉蜜饲料，不足时人工将花粉灌注到巢房里，这种方法的好处有：一是可以限制蜂王往雄蜂巢脾的上部产未受精卵，使蜂群培育的雄蜂不超量；二是雄蜂巢脾上部蜜粉有利于保温；三是雄蜂巢脾上部有蜜粉饲料时能减少或避免拖子现象。为了保证在计划时间范围内有足够数量雄蜂满足处女王交尾，在加雄蜂脾时，用控产器把蜂王控制在雄蜂巢脾上强迫其产未受精卵。雄蜂巢脾的空巢房产满卵后，撤去控产器，解除对蜂王产卵的控制。雄蜂发育到大幼虫阶段，要扩大雄蜂巢脾两侧的蜂路，便于雄蜂房加高及封盖，雄蜂巢脾封盖以后，逐渐加脾扩大蜂巢。

培育雄蜂的蜂群始终保持饲料充足，在饲料充足的前提下，每天傍晚进行奖励饲喂花粉和蜂蜜饲料。在温度低时注意蜂群保温，温度高时注意蜂群遮阳，以便有雄蜂群维持正常温度，保证雄蜂正常发育。

（五）雄蜂性成熟

新羽化出房的雄蜂，几丁质比较柔软，绒毛的颜色较浅，精细胞、储精囊及黏液腺仍然要经过一些生理方面的变化。雄蜂出房 8 d 左右，开始出巢飞翔，12 d 左右达到性成熟。这时精子由睾丸转移到储精囊，黏液腺大量分泌黏液。性成熟的雄蜂在 20 ℃以上的晴朗天气，11:00 左右由工蜂喂饱饲料后，飞出巢外婚飞交配。

（六）提早培育雄蜂的措施

人工培育雄蜂往往比蜂群自然培育雄蜂提前一段时间，在春季蜂群刚刚进入繁殖期，就需要进行培育雄蜂。

1. 组织强壮父群培育雄蜂　早春是蜂群发展中最弱的时期，而一年中第一批培育雄蜂也是从这时开始。有时原群很难达到培育雄蜂的条件，需要从非父群中抽出蜜蜂和子脾加强父群，使父群在首批培育雄蜂时能达到 7 框蜂以上，加雄蜂脾时必须紧脾缩巢，保证父群饲料充足。

2. 利用老龄蜂王培育雄蜂　正常情况下，蜂群中如果是新蜂王，由于受精充沛，产受精卵能力强，蜂群没有发展到强盛时期，新蜂王很少产未受精卵，即使往新蜂王群中加入雄蜂巢脾，把蜂王用控产器控制在雄蜂巢脾上，新蜂王在雄蜂巢脾上仍然产受精卵，最后发育成工蜂。因此，提早培育雄蜂要利用老龄蜂王。利用老龄蜂王贮精囊内精子数量相对偏少，很容易产未受精卵的特点，有效地进行培育雄蜂。

3. 利用处女蜂王培育雄蜂　处女蜂王出房时幽闭到小核群里，进入性成熟期后，用 CO_2 气体进行麻醉处理，每次麻醉 5 min，每日麻醉 1 次，连续麻醉 2 d，麻醉后仍然放回小核群里幽闭饲养。经过麻醉处理处女蜂王 10 d 左右开始产卵。早春利用处女蜂王培育雄蜂，需要在上一年越冬前组织处女王群控制在雄蜂脾上产卵，以免处女蜂王在其他巢脾的工蜂房内产未受精卵，发育成个体较小的无利用价值雄蜂（处女蜂王在工蜂房产未受精卵发育成雄蜂后，既损坏了原来规则的工蜂房，又浪费了工蜂的哺育力）。雄蜂脾上产满卵后，放入强壮的蜂群中进行哺育，控产器内加入雄蜂巢脾继续让处女蜂王产未受精卵培育雄蜂。

4. 密集群势　使蜂数量大大多于脾，不加隔板，让蜂造赘脾产雄蜂。

二、培育王台

（一）蜂群培育蜂王的条件

蜂群中出现以下三种情况，工蜂感到蜂王物质缺少时，开始培育蜂王：一是蜂群偶然失去蜂王；二是蜂群中原蜂王衰老或者伤残；三是蜂群发展到强盛阶段进入分蜂时期。

第一种情况是蜂群偶然失去蜂王后，蜂群失去蜂王物质，由工蜂将有雌性小幼虫或受精卵的工蜂房改造成急造王台，进行培育蜂王。特点是王台数量多，少则十几个，多则数十个，没有具体区域。

选用培育急造王台的幼虫，通常小于 2 日龄。从工蜂房中选择不超过 2 日龄的小幼虫培育出的蜂王，与从蜂王在王台中产卵培育出的蜂王没有明显差异。但是在蜂群已经没有2日龄小幼虫时，工蜂会把3日龄或者更大日龄的雌性幼虫的巢房改造成急造王台来培育蜂王，由此所培育出的蜂王个体较小，外观具有某些工蜂的特征，质量较差。

第二种情况是蜂群中原蜂王衰老或者伤残，蜂王物质减少，蜂群中产生更替意念，工蜂在巢脾的下部或两侧修造成自然交替王台，促使蜂王在王台内产受精卵，培育蜂王。特点是王台数量小，一群中只有3～5个，有一定的区域。

第三种情况是蜂群发展到强盛阶段，巢内哺育蜂过剩，蜂王物质在蜂群中相对减少，这时蜂群酝酿分蜂，在巢脾的下部或两侧修造分蜂王台，促使蜂王在王台内产受精卵，培育分蜂蜂王。特点是数量多，在蜂群的分蜂时期出现，王台分布的区域多数在巢脾的下部。

（二）人工育王的条件

（1）外界气温稳定，没有连续低温多雨或寒潮天气，处女王交尾时能够遇上晴暖无风的好天气。

（2）有丰富的蜜粉源植物开花泌蜜，工蜂采集积极，巢内饲料充足，蜂场没有盗蜂。

（3）蜂群处于增殖期，平均每群子脾6张以上，预计蜂王出房时能够从原群撤出幼蜂组成交尾群或新分群。

（4）种用父群中已经培育出成熟的雄蜂蛹，保证处女王交尾时有大批雄蜂能够参与交尾。

（三）人工育王的用具

1. 育王框　人工培育蜂王使用的育王框有普通育王框和保温式育王框两种。普通育王框是用无异味、不易变形、宽13 mm的木料制成四框，框内等距离地横向安装4条厚度8 mm的台基板。保温式育王框是用普通的巢脾改造而成的，在巢脾的中部切去2/3部分，然后在巢脾的切除部分安装3条台基板，台基板的四周是巢脾，有利于王台的保温（图2-1）。

2. 台基棒　台基棒是用无怪味、质地致密的木料旋制而成的模型棒，也称为蜡碗棒。其顶端加工成十分光滑的半球形。棒的小端直径为8 mm，距端部10 mm处的直径为10 mm。为了提高效率，可将多个台基棒组合到一起，使顶端处在同一水平面上，以保证所蘸制的台基碗深浅一致（图2-2）。

3. 移虫针　移虫针是将工蜂巢房里的小幼虫移植到人工王台基的工具。有鹅毛管移虫针、金属丝移虫针、弹力移虫针等。弹力移虫针是由移虫舌、塑料套管、推虫杆、弹簧、推杆帽等组成（图2-3）。

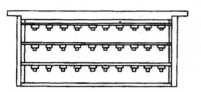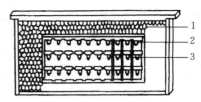

图 2-1 育王框
左：产浆式 右：保温式
1. 巢房 2. 王台 3. 隔条

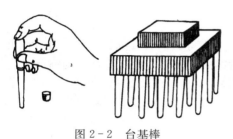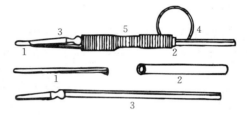

图 2-2 台基棒 　　　　　　　图 2-3 移虫针
左：单棒 右：多棒 　　　1. 移虫舌 2. 塑料管 3. 推虫杆 4. 钢丝 5. 塑料丝

4. 移卵器 移卵器是将工蜂巢房里的卵移植到人工王台的工具。有移卵管、移卵铲、活动房底移卵器等（图2-4、图2-5）。

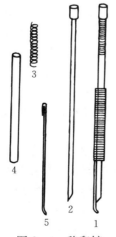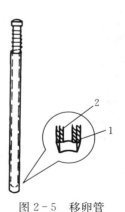

图 2-4 移卵铲 　　　　　　　图 2-5 移卵管
1. 移卵勺 2. 推蜡杆 3. 弹簧 4. 套筒 5. 钢丝 　　1. 外管 2. 内管

移卵管是由内外两根金属套管（类似打孔器），上部装有一个弹簧组成。外管的管壁较薄，端部磨成锋利的刀刃，内孔径 5 mm。内管的内孔径 4 mm 左右，外径略小于 5 mm，使内管在外管中能够滑动，便于推动外管中的蜡片和卵。

移卵铲是由卵铲、套管、推杆、弹簧组成（类似移虫针）。卵铲是由 1～2 mm 不锈钢丝磨制而成，套管选用塑料或金属材料均可，推杆是由竹子或塑料材料制成。

活动房底移卵器是由塑料工蜂房壁、房底、移卵王台、控产器构成。把蜂王控制在具有活动巢房底的特制塑料巢脾上产卵，通过移动巢房底达到移卵育王的目的。

（四）移虫育王的前期准备

1. 种用虫的准备　移虫育王工作中，有计划准备幼虫非常重要。通过组织种用母群产卵不仅可以获得足够数量的幼虫，而且采用控产等有效措施可以提高卵的重量和质量。在移虫前 10 d，将种用母群蜂王用控产器幽闭在大面积幼虫脾上，使蜂王无处产卵。在移虫前 4 d，撤出控产器的子脾，选择 1 张工蜂正在羽化出房的老子脾或者浅棕色适合产卵的空脾放到控产器内供蜂王产卵。这样通过前一阶段的限制产卵，蜂王再产卵时，可以明显提高卵的重量，使卵的体积增大，利用大卵孵化出的幼虫进行移虫育王是提高蜂王质量的有效措施之一。

2. 蘸制王台基　王台基又称蜡碗或蜡盏，是培育蜂王的人工台基。蘸制王台基前，首先把台基棒放在冷水或冷蜜水中浸泡 30 min，然后选用优质蜂蜡放入熔蜡锅内，锅内加入少量洁净水，放在火炉上文火加热。待蜂蜡完全熔化后，停止加热。蘸制王台时，把台基棒上的附水甩净，棒直立浸入蜡液里 10 mm 深处，取出再次浸入，一次比一次浸入得浅，如此反复浸入 2～3 次，使王台基从上至下逐渐增厚，最后放在冷水中冷却一下，然后用手轻轻旋转脱下王台基。

蘸制王台基时，台基棒要与蜡液平面垂直，浸入蜡液中时间不宜过长，取出后稍待冷却再重复浸入，根据蜡液温度情况决定浸入次数，蜡温太高时多浸 1～2 次，蜡温低时少浸 1～2 次。蘸制下一个王台基时，台基棒需插入冷水中浸润一下，以便顺利从棒上取下王台基。

3. 固定王台基　固定王台基是将其安装到台基板上。首先将台基板向下的一面涂上 1.5 mm 的蜡，然后将王台基套在小于王台基的木棒上，在台基底部蘸上少许蜡液，使其粘到台基板上，整个育王框粘满王台基后，振动一下台基框，将脱落的台基重新粘补牢固。

4. 清理王台基　粘好王台基的育王框放入育王群内准备放育王框的位置，让工蜂清理 2～3 h，待台基口被工蜂加工成略显收口近似于自然台基时，即可取出育王框进行移虫或移卵育王。

（五）移虫育王方法

1. 一次移虫育王　一次移虫育王是将粘有王台基的育王框在哺育群中清理后，直接往王台基里移入种用幼虫进行培育蜂王。为了提高接受率，在移虫前先在王台基内点一滴稀王浆，然后把小幼虫再移植到稀王浆上，避免幼虫受到干渴和饥饿。

2. 复式移虫　复式移虫是通过两次移植幼虫进行培育蜂王。第一次将普通蜂群的小幼虫移入清理后的王台基内，加入哺育群经过 12～20 h 哺育后，将这些幼虫从喂有新鲜王浆的王台中取出，然后再将种用群的适龄幼虫移入带有新鲜王浆的王台中，替代普通幼虫。

在蜂群中同时放入一次移虫和复式移虫的王台基让蜜蜂选择，蜜蜂对复式移虫接受率较高。复式移虫的王台较大，蜂王羽化出房时王台里剩余的王浆较多。但是，如果第一次移植 1 日龄幼虫，24 h 后复式移虫仍然使用 1 日龄的幼虫，培育出的蜂王往往体重较轻。因此，在复式移虫育王时，第一次移虫日龄要小，第二次移虫与第一次移虫间隔时间要短，一般是傍晚进行第一次移虫，次日上午进行复式移虫，减少虫龄之间的差距。

3. 移虫操作　移虫工作应选择在气温 20～30 ℃、相对湿度 75％左右、光线充足的室内进行。如果外界气温在 25 ℃ 以上、天气晴朗、风力较小、蜜粉源较好、没有盗蜂的情况下，移虫工作可在室外进行。移虫前，首先是从蜂群中提出预先准备好的育王框和幼虫脾，不要直接抖蜂，防止虫脾受震动使幼虫脱位，影响正常移虫，用蜂扫将蜜蜂轻轻扫去，将育王框和幼虫脾运到移虫的地方，然后用移虫针进行移虫。将移虫针轻轻从幼虫背侧插入虫体下，接着提起移虫针，使幼虫被移虫针尖粘托起来。移虫针放入台基中，针尖抵达台基底部中央时，用手指轻推移虫针的推杆，把幼虫同浆液一同移植到台基里。一次粘托不起来的幼虫，不要重复第二次，应重新移植其他幼虫，使移入台基里的幼虫无伤痕，以便提高成活率。移虫时，选择虫龄要一致，并且要适龄。移完虫的育王框要及时放入哺育蜂群，不要在外界久放，防止幼虫干燥而影响正常发育。进行复式移虫时，用镊子将王台口略加扩大，夹出昨日移入的幼虫，然后重新将种用幼虫移入台基内原虫位置上，切勿将幼虫放入王浆里面而降低了成活率。一定要反复检查，保证台基内没有昨日移入的幼虫，否则，留下的幼虫将会发育成蜂王提前出房，咬破其他王台，使育王计划落空。

4. 温室内微型育王方法　温室内或恒温恒湿培养箱里，温度控制在 34.5 ℃ 左右，相对湿度控制在 75％～90％，利用长×宽×高为 80 mm×80 mm×110 mm 的小木盒，里面嵌有蜜粉饲料的巢脾，每盒内放 80～100 只青幼年工蜂和已移入幼虫的台基，让工蜂饲喂，可以培育出发育正常的蜂王，待蜂王性成熟时，进行人工授精或把微型群放入室外进行自然交尾。利用该方法培育蜂王，蜂王产卵后及时将蜂王诱入正常蜂群。

（六）移卵育王方法

把受精卵从工蜂房里移植到王台基内进行培育蜂王的方法称为移卵育王方法。移卵培育蜂王，受精卵在人工王台中孵化、生长发育，没有受到环境变化和其他不利因素的影响，培育出的蜂王质量较好。

1. 移卵管移卵的方法　移卵时，移卵管口浸润一点蜜水，将移卵管插入有卵的巢房底部用力下压，使移卵管的外管切下巢房底，带卵的巢房底附在外管内。然后把移卵管移到王台基底部中央位置，推动内管，把巢房底及卵粘到台基底部。

2. 移卵铲移卵的方法　移卵时，铲尖在距卵点外1mm外铲进巢房底，当铲尖越过卵1mm后起铲，使巢房底和卵附到铲尖上。然后将移卵铲移入王台基底部中央位置，推动推蜡杆，使巢房底与卵粘在王台基底部。

以上两种移卵方法宜选择在光线充足、空气湿润和温度25℃以上的室内进行。移卵时移卵器具不要碰伤蜂卵或将蜂卵推倒，并且要将巢房底牢固地粘在台基中央。

3. 活动房底移卵方法　首先将活动巢房底组装到无底的塑料工蜂房上，然后将安装好的巢房表面涂上一薄层蜂蜡，便于蜜蜂修筑加高巢房。巢房修好后将蜂王用控产器控制在活动房底的巢脾上产卵。巢脾的另一面用盖板盖住，只允许蜜蜂在一面修筑巢房和产卵。巢脾产满卵时放出蜂王，蜂卵在孵化前将活动巢房底连同其中的卵取下，插入无底的王台基内，装在采浆框条上，放入哺育群进行培育蜂王。

（七）哺育群的组织管理

1. 组织哺育群　哺育群必须是无病的健壮蜂群，保证拥有充足的哺育力。有严重分蜂热的蜂群，对幼虫的饲喂情绪低，培育出来的蜂王质量差、分蜂性强，不能做哺育群。利用有王群哺育出来的蜂王比无王群好，但在蜂群不强大又必须早育王的情况下，也可以利用无王群做哺育群。利用种用母群兼做哺育群，能使其优良性状更好地遗传给下一代。

（1）无王哺育群　春季培育蜂王时，蜂群没有进入强壮时期，此时培育蜂王应选择6框蜂以上，2~3张子脾的蜂群，在移虫之前，将蜂王提走，使该群成为无王群。撤走多余的空脾，蜂群内保留3~4张脾，达到蜂多于脾。同时，要补喂足够的饲料，使巢脾的空巢房都贮满蜂蜜。组成无王群的第二天，在蜂多、脾少、蜜足的情况下移虫育王。

（2）有王哺育群　外界蜜粉源丰富，群势比较强壮，选定的育王群有轻度培育蜂王愿望，可以撤去多余空脾，喂足饲料。移虫时，将育王框直接放在继箱子脾之间，待王台封盖后，移入无王群或有王群的无王区中，避免王台被蜂王破坏。

（3）隔王板哺育群　利用隔王板组织的哺育群，继箱群要求12框蜂以上，7~8张子脾。在移虫前3d进行调整蜂巢，巢箱放卵、虫、蛹脾和1~2张新蛹脾，1~2

张蜜粉脾，育王框放入继箱子脾中间，巢箱和继箱之间加隔王板，蜂王控制在巢箱内。平箱育王群要求6框蜂以上，用框式隔王板将蜂箱隔成有王繁殖区和无王哺育区，蜂巢的调整方法相同于继箱哺育群。

（4）当天使用的哺育群 把预定的哺育群中蜂王和卵虫脾全部提走，留2～4张全封盖蛹脾，形成无王、无卵虫、只有封盖蛹的"孤儿群"，工蜂很快就会产生造台的意念。组成3～4 h以后就可以进行移虫育王，48 h后送入1张幼虫脾，调动蜜蜂泌浆积极性。

2. 哺育群的管理 哺育群组织好以后，在巢内饲料充足的前提下，每晚奖励饲喂0.5 kg的蜜水，使哺育群的子脾外围充满饲料。在外界蜜粉源不足时，特别注意补喂花粉饲料。奖励饲喂坚持到王台封盖时方可停止。连续培育蜂王的哺育群，待王台全部封盖后，轻轻提出育王框，放入事先准备好的其他蜂群无王区内进行保存。原哺育群提出育王框后，及时放进第二批新移虫的育王框继续培育蜂王。哺育群每5 d调整一次子脾结构并削除自然王台。

3. 始工群和完成群的管理

（1）始工群 在移虫育王前一天，利用青幼年蜂人工组织无王群，该群只哺育新移入育王框的小幼虫，24 h后把育王框从该群中拿走，在原位置重新放入新移虫的育王框，这样的蜂群称之为始工群。始工群王台接受率高，可连续始工2～3批蜂王。

（2）完成群 哺育从始工群中提出育王框的幼虫，并使其培育成即将出房的蜂王，这样的蜂群称为完成群。完成群一般情况下是有王群，用隔王板分为有王区和无王区。育王框放在无王区内，根据育王计划及蜂群的蜂数情况，一个完成群里可放置育王框2～4框。为了使完成群培育出优质蜂王，必须每天奖励饲喂花粉和蜂蜜饲料，5 d调整一次蜂巢的子脾结构，封盖子脾低于4张时，从其他蜂群中抽子脾补充，以保持有大量的哺育蜂满足培育蜂王的需要。

三、诱入王台或处女王

（一）诱入王台

蜂王即将出房的前一天，将王台诱入到交尾群中。诱入王台有两种方法，一种是将王台底部压入蜂巢中间巢脾中上端即可。另一种方法是将王台放入保护罩里，插在巢脾上，防止王台被工蜂破坏，王台保护罩是用铁丝绕制而成的弹簧筒，长35 mm左右，广口内径18 mm，上有活动铁盖；下端缩口内径6 mm，是蜂王羽化后的出口。

（二）诱入处女王

1. 处女王出房贮存笼 处女王出房贮存笼的外围尺寸为445 mm×235 mm×

35 mm，用薄木板间隔成 20～50 个小室，一面用铁纱封闭，另一面用塑料片制成抽拉式的门，用来放入王台和放出处女王。每个小室内固定一个蜡碗，盛装炼糖饲料，供蜂王出房后取食。蜂王在出房的前一天，将王台的底部粘固到每个小室的上壁上，用塑料片封闭每个小室。把装有待出房蜂王的贮王笼放入蜂群无王区的子脾中间，蜂王将在小室里出房贮存待用。

2. 诱入处女王方法

（1）低温直接诱入处女王　新组织的幼蜂交尾群，在清晨温度较低、蜜蜂没有出巢飞翔、蜂群比较安静时，将处女王从蜂群中取出，放在蜂群外 10～20 min 后，使处女王在较低的温度条件下，行动变得稳重缓慢，这时将处女王放在无王交尾群蜂路里或让蜂王从巢门爬入蜂巢。用此方法比较适合诱入刚出房的处女王或者日龄比较小的处女王。

（2）浸蜜诱入处女王　将处女王用稀蜜水浸湿，然后将处女王放在无王交尾群的巢框上，关闭巢门，将交尾群放在比较黑暗凉爽的地下室内，幽闭 4 d 左右，再将交尾群陈列到交尾场上，打开巢门。此方法适用于新组织没有子脾的交尾群。

（3）铁纱笼诱入处女王　用铁纱制成长 75 mm、直径 15 mm 的圆筒，一端弯曲封闭，另一端开口放入炼糖饲料和蜂王，然后将开口端捏扁，防止蜂王自由出入。放入交尾群 24 h 后，将捏扁端打开放出蜂王。也可用铁纱制成三面封闭的罩，将处女王扣在巢脾有蜜房的地方，48 h 后将铁纱罩取下放出蜂王。

（4）仿生王台诱入处女王　用铁纱制成长 70 mm、直径 20 mm 的圆筒，一端弯曲封闭，另一端安装胶塞及塑料王台，塑料王台里装有炼糖饲料。诱王时将处女王从铁纱笼的开口端装入蜂王，然后用装有炼糖的塑料王台及胶塞封住铁纱笼，将有塑料王台的一端向下放在交尾群的蜂路里，待工蜂把塑料王台里的炼糖吃净后，蜂王便可通过塑料王台进入交尾群。

（5）交替诱入 2 只处女王　为了提高交尾群的使用，有些专家进行了交替诱入 2 只处女王的研究。首先将羽化不到 12 h 的处女王直接放到无王的交尾群里，7 d 后再用蜂王笼诱入刚刚羽化出房的第二只处女王，这样交尾群里有 2 只处女王，1 只性成熟的处女王可以出巢进行交尾，另一只处女王幽闭在王笼里，一周后，前一只蜂王已经产卵，这时取出产卵王，放出交尾群王笼里的处女王，同时再用王笼诱入一只新出房不久的处女王，以此周而复始地保持交尾群有 2 只蜂王。

四、交尾群的组织和管理

（一）朗氏脾四室交尾群

蜂王出房前 2 d，从原群中提出即将出房的老蛹脾和蜜粉脾，带蜂集中放在空箱里，并按每张蛹脾多抖 1～2 框蜂，敞开巢门放走外勤蜂，傍晚，脾上只剩幼蜂时，每个交尾群分配给一张爬满幼蜂的蛹脾和一张蜜粉脾组成交尾群。也可以从原群中提出1张老蛹脾、1张蜜粉脾带蜂直接放进交尾箱中，同时再抖入1～2框蜂，放走外勤蜂，即组成一个交尾群，24 h后给交尾群诱入王台或处女王。组织交尾群的当天晚上或者第二天早晨复查一次，蜜蜂数量以能护过蛹脾为原则，不足者可再从原群中补充。交尾群的蜜粉饲料要充足，无蜜脾时可将蜜糖喂给原群。再从原群中提出蜜脾给交尾群。

（二）1/2 朗氏脾四室交尾群

将2个1/2朗氏巢脾组合成朗氏巢脾，移虫育王的同时，加入到蜂群中进行产卵和贮装蜜粉饲料，待两个1/2朗氏巢脾产上子贮上蜜粉后，带幼蜂提出放到空箱里，按每张1/2朗氏巢脾多抖0.5～1框蜂，敞开巢门放走外勤蜂，次日早晨脾上只剩幼蜂，给每个交尾群分配1～2张爬满幼蜂的巢脾组成交尾群，诱入王台或处女王，关闭巢门，次日晚打开交尾群巢门。也可以从大群中提出有较多幼蜂的巢脾，将蜂抖到放有巢脾的蜂箱里，敞开巢门，放走外勤蜂，蜂箱里只剩幼蜂，次日清晨，将这些幼蜂分配给各个有蜜粉饲料没有子脾的交尾群，在组织交尾群的同时诱入处女王，每个交尾群的蜂数不少于0.5框蜂。

（三）1/4 高窄朗氏脾十室交尾群

将4个1/4朗氏脾组合成一张朗氏巢脾，移虫育王的同时，加入蜂群供蜂王产卵和贮存饲料，外界蜜粉源不佳时，采取补喂饲料方法，使交尾脾上贮上饲料。蜂王出房前2 d，从原群中提幼蜂较多的脾，抖到事先准备好的蜂箱里，打开巢门，放走老蜂。蜂王出房前一天将交尾脾提出，放到1/4高窄朗氏脾十室交尾箱里，再将前日提出的幼蜂分配给每个交尾群，使每张1/4交尾脾都爬满蜜蜂。最后诱入王台和处女王。

（四）微型交尾群

微型交尾群具有箱体小、巢脾小（相当于朗氏巢脾1/8左右）、脾数少（一般只放1～2张巢脾）、蜂数少（每群仅有工蜂200只左右）的特点。优点是节省蜜蜂，在不影响原群繁殖的情况下能够交尾数批蜂王；缺点是蜂少无防盗能力，在无蜜源季节不宜使用。因此，只适合在良好的蜜源条件下使用。在组织交尾群15 d前，把小脾连成大脾送入蜂群产卵和贮存饲料。组织交尾群时，每个微型交尾群放1张小子脾和1张小蜜脾。在没有小子脾的情况下组织微型交尾群，可以把小蜜脾放入交尾箱，直接从原群隔王板上面的继箱里提蜂，抖入交尾箱，并导入当日能出房的成熟王台或处女王。有处女王存在时幼蜂不易飞散，因此没有子脾的微型交尾群不可无王。微型交尾群因蜂数少，易受盗蜂危害，要注意预防盗蜂；在温度较低时需要将交尾箱搬入温室内，外界温度适宜时再放到室外。

（五）交尾群的管理

1. 交尾群摆放 交尾箱的分布及摆放位置与交尾成功率有很大关系，不能按一般蜂群的布置方法去安排。交尾箱要放在蜂场外缘空旷地带，摆成不同形状，巢门附近设置各种标记。并且利用自然环境，如山形、地势、房屋、树木等特征明显的地方，分别摆放交尾群；或者设置明显的地物标志，如石头、土堆、木堆等，以利于处女王飞行时记忆本巢的位置。为了提高交尾成功率，交尾箱的四面箱壁分别涂上蜜蜂善于分辨的蓝、黄、白等颜色。

2. 检查交尾群 检查交尾群要利用早晚处女王不外出飞行的时间进行，不要在其试飞或交尾时间开箱检查。检查时发现处女王残疾则应及早淘汰；失王的交尾群要及时导入王台或诱入处女王。在良好的天气条件下，出房 15 d 不产卵的处女王应淘汰，补入虫脾后再重新导入王台或处女王。交尾群缺饲料时，应从原群换入蜜脾，不宜直接饲喂蜜糖，防止引起盗蜂。迫不得已时，可在晚上喂适量的炼糖饲料。

处女王在交尾群中产卵 8～9 d 就可以撤走利用。当交尾群撤走新产卵王 1～2 d 后，子脾上会出现急造王台，这时要削除急造王台，导入成熟王台或诱入处女王。

（六）朗氏原群交尾室的组织

利用朗氏蜂箱的一侧，用薄木板隔离出宽 60 mm 左右的与原群互不相通的交尾室，在原群巢门相反方向开一巢门，供交尾室蜜蜂出入。从原群中提出 1 张有蜜粉饲料的老蛹脾放入交尾室，再抖入一部分幼蜂，使外勤蜂飞回原群后，交尾室内的巢脾仍能爬满蜜蜂护理子脾。次日诱入王台或处女王，蜂王交尾产卵后，更换原群蜂王或做其他使用。

五、种王标记方法

给种蜂王做标记，既有利于区分非种用蜂王，又有利于标记出蜂王品种、年龄，同时还便于检查蜂群时发现蜂王。标记蜂王有颜色标记、数字标记、字母标记、箱牌标记等方法。

（一）颜色标记方法

用不同颜色的丙酮胶在蜂王胸部背板上做一圆形标记的方法称为颜色标记方法。利用此方法可以用不同颜色标志出所培育蜂王年份，如 2001 年或 2006 年等结尾年份是 1、6 培育的蜂王用白色标记；2、7 结尾的年份用黄色标记；3、8 结尾的年份用红色标记；4、9 结尾的年份用绿色标记；5、0 结尾的年份用蓝色标记。也可以用两种颜色标记出不同年份不同品种的蜂王。如底色用白色标记出年份，复色用红、黄、蓝等颜色标记出不同品种。

制作丙酮胶的方法：将乒乓球剪成小碎片，放进瓶里，倒入丙酮浸泡，丙酮挥发性极强，要盖严瓶盖。待乒乓球碎片溶解后，用小竹棒搅拌均匀，加入少许颜色，再次搅拌均匀，调节好浓度即可使用。

使用前，先在人的指甲试点一滴，以10 s左右丙酮胶干固为宜，太稀或过浓都会影响丙酮胶的粘固效果。新蜂王产卵后，将其从交尾群中捉出，点标记时左手的拇指、食指、中指轻轻捏住蜂王胸部的侧腹面，用圆滑的小竹棒沾取少许丙酮胶涂抹到胸部背板的中心位置上，切勿将丙酮胶粘到头部、翅膀等其他部位，以免影响蜂王的正常活动。

（二）数字标记蜂王方法

将特制的数字号码用丙酮胶粘贴在蜂王胸部背板上的标记方法称为数字标记方法。这种方法比较理想，有利于识别蜂王，不会因为换箱、换位置而造成差错，便于给蜂王建立档案。

1. 数字号码牌的制作　数字牌可到彩色印刷厂定做，每个版面设有①、②、③等数字，每个数均在一个圆内，圆的直径为2.5 mm。字的颜色为金色或黑色，底色分别为白、黄、红、绿、蓝色标志年度（彩图1）。

2. 圆切刀的制作　取直径3.5 mm、长15 cm的铁丝，在其一端断面上磨平后用钢钻钻一直径2.5 mm的孔，孔深为15 mm左右，钻好孔后，把孔的四周磨成平整、锋利的刃。把铁丝的另一端弯成弓形，便于用力切取号码。圆切刀可用相同规格的打孔器代替。

3. 粘贴方法　将蜂王从交尾群中提出，首先在蜂王胸背中央涂上少许丙酮胶，并立即用镊子将切割好的数字牌贴上去。再轻轻地按一下，使号码牌粘贴牢固。粘贴用的丙酮胶不能过浓，要稍稀一点；用量不要过多，以免溶解数码。粘贴数码要端正，操作要轻稳、快捷。

（三）字母标记蜂王方法

将字母牌用丙酮胶粘贴到蜂王胸部背板上的标记方法称为字母标记方法。通常用蜂种名称拼音的第一个字母来标记蜂种，底色标记年度。例如，2018年培育的卡尼鄂拉蜂王选用的字母为"K"，底色选用蓝色表示2018年度。制作粘贴方法与数字标记方法相同。目前正在探索应用二维码进行标记蜂王。

（四）箱牌标记蜂王方法

利用箱牌标记出蜂王品种、代次、培育年度、序号的标记方法称为箱牌标记方法。如：K‑2‑200018表示卡尼鄂拉品种、第2代、2000年培育出的第18号蜂王。

六、蜂王邮寄

蜂王的引进和交换，通常采用把蜂王装入邮寄王笼里邮寄，用炼糖作为饲料，王笼内放蜜蜂饮水用的小水壶，正常情况下，路程在 15 d 之内是比较安全的。

（一）邮寄王笼的种类和制作

1. 木制长方形邮寄王笼　制作王笼的材料宜选用无怪味、质地细腻的椴木为佳。首先将木料加工成长 80 mm、宽 35 mm、厚 18 mm 的长方形木块，然后在其上钻 3 个直径 25 mm、深 15 mm、相互连通的圆形小室，第 1 室装炼糖饲料，第 2、3 室为蜂王和工蜂活动的空间。王笼 2、3 室两侧各锯一条宽 2 mm 的凹槽，便于通气。王笼的两端各钻一直径 9～10 mm 的圆孔，供蜂王和工蜂通行。使用前将饲料室放在熔蜡锅内浸一下，防止木料吸收炼糖中的水分。用小塞子将装炼糖的一端塞住，再将炼糖放入饲料室，上面覆盖一层无毒塑料薄膜，防止炼糖吸潮或水分蒸发。最后将铁纱剪成与邮寄王笼相同宽度的条，盖到三个小室上，用订书钉固定，防止工蜂和蜂王钻出来（图 2-6）。

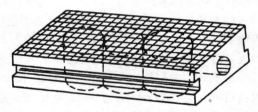

图 2-6　木制长方形邮寄王笼

2. 塑料邮寄王笼　塑料邮寄王笼由长 75～80 mm、宽 30～35 mm、厚 15 mm 的塑料盒和塑料盒盖构成，其盒内分为装炼糖的小室和蜂王、工蜂活动室，饲料室与活动室有 6 mm×10 mm 的长方形口相通，便于蜜蜂取食饲料。活动室的三面制成既能通风、蜜蜂又出不去的栏栅。盒盖为抽拉式的塑料片，中间有通风的隔蜂栅，两端有 4 个凸起的圆点，起到固定盒盖的作用。

（二）炼糖的制作

炼糖是一种半固体的糖，以优质的蜂蜜和精制白砂糖熬制或揉制而成。

1. 湿度偏大地区适用的炼糖　取 200 g 优质白砂糖，加纯净水 50 g，加热至 112 ℃，加入 42 度优质蜂蜜 50 g，再加热至 118 ℃，撤火冷却至 80 ℃时，用木棒搅拌到乳白色为止。

2. 干燥地区适用的炼糖　取 200 g 优质白砂糖，加纯净 100 g，加热至 112 ℃，加入 42 度优质蜂蜜 60 g，再加热至 118 ℃，撤火冷却至 80 ℃时，用木棒搅拌到乳白色为止。

3. 揉搓方法制成的炼糖　将优质白砂糖研磨成能经过 80 目筛子的糖粉，取优质蜂蜜 250 g，用文火加热至 40 ℃左右，然后取糖粉 750 g，与蜜进行揉和，直至揉搓到软硬适中、放置不变形、揉搓不粘手、呈乳白色为止。

无论何种方法制作炼糖，都必须达到高温高湿不潮解流淌、低温低湿不坚硬的状态。

（三）蜂王邮寄方法

1. 蜂王和伴随蜂装笼 装笼前准备好蜂王登记卡及检验合格证（有的记录卡印在邮寄王笼的背面）。首先根据交尾群的记录寻找产卵蜂王的交尾群及蜂王，检查蜂王的外观是否有残疾或缺陷，然后观察交尾群是否有疾病。一切正常后，捉取蜂王放入邮寄王笼中，选择10～18日龄青年工蜂8～10只放入王笼，伴随饲喂蜂王，随后，用蜡屑等物封闭王笼出入口，填好蜂王记录卡及合格证，准备邮寄。

2. 王笼包装邮寄 王笼包装前，复查王笼里的蜂王及工蜂情况，然后填写包裹单及包裹袋，包裹袋一般是用白布缝制而成。温度偏低季节邮寄蜂王时，先将蜂王、记录卡、合格证装入信封里封好，然后再装入布袋中进行邮寄。若邮寄蜂王数量较多，可将邮寄王笼放在一起，每层之间用木条垫起，使王笼与王笼之间有缝隙，便于空气流通，然后装入打有通气孔的纸箱内进行邮寄。路途较远的地方用特快专递邮寄，路途较近的可用普通邮件寄出。

（四）随身携带蜂王

如果随身携带蜂王，要杜绝与各种杀虫剂药物接触，特别是敌敌畏、乐果等农药，蜜蜂对其非常敏感，因此，要避免进入喷洒过杀虫剂的宾馆、旅社等公共场所，若必须经过施药区，可预先用大塑料袋把王笼封装起来，由于王笼里的蜜蜂较少，呼吸需氧气量很微弱，塑料袋里的空气在1～2 h内可以满足呼吸需要，并无危险。如果携带途中天气炎热，每天喂给蜜蜂2～3滴净水，但是注意不要滴在炼糖上，以免炼糖溶化粘住蜜蜂。

第四节　　蜜蜂引种与良种保存

一、引种和换种

（一）根据本地蜜蜂血统结构引进蜂种

1. 本地雄蜂的复杂性和随机性 西方蜜蜂引进我国已有上百年的历史，但都存在着品种混杂现象，这种混杂现象是随着引种换种和转地放蜂而形成的，是长期以来人们控制不了的趋势。就我国现在蜂种血统结构来看，有意大利蜂（本意、美意、原意、澳意等）、卡尼鄂拉蜂、喀尔巴阡蜂、东北黑蜂、新疆黑蜂、高加索蜂、安纳托利亚蜂、塞浦路斯蜂、乌克兰蜂；还有黑环系、白山5号、松丹双交种等。除了极少数偏僻地区和蜂种保护区之外，蜂种血统混杂现象是普遍存在的，生产中利用的蜂种多数为不同血统的杂交种，尽管养蜂者经常引种换种，旨在改良蜂种，但是，多数蜂群依然处在随机性利用杂种优势的过程中。这种杂种的组配是在引种后再育王与当地雄蜂随机交尾而形成的，杂种优势情况也是随机性的。造成这种现象的原因有两点；其一是引种时只考虑母本的生产性能，注重于母本的更换，而在很大程度上忽视了父本的选择和利用；其二是在引种时虽然考虑了气候蜜源条件和蜜、浆的生产目的，也考虑了自己蜂群的血统，但却忽略了周围蜂场的蜂种血统（也就是在育王期本地空中雄蜂血统结构）。因此，引种后再育王，由于受到当地空中雄蜂的制约，其生产性能是随机的。

2. 要着眼于生产性制种的全过程　养蜂制种不能只停留在移虫育王环节中，而且要着眼于生产性制种的全过程。要根据本地蜂种血统考虑未来育成蜂种的血统，从而确定组配形式、母本的选择和引进、父本雄蜂的培育和利用、制种的最佳时间等，以便有计划地配制具有生产优势的蜂种。因此，生产性制种关系着一个蜂场的生产前景，在养蜂生产中实为事半功倍的大计，应引起高度的重视。

3. 利用时间差、地域差培育雄蜂　生产性制种千万不要忽视父本雄蜂的培育，因为父本和母本对子代的遗传影响是并重的，如果只注重于母本的选择和处女王的培育，实际制种工作只进行了一半。所以，不仅在确定制订方案时要考虑到父本雄蜂的品种及其组合后的血统，而且更重要的是要有计划高质量地培育父本雄蜂，使其在本地空中占优势地位，以便在"时间差"或"地域差"的交尾期里，尽量提高种用雄蜂所参与交尾比例数，达到按计划制种的目的。

根据本地具体情况和自己的需要来选择。如本地空中意蜂雄蜂占优势，那么，引进美意蜂、澳意蜂、浆蜂，育成的后代仍为意蜂不同品系的杂交种；若引进喀尔巴阡蜂，育成后代则为"喀（阡）×意"单交种；若引进双喀单交种，育成后代则可能为"卡·喀（阡）×意"三交种。如果本地空中卡×意单交种雄蜂占优势，那么引进喀（阡）或美意，育成的后代则为"喀（阡）×卡·意"三交种或"意×卡·意"三交种。如果本地空中卡×意单交种雄蜂占优势，那么引进喀（阡）或美意，育成的后代则为"喀（阡）×卡·意"三交种或"意×卡·意"三交种。但在生产实际中空中的雄蜂血统不是固定的，每年每个时期都在发生着变化，养蜂者要经常调查、掌握变化情况，根据变化情况分析当地空中占优势地位的雄蜂血统结构，确定引进的母本蜂种。

（二）根据本地气候和蜜源条件引进蜂种

在相同的气候和蜜源条件下，不同的蜂种具有不同的适应性。有的蜂种较耐热，有的则较抗寒；有的蜂种较能采集大宗蜜源，有的则较能利用零星蜜源；有的则越冬或越夏群势削弱率较低，有的则较高。为此，引进蜂种不仅要考虑到当地蜂种的血统结构和生产目的，而且还要兼顾考虑到当地的气候、蜜源条件。只有引进的蜂种适应当地的气候和蜜源条件，养蜂者才能获得高产稳产，达到生产目的。

1. 气候条件　我国幅员辽阔，南北方气候相差悬殊，南方无霜期长，有些地方四季如春，蜂群没有越冬期；而北方无霜期较短，有些高寒地区无霜期不到 100 d，蜂群越冬期和半越冬期长达 150～200 d。因此，在南方，蜂群的越冬不是关键问题，而耐热和越夏性能却是重要指标，养蜂则需要选用繁殖力较强、采集力较强、耐热、越夏安全的蜂种；而在北方蜂群的抗寒和越冬性能却是衡量蜂种的一项重要指标，养蜂多选用繁殖力较强、采集力较强、抗寒、越冬安全的蜂种。

2. 蜜源条件　蜜源植物种类较多，各地差异较大。有野生的、种植的；有木本的、草本的；有的在较低温度条件下流蜜，有的在较高温度条件下流蜜；有的生长在山区，有的生长在平原；有的花期较长，有的花期较短；有的面积较大而集中，有的面积较小而分散。各地蜜源类型不同，生态、生长环境不同，流蜜习性不同，这些有关蜜源的特点都是养蜂生产中进行引种换种的依据。

在选择利用蜂种时，以采集大宗蜜源为主的蜂场与以采集零星蜜源为主的蜂场应各有所侧重；以采集冬春季蜜源为主的蜂场和以采集夏秋季蜜源为主的蜂场也要有所区别；以定地饲养采集本地蜜源为主的蜂场和以转地放蜂采集各地蜜源为主的蜂场也应不相同。都要根据蜜源类型和蜜源特点选择那些适合自己所处的蜜源条件的蜂种，充分利用蜜蜂生物学特性中的某些差异，扬长避短，发挥蜂种的优势。比如，向日葵、柳兰、薄荷等深花冠蜜源植物，蜜腺位于花冠深处，适合长吻蜂种采集，其采蜜效率高于短吻蜂种，在国外采集向日葵蜜源，提倡利用具有长吻特点的高加索蜂。再如，城市蜜源植物较为分散、零星，养蜂者适合饲养善于利用零星蜜源、节省饲料的喀（阡）蜂及其杂交种。

3. 蜂种特性　一般认为，黑色蜂种，如卡尼鄂拉蜂、喀尔巴阡蜂、东北黑蜂等较能抗寒，越冬死亡率低，节省饲料，采集力较强，能利用零星蜜源和较低温度下流蜜的蜜源；黄色蜂种，如美意、澳意、原意、本意等意蜂品系较黑色蜂耐热，适应越夏，能利用大宗蜜源和较高温度下流蜜的蜜源，泌浆量比黑色蜂高。但是，受饲养环境限制和影响，在生产中很少有机会饲养纯种蜜蜂，况且饲养纯种蜜蜂又不可能达到较高的生产目的。因此，当前在养蜂生产中使用的多数为杂交种蜜蜂。杂交种蜜蜂的性状在倾向于母本或倾向于父本的情况下可能出现不同程度的互补，有的产生超过父母双亲的杂种优势。如喀（阡）×意或卡·喀（阡）×意杂交种蜜蜂就兼顾了父母本对气候和蜜源的适应特性，并超过了亲本的采集力，表现出较强的杂种优势。

不同的蜂种对气候和蜜源的敏感程度不同，如在北方，同样是黑色蜂种，喀尔巴阡蜂晚秋断子早，工蜂出巢飞行率低，善于保存实力；而高加索蜂断子晚，工蜂出巢飞行率高，越冬群势削弱较快；在南方，同样是黄色蜂，美意蜂和澳意蜂对气候敏感就不同。再如，在越冬期长、蜜源花期短的东北地区饲养的蜂群，由于具有适应本地气候和蜜源的特性，而突然运到南方饲养，蜜蜂勤奋，采集力强于南方当地蜂群。20世纪70年代以前，有些养蜂者就利用这种气候差别对蜂群的影响夺取高产；饲养浆蜂产浆量较高，但在东北气候和蜜源条件下，浆蜂越冬死亡率较高，产蜜量较低，当以浆蜂为母本与本地其他蜂种杂交后，越冬性能和产蜜量提高，适应性明显改变。

在引种过程中要选择既适应本地气候和蜜源条件又能达到生产目的的杂交种，按杂交种的血统结构引进母本，培育父本，配制出所需要的杂交种蜜蜂，或者直接引进所需要的杂交种蜜蜂。杂交一代蜜蜂多倾向于母本，如喀（阡）×意杂交种抗寒越冬性能优于意蜂，耐热越夏性能优于喀（阡）蜂，而采集力优于喀（阡）蜂和意蜂，采集大宗蜜源的能力强于意蜂，因此，根据当地气候和蜜源选用杂交种，必须首先了解杂交种的适应性和生产能力，不要偏向极端，在北方不应只注重抗寒、越冬，在南方也不能只注重耐热、越夏，而忽视了蜂种的生产力，更不能抛开了本地气候和蜜源条件去选择高产蜂种，要根据气候、蜜源条件综合考虑，全面分析，突出主要指标，兼顾辅助指标，选择适应本地气候和蜜源条件的杂交种，以此作为根据进行引种、换种。

（三）根据饲养目的引进蜂种

饲养蜂群的目的，主要是通过生产蜂蜜、蜂王浆、蜂花粉、蜂蜡、蜂胶等产品和扩繁蜂群、蜂种以及利用蜜蜂为农作物授粉等途径，获得经济效益、生态效益、社会效益。要想达到饲养目的，必须选择优良蜂种，利用其有利于达到饲养目的的经济性状，提高蜂群的繁殖和生产能力。

在养蜂生产中，由于受蜜粉源和蜂产品市场以及其他因素的影响，各地蜂场饲养蜂群的目的有所不同，有的蜂群以生产蜂蜜为主；有的则以生产王浆为主；有的以生产花粉等其他蜂产品为主；有的则进行蜂产品综合性生产；有的以繁殖蜂群销售为主；有的以出租蜂群为农作物授粉为主；还有的以试验观测为主（如科研、蜂疗、地震预测、业余爱好等）。因此，要根据各自饲养目的，结合当地的蜂种血统结构和气候、蜜源条件进行引种换种。

不同的蜂种对于生产不同的蜂产品有不同的表现。如喀（阡）蜂采蜜量较意蜂高，而泌浆量较意蜂低；喀（阡）蜂泌蜡量较意蜂高，意蜂采胶量较喀（阡）蜂高；意蜂的某些品系产王浆量不仅高于黑蜂、喀（阡）蜂，而且还高于其他意蜂品系。但是在生产中多数蜂场利用的蜂种都是杂交种，虽然经过杂交，某些差异已明显缩小，但其生产效率依然存在着不同程度的差别，为此，要根据生产目的注意杂交种的选配。

1. 生产蜂蜜为主的蜂场　应选择利用繁殖较快、采集力较强的杂交组合，根据当地气候和蜜源条件引进母本或父本，或者利用当地蜂群作父、母本，选配产蜜量较高的杂交种，如喀（阡）×意、喀（阡）×黑、卡·喀（阡）×意、黑×意等单交种、三交种以及双交种都是蜂蜜高产杂交种。

2. 生产王浆为主的蜂场　应选择利用繁殖力较强、泌浆量较高的生产种或杂交组合，引进母本或父本，选配适应本地气候和蜜源条件、产浆量较高的杂交种（品系间或品种间杂交），如浆蜂×本意、浆蜂×美意、浆蜂×喀（阡）蜂、浆蜂×黑蜂等。越冬期较长的地方，可以配制本意×浆蜂、美意×浆蜂、喀（阡）蜂×浆蜂、黑蜂×浆蜂等杂交（正反交）种。

3. 生产蜂花粉为主的蜂场　根据本地气候选择利用繁殖力较强、采集力较强的杂交组合，如喀（阡）蜂和意蜂、黑蜂和意蜂、意蜂品系之间的（正反交）单交种、三交种、双交种蜜蜂等。

4. 综合生产蜂蜜、王浆等蜂产品的蜂场　应选择利用适应本地气候和蜜源条件、繁殖力强、易维持大群、善于利用大宗蜜源和零星蜜源的杂交组合，如喀（阡）蜂和意蜂、浆蜂或其他西方蜜蜂的单交种、三交种、双交种（根据本地气候蜜源条件分别利用正交或反交）。

5. 繁殖蜂群为主的蜂场　应根据本地气候条件选择适应性强、繁殖速度快、维持大群、抗病力强的杂交组合（北方蜂场要考虑越冬性能），如西方蜜蜂品种或品系间杂交的单交种、三交种、双交种，以繁殖强群，有利于多分蜂。

6. 利用蜜蜂为农作物授粉的蜂场　应选择适应当地气候条件、采集力较强的蜂种，特别是为设施农业（塑料大棚、温室等）作物授粉时，宜选择利用定向力强、善于采集零星蜜粉源、节省饲料的蜂种，如喀尔巴阡蜂、卡尼鄂拉蜂、东北黑蜂、美意蜂等及其杂交种。

选择利用适合饲养目的的蜂种要抓住其主要有利的经济性状，兼顾其他经济性状，但不能过于求全。因为任何一个蜂种、任何一个杂交组合都不可能十全十美，所以，只要在主要指标上达到目的，其他指标达到一般程度就可以了，如果有不足之处只要不影响主要指标也可以利用。同时，还可以利用蜂种的其他潜在优点和间接优点来弥补其不足，如"节省饲料"的优点实际就是降低蜂群的消耗，等于增加产蜜量；抗病、抗螨的优点可以提高蜂群的内在质量，增强蜂群的繁殖效率和生产能力，同样也等于增加蜂产品产量；越冬蜂削弱率低、善于保存实力的优点，可以降低养蜂生产成本，实际是提高了蜂群生产的经济效益；所有这些都是非主要经济性状，甚至有些未列入选用蜂种的指标，但是在制定引种、换种方案时不能忽视，应将其作为主要指标的组成部分考虑进去，以便对蜂种进行全面分析、综合平衡。在突出主要指标的前提下取长补短，进一步达到正确选择利用蜂种的目的。

二、蜜蜂良种的繁育与保存

良种的繁育与保存是蜜蜂育种工作的一项重要内容。新选育出来的品种，或者新引进的品种，它们的蜂群数量开始往往很少，如果不加快繁育，良种就不能尽快推广和普及，就不能很快地在生产中发挥作用。因此，蜜蜂育种单位要做到年年向生产性养蜂场提供含有多种异质性等位基因的优质蜂王或种蜂群，就必须做好良种的保存工作。所以，良种的繁育与保存是紧密相连、相辅相成的工作。

（一）纯系繁育

纯系繁育又称单群繁育，是父群和母群同为一个蜂群的繁育方式。对于个别优良的蜂群，通过单群繁育，可以从一个种用蜂群分出若干个系。累代都采用单群繁育是纯系繁育的一种形式，在良种（如原种等）保纯和蜂种提纯时多采用这个方法。

（二）集团繁育

若选择出来经济性状表现良好的蜂群数量较多，即可采用集团繁育。可将选出来的蜂群分为两组，一组作为母群，利用它们的受精卵或小幼虫培育处女王；另一组作为父群，用它们的未受精卵培育种用雄蜂，然后将所培育的处女王和种用雄蜂一同送到隔离条件的交尾场进行自然交配（或人工授精）。在以后的每个世代中，都从当代的蜂群中如法进行选择和繁育。

集团繁育的组配形式有同质组配和异质组配两种。同质组配就是父群和母群在形态特征、经济性状以及生产力等方面都基本相同的组配。异质组配是父群和母群在形态特征、经济性状和生产力等方面各具有一定特点的组配。在蜜蜂良种的保存和对混杂种性的提纯过程中，如果采用集团繁育时，要用同质组配。

（三）闭锁繁育

要保持蜜蜂良种的优良性能，往往同蜜蜂的性遗传机制存在着矛盾。这种性决定机制能通过近亲繁殖，造成性等位基因的大量丢失，导致蜜蜂幼虫成活率下降和生产性能等方面的衰退现象。商业育王者希望能把育种的质量保持许多年，并且能使后代蜂群的幼虫成活率保持在较高的水平上。为了达到这个目的，从20世纪70年代中后期开始到80年代初，国外许多学者经过研究，提出了蜜蜂闭锁繁育的保种方案。

蜜蜂闭锁繁育，是根据蜜蜂群体有效含量，选择数量足够、无亲缘关系（或亲缘关系尽可能远）的优良蜂群组成种群组。种群组内的所有种群同时既作母群又作父群，使种群组内所培育出的处女王和种用雄蜂，在具有良好隔离条件的交尾场进行自然交配，或用种群组内所培育的种用雄蜂的混合精液，给处女王进行人工授精。种群组的继代蜂王，视种群组的大小，可以用母女顶替或择优选留。采用这个繁育方法，可以较长期地保存蜜蜂良种，同时能够较长期地为养蜂生产者提供具有性状遗传稳定、后代蜂群幼虫成活率高、生产性能良好的优质蜂王或种群。

实施蜜蜂闭锁繁育方案，有三个取得成功的要点：一是种群组要大；二是遗传变异性要高；三是要有顺序地进行连续选择。

1. 闭锁种群组的构成　种群组是由许多基本种群组成的，因此，对这些基本种群的选择是非常重要的。由于蜜蜂的经济性状主要取决于它的 15 对常染色体，它包含有蜂群全部遗传特征的 15/16。我们希望用闭锁繁育方案保存和繁育的蜜蜂良种，同时具有许多优点和特性，这就要求所组成的种群组能够汇集多种优良性状的基因。所以，组成种群组的基本种群应该包含有多种优良性状和特性。按单个性状分别选择某项性状突出的基本种群，可以使所组成的种群组质量达到较高的水平和具有较广泛的遗传基础。幼虫的成活率取决于闭锁群体中性等位基因的数目。种群组闭锁以后，必然也会发生一定程度的近交。一个大小一定的闭锁群体，在一定世代里能够保持或丢失的性等位基因的数目决定于选择、突变率、迁移和群体有效含量的大小。群体有效含量是指近交程度与实际群体相当的理想群体的成员数。当群体有效含量越大时，因遗传漂变使基因丢失的概率越小。同样，近交除能引起衰退外，在选择和漂变的共同作用下，也能使基因丢失，而且群体有效含量越小，近交系数的增长越快，近交效应越明显。

2. 种群组内蜜蜂的交配方式　闭锁种群组内的蜜蜂交配应在良好隔离条件下进行。其交配方式可分为随机自然交配、混精授精和顶交等三种。

（1）随机自然交配　在育王季节，将种群组每个基本种群同期所培育的处女王和种用雄蜂，放在具有良好隔离条件的交尾场，进行随机自然交配。

（2）用混合精液授精　即用漂洗法或其他人工采精法将种群组内每个基本种群所培育的种用雄蜂的精液收集起来，将其集中并充分混合均匀，用这种混合精液给种群组内每个基本种群所培育出来的处女王进行授精。

（3）顶交　在种群组内确定一只优质蜂王（又称顶交蜂王），用该蜂王产生的大量雄蜂，与各个基本种群培育的处女王，在有良好隔离条件的交尾场进行随机自然交配。或者用该蜂王所产生的雄蜂，按一定比例与各基本种群培育的雄蜂混合，再随机取出雄蜂给各基本种群培育的处女王进行多雄人工授精。但一只蜂王只能做一次顶交亲代，并且顶交方法不能在小于 50 个基本种群所组成的蜂群内使用。

3. 继代蜂王的选择　继代蜂王的选择方法，视闭锁种群组的大小，可采用母女顶替或择优选留。

（1）母女顶替　当种群组由 50 个基本种群组成时，只能用母女顶替方法来选留继代蜂王。即每个基本种群至少要培育出 3 只处女王和大量的种用雄蜂，让处女王和雄蜂在良好隔离条件下进行随机自然交配，或用种用雄蜂的混合精液进行授精。子代蜂王产卵后，对各个基本种群的子代蜂王进行考察。根据考察结果，从各个基本种群的子代蜂王中各选择出表现最好的一只，作为各个基本种群的继代蜂王。

（2）择优选留　当种群组由35个以上基本种群组成时，可以在种群组内所有的子代蜂王中择优选出与种群组的基本种群数相等的子代蜂王，作为继代蜂王，实行该选择系统的基本步骤与母女顶替系统相似。

实行蜜蜂闭锁繁育方法，必须严格按照原先既定的顺序进行连续选择，并且选择内容和方法在每一世代应保持不变。每一世代种群组的大小保持不变。每个基本种群都要有贮备蜂王，当某一个基本种群的蜂王丧失时，可以用该种群的贮备蜂王来补充，以保证闭锁种群组的完整性。

（四）建立蜜蜂良种繁育体系

建立蜜蜂良种繁育体系，是发展我国养蜂生产不可缺少的一项基本措施。它是搞好蜜蜂良种繁育工作和行政管理的保证。

1. 搞好蜜蜂良种区域化的规划　蜜蜂良种区划包括两个方面内容，一是指蜜蜂品种对一定生态地区范围内的气候与蜜源条件有良好的适应性；二是不同生态地区在生产上要应用最适应的优良蜜蜂品种。也就是说，要为一定的区域选择适宜饲养的蜜蜂品种，而一定的蜜蜂品种也要在它最适宜的地区里饲养。所以，在我国养蜂生产的发展规划中，一定要搞好良种的区域化规划。只有这样才能发挥蜂种在生物学和经济性能上的优点，使其能够最大限度地满足养蜂生产上的需求，并有利于对蜂种提出进一步的改良。实现良种化和良种区域化，是养蜂生产现代化的重要标志之一。

制定蜜蜂良种区域化规划时，要充分分析各个蜂种的生物学特性和当地的气候、蜜源条件。每个区域内一般要有两个品种，以便于在生产上配制和利用杂种优势。

2. 建立蜜蜂品种保护区　我国现有的蜜蜂遗传资源相当丰富。蜜蜂遗传资源的保护，就是要妥善地保护我国现有蜜蜂遗传资源，使现存基因不至于丢失，无论它目前是否有利。因此，保护蜜蜂遗传资源，同样是蜜蜂育种工作中的一项重要任务。从总体上来说，凡是具有重要经济价值的蜜蜂品种（或品系），都要在气候、蜜源条件相适应的地区建立保护区，使它们成为某一品种的良种繁育基地，严禁其他品种的蜜蜂进入。养蜂生产发达的国家，对蜜蜂遗传资源保护区的建立都十分重视。例如，苏联为了保存、改良本国蜜蜂品种资源，分别在中俄罗斯地区、格鲁吉亚地区、远东地区和外喀尔巴阡地区，先后建立了四个不同品种的保护区。澳大利亚从欧洲引进了欧洲黑蜂和意大利蜜蜂之后，也在塔斯马尼亚岛和坎加鲁岛分别建立了欧洲黑蜂和意大利蜜蜂的保护区。还有一些国家只饲养单一蜂种，严禁引进其他蜂种，这样的国家实际上就相当于一个蜜蜂品种的保护区了。例如，罗马尼亚、奥地利和前南斯拉夫等国家便是这样。一般来说，蜜蜂遗传资源保护区的范围愈大（一个县至几个县连成一片），对良种繁育的蜂群容量愈大，对种系的保存与发展，以及对蜂群的选育就愈有利。我国黑龙江省也已在饶河县建立了东北黑蜂保护区，新疆维吾尔自治区曾经在伊犁地区建立了新疆黑蜂保护区（由于多种原因没有发挥应有的作用），吉林省建立长白山中蜂保护区，湖北省建立了神农架中蜂保护区，重庆市建立了南川区中蜂保护区等；后来东北黑蜂、长白山中蜂、神农架中蜂保护区发展成为国家级保护区。有了蜜蜂的良种保护区，不但可以避免蜂种的混杂和灭绝的危险，而且还可以把保护区建设成该蜂种的繁育基地，每年都可以为本地养蜂者提供良种蜂王或种蜂群，使蜜蜂的良种繁育工作立于不败之地。

3. 建立各级种蜂场　专业性的蜂种选育单位，按其所承担的蜜蜂保种和选种工作任务，可分为蜜蜂原种场和地区性种蜂场。

人们习惯上把从国外引进的纯种蜜蜂称之为原种。蜜蜂原种场的任务，主要是保存和繁育蜜蜂原种，面向全国各地的种蜂场和有关育种单位提供育种素材。有条件的也可进行新品种（或新品系）的培育。

蜜蜂原种场在对原种的保存和繁育上，通常采用纯系繁育方法，从某一原种中分选出各具特点的几个纯系，如吉林省养蜂科学研究所从喀尔巴阡蜜蜂原种中选育出 5 个纯系，从卡尼鄂拉蜂中选育出 2 个纯系；也有的用集团繁育，如果一次性引进的同一品种的蜜蜂原种数量较多（30 群以上），也可以采用闭锁繁育。但在一次性引进蜜蜂原种数量不多的情况下，原种场繁育出来的原种后代多数是高度近亲的，生活力一般都比较低，因此，如果原种场不是采用闭锁繁育方法繁育出来的原种后代，就不宜直接提供给生产性单位或个人使用。

为了确保原种的纯度，每个原种场只能保存一个蜜蜂原种。而且要建立一个具有可靠隔离条件的交尾场和蜂王人工授精实验室。在熟练掌握蜜蜂人工授精技术的前提下，利用蜜蜂人工授精技术，一个单位可以保存多个蜜蜂原种。

当某一个蜜蜂原种引进之后，应选择在与原产地环境相似的地方建立蜜蜂原种场。

地区性种蜂场是根据本地区养蜂生产上的需要而建立的。养蜂发达的国家都建立有专业性的种蜂场。例如美国就有 200 多家专业育王场和种蜂场。种蜂场的布局应根据各地区养蜂生产发展的需要和用种情况而设置。种蜂场的主要任务是根据生产上需要，从相应的原种场引进原种作亲本，进行杂交组配，培育优质的杂交蜂王或杂交种蜂王，向生产单位或个人推广，使杂种优势在生产上发挥作用。有条件的种蜂场也可以培育新品种，通过审定后向生产单位推广。

除了蜜蜂原种场和种蜂场之外，还必须把科研单位、教学单位和条件较好的生产单位组织起来开展协作攻关，各个地区之间也要成立协作组织，在专业科研单位和教学单位的指导下，开展蜜蜂良种的选育工作。各协作组织之间要定期开展交流，共同提高业务水平。实践证明，蜜蜂育种协作组织是开展蜜蜂育种工作的一种较好的组织形式，在蜜蜂的原种保纯、良种选育等方面都起到了积极的作用。我国于1982年在农业部领导下，成立了有全国各地19个蜜蜂育种单位参加的全国蜜蜂育种协作组；1984年由原北京市农林科学院蜜蜂育种中心牵头，成立了有6个蜜蜂育种单位参加的蜜蜂工程育种联合体。但是这种组织还需要进一步发展和完善巩固，为在全国范围内逐步形成一个具有广泛群众基础的蜜蜂良种繁育体系打下良好的基础。

4. 建立蜜蜂保种和育种档案 保种和育种档案是保护和选育工作的一个重要组成部分。各个种蜂单位都必须建立一套完整的保种和育种档案，积累有关资料，为现代保种和育种工作提供不可缺少的科学依据，使良种保护和选育工作有计划、有步骤地进行。通过建立种蜂档案资料，也可以加强保种和育种机构本身的责任制，促进良种保护和选育工作的不断改善和提高。蜜蜂保种和育种档案的主要内容有以下几项。

（1）种群档案 种群档案是保种和育种档案中最基本、最重要的资料之一。为了便于观察、记录和归档，应对引进的蜜蜂原种蜂王和育成的蜂王进行标记和编号。

在编号中 E、D、K、G、A，分别代表意大利蜂、东北黑蜂、卡尼鄂拉蜂、灰色高加索蜂、安纳托利亚蜂，P 代表亲代，F1、F2 分别代表子一代、子二代；2001001、2002004、2003006、2004008、2005010 分别代表 2001、2002、2003、2004 年培育的第 1、第 4、第 6、第 8、第 10 号蜂群。这种编号方法简单，品种及其亲代、子代关系一目了然。将上述号码写好后，钉在某一蜂王所在的蜂箱前壁右上角上。

每个种群及其后代都要设立档案，记录每个种群的形态特征、生产力测定和生物学特性等内容。

（2）种群系谱档案 系谱档案包括原种蜂王系谱卡和系谱图两部分。原种蜂王系谱卡是记载原种蜂王的编号、品种（品系）、原产地、培育单位、培育时间、引进日期及备注等。是记录和表示子代同亲代的血缘关系。如果引进同一品种的蜂王进行蜂种复壮，也应在系谱图中反映出来。

（3）种蜂供应档案 育种单位提供给生产性蜂场或种蜂场的优良种蜂王，都应设立供种档案，如蜂王供应卡等。记录该蜂王的有关资料。除育种档案之外，育种单位还应该具体制订育种计划、育种日记。还有蜂王培育计划。

（薛运波）

第三章 蜜蜂饲料的配制与使用

　　花粉和蜂蜜是蜜蜂的天然饲料,当外界缺乏蜜粉源,养蜂场蜂花粉和蜂蜜贮备不足,蜂群又短缺蜜粉时,就需要配制蜜蜂人工饲料饲喂蜂群,以满足蜂群和蜜蜂生长和繁殖的营养物质需求。使用蜜蜂饲料在美国、澳大利亚、新西兰等养蜂发达国家已非常普遍,我国养蜂生产中对于蜜蜂饲料的使用也正趋于常态化。本章主要介绍蜜蜂的营养需要,蜜蜂饲料的定义及分类,蜜蜂饲料的原料采购、配比与调制,蜜蜂饲料的贮存与使用等。

第一节 蜜蜂饲料的定义及分类

　　饲料是蜜蜂生长、发育和生产的物质基础。随着饲料种类的不断增加、新型饲料资源不断产生,蜜蜂饲料在利用方式上,也正在从传统的经验型向科学型转变。为了更加有效地利用各种饲料原料,配制出科学的蜜蜂饲料,有必要建立现代蜜蜂饲料分类体系,以适应现代蜜蜂养殖业发展的需要。

一、蜜蜂饲料的定义

　　蜜蜂饲料是指能够提供给蜜蜂正常生长、发育、生产所需的某种或多种营养物质的天然或人工合成的可食物质。蜜蜂饲料中的主要营养成分包括无氮浸出物、蛋白质、脂肪、维生素和矿物质等;还有一些蜜蜂饲料含有具促进营养物质消化吸收、改善饲料品质、促进蜜蜂生长和保障蜜蜂健康等功能的非营养性添加剂,如诱食剂、抗氧化剂、防霉剂等。

二、蜜蜂饲料的分类

　　蜜蜂养殖有区别于其他畜禽,自然界蜜粉源充足时,蜜蜂可以从自然界采集花粉和花蜜以满足自身营养需要，无需每日饲喂，只有在一些特殊情况下才需人工饲喂，因此可以笼统地将蜜蜂饲料分为天然饲料和人工饲料。若根据蜜蜂所需营养素的种类，参考国际饲料分类方法，可将蜜蜂饲料分为蛋白质饲料、能量饲料、维生素饲料、矿物质饲料和饲料添加剂五大类。

三、蛋白质饲料

蛋白质饲料是指干物质中粗蛋白质含量≥20%的饲料。蜜蜂饲料中常用的蛋白质饲料主要分为植物性蛋白质饲料和单细胞蛋白质饲料两类。在自然条件下，蜂花粉是蜜蜂的主要蛋白质饲料，也是蜜蜂最全价的营养库。在人工饲喂条件下，一般用植物性蛋白和单细胞蛋白等代替部分或全部花粉配制成人工代用花粉，为蜜蜂提供生长发育所需的蛋白质。目前，人工代用花粉中的蛋白质原料主要包括以下几种：脱脂豆粉（豆粕）、玉米蛋白粉、小麦胚芽、花生粕和饲用酵母等。这些蛋白质饲料具有共同的特点：①蛋白含量高，且蛋白质质量较好。一般植物性蛋白饲料的粗蛋白质含量在20%～50%，单细胞蛋白饲料的蛋白质含量更高，为40%～65%。因种类不同，各类饲料蛋白质含量差异较大。②粗脂肪含量变化大。油料籽实粗脂肪含量在15%～30%，非油料籽实只有1%左右。饼粕类饲料中的脂肪含量因加工工艺不同，差异较大，高的可达10%，低的仅1%左右。③矿物质和维生素含量不均一。一般而言，蛋白质饲料中的钙含量较少，磷含量较高，且B族维生素较为丰富。

（一）蜂花粉

蜂花粉是蜜蜂的天然蛋白质饲料。在人工配制蜜蜂饲料中也可用部分或全部花粉作为日粮中的蛋白质来源。

1. 概述　蜂花粉是指蜜蜂从被子植物雄蕊花药和裸子植物小孢子叶上的小孢子囊内采集的花粉粒，经加工而成的花粉团状物。20世纪，全国每年平均生产蜂花粉在5 000 t以上，进入21世纪，全国每年蜂花粉产量在10 000 t左右。我国的粉源植物资源非常丰富，目前，我国养蜂者能够生产商品蜂花粉的植物有油菜、茶树、荷花等40余种。

2. 营养特性　花粉营养成分全面、复杂，花粉几乎包括植物体中全部的常量和微量元素，以及种类繁多的碳水化合物、脂类、蛋白质、氨基酸、酶、核酸、有机酸、生物碱、维生素、矿物质、色素及黄酮类化合物等营养素。花粉中的蛋白质常被称为"完全蛋白质"或"优质蛋白质"，其蛋白质含量因种类、产地、年份等的不同变化较大，一般为8%～40%，平均含量约为20%。不同季节的花粉，其蛋白质含量不同，通常以5、6月份蛋白质含量最高，夏季后半期含量最低。目前发现，花粉中含有15～19种氨基酸，包括所有的必需氨基酸，其中以脯氨酸、亮氨酸、天冬氨酸、赖氨酸和谷氨酸的含量最高。花粉中碳水化合物的含量高达 $40\%\sim50\%$，单糖主要有葡萄糖、果糖和半乳糖，二糖有蔗糖、麦芽糖、乳糖等，多糖有果胶多糖、纤维素和半纤维素等。花粉中脂类含量为 $1\%\sim20\%$，主要包括脂肪、类脂和甾醇。花粉中的脂肪酸以油酸、亚油酸、亚麻酸和棕榈酸含量最高。花粉是多种维生素的浓缩物，据分析，花粉富含维生素 A、B 族维生素、维生素 C、维生素 D、维生素 E、维生素 K、维生素 P 和胡萝卜素等，几乎含有所有机体所需的维生素。花粉中矿物质元素含量约占花粉重量的 4%，其中常量元素 11 种，如钾、磷、钙、钠、镁、硫、氯、硅等；微量元素 14 种，如铁、铜、硼、锌、锰、硒、铝等。

除蛋白质外，蜂花粉还含有碳水化合物、脂肪、维生素、矿物质等，可以满足蜜蜂不同生长发育时期对此类营养物质的需求。蜂花粉中的碳水化合物含量也较为丰富，例如，古巴干蜂花粉中碳水化合物含量平均为 37%，南非芦荟干蜂花粉中含有 $35\%\sim61\%$ 的碳水化合物。花粉的总脂类含量差异较大，一般占其干重的 $1\%\sim20\%$，平均为 5% 左右。此外，蜂花粉中水溶性维生素丰富，但不稳定，易失活；不同种类蜂花粉维生素 C 含量因年份、产地、贮存时间不同变异较大。蜂花粉中还含有大量矿物质元素，目前从我国蜂花粉中共检出矿物质元素 43 种。

（二）脱脂豆粉（豆粕）

1. 概述　豆粕是大豆提取豆油时生产的一种副产品，其蛋白质含量在 $40\%\sim48\%$，是优质的植物性蛋白质原料，呈黄色至浅褐色，具有大豆的香味。按照国家标准，豆粕可分为一级豆粕、二级豆粕和三级豆粕三个等级（表 3-1）。其中一级豆粕大约占 20%，二级豆粕占 75% 左右，三级豆粕约占 5%。因豆粕含有足够且平衡的氨基酸，因此在畜禽饲料中应用广泛，已经成为蛋白质源的基准品。从市场需求情况来看，二级豆粕仍是国内豆粕消费市场的主流产品，国内只有少数大型饲料厂在使用一级豆粕，大多数饲料厂目前主要使用二级豆粕（蛋白质含量 43%），三级豆粕已经很少使用。

在蜜蜂饲料中可以使用的豆粕产品包括脲酶活性检验合格的膨化豆粕、发酵豆粕。在养蜂生产中，蜂农最早利用和最常用的蛋白质原料就是大豆粉，豆粕含有抗营养因子，不能直接饲喂蜜蜂，若处理不当，也会导致饲料不易消化，并易导致蜜蜂发生腹泻。经过膨化微粉碎后的豆粕消除了抗营养因子，更利于蜜蜂食用。发酵豆粕是以优质豆粕为原料，接种微生物后发酵而成，可以大大消除豆粕中的抗营养因子，将大豆蛋白降解为低分子优质小肽及游离氨基酸，提高蛋白质水平（可达到 50% 以上），并富含益生菌、乳酸等活性物质。发酵豆粕具有明显的发酵芳香，能够改善饲料的风味，提升适口性，消化吸收效果更好，能够有效减少腹泻等疾病的发生率，提高蜜蜂机体抗病力。膨化豆粕与发酵豆粕在蜜蜂饲料中可作为主要的蛋白质原料，经微粉碎达到 200 目以上，可用于配制蜜蜂饲料。

表 3-1 饲料用豆粕质量标准（NY/T 131—1989）

质量指标	等级及指标（%）		
	一级	二级	三级
粗蛋白质	≥44.0	≥42.0	≥40.0
粗灰分	≤5.0	≤6.0	≤7.0
粗纤维	≤6.0	≤7.0	≤8.0

2. 营养特性 豆粕的营养成分详见表 3-2。粗蛋白质含量较高，一般在 $40\%\sim$ 50%，必需氨基酸的含量也较高，且比例合理。豆粕中赖氨酸、异亮氨酸、色氨酸、苏氨酸含量均较高，但蛋氨酸含量相对不足，在蜜蜂代花粉饲料中需要额外补充。一般豆粕的粗纤维含量较低，主要来自大豆皮。大豆在加工过程中经去皮后加工获得的粕称为去皮大豆粕，与未去皮豆粕相比，粗纤维含量较低，一般在 3.3% 以下，粗蛋白质含量平均为 $48\%\sim50\%$，营养价值较高。除此之外，豆粕中的无氮浸出物主要包括蔗糖、棉子糖、水苏糖和多糖类，淀粉含量较低。豆粕中胡萝卜素、核黄素和硫胺素含量较少，烟酸和泛酸含量较多，胆碱含量丰富，维生素 E 在脂类残留量高且贮存时间较短的豆粕中含量丰富。豆粕中钙少磷多，且磷多为植酸磷，硒含量低。

表 3-2 豆粕的营养成分

成分	含量（%）	成分	含量（%）
干物质	89	赖氨酸	2.66
粗蛋白质	44	蛋氨酸	0.62
粗脂肪	1.9	胱氨酸	0.68
粗纤维	5.2	苏氨酸	1.92
无氮浸出物	31.8	异亮氨酸	1.8
粗灰分	6.1	亮氨酸	3.26
钙	0.33	精氨酸	3.19
磷	0.62	缬氨酸	1.99
非植酸磷	0.18	组氨酸	1.09
色氨酸	0.64	酪氨酸	1.57
苯丙氨酸	2.23		

注：引自中国饲料数据库（2002 年第 13 版）。

3. 豆粕的加工　大豆中含有一些抗营养因子，能影响蜜蜂对蛋白质的消化，蜜蜂食用后容易消化不良，引起大肚病，大大降低了饲用价值。因此，蜜蜂饲料中不可直接使用未经熟化的大豆制品。适度加热可破坏豆粕中抗营养因子，使蛋白质展开，氨基酸残基暴露，易于被蜜蜂体内的蛋白酶水解。若加热温度过高、时间过长会产生美拉德反应，导致游离氨基酸含量减少，蛋白质营养价值降低。反之，如果加热不足，胰蛋白酶抑制因子等抗营养因子破坏不充分，同样影响豆粕蛋白质的利用效率。

膨化豆粕是在大豆粉碎后加了一道膨化工艺，主要目的是提高油脂的浸提量，而且味道比较香，适口性更好。从感官性状来看，普通豆粕的颜色为浅黄色至浅褐色，膨化豆粕的颜色为金黄色。发酵豆粕是利用现代生物工程技术与中国传统的固体发酵技术相结合，以优质豆粕为主要原料，接种微生物（活性乳酸菌、双歧杆菌、芽孢杆菌等），通过微生物的发酵最大限度地消除豆粕中的抗营养因子，有效地降解大豆蛋白为优质小肽蛋白源，并可产生益生菌、寡肽、谷氨酸、乳酸、维生素等活性物质。具有提高适口性，改善营养物质消化吸收等功效。

（三）玉米蛋白粉和小麦胚芽

1. 概述　玉米蛋白粉也称玉米麸质粉，是玉米籽粒经湿磨法工艺制得的玉米粗淀粉乳，经过水解、分离、浓缩、发酵烘干制成，是玉米加工的主要副产物。小麦胚芽又称麦芽，是小麦发芽生长的部位，营养价值高，在蜜蜂代花粉饲料配方中添加少部分小麦胚芽有助于蜜蜂的消化。

2. 营养特性　玉米蛋白粉的粗蛋白质含量通常在40%～60%，还含有约20%的淀粉、13%左右的粗纤维、维生素和矿物质等（表3-3）。其矿物质中铁较多，钙、磷较低。另外，玉米蛋白粉还富含叶黄素和玉米黄质等色素。玉米蛋白粉的氨基酸组成并不十分理想，蛋氨酸、精氨酸以及亮氨酸、异亮氨酸等疏水性氨基酸含量高，赖氨酸和色氨酸严重不足。因玉米蛋白粉含有少量的淀粉及粗纤维，与水混合后黏度较高，会影响蜜蜂采食，因此在配制蜜蜂饲料时，不宜单独使用，添加水平不宜超过20%，需与其他饲料原料混合配制。

小麦胚芽富含蛋白质，维生素E、B族维生素、维生素D、不饱和脂肪酸含量较高。小麦胚芽蛋白质含量在30%以上，同时必需氨基酸含量充足且比例合理；维生素E含量较其他原料丰富，高达35 mg/kg；B族维生素含量是大米、豆类的20倍左右，同时含有亚油酸、甾醇等活性成分和钙、磷、镁、铁、锌等矿物质。在蜜蜂代花粉饲料中，小麦胚芽的使用量应控制在20%以下，对于调节饲料营养价值有促进作用，完全替代豆粕等蛋白质原料时会影响蜜蜂的食欲和食性。使用小麦胚芽时应同时添加适量抗氧化剂，以防止脂肪变质影响饲料品质。

表 3 - 3　玉米蛋白粉的营养成分

成分	含量（%）	成分	含量（%）
干物质	90	赖氨酸	0.96
粗蛋白质	65	蛋氨酸	1.05
淀粉	15	谷氨酸	12.26
粗脂肪	7	胱氨酸	0.56
粗纤维	2	苏氨酸	1.52
粗灰分	1	异亮氨酸	2.05
胡萝卜素（mg/kg）	100～300	亮氨酸	8.24
天冬氨酸	3.21	精氨酸	1.56
脯氨酸	3.00	缬氨酸	3.00
甘氨酸	1.36	组氨酸	0.87
色氨酸	0.20	酪氨酸	2.31
丝氨酸	2.51	丙氨酸	4.81
苯丙氨酸	3.09		

注：引自张锋斌等，1998；金英姿等，2005。

（四）花生粕

1. 概述　花生粕是花生仁经压榨或浸提取油后的副产品，我国每年花生产量约300 万 t，约占世界总产量的 40%。花生粕多为淡褐色或深褐色，有淡花生香味，形状为小块或粉状。花生粕主要由碎花生果仁组成，还含有一些种皮和外壳。花生粕富含蛋白质、维生素、矿物质等营养成分，且适口性较好、易消化，比较适合于蜜蜂饲料中使用。

2. 营养特性　在所有粕类饲料原料中，以花生粕的代谢能为最高。花生粕中的营养成分含量随着粕中含壳量多少而有差异，含壳量越多，其粗蛋白质及有效能值越低，粗纤维含量越高。通常，花生粕中水分含量为 10% 左右，粗蛋白质含量在40% 以上，脂肪含量为 1% 左右，无氮浸出物（多为淀粉、多糖）含量约为 30%，粗纤维水平较低（约 5%）。花生粕含有种类齐全的氨基酸及含量丰富的维生素 E、维生素 B_1 和维生素 B_2 等营养物质（表 3 - 4）。此外，花生粕中镁（1 925.00 $\mu g/kg$）、钙（837.29 $\mu g/kg$）、铁（322.50 $\mu g/kg$）、钠（106.15 $\mu g/kg$）、锌（62.50 $\mu g/kg$）、磷（57.48 $\mu g/kg$）、铜（12.00 $\mu g/kg$）等矿物质含量也十分丰富，是蜜蜂理想的矿物质营养源。

尽管花生粕中蛋白质含量与大豆粕相近，但其蛋白质品质与豆粕有差异。这主要是由于其氨基酸配比不平衡所致，尽管花生粕中精氨酸含量是所有动、植物饲料原料中最高的，但其赖氨酸含量只有大豆饼粕的50％左右，蛋氨酸、赖氨酸、苏氨酸含量也较低。因此，在使用花生粕做蜜蜂饲料的主蛋白源时，应通过添加合成氨基酸或其他蛋白质饲料使蜜蜂配合饲料中氨基酸得到平衡。另外，花生粕很容易感染霉菌，特别是容易感染黄曲霉菌并产生黄曲霉毒素，从而损害蜜蜂健康。因此，蜜蜂配合饲料中应谨慎使用花生粕，并在生产过程中对原料采购、贮存、加工等环节进行严格控制，确保饲料质量安全。

表 3-4　花生粕中维生素和氨基酸含量

成分	含量（mg/100 g）	成分	含量（mg/100 g）
维生素 E	0.871	赖氨酸	31.167
维生素 B_1	0.237	蛋氨酸	30.366
维生素 B_2	0.282	谷氨酸	7.572
酪氨酸	331.447	精氨酸	4.919
胱氨酸	330.403	天冬氨酸	4.426
亮氨酸	32.593	甘氨酸	2.108
苯丙氨酸	32.165	丝氨酸	1.984
缬氨酸	31.609	丙氨酸	1.529
苏氨酸	31.546	脯氨酸	1.385
异亮氨酸	31.316	组氨酸	1.014

注：引自梅娜等，2007。

（五）饲用酵母

1. 概述　饲料酵母一般由酵母及其培养物构成，是一种利用农副产品下脚料或食品工业废弃物经酵母菌发酵而制成的蛋白质饲料，属于单细胞蛋白质饲料。饲用酵母一般呈浅黄色或褐色的粉末或颗粒，蛋白质的含量高，维生素丰富。饲用酵母具有两个显著特点：一是生长增殖快，二是蛋白质含量丰富且生物学价值高。在良好的发酵条件下，酵母菌每2～4 h可以繁殖一代，每接种100 kg，24 h后可得1 000～2 000 kg酵母。酵母粉是生产啤酒、菌体发酵后的产物，也是比较理想的蛋白质原料。

2. 营养特性　饲用酵母的营养价值极高，蛋白质含量丰富，通常在40％～58％，主要为菌体蛋白。蛋白质中必需氨基酸含量较高，且比例比较均衡，其中赖氨酸含量为4.1％左右。此外，饲用酵母还含有丰富的碳水化合物、脂肪、矿物质、维生素、消化酶类和未知生长因子。其中B族维生素最为丰富，饲用酵母粉中维生素 B_1

含量为 15～18 mg/kg，维生素 B_2 为 54～68 mg/kg，烟酸 500～600 mg/kg，泛酸 130～160 mg/kg，胆碱 600 mg/kg，生物素 1.6～3.0 mg/kg，叶酸 3.4 mg/kg。因此，饲用酵母既是一种优质的蛋白质饲料，也是良好的维生素补充料。但是，由于饲用酵母的生产原料和生产工艺不同，不同饲用酵母产品的营养成分存在差异。表 3-5 列举了几种常用的饲用酵母的营养成分含量。

在蜜蜂饲料中主要使用啤酒酵母粉，其蛋白质含量在 50％以上，不含脂肪，拥有丰富的氨基酸种类及 B 族维生素。啤酒酵母属高级蛋白质来源，试验表明，优质啤酒酵母粉是蜜蜂代花粉饲料的理想蛋白质原料，以其配制的蜜蜂饲料风味良好，能够吸引蜜蜂积极采食，饲喂效果较好。需要注意的是，选择啤酒酵母粉时应选择有酸香气、苦味较轻、质量较好的产品，还应当查看啤酒酵母粉的细度，必要时进行微粉碎，直至细度达到 200 目以上。

表 3-5　饲用酵母的主要营养成分

成分	营养成分量（％）				成分	氨基酸含量（％）			
	脱核酵母	啤酒酵母	石油酵母	BE酵母		脱核酵母	啤酒酵母	面包酵母	BE酵母
粗蛋白质	52.50	63.00	51.00	51.00	赖氨酸	1.48	7.20	6.90	3.80
粗脂肪	0.73	3.48	1.65	—	蛋氨酸	1.06	1.60	1.30	0.70
粗纤维	0.52	—	—	—	胱氨酸	0.17	1.40	1.20	0.20
无氮浸出物	—	24.34	39.65	—	色氨酸	—	1.30	1.50	—
灰分	5.48	9.13	7.70	9.90	精氨酸	—	4.70	4.00	2.80
钙	0.17	0.16	—	0.14	组氨酸	3.19	2.10	2.00	1.10
磷	0.98	1.38	—	0.64	苏氨酸	3.57	4.90	5.10	1.90
维生素 B_1（mg/kg）	0.41	9.48	3.40	6.87	苯丙氨酸	5.04	4.20	3.90	2.60
维生素 B_2（mg/kg）	8.65	3.85	10.00	8.11	亮氨酸	6.64	7.10	7.00	5.90
					异亮氨酸	4.47	5.20	5.90	2.00
					缬氨酸	3.88	5.60	5.90	2.50

注：引自何乃文等，1989；王强等，1990。

四、能量饲料

蜜蜂的能量饲料不同于畜禽的能量饲料。畜禽的能量饲料是指饲料绝干物质中粗纤维含量低于 18％、粗蛋白质低于 20％的饲料；而蜜蜂的能量饲料是指能够供蜜蜂采食的碳水化合物饲料，主要以葡萄糖、果糖、蔗糖等为主，包括蜂蜜、白砂糖、果葡糖浆等。并不是所有的碳水化合物都能被蜜蜂消化利用，纤维素、半纤维素、淀粉、乳糖、半乳糖、山梨糖等，由于蜜蜂体内缺少分解的酶而难以被消化利用，不能作为蜜蜂的能量饲料，一旦食用则易发生消化不良与"大肚病"。麦芽糖、土糖、红糖等一般也不宜作为蜜蜂的能量饲料。

1. 蜂蜜　蜂蜜由 70％以上的糖和 20％左右的水组成，还含有少量的蛋白质、氨基酸、脂类、有机酸、维生素和矿物质等。蜂蜜是蜜蜂的主要能源物质，pH 为 4～5，偏弱酸性。蜂蜜中水分含量受采蜜期的雨水、空气湿度、花蜜中水分含量、蜂群群势和在蜂箱中的熟化程度等因素的影响，西方蜜蜂生产的成熟蜂蜜平均含水量一般在 18％以下。蜂蜜中含有来自于蜜粉源植物的花粉和来自于蜜蜂体内的酶类物质，这些蛋白质含量较低。蜂蜜中的糖主要为单糖（即葡萄糖和果糖），占蜂蜜总质量的 65％以上；其次为蔗糖，一般占蜂蜜总质量的 5％以下。蜂蜜中含有丰富的有机酸、无机酸和氨基酸。蜂蜜中有机酸的平均含量为 0.1％，主要为葡萄糖酸和柠檬酸；无机酸有磷酸、盐酸、硼酸和碳酸等；蜂蜜中大约有 17 种氨基酸，所占比例为 0.10％～0.78％，其中脯氨酸含量最高，其次为赖氨酸、天冬氨酸、丝氨酸、色氨酸等。不同来源和品种的蜂蜜中的维生素种类和含量有较大差异，总的来说，B 族维生素含量最高，其次是维生素 C，另外还存在少量的维生素 A、维生素 D、维生素 K 以及胆碱等。蜂蜜中矿物质含量因产地和花蜜种类不同有所差异，含量为 0.02％～1.0％不等，其中钾、钙、磷含量最高，钠、锰含量次之，铜、锶、钡含量较低，深颜色蜂蜜矿物质含量比浅颜色蜂蜜高。在自然条件下，采集自蜜源植物的花蜜是蜜蜂所需碳水化合物的主要来源，其主要成分是水分和碳水化合物（多数是蔗糖）。采集蜂在吸入花蜜时就混入了唾液腺分泌的淀粉酶、蔗糖酶、麦芽糖酶等转化酶，在转化酶的作用下花蜜中以蔗糖为主的碳水化合物转变成了蜂蜜中的单糖（葡萄糖和果糖）。蜂蜜特别适用于蜂群早春繁殖和作为越冬饲料。但在蜜蜂活动旺盛的季节，蜂农一般不用蜂蜜作饲料，主要原因包括：蜂蜜价格高，提高了养殖成本；蜂蜜有芳香味，易引起盗蜂；转地蜂场蜂蜜携带不方便，会增加运输成本和劳动强度。值得注意的是，不明来路的蜂蜜不宜作为蜜蜂饲料，以防带有病原或蜜蜂不易消化的糖类，对蜜蜂造成伤害。

2. 白砂糖　白砂糖是以甘蔗或甜菜等植物为原料加工而制成的，其主要成分是蔗糖。对蜜蜂来讲，虽然白砂糖的营养价值不如蜂蜜，但是蜜蜂可以依靠自身的转化酶将白砂糖中的蔗糖转化成葡萄糖和果糖后吸收利用，因此，在蜂巢中的蜂蜜短缺时，蜂农可使用蔗糖替代蜂蜜饲喂蜂群。此外，与蜂蜜相比，白砂糖作为蜜蜂的糖饲料具有一定的优势：一是白砂糖价格相对低廉，可降低饲喂成本；二是白砂糖来源广，长途转地便于携带，广西、云南、广东、海南、福建、台湾、新疆、东北地区是我国主要产糖区，其中广西的白砂糖产量占了全国的半壁江山。因此，白砂糖是目前我国养蜂生产主要的糖饲料。

3. 果葡糖浆　果葡糖浆是以淀粉为原料，通过淀粉酶转化成糊精，再经糖化酶转化为葡萄糖浆后，又通过葡萄糖异构酶的异构化反应将部分葡萄糖转化为果糖，制成的一种含有果糖和葡萄糖的液态混合糖浆。因为蜂蜜中的主要成分就是果糖和葡萄糖，因此，给蜜蜂饲喂果葡糖浆通常无不良反应。但是，仍然不提倡使用果葡糖浆喂蜂。这主要是因为，如果饲喂时机不当，蜂脾中残存的果葡糖浆容易混入生产的蜂蜜中影响蜂蜜质量；其次，目前市面上的果葡糖浆产品质量参差不齐，部分果葡糖浆产品质量差，淀粉、糊精等转化不彻底，蜜蜂无法消化利用糊精和淀粉，因此饲喂这类果葡糖浆不利于蜜蜂健康；另外，蜂群长期饲喂果葡糖浆有可能引起蜜蜂的消化代谢和生理机能紊乱，从而造成蜂群群势衰弱甚至垮掉，越冬期喂糖尤其要注意这个问题。不得不短期饲喂果葡糖浆时，蜂农朋友一定要从正规渠道购买合格产品，应先选择几群蜜蜂饲喂，确保安全后再饲喂其他蜂群，以保证全场蜂群安全。此外，在生产蜂蜜前1个月要停止饲喂果葡糖浆并清空老巢脾内的贮蜜。尽管如此，如果糖源不紧缺，仍然不提倡用果葡糖浆作为蜜蜂饲料。

4. 玉米粉　玉米在畜禽饲料中属于能量饲料，适口性好，其含有大量的碳水化合物，纤维素含量较少，还含有 4% 左右的脂肪，代谢能可达 14.06 MJ/kg。另外，玉米蛋白质含量为 8%～9%。在配制蜜蜂代花粉饲料时也可少量使用玉米粉，尤其是经过膨化后的玉米粉，具有独特的芳香气味，能够吸引蜜蜂采食，可用其作为配制蜜蜂代花粉饲料的原料。此外，玉米粉还常作为蜜蜂配合饲料的预混料载体。需要注意的是，代花粉饲料中膨化玉米粉添加比例过高会导致饲料黏性过高，降低蜜蜂采食量，建议添加量控制在 20% 以下。

5. 脂类　自然条件下，蜜蜂可以从花粉中摄取自身生长发育所需要的脂类物质。一般而言，制作蜜蜂代花粉饲料的豆粕、玉米粉、酵母粉等饲料原料中含有的脂类物质也基本能满足蜜蜂对脂类物质的需求。但在一些特殊生长发育阶段或者特殊蜂粮饲料配方情况下，在饲料中添加适量亚油酸、亚麻酸、固醇类等蜜蜂体内不能合成但生长发育必需的脂类物质有助于蜜蜂生长发育和蜂群繁殖。

五、维生素饲料

维生素饲料是补充蜜蜂对维生素需要的饲料。维生素是维持动物正常生理机能所必需，且需要量极少的一类低分子有机物，尽管它并不能为蜜蜂提供合成代谢所需的能量，也并非结构性物质，但它可以活化剂的形式参与体内物质代谢和能量代谢的各种生化反应。维生素在蜜蜂体内的含量极少，作用却很大，而且每一种维生素的作用都具有特异性，相互间不可替代。虽然蜜蜂对维生素的需要量并不大，但是若缺乏易使蜜蜂发生疾病，影响蜜蜂健康。

维生素按溶解性质将其分为脂溶性和水溶性两大类。脂溶性维生素包括维生素A、维生素 D、维生素 E、维生素 K 等，不溶于水，能溶于脂肪及脂肪溶剂（如苯、乙醚、氯仿等）中。在食物中，它们常与脂类共存，在肠道中与脂类的吸收也密切相关。当脂类吸收不良时，脂溶性维生素的吸收也大大减少，甚至引起代谢障碍。水溶性维生素能溶解于水，包括 B 族维生素和维生素 C。水溶性维生素及其代谢产物均随蜜蜂排泄物排出，体内不能贮存。

从蜜蜂饲料的角度讲，维生素属于一种最为常见和重要的营养性饲料添加剂。花粉中含有丰富的维生素，基本可以满足蜜蜂生长发育所需，所以花粉是蜜蜂天然的维生素来源。通常，鲜花粉中维生素含量丰富、种类齐全，随着花粉种类、贮存方式、贮存时间的不同，花粉中的维生素含量变异较大（表 3-6）。在人工配制的蜜蜂饲料中，由于使用原料所含维生素种类和量不同，应根据实际情况适量添加相应维生素。

表 3-6 花粉中维生素的含量 （mg/100 g）

品种	维生素 A	维生素 D	维生素 B_1	维生素 B_2	维生素 B_6	维生素 C	尼克酸	β-胡萝卜素
山里红	10.07	—	—	—	—	3	—	—
松花粉	—	—	—	0.64	—	14.76	—	9.32
紫云英	18.18	1.54	14.8	11.3	—	10.05	4.7	0.39
苹果	27.97	0.2	1	1.8	—	19.5	13.2	16.9
沙梨	22.41	—	—	—	—	35.5	—	—
荞麦	4.48	—	—	—	—	52	—	0.63
玉米	8.95	—	—	—	—	52	—	—
椴树	11.61	—	—	—	—	27.5	—	—
芝麻	15.25	—	6.3	6.8	—	83.5	—	—
茶花	15.38	—	—	—	—	67.5	—	—
油菜	1.78	0.35	0.88	0.84	0.62	31.84	0.93	0.23
蚕豆	5.02	—	—	—	—	41.75	—	—
胡桃	9.57	—	—	—	—	23.5	—	—
向日葵	16.18	—	6	—	—	41.5	15.7	45
荆条	20.1	—	—	—	—	21.25	—	—
沙梨	7.27	—	—	—	—	37	—	—
柳树	10.07	—	9.2	0.09	—	9	—	—
黄瓜	15.38	—	—	—	—	25	—	—
飞龙掌血	5.73	—	—	—	—	18	—	—

（续）

品种	维生素 A	维生素 D	维生素 B₁	维生素 B₂	维生素 B₆	维生素 C	尼克酸	β-胡萝卜素
木豆	5.32	—	—	—	—	43.5	—	—
板栗	16.92	—	—	—	—	15	—	—
蜡烛果	25.17	—	—	—	—	3.5	—	—
胡枝子	11.89	—	—	—	—	15	—	—
蒲公英	25.17	—	1.08	—	—	16	—	—
色树	10.49	—	—	—	—	72.5	—	—
泡桐	6.42	—	0.13	0.13	—	78.8	0.094	—
盐肤木	5.59	—	0.34	0.84	—	75	1	—
乌桕	18.18	—	6.1	2.7	71.6	23.5	8.4	—
野菊	16.65	—	—	—	—	38	0.607	—
芸芥	8.11	—	—	—	—	80	—	—
黑松	1.53	—	—	—	—	9	—	—
烟草	19.58	—	—	—	—	51	—	—
罂粟花	11.89	—	—	—	—	37	—	—
香薷	9.51	—	—	—	—	12.5	—	—
荷花	10.17	0.74	1.07	2.11	9.43	21.76	14.68	4.33
萝卜	—	—	0.12	2.26	—	19.98	—	0.54
金樱子	8.13	—	1.38	2.15	4.79	8.23	20.7	0.74
薜荔	—	—	0.12	2.6	—	28.42	—	0.06
龙眼	16.7	—	7.28	4.33	18.76	27.15	11.34	—
疏花蔷薇	3.46	—	0.72	1.02	—	12.55	—	—
李子	2.38	—	1.75	3.37	7.44	39.64	3.26	—
梅花	6.42	—	3.36	0.14	10.38	35.34	2.29	—
刺槐	—	—	7.4	1.67	—	—	14.2	—
杏花	—	—	0.63	0.53	—	—	3.15	—
杨梅	25.64	—	0.9	—	—	25.34	0.75	1.33
番薯	7.23	0.98	10.51	2.74	11.34	53.31	8.46	2.38

注：引自李英华等，2005。

六、矿物质饲料

蜜蜂同其他动物和昆虫一样，也需要矿物质。根据蜜蜂对矿物质需求量的不同，可分为微量矿物质和常量矿物质。蜜蜂对微量矿物质的需求量极少，对常量矿物质的需要量相对较大，在蜜粉源充足的季节，蜜蜂可从自然界采集的花粉、水中获取足量矿物质元素；在人工配制蜜蜂配合饲料时，由于原料的单一性或固定性，要注意根据实际需求额外添加常量矿物质饲料。

一般情况下，花粉（天然饲料）或脱脂豆粉等常规饲料原料中所含矿物质一般均能满足蜜蜂的需要，不需要专门饲喂。在早春的蜜蜂繁殖期，群内幼虫甚多，加之外界缺乏蜜粉源，如果以白糖或花粉代用品喂蜂，可能会造成无机盐（特别是 Na^+、Cl^-）缺乏。此外，盛夏气温酷热，蜜蜂代谢能力下降，也需补充一定量的盐分。给蜜蜂补充食盐可以结合喂水、喂糖浆进行，清水（或糖浆）与盐的比例以不高于 1 000∶5 为宜。

七、饲料添加剂

通常可将饲料添加剂分为营养性添加剂和功能性添加剂。所谓的营养性添加剂主要起到完善、补充配合饲料营养的作用，例如前面提到的氨基酸、维生素、矿物质。而功能性添加剂种类繁多、功能广泛，目前，在蜜蜂饲料中有应用价值的饲料添加剂主要包括能够提高饲料利用率的酶制剂、微生态制剂等，能够改善饲料保藏品质的抗氧化剂、防霉剂等，以及能够改善饲料适口性、色泽、味道的增色剂、调味剂、诱食剂等。对蜂巢内蜂粮的气味、色泽、pH 进行评定后发现，蜂粮是一种偏酸性食物。因此，在人工配合饲料中添加适量酸性调味剂如柠檬酸、山楂粉等可改善饲料适口性，提高蜜蜂采食量。

1. 氨基酸添加剂　在饲料中加入适量的赖氨酸、蛋氨酸和色氨酸等蜜蜂必需氨基酸，以补充饲料中的氨基酸的不足，能够使饲料尽量达到氨基酸平衡，促进蜂群繁殖，增强蜂群群势。

2. 维生素添加剂　研究表明，在饲料中适量添加维生素 A、维生素 E、维生素 C 及 B 族维生素，对蜜蜂生长、生殖和健康有良好作用。在繁殖期蛋白质饲料中添加比例适当的维生素，对于扩大蜂群群势、增加蜜蜂子量都有较好的效果；在越冬期能量饲料中添加维生素，对于提高蜜蜂越冬期存活率也有较好效果。

3. 矿物质微量元素添加剂　有铁、铜、锌、硫、硒等多种，适当添加，对保障蜜蜂正常的生命活动有利，亦可起促进蜂群生产的作用。但用量过多，会引起蜜蜂中毒。例如添加过量的钙元素，会造成饲料采食量下降、蜂群群势下降、蜜蜂死亡。

4. 防霉剂 如柠檬酸、柠檬酸钠、其他有机酸等，具有防止饲料发霉的作用，也能够调节饲料适口性，增加采食量。

5. 抗氧化剂 如乙氧喹、2，6-二叔丁基对甲酚、抗坏血酸和维生素 E 等，对于脂肪含量较高的饲料起到良好的抗氧化作用，保证饲料在存放过程中的品质。

第二节 蜜蜂饲料的原料采购、质检与贮存

蜜蜂饲料要清洁卫生，品质优良，这是提高蜜蜂健康水平、增强抗病力、预防病原传播的一个基本环节。配制蜜蜂饲料的所有原料必须品质优良、来源清楚、安全可靠，以保证蜂群的健康和安全。要保证蜜蜂饲料的安全必须做好原料的采购、质检和贮存等工作。下面介绍几种主要蜜蜂饲料原料的采购、质检和贮存。

一、蜂花粉

近年来蜂花粉市场发展迅速，蜂花粉的国家标准（GB/T 30359—2013）也已于2013 年 12 月 31 日发布，并于 2014 年 6 月 22 日正式实施，蜂花粉的采购、质检和贮存应符合 GB/T 30359 的相关要求。

（一）采购

要确保配制蜜蜂饲料用蜂花粉质量，必须从采购做起，严抓采购关。采购蜂花粉时，首先要从感官指标进行评定，感官指标的评价一般通过眼观、口尝、鼻嗅等方式，感官要求要符合 GB/T 30359—2013 要求。在采购过程中，除了检查蜂花粉感官指标之外，还应关注其包装形式（例如是真空包装还是普通包装）、包装质量（包装袋有无破损）等。

（二）质检

通过感官的评定蜂花粉，还应进一步对其水分、营养指标等理化指标进行化验和检测，以确保所采购的蜂花粉质量符合国家标准要求。

1. 营养指标测定 蜂花粉中相关营养指标的检测需按照相关指标的食品安全级国家标准进行。水分测定方法参照《食品安全国家标准　食品中水分的测定》

（GB 5009.3—2016）；灰分测定按照《食品安全国家标准　食品中灰分的测定》（GB 5009.4—2016）规定执行；蛋白质含量测定参考《食品安全国家标准　食品中蛋白质的测定》（GB 5009.5—2016）；脂肪含量检测按照《食品安全国家标准　食品中脂肪的测定》（GB/T 5009.6—2016）中规定方法执行；还糖含量检测按照《食品安全国家标准　食品中还原糖的测定》（GB/T 5009.7—2016）和食品中蔗糖的测定（GB/T 5009.8）中规定方法执行。

2. 碎蜂花粉率测定　"碎蜂花粉率"这个指标的测定仅针对团粒状蜂花粉，对碎蜂花粉不做要求。碎蜂花粉率的检测按照蜂花粉（GB/T 30359—2013）中规定的方法执行。

3. 单一品种蜂花粉率测定　单一品种蜂花粉率的测定按照蜂花粉（GB/T 30359—2013）中规定的方法执行。

4. 酸度与过氧化值的测定　蜂花粉酸度与过氧化值的测定按照蜂花粉（GB/T 30359—2013）中规定的方法执行。

（三）贮存

蜂花粉的贮存方式对其质量影响较大，不同包装形式对贮存条件的要求不同。用真空充氮包装的花粉可在常温下保存，其他普通包装形式需在−5 ℃以下保存；短期临时存放，应经过干燥和密闭处理后存于阴凉干燥处；不同产地、花种、等级和不同季节采购的产品应分别存放，并做好记录；贮存场地应清洁卫生、避免高温、避免透风漏雨、远离污染源；不得与有毒、有害、有异味、有腐蚀性、易挥发的物品同场地贮存。

二、豆粕

（一）采购与质检

采购豆粕时通常可以从感官性状和理化指标两方面判别产品质量。就感官而言，优质豆粕一般为浅黄色不规则碎片状，色泽一致，新鲜，有豆粕的特殊香味；无发酵、霉变、结块、虫蛀及异味异臭；无豆粕以外的物质，含抗氧化剂、防霉剂等添加物的应有相应说明。理化指标方面，一般要求豆粕中水分（一级≤12%，二级≤13%），粗蛋白质（一级≥44%，二级≥43%），粗纤维≤5.0%，粗灰分≤6.0%，蛋氨酸≥0.6%，赖氨酸≥2.5%，70%≤蛋白质溶解度≤85%。此外，豆粕中滴滴涕（DDT）含量应≤0.02 mg/kg。

（二）贮存

豆粕的安全贮存期与含水量密切相关，豆粕的安全含水量应不超过14.5%，一般控制在 13% 左右为宜，这样的豆粕用手抓散性很好；当水分超过 16% 时，手抓会有发滞感。通常，安全水分内的豆粕在南方贮存期为 4～6 个月，北方为 8 个月左右。因此，豆粕贮存要选择避光干燥的场所。另外，豆粕的贮存场所要保持通风良好，无有毒有害物品、无挥发性异味等，同时要防鼠害、虫害等。

三、玉米蛋白粉

（一）采购

采购玉米蛋白粉时，也是从感官性状和理化指标两方面来评定原料的质量。感官性状上，通常玉米蛋白粉呈粉状、无发霉、虫蛀等现象；有其固有的烤玉米的味道，并具有玉米发酵的特殊气味，无腐败变质气味；色泽呈金黄色或淡黄色，色泽均匀；不含砂石、泥土等杂物，不掺入非蛋白氮等物质；若加入抗氧化剂和防霉剂等添加剂时，应在原料标签上做相应说明。

（二）质检

质量指标上，要遵循《饲料用玉米蛋白粉》（NY/T 685—2003）中饲用玉米蛋白粉等级质量要求（表 3-7）。除表中要求的质检指标外，还应关注它的新鲜度，市场上部分产品中黄曲霉超标严重，最好用酶联免疫法检测黄曲霉毒素 B_1 的含量，确保购进优质的玉米蛋白粉。

表 3-7　饲用玉米蛋白粉等级质量指标（NY/T 685—2003）

项　目	指　标（%）		
	一级	二级	三级
水分	≤12	≤12	≤12
粗蛋白质（干物质基础）	≥60	≥55	≥50
粗脂肪（干物质基础）	≤5	≤8	≤10
粗纤维（干物质基础）	≤3	≤4	≤5
粗灰分（干物质基础）	≤2	≤3	≤4

注：一级饲用玉米蛋白粉为优等质量标准，二级饲用玉米蛋白粉为中等质量标准，低于三等者为等外品。

（三）贮存

饲用玉米蛋白粉的包装、运输和贮存，应符合保质、保量、运输安全和分类、分级贮存的要求，严防污染。在安全水分范围内，玉米蛋白粉的保质期通常可达 1 年。

四、花生粕

（一）采购

采购的花生粕应色泽新鲜、一致，具其应有的黄褐色或浅褐色，无发酵、霉变、虫蛀、结块及异味异臭。另外，还需特别查验原料中是否掺有除花生粕以外的物质，若花生粕中加入抗氧化剂、防霉剂等添加剂时，应作相应的说明。

（二）质检

所采购花生粕原料中水分含量不得超过 12.0%，黄曲霉毒素含量不得高于 0.05 mg/kg。粗蛋白质、粗纤维及粗灰分等质量指标及含量要求应符合 NY 133—1989 中一级花生粕的相关要求（表 3-8）。

表 3-8　饲用用花生粕质量控制指标（NY 133—1989）

项目（干物质基础）	指标（%）
粗蛋白质	≥51
粗纤维	≤7.0
粗灰分	<6.0

（三）贮存

由于花生粕易感染霉菌，饲料用花生粕必须存放于干燥、通风处，高温、多雨季节不可贮存过多，并尽快使用。

五、糖饲料

（一）采购

糖饲料是蜜蜂饲料中最常使用的饲料原料，因此，糖饲料的品质对养蜂安全至关重要。市售白糖通常有白砂糖、绵白糖、甜菜糖、赤面糖等。蜜蜂饲料所用糖最好选购有食品生产许可证的正规糖厂生产的白砂糖。市售白砂糖通常为编织袋包装，在购买时，一要看准品牌厂家，二要确保包装完整、无破损，三要保证白砂糖无污染。选购白砂糖时也不能只看外包装，关键还要看品质，选购时可通过眼看、手摸、鼻嗅、口尝的方式鉴定白砂糖品质。眼看：白砂糖糖粒晶亮，且均匀，对于发白无光泽的糖最好不要选购。手摸：用手触摸感觉白砂糖的含水量，通常白砂糖的含水量在 2%～5%，如果用手可感觉到潮湿的，含水量一般在 5% 以上。鼻嗅：优质白砂糖通常能嗅到糖的香味，有异味的白砂糖品质低劣，勿选购。口尝：甜度较大，香甜，后味长，不能有苦、涩、咸、酸等不舒适的口感。

（二）质检

除上述感官指标外，白砂糖按等级不同还应符合 GB 317—2018 中规定的质量指标（表 3 - 9）和 GB 13104—2014 中规定的卫生指标（表 3 - 10）。

表 3 - 9　白砂糖的质量指标（GB 317—2018）

项　目	等　级			
	精制	优级	一级	二级
蔗糖（g/100 g）≥	99.8	99.7	99.6	99.5
还原糖（g/100 g）≤	0.03	0.04	0.10	0.15
电导灰分（g/100 g）≤	0.03	0.04	0.10	0.13
干燥失重（g/100 g）≤	0.05	0.06	0.07	0.10
色值（IU）≤	25	60	150	240
混浊度（MAU）≤	30	80	160	220
不溶于水杂质（mg/kg）≤	10	20	40	60

注：表中指标的测定方法和步骤参照 GB 317—2018。

表 3 - 10　白砂糖的卫生指标（GB 13104—2014）

项　目	等　级			
	精制	优级	一级	二级
污染物限量	应符合 GB 2762—2017 的规定			
螨	不得检出			

（三）贮存

用于贮存白砂糖的糖仓必须清洁、干净、通风、干燥、低温，严禁白砂糖与有毒、有害、有异味、污染物品混合贮存，在运载和仓储时糖堆下面应有垫层，防止受潮或受到其他液体的污染。糖包应堆放于距离墙壁、暖气管道或水泥柱 1 m 以外，糖堆高度以确保安全为原则。糖包码放顺序可根据先入仓先出仓的原则，依次调拨，或者按白砂糖的采购和生产批次进行码放。

第三节　蜜蜂的营养需要与饲养标准

蜜蜂的营养需要是指蜜蜂在维持正常生命健康、正常生理活动和保持最佳生产水平时，在适宜的环境条件下，对蛋白质、碳水化合物、脂类、矿物质、维生素和水等营养物质的最有效需求量。探明蜜蜂的营养需要是配制蜜蜂人工饲料的理论依据，对蜜蜂的健康养殖有重要作用。养蜂生产中，蜂群所处的阶段不同其营养需要不同。探明蜜蜂的营养需要是制定蜜蜂饲养标准的前提，更是配制蜜蜂饲料的理论依据。

一、蜜蜂的营养需要

（一）水的营养

饲料中的水分常以两种状态存在：一种是存在于机体细胞间、与细胞结合不紧密、容易挥发的水，称为自由水（又称游离水）；另一种是与细胞内胶体物质紧密结合在一起、形成胶体水膜、难以挥发的水，称为结合水（又称束缚水）。

1. 水对蜜蜂的营养作用　水是蜜蜂机体的重要组成部分，蜜蜂幼虫含水量达80%以上，成年工蜂为60%以上。饲料水、饮水和代谢水是蜜蜂体内水分的主要来源。水虽然不能为机体提供能量或营养物质，但却是蜜蜂代谢和生化反应的主要媒介。水是蛋白质、氨基酸、碳水化合物、核苷酸、维生素和矿物质等一切营养素和代谢废物的溶剂，体内所有营养物质的吸收、转运及代谢废物的排除必须溶于水中才能正常进行。此外，蜜蜂还可利用水分的蒸发调节巢房内的温、湿度，保证卵的孵化和幼虫的生长发育。

2. 蜜蜂对水的需要　一年四季蜂群都需要水，尤其在夏季，蜂群需水量最大，一般1个强群每天需要水1 500~2 000 mL。蜂群春繁期，此阶段气温一般较低，巢内又有大量幼虫，需水量较大，应不断给蜂群供应干净的水，以防蜜蜂因外出采水而冻死。

（二）蛋白质的营养

1. 蛋白质对蜜蜂的营养作用　蛋白质是构成机体组织细胞的重要原料，蜜蜂的表皮、肌肉、腺体、神经、血淋巴等的主要成分都是蛋白质；蛋白质也是机体内功能物质的主要成分，在蜜蜂的生命和代谢活动中起着催化作用的酶、调节生理过程的各类激素以及具有免疫和防御功能的血淋巴的主要成分是蛋白质；蛋白质是机体组织更新、修补的主要原料，在蜜蜂蜕皮、损伤组织修补时都需要蛋白质的参与；在某些时期，蛋白质可转化为脂肪或糖，当摄入过量蛋白质时，多余的蛋白质可转化为糖或脂肪，为机体生长发育提供能量，维持机体的正常代谢活动。

2. 蜜蜂对蛋白质、氨基酸的营养需要　蛋白质和某些氨基酸是蜜蜂生长发育的必需成分，尤其是幼虫增长和蜜蜂羽化两个阶段。Herbert（1977）发现，饲料中的蛋白质水平为23％时，蜜蜂哺育幼虫的效果最佳。De Groot（1953）指出，糖饲料中酪蛋白的含量达到5％时，会对蜜蜂产生毒害作用，缩短蜜蜂寿命。当一只蜜蜂每天采食1.2 mg的蛋白质时，蜜蜂的咽下腺发育最好。研究发现，蜜蜂代花粉饲料蛋白质水平对意大利蜜蜂各发育阶段的生长发育状况、工蜂寿命、采食量、产浆量及工蜂咽下腺等均有显著影响，当蛋白质水平为30％时哺育蜂咽下腺发育和蜂群生产性能最好（王改英等，2011；郑本乐等，2012；Li et al.，2012）。意大利蜜蜂幼虫对代用花粉的蛋白质水平要求与成蜂不同，当代用花粉蛋白质水平低于25％时不利于蜂群内幼虫的生长发育，以蛋白质水平为30％～35％时生长发育最佳；成蜂对代花粉饲料的蛋白质水平要求略低，不低于20％即可，且以蛋白质含量为30％时最优（Li et al.，2012）。蜜蜂的必需氨基酸为精氨酸、组氨酸、赖氨酸、色氨酸、苯丙氨酸、蛋氨酸、苏氨酸、亮氨酸、异亮氨酸和缬氨酸，这10种氨基酸蜜蜂自身不能合成，必须从饲料中获取。和其他动物一样，蜜蜂可以利用所有的L型氨基酸，但不同的是蜜蜂还可以利用D-组氨酸、D-蛋氨酸和D-苯丙氨酸。Loper和Berdel（1980）研究发现，为了保证蜜蜂的基本哺育能力，每只蜜蜂每天最少需要0.8 mg蛋白，而维持年轻哺育蜂的生长发育所需蛋白质的理论值为0.5 mg/（只·d）。研究发现，意大利蜜蜂工蜂幼虫饲料中色氨酸适宜水平为10.84～11.84 mg/g（赵凤奎等，2015），赖氨酸适宜水平为11.08～16.08 mg/g（王帅等，2017）。

（三）碳水化合物的营养

1. 碳水化合物对蜜蜂的营养作用　碳水化合物的首要作用是供给能量，每克葡萄糖可产热16 kJ；每个细胞的成分都有碳水化合物，其含量为2％～10％，主要以糖蛋白、糖脂和蛋白多糖的形式存在，分布在细胞器膜、细胞浆及细胞间隙中；糖具有诱食作用，蜜蜂最喜欢采食蔗糖，其次为葡萄糖和果糖等。乳糖、半乳糖、棉子糖、甘露糖对蜜蜂具有毒性，蜜蜂采食会缩短其寿命；具有解毒作用，糖类代谢可产生葡萄糖醛酸，葡萄糖醛酸可与毒素结合进而解毒；另外，碳水化合物可以加强肠道功能和调节脂肪代谢等。饲料中适宜水平的纤维对动物生产性能和健康有积极作用。

2. 蜜蜂对碳水化合物的营养需要　蜜蜂对蜂蜜或糖的需要量依外界温度的变化而不同，外界温度在11 ℃时，每只蜜蜂每小时需要摄食11 mg的糖；当温度升高到37 ℃时，糖的消耗降低到0.7 mg；但当外界温度继续上升到48 ℃时，蜜蜂对糖的消耗将增加到 1.4 mg。另外，蜂群强弱、幼虫数量均影响蜜蜂对糖的需要。资料显示，正常蜂群每年需糖 69～74 kg，主要在夏季、冬季和泌蜡时消耗。

（四）脂类的营养

脂类包括脂肪和类脂。脂肪又称甘油三酯，由一分子甘油和三分子脂肪酸组成。类脂包括游离脂肪酸、磷脂、糖脂、脂蛋白、固醇类等。脂类的能值高，是动物营养中非常重要的一类营养素。

1. 脂类对蜜蜂的营养作用　生理条件下，脂类的能值大约是蛋白质和碳水化合物的 2.25 倍。脂肪是动物体内主要的能量贮备形式，当机体摄入的能量超过自身需要量时，多余的能量就会以脂肪的形式贮存在体内。脂类可以作为脂溶性营养素的溶剂，对脂溶性营养素或脂溶性物质的消化吸收极为重要。蜜蜂不能合成胆固醇，必须从饲料中获取。胆固醇是蜜蜂合成蜕皮激素的前体物质，一旦缺乏，将导致蜜蜂的发育障碍；另外，胆固醇有助于转化合成维生素 D、胆酸和维持细胞的结构完整性等。亚油酸、亚麻酸、月桂酸、癸酸和肉豆蔻酸对幼虫芽孢杆菌具有抑制作用。脂类还对蜜蜂具有一定的诱食作用，亚油酸、亚麻油酸、24-亚甲基胆固醇等均是典型的诱食脂肪酸。

2. 蜜蜂对脂类的营养需要　蜜蜂对亚油酸、亚麻酸和固醇有着特殊的需求。研究发现，饲料中亚油酸和亚麻酸的含量为 0.16% 和 0.55% 时，才能基本满足蜜蜂的发育需求。意大利蜜蜂工蜂幼虫饲粮中花生四烯酸的适宜添加水平为 0.1～0.3 g/kg（于静等，2019）。蜜蜂代花粉饲料中 α-亚麻酸添加水平显著影响本地意大利蜂蜂群春繁期和秋繁期的生产繁殖性能，日粮中 α-亚麻酸添加水平为 4% 时能较好满足蜜蜂成蜂的营养需要（Ma et al.，2015）。另有研究表明，幼虫饲料中 α-亚麻酸添加水平为 0.02%～0.04% 时，最利于幼虫化蛹和羽化，并提高幼虫抗氧化和免疫能力（于静等，2019）。Herbert 等（1980）发现饲喂花粉脂质提取物的蜂群子量显著高于不添加脂质提取物的蜂群。固醇是蜜蜂生长发育及生殖的重要营养成分，蜜蜂自身不能合成，必须从饲料中获取，在人工饲粮中添加 0.1% 的甾醇类物质对蜜蜂哺育幼虫的效果较好。

（五）矿物质营养

1. 矿物质对蜜蜂的营养作用　矿物质是组成机体成分的元素，占蜜蜂干物质的 6.2%～6.7%。矿物质可作为酶的活化因子，也可直接参与酶的组成，如镁参与磷酸酶、肽酶、氧化酶和精氨酸酶的作用，钠、钾、氯可为酶提供有利于发挥作用的环境或直接作为酶的活化因子；磷和镁参与 DNA、RNA 和蛋白质的生物合成。钙可以控制神经传递物质的释放，调节神经兴奋性。钙离子也可以进入细胞内触发肌肉收缩，调节神经肌肉兴奋性，保证神经肌肉的正常功能。体内的钠、钾、氯，可作为电解质维持渗透压，调节酸碱平衡，控制水的代谢。

2. 蜜蜂对矿物质的营养需要　Black 等（2006）根据蜜蜂体内矿物质的含量，估测了每只蜜蜂每天对 11 种矿物质的最小需要量：磷 187 μg、钾 176 μg、磷 132 μg、铁 150 μg、锰 150 μg、锌 100 μg、钠 22 μg、镁 22 μg、钙 11 μg、硼 0.11 μg。研究发现，意大利蜜蜂工蜂幼虫饲粮中铜的适宜水平为 4.96～5.34 μg/g（赵晓冬等，2019）。成蜂日粮中锌的适宜水平为 30 mg/kg，幼虫为 20～30 mg/kg（Zhang et al.，2015）。由于食物中的植酸盐及其他物质的影响，蜜蜂不能有效吸收饲料中的矿物质成分，从而导致矿物质的内源性消耗，因此上述估测值与蜜蜂对矿物质的实际需要量有一定的差异。Nation 等（1968）在人工饲料中添加钾 0.5%、钠 0.02%、钙 0.10% 和镁 0.10%，可以提高蜜蜂对幼虫的哺育能力。与之不同的是，Herbert 等（1987）测定各矿物质元素在人工饲料中的最适添加量分别为：钾 0.1%、钙 0.05%、镁 0.03%，而钠、锌、锰、铁和铜的添加量则低于 0.005%。饲喂蜜蜂少量的钴能增加蜜蜂体重。盐对蜂蜡生产起刺激作用，饲喂盐水的蜂群其筑巢能力比不饲喂的蜂群快 40%，0.15% 的盐水可使蜂群达到理想的蜜蜂数量。研究发现，糖浆中补充 50～100 mg/kg 葡萄糖酸锰有利于延长意大利蜜蜂成年工蜂寿命，并改善和提高蜜蜂机体抗氧化能力、免疫能力等生理机能（夏振宇等，2019）。糖浆中添加浓度为 0.57 mg/L 的硒酸钠时可以显著延长蜜蜂寿命，幼虫日粮中亚硒酸钠水平为 0.6 mg/L时可显著增强工蜂幼虫抗氧化和免疫机能（Chi et al.，2019）。一般而言，蜜蜂代花粉饲料中不需额外添加矿物质元素。但需要注意的是，由于钙元素与磷元素之间有相互拮抗作用，在配制蜜蜂代花粉饲料时必须考虑钙磷平衡。

（六）维生素的营养

1. 维生素对蜜蜂的营养作用　作为维持蜜蜂生长发育所必需的活性物质，维生素参与蜜蜂机体内三大营养物质氧化还原反应和新陈代谢作用，与蜜蜂的健康、生长发育和繁殖密切相关。维生素用量虽小，但作用极大，一旦缺乏，将会造成蜂体生理机能紊乱，腺体发育与分泌等活动停止。维生素以辅酶和催化剂的形式广泛参与体内代谢的多种化学反应，保证细胞结构和功能的正常，维持动物健康和各种生产活动。蜜蜂自身不能合成维生素，必须从饲料中获取，一旦缺乏，可引起机体代谢紊乱。蜜蜂需要从食物中获得水溶性维生素，尤其是 B 族维生素，如维生素 B_1、维生素 B_2、维生素 B_3、维生素 B_5、维生素 B_6、叶酸、胆碱、生物素等，如果食物中缺乏这些维生素，就会严重影响蜜蜂的生长发育、繁殖力和卵的生活力等。例如，维生素 C 为细胞呼吸过程中的递氢体，缺乏维生素 C，会阻碍蜜蜂的生长发育，严重缺乏时则导致畸形甚至死亡。蜜蜂需要大量的胆碱，以促进幼虫的发育或提高蜜蜂的生殖力。有研究表明，泛酸、硫胺素和核黄素为蜜蜂咽下腺的发育所必需，维生素 E 对蜂王的生殖机能有重要影响。维生素能够增强蜂群的哺育能力，发展强群，从而提高蜂群的生产性能（如提高王浆产量）。作为一种有效的抗氧化和清除自由基物质，维生素 A 的抗氧化作用受到越来越多的关注。维生素 A 还对维持上皮细胞的正常功能和结构的完整性，维持正常视觉、动物繁殖性能和免疫功能都具有重要作用。Herbert 等（1 978）研究表明，饲粮中添加脂溶性维生素，尤其是维生素 A，能显著提高哺育蜂的哺育能力，增加封盖子量。维生素 C 对幼虫及成蜂腺体发育很重要，能有效刺激蜜蜂取食。肌醇能刺激蜜蜂腺体发育，胆碱除了促进幼虫发育外，还对蜂王产卵有刺激作用。维生素 B_1 是脱羧酶的辅酶，参与丙酮酸的氧化脱羧，与 CO_2 和酰基负离子的形成有关；维生素 B_5 是脱氢酶的辅酶；维生素 B_7 参与 CO_2 加成作用，是酶促反应的辅酶；维生素 B_{11} 是传递一碳单位的辅酶；维生素 E 作为脂肪的抗氧化剂，参与细胞的呼吸作用；维生素 K 参与凝血酶原的合成、电子转移与氧化磷酸化反应。

2. 蜜蜂对维生素的营养需要　蜜蜂自身一般不能合成维生素，必须从食物中获取。花粉和人工饲料是蜜蜂维生素的主要来源。维生素 B_6 对蜜蜂幼虫生长发育是必需的，人工饲粮中 8 mg/kg 的添加量能提高哺育蜂的哺育能力。研究发现，蜜蜂代花粉饲料中添加 7 500 IU/kg 的维生素 A 能够显著增强蜂群群势、封盖子量和幼虫的抗氧化能力（冯倩倩等，2011）。通常 B 族维生素（硫胺素、核黄素、烟酸、维生素 B_6、泛酸、叶酸、生物素）对昆虫是必需的，这些维生素必须与其他营养成分相平衡。脂溶性维生素对蜜蜂咽下腺发育作用明显，能更有效提高王浆产量，尤其是维生素 E。研究表明，蜜蜂代花粉饲料中添加 360 IU/kg 维生素 E 能够显著提高蜂群产浆性能并提高蜜蜂幼虫抗氧化能力（冯倩倩等，2011）。

二、蜜蜂饲养标准

蜜蜂的生活需要蛋白质、脂肪、碳水化合物、矿物质和维生素作为营养。虽然蜂蜜和蜂花粉中含有这些物质，但是蜂场中蜂花粉和蜂蜜贮存不足的情况下，受经济条件所限时，就需要一种营养全价的人工饲料替代蜂花粉或蜂蜜。养蜂生产中，蜂群所处的阶段不同，其营养需要不同，所需蜜蜂的饲料标准也不同。因此，蜜蜂饲料的配制应依据蜂群所处的阶段而定。根据蜂群的繁殖与生产特性，将蜜蜂的营养需要分为春繁、产浆、越冬和发育四个阶段，我国研究人员通过对这四个阶段的营养需要进行试验研究和生产验证，获得了相应的营养参数，并初步提出了蜜蜂不同阶段营养需要的建议标准，这为养蜂生产及蜜蜂人工饲料配制提供了参考。

（一）蜜蜂春繁阶段饲料营养需要建议标准

在早春，中国北方外界环境中几乎无蜜粉源，或蜜粉源很少不能满足蜂群繁殖所需营养，此阶段一般需要饲喂人工代用花粉和蔗糖溶液以供蜂群正常、健康生长。国家蜂产业技术体系营养与饲料岗位科学家团队对意大利蜂春繁阶段的营养需要进行了研究，提出了每千克代用花粉中营养成分含量的建议标准（表3-11），该建议标准不包含碳水化合物的需要量。

表3-11 意大利蜂春繁阶段饲料营养需要建议标准

营养成分	需要量	营养成分	需要量
粗蛋白质（%）	25.00	镁（%）	0.14
粗脂肪（%）	1.33	硒（mg）	0.07
赖氨酸（%）	1.36	维生素A（IU）	10 000.00
精氨酸（%）	1.49	胡萝卜素（mg）	0.56
蛋氨酸（%）	0.33	维生素B_1（mg）	9.42
胱氨酸（%）	0.34	维生素B_2（mg）	5.37
钙（%）	0.21	维生素B_6（mg）	9.32
总磷（%）	0.49	维生素C（mg）	276.00
铁（mg）	90.89	维生素D（IU）	640.00
锌（mg）	27.10	维生素E（mg）	480.00
铜（mg）	13.10	胆碱（g）	1.40
锰（mg）	16.75	叶酸（mg）	7.29
钾（%）	0.92	肌醇（mg）	101.76
钠（%）	0.02	烟酸（mg）	48.01

注：引自董文滨等，2014。

（二）蜜蜂产浆阶段饲料营养需要建议标准

产浆阶段蜜蜂对蛋白质及其他营养素的需求量增加，若饲料营养不足，会造成蜜蜂咽下腺发育不良、蜂王浆合成和分泌量减少、王浆品质降低等现象。因此，提供蜂群营养全价、营养素配比适宜的饲料有助于蜂群的健康正常发展和高品质蜂王浆的高产稳产。国家蜂产业技术体系营养与饲料岗位科学家团队对意大利蜂产浆阶段的营养需要进行了研究，提出了每千克代用花粉中营养成分含量的建议标准（表3-12），该建议标准不包含碳水化合物的需要量。

表 3 - 12 意大利蜂产浆阶段饲料营养需要建议标准

营养成分	需要量	营养成分	需要量
粗蛋白质（%）	25.77	锌（mg）	27.65
粗脂肪（%）	2.46	铜（mg）	10.63
赖氨酸（%）	1.24	锰（mg）	25.08
精氨酸（%）	1.50	钾（%）	0.85
蛋氨酸（%）	0.43	钠（%）	0.29
胱氨酸（%）	0.41	镁（%）	0.13
组氨酸（%）	0.60	硒（mg）	0.08
异亮氨酸（%）	1.03	维生素 A（IU）	10 000.00
亮氨酸（%）	2.51	维生素 B_1（mg）	5.50
苯丙氨酸（%）	1.29	维生素 B_2（mg）	7.70
酪氨酸（%）	0.93	维生素 B_6（mg）	7.00
苏氨酸（%）	0.94	维生素 C（mg）	285.00
色氨酸（%）	0.29	维生素 D（IU）	2 000.00
缬氨酸（%）	1.16	维生素 E（mg）	480.00
钙（%）	0.20	叶酸（mg）	21.00
总磷（%）	0.41	肌醇（mg）	327.00
铁（mg）	117.53	烟酸（mg）	18.00

注：引自董文滨等，2014。

（三）蜜蜂越冬阶段对矿物质和维生素营养需要建议标准

越冬阶段，中国北方气温低，外界无蜜粉源，此时工蜂不再进行采集活动，蜂王也停止产卵，蜂群对蛋白质饲料的需求降低，因此越冬阶段提供蜂群适宜的碳水化合物、矿物质和维生素等营养素就可保证蜂群的安全越冬。国家蜂产业技术体系营养与饲料岗位科学家团队对意大利蜂越冬阶段的营养需要进行了研究，提出了每千克蔗糖溶液中营养成分含量的建议标准（表 3 - 13），蔗糖糖浆为蔗糖与水按 1.5∶1 混匀。

表 3 - 13 意大利蜂越冬阶段饲料矿物质和维生素需要建议标准（mg/kg）

营养成分	需要量（mg）	营养成分	需要量（mg）
镁	7.80	锰	1.20
钾	121.68	维生素 B_1	0.09
磷	45.24	维生素 B_2	1.50

（续）

营养成分	需要量（mg）	营养成分	需要量（mg）
锌	0.60	维生素 B$_6$	4.50
钠	13.68	维生素 C	30.00
铁	2.24	维生素 E	0.03
铜	0.69	维生素 K	0.15
硒	0.16	泛酸钙	0.90
钙	24.00	烟酰胺	3.10

注：引自董文滨等，2014。

（四）蜜蜂发育阶段饲料营养需要建议标准

蜜蜂发育阶段的营养需要是指蜜蜂幼虫期和羽化出房后对营养物质的需要量。孵化后的小幼虫，需要采食高营养浓度的王浆和蜂粮快速生长，到末龄幼虫时，停止采食进入化蛹期。蜜蜂幼虫期的营养供给水平直接影响羽化后蜜蜂的健康状况和寿命，所以蜂群中哺育蜂王浆腺的发育水平就尤为重要。另外，羽化出房后的蜜蜂，也需要采食大量的营养物质用于自身的生长发育。因此，为了得到强壮、健康的蜂群，在蜜蜂发育阶段必须为蜂群提供营养配比适宜的饲料。国家蜂产业技术体系营养与饲料岗位科学家团队对意大利蜂发育阶段的营养需要进行了研究，提出了每千克代用花粉中营养成分含量的建议标准（表 3-14），该建议标准不包含碳水化合物的需要量。

表 3-14 意大利蜂发育阶段饲料营养需要建议标准

营养成分	需要量	营养成分	需要量
粗蛋白质（%）	31.80	锌（mg）	33.16
粗脂肪（%）	2.57	铜（mg）	13.62
赖氨酸（%）	1.61	锰（mg）	30.06
精氨酸（%）	1.93	钾（%）	1.10
蛋氨酸（%）	0.52	镁（%）	0.16
胱氨酸（%）	0.50	硒（mg）	0.05
组氨酸（%）	0.75	维生素 A（IU）	10 000.00
异亮氨酸（%）	1.30	维生素 B$_1$（mg）	5.40
亮氨酸（%）	2.97	维生素 B$_2$（mg）	6.00
苯丙氨酸（%）	1.59	维生素 B$_6$（mg）	7.00

（续）

营养成分	需要量	营养成分	需要量
酪氨酸（%）	1.13	维生素 C（mg）	265.40
苏氨酸（%）	1.17	维生素 D（IU）	2 000.00
色氨酸（%）	0.37	维生素 E（mg）	480.00
缬氨酸（%）	1.44	叶酸（mg）	20.00
钙（%）	0.31	肌醇（mg）	318.00
总磷（%）	0.49	烟酸（mg）	18.00
铁（mg）	141.25		

注：引自董文滨等，2014。

第四节　蜜蜂代用花粉饲料的配比与调制

　　代花粉饲料是指以天然蜂花粉营养水平为参照，经过科学配制，能够替代或部分替代蜂花粉的人工饲料。在蜜蜂的周年饲养中，春繁期和秋繁期是消耗蜂花粉的主要阶段，此时外界蜜粉源稀少，往往需要补饲。饲喂天然蜂花粉成本高且一般储备不足，来源不明的蜂花粉则容易传染蜜蜂疾病，需要使用人工代用花粉进行补充，以确保蜜蜂生长发育和蜂群繁殖所需的各种营养物质的供应。

　　通常，饲喂代用花粉饲料是我国定地饲养蜂场的必然选择。受地理和气候因素影响，我国大多数地区蜂群在定地饲养时，周围花期往往衔接不紧密，同时为维持蜂王浆正常生产，需要给蜂群不断补充含优质蛋白质的代用花粉饲料。许多蜂农已普遍使用花粉替代物饲喂蜜蜂，但由于对蜜蜂营养知识了解的局限性，蜂农自配蜜蜂饲料时缺乏技术指导，科学性不强，凭经验配制者居多，还处在人工代用花粉的初级阶段。例如使用较为普遍的大豆粉，确实能一定程度上补充蜜蜂所需要的粗蛋白质水平，但是经常发生蜜蜂腹泻、消化不良等问题。配制蜜蜂饲料必须遵循蜜蜂营养学的科学理念，摸清蜜蜂各阶段的营养需要，根据蜜蜂营养需要科学配制蜜蜂饲料。研发不同的饲料配方和合适的生产工艺，配制出的人工代用花粉较以往的利用单一饲料原料经简单加工而成的蜜蜂饲料营养价值高，适口性虽无法完全与自然花粉相比，但是通过适当的加工工艺和科学调制后，肯定比单一的饲料原料对蜜蜂更具吸引力。

国内外学者多年研究蜜蜂人工代用花粉的科学性，取得了丰富的成果，并适时的转化推广，使蜂农逐渐认同并纷纷进行尝试，逐步借鉴使用。可以肯定的是，蜜蜂饲料的使用会越来越广泛，以全价配合饲料代替目前的单一饲料（如脱脂豆粕、玉米蛋白粉、白砂糖等）将成为必然趋势。将来，随着蜜蜂营养与饲料科学研究的不断深入，期待蜜蜂配合饲料最终代替蜂花粉成为蜜蜂的主要饲料。

一、饲喂配合饲料的好处

蜂群的天然蛋白质饲料为蜂花粉，不同蜂花粉的营养价值不同，可能很高，也可能一般。蜜蜂配合饲料是根据蜜蜂的营养需要，利用多种适宜原料配合而成的混合物，各种营养物质的含量符合蜜蜂的营养需要。配合饲料能够在缺乏蜜粉源的季节或地区，保证蜂群的继续发展；及时壮大蜂群，保证有适量的蜜蜂采蜜、产浆等生产活动；能使蜂群迅速恢复群势；秋季培养越冬蜂，为安全越冬打好基础。另外，配合饲料使用的饲料原料为农作物产品，不存在蜜蜂疾病的病原，在满足蜜蜂需要的基础上，还能有效防止蜜蜂疾病的传播。

二、配方设计原则

蜜蜂各阶段的营养需要建议标准中规定了蜜蜂在一定条件（繁殖阶段、生产阶段、越冬阶段等）下对各种营养物质的需要量，在有关的饲料成分表中则列出了不同原料中各种营养物质的含量。为了保证蜜蜂所采食的饲料含有饲养标准中所规定的全部营养物质量，就必须对原料进行适当的选择和搭配，即配合饲料。

（一）科学性原则

营养需要是对蜜蜂实行科学饲养的依据，因此，蜜蜂饲料配方必须根据蜜蜂营养需要所规定的营养物质需要量进行设计。一般按蜂群的群势或外界蜜粉源等条件的变化，对饲料配方作适当的调整。设计饲料配方应注意以下几个方面。

1. 饲料品质 应选用新鲜、优质、无毒、无霉变的原料。特别不能使用重金属、黄曲霉等有毒有害物质超标的原料，以免影响蜜蜂健康，蜂产品质量及人们的健康。

2. 饲料细度 应注意饲料的细度尽量和蜜蜂的消化系统生理特点相适应，细度在 200 目以上为宜，颗粒过大直接影响蜜蜂采食和消化吸收。

3. 饲料的适口性 饲料的适口性直接影响采食量，应以蜜蜂的天然饲料的感官指标为标准，选择适口性好、无异味的原料。丰富的原料种类可调节饲料的适口性，可根据原料的特性适当调节配方。也可通过添加合适的添加剂来改善配合饲料的适口性，使之能够被蜜蜂接受。为了增加香味，适量添加一些天然花粉，在饲喂时用蜜水或糖水调和就是常用的方法。否则，蜜蜂采食积极性不高，无法达到预期的饲喂效果，无法满足蜜蜂的营养需要。

（二）经济性原则

饲料原料的成本在饲料企业中及畜牧业生产中均占很大比重，在追求高质量的同时，往往会付出成本上的代价。营养参数的确定要结合实际，饲料原料的选用应注意因地制宜和因时制宜，根据设备和技术条件，尽量选用质量安全、价格低廉、效果最好、方便实用的原料。要合理安排饲料工艺流程和节省劳动力消耗，充分考虑生产企业及其用户等多方面的经济利益，尽可能降低成本。

（三）可行性原则

配方在原材料选用的种类、质量稳定程度、价格及数量上都应与市场情况相配套。产品的种类与阶段划分应符合蜜蜂养殖的生产要求，还应考虑加工工艺的可行性。有时进行科学实验时，需要添加某些特殊的成分来确定蜜蜂的营养需要，但是该成分可能由于品质稳定性或是价格原因，不宜在蜜蜂饲料中添加，也可能不适用于现今的加工工艺，应当选择相近原料，使之保证饲料中营养成分的含量。

（四）安全性与合法性原则

由于蜜蜂饲料直接影响蜂产品的质量安全和人们的健康，人们对蜂产品认识的不断加深，随之对饲料配方设计提出了更高的要求。按配方生产出的产品应符合国家法律法规等的相关要求，如营养指标、感官指标、卫生指标、包装等。尤其是违禁药物及对蜜蜂和人体有害的物质不能添加。

（五）逐级预混原则

为了提高微量养分在全价饲料中的均匀度，原则上讲，凡是在成品中的用量少于1‰的原料，均应先进行预混合处理后再与其他饲料原料进行混合。如预混料中的多种维生素，就必须先预混。否则混合不均匀就可能会造成蜜蜂生产性能不良，整齐度差，饲料转化率低，甚至造成蜜蜂死亡。

三、饲料配方设计的方法

1. 明确目的　饲料配方设计的第一步是明确目标，不同的目标对配方要求有所差别，甚至差别较大。所谓的目标主要是指不同饲养阶段的目标，主要目标有以下几个方面：①蜂群采食用以繁殖；②蜂群采食用以生产蜂王浆；③蜂群采食用以越冬；④生产含某种特定品质的蜂产品。随养殖目标的不同，配方设计也必须作相应的调整，只有这样才能实现各种层次的需求。

2. 确定蜜蜂的营养需要量 国内外制定的猪、鸡、牛等畜禽的饲养标准日趋完善，但是蜜蜂各阶段的饲养标准缺失，仅国家蜂产业技术体系营养与饲料岗位专家团队制定发布了意大利蜂各阶段营养建议标准，可以作为营养需要量（nutrient requirements）的基本参考。各地蜂场可根据饲养的蜂种、周围蜜粉源情况和环境条件，因地制宜地参考这个饲养标准。

3. 选择饲料原料 选择可利用的原料并确定其养分含量和蜜蜂的利用率。原料的选择应是适合蜜蜂习性并考虑其生物学效价，因为蜜蜂对不同原料的喜好不同，极大影响蜜蜂的采食量，进而影响蜜蜂营养的供给。其中应当重点考虑饲料原料的风味、可消化利用率、蛋白质水平、能量水平及适口性等因素。

4. 饲料配方 将以上所获取的信息进行统筹考虑，形成配方并配制蜜蜂饲料。

5. 配方质量评定 饲料配制出来以后，配制的饲粮是否与配方的理论水平相符，须取样进行化学分析，并对比两种结果，需将两者的误差控制在允许误差的范围内，方能达到饲料配制目的。否则，需要对包括配方、加工工艺、测定方法等环节进行逐一检查，直到找出原因，最后达到满意的结果为止。饲料的实际饲养效果是评价配制质量的最好尺度，应以蜂群健康程度、群势等蜂群指标和生产的蜂产品品质等作为配方质量的最终评价依据。

四、配合饲料的组成与质量要求

（一）蜜蜂配合饲料的组成

饲料中能被蜜蜂采食、消化、吸收和利用，用以维持蜜蜂生命、生长发育，生产蜂产品的成分称为营养物质，分为碳水化合物、蛋白质、脂类、水、维生素和矿物质等。

（二）蜜蜂配合饲料的质量要求

蜜蜂配合饲料的质量与蜂群健康、养蜂生产等息息相关，直接影响蜜蜂的生长发育。由于蜜蜂配合饲料是由多种农副产品组成的混合物，各原料的好坏均能影响饲料成品的质量。而原料的营养价值又与品种、产地、加工方式甚至天气等因素有关。蜜蜂饲料从配制到经蜂农饲喂验证效果，具有一定的滞后性，为确保蜜蜂饲料品质，就需要对饲料整个加工过程进行全面的质量把控。只有控制好蜜蜂配合饲料的质量，才能提高蜜蜂的健康状况，节约饲养成本，并保证蜂产品的安全。配合饲料的质量控制主要包括营养指标、加工质量和卫生指标等内容。营养指标，是指配合饲料的组成满足蜜蜂的营养需要，是设计蜜蜂配合饲料时必须考虑的一个因素，一定要满足蜜蜂对各种营养物质的需要量。蜜蜂饲料加工后的物理性状、化学特性应该符合蜜蜂的生理特点，这主要是指配合饲料须利于蜜蜂的采食与消化。一般而言，蜜蜂饲料越细越好，通常要求饲料细度在 200 目以上。另外，配制蜜蜂配合饲料的多种原料特性不同，需要全面考虑并满足不同原料对加工、贮存的条件要求，以保证饲料不发生霉变等现象，使之始终符合国家饲料卫生标准。

五、提高蜜蜂配合饲料质量

随着人民群众生活水平的提高，人们对于蜂产品的消费越来越普遍，也更加关注蜂产品的质量。人们一直以为蜜蜂只采食蜂蜜与蜂花粉，对于使用蜜蜂配合饲料心存疑虑，一旦蜜蜂配合饲料的质量影响蜂产品的质量安全，势必影响人们对于蜂产品质量的担忧，进而影响人们的消费热情。从动物饲料的"三聚氰胺""瘦肉精"等事件中汲取教训，对可能出现的蜜蜂饲料问题做到未雨绸缪、积极应对，对于保持中国蜂业的健康发展甚为关键。

（一）制定蜜蜂饲料质量标准

蜜蜂是经济昆虫，与畜禽的生理特点差异很大，其饲料特性理应不同，因而应制定单独的蜜蜂饲料标准。如果没有特定的蜜蜂饲料标准，势必造成人们对于该饲料的疑惑，惯性的认为蜜蜂饲料与畜禽饲料相同。饲料生产厂家的企业标准也可能参差不齐，进而造成蜜蜂饲料市场的混乱。

（二）蜜蜂饲料生产过程的严格管理

保证蜜蜂配合饲料的质量，需要加强蜜蜂饲料质量安全的全程监管，健全蜜蜂饲料产品质量安全可追溯体系和责任追究制度，对原料采购、生产加工、产品检验、销售管理等各环节进行全程监管。

原料是影响饲料质量的关键因素，一切配方的成功都是建立在饲料原料质量良好的基础上。应当具有稳定的饲料采购渠道，以保证所采购原料的质量稳定性。每次采购的原料在使用前均需要进行检、化验，根据各批次原料实际营养价值及时调整配方。饲料在使用前还需妥善放置在仓库中，保证不发生霉变等现象。

饲料配方的控制：根据各地原料营养成分设计的配方一旦完成，在原料稳定的情况下，不应随意变动，即使改动配方，也应当请配方师进行适当调整，切忌自己随意添减成分。

加工工艺的控制。有条件的饲养户可利用浓缩料配制全价饲料。应注意的是称量一定要准确，混合时间一定要充分，原料的添加顺序应遵循由大到小的原则，混合均匀是保证饲喂效果的一个重要因素，千万不可忽视。

六、蜜蜂饲料中的原料和添加剂

蜜蜂饲料是以蜜蜂对特定营养物质的需求为依据，利用常用饲料原料经科学配制而成。蜜蜂喜食高能、优质蛋白食物，其天然食物——蜂花粉具有较高的蛋白质水平（>20%），所以宜选用蛋白水平较高的原料为基础原料，这些原料主要有玉米蛋白粉、膨化豆粕、发酵豆粕、花生粕、啤酒酵母粉等；还需要一些以供能为主的原料，如膨化玉米粉、白砂糖、蜂蜜等。可以添加一定比例蜂花粉作为补充物，以提高蜜蜂饲料的适口性。

随着饲料工业的发展，人们渐渐认识到饲料添加剂对于饲料的作用，它已经成为饲料中不可或缺的重要部分。蜜蜂饲料添加剂是指在蜜蜂配合饲料加工、制作及使用过程中添加的少量或者微量物质，主要包括营养性添加剂和非营养性添加剂两类。营养性添加剂主要是饲料级的氨基酸、维生素、矿物质等；非营养性添加剂是指抗氧化剂、防腐剂、诱食剂以及其他用于改善蜜蜂饲料品质的物质。在蜜蜂配合饲料中适当添加饲料添加剂，能够提高饲料的营养价值和使用效率，能够充分发挥饲料效能、保证饲料品质，还能防治蜜蜂疾病。同时，饲料添加剂的使用应符合《饲料和饲料添加剂管理条例》等法律法规的有关要求，不可为追求高产等原因而随意过量使用。

七、代花粉饲料的配制

根据蜜蜂配合饲料配方选择品质优良的原料，主要有豆粕、啤酒酵母粉、玉米蛋白粉、花生粕、小麦胚芽等蛋白质原料，玉米粉、白砂糖等能量原料，预混料及微量元素，可根据情况选择添加蜂花粉。原料当中豆粕、玉米等需要膨化的原料须预先膨化，可以消除抗营养因子，并能提升饲料的风味，也可直接购买品质优良的膨化产品。

配制蜜蜂饲料的所有原料细度都应在 200 目以上，细度不达标往往会造成蜜蜂采食困难，出现浪费明显的现象。当配合饲料中含有白砂糖时，无需对其微粉碎，可直接将其与其他原料混合。饲料中含有的白砂糖颗粒会在后期调制时溶化，不影响饲料品质。选择专门的微粉碎机械将原料进行微粉碎，若使用涡轮增压微粉碎机时，应严格控制进料速度，以防影响粉碎效果。

微粉碎后，选择微粉碎的膨化玉米粉作为预混料载体，将预混料按照配方进行混匀，注意需要采用逐级混匀的方式，首先添加量大的组分，后添加量小的组分，若有液体组分则在干物质混合均匀后添加，当预混料准备完成后应当根据预混料成分妥善保存，保证其成分不发生降解、氧化。

　　检查混合机性能良好后，将微粉碎的原料按照配方比例称量，分别按顺序添加到混合机混合，直至混合均匀，但是最终混合时间不应超过 10 min。混合完成的配合饲料应当呈微粉状，且色泽一致，不结块。最后将配合饲料装袋缝包，放置在仓库干燥通风处。

第五节　蜜蜂饲料的包装、检验、贮存与使用

一、饲料成品的包装

　　蜜蜂饲料富含蛋白质、脂肪、碳水化合物等营养物质，在贮藏过程中极易受到环境中温度、湿度、微生物等理化因子的影响，导致饲料发生霉变、结块、营养素氧化损耗、生物活性物质失效等。因此，饲料包装便成为阻挡环境中的不利理化因子、保证饲料质量的重要屏障。蜜蜂饲料包装在选用时应综合考虑饲料产品在包装、装卸、运输、保管及使用的各个过程，设计的包装应以保护饲料质量为首要目标，同时兼顾饲料产品在流通环节中装卸简便，利于提高装载效率，利于仓库保管及提高空间利用效率，同时方便蜂农的取用。

　　1. 饲料成品的包装规格　目前市场上的蜜蜂饲料产品的包装多采用袋装和桶装形式，材料以纸质、塑料和复合材料为主，包装容量为 0.5 kg、1 kg、50 kg 不等。

　　2. 饲料产品标签　蜜蜂饲料产品应与畜禽饲料产品一样按照《饲料标签》标准（GB 10648—2013）规范地标示饲料标签，标明饲料的产品名称、商标、使用对象、营养成分保证值、使用方法、生产厂家、生产日期、批号、净重等信息。饲料标签形式多样：可以将特制的标签卡片缝在袋上，也可将标签内容直接印在包装袋上或将标签随发货单一起交给用户。饲料生产厂商应根据所生产蜜蜂饲料的产品规格及包装材料特性灵活选择。

二、蜜蜂饲料成品包装检验

　　对饲料成品的检测是确保蜜蜂饲料产品质量的最后一关，直接关系到饲料生产企业的信誉、蜂农的生产效益。因此，应重视蜜蜂饲料的检验工作。其主要工作包括以下几个环节。

　　一是定期检查和校正饲料称重系统的精度。当所装饲料的净重偏差较大时应及

时对称重系统进行维护检校。

二是每批饲料开始装料时，应仔细核实所装饲料的物理性状是否符合饲料标签上的相关要求。

三是成品蜜蜂饲料应按照仓库划分的垛位区正确堆垛，整齐地码放于托盘上，及时检查每批产品的包装是否有破损，发现垛位有倾斜、倒塌等安全隐患时，立即联系生产部门予以解决。

四是库房内饲料产品应严格遵守"先入库先出库"原则进行管理。成品入库和出库时均须认真检查所生产的产品名称、规格、检验状态等信息，出库时再次核对提货单、产品标签是否相符。

五是散装仓应分类存放，定期清理。当饲料品种更换时应彻底清扫成品仓及包装线上的饲料残留。

六是正确取样、分样，送化验室，进行定量或定性检测；然后在产品堆上贴上"暂停待测"的标签。

三、饲料样品的扦取和制备

采样和检测的次数取决于多方面因素，应根据企业的实际情况以及生产的具体条件而定。样品登记、编号后分为两份：一份用于制样，一份留存，以备用户对产品质量提出异议，供仲裁分析。平行样品要用密封容器在尽可能低温的条件下保存，保存时间至少在用户将该批饲料消费以后一个月以上。

四、成品包装检验方法

蜜蜂饲料质量的好坏，可以通过检测一系列的质量指标来加以验证。蜜蜂饲料生产企业应配备产品质量检验必需的检验场所及仪器设备。对检测指标有难度的可以委托有检测资质的机构检验。质检仪器均须定期保养维护，所有检验人员必须持证上岗，检验过程应规范、正确，记录完整并复核。

蜜蜂饲料的感官鉴定指标包括色泽、味道、是否发霉、结块等。主要营养指标包括能量、粗蛋白质、粗脂肪、粗纤维、钙、磷、必需氨基酸以及微量元素、维生素等。同时，还应看营养物质之间是否达到平衡，如能量蛋白质比、氨基酸是否平衡等。另需检查饲料中有毒有害物质的含量及有害微生物等是否超标。此外，蜜蜂饲料还需通过粉碎粒度、混合均匀度及有效成分检测（包括饲料中常规成分、微量元素及维生素的测定等），以保证成品质量，检测时应严格按照我国目前饲料行业国家标准和行业标准要求执行。经过以上检验，若产品合格时，除去"暂停检测"标签，贴上合格证放行。若发现有问题时，必须立即提出并及时解决，以避免造成更大损失。

五、蜜蜂饲料的贮存

饲料贮存仓库应选择干燥、阴凉、通风的高燥地带。仓库使用前应打扫干净并熏蒸消毒，注意杀虫灭鼠。饲料在贮藏过程中应保持仓库内环境的干燥以避免饲料吸湿、受潮和结块。应特别注意保持仓库内低温，并保持通风良好，避免阳光直射，防止饲料内营养成分氧化霉变。饲料堆码不宜太多，否则料堆产热不易散失，另外，堆码过高时底层饲料受压增大，易导致饲料变硬、结块。生产的成品饲料不要贮存太久，以夏天不超过 1 个月、冬天不超过 3 个月为宜。贮存时间长的饲料应定期做适当转垛、翻晾。

六、蜜蜂饲料的使用

在外界缺乏蜜粉源时，饲喂蜂群足量的糖饲料及蛋白质饲料是维持蜂群正常繁殖发展、保持蜂场正常生产经营的重要保障。蜜蜂饲料的使用涉及饲料饲喂形式、饲喂方法、饲喂时机、饲料调制技术等多方面因素。

（一）常见蜜蜂饲料的饲喂形式

常见蜜蜂饲料饲喂形式主要包括液体饲料饲喂、半固体饲料饲喂及粉状饲料饲喂。

液体饲料饲喂是将饲料配制成稀的流体用以饲喂蜂群，主要涉及糖蜜饲料、水及无机盐等的饲喂。糖蜜饲料包括蜂蜜、砂糖浆、甜菜糖浆及部分淀粉糖浆，我国蜂农常用淀粉糖浆主要有果葡糖浆、葡萄糖浆、麦芽糖浆等。

半固体饲料主要指按一定配比方法调制好的黏稠状饲料用以饲喂蜂群。主要包括花粉饲料、人工代用花粉饲料，以及炼糖。

粉状饲料是指将粉碎磨细后的饲料（细度不低于 200 目）盛放于托盘等容器中，置于箱外或箱内供蜜蜂自由采食，对白砂糖、蜂花粉及代用花粉等饲料均适用。

（二）蜜蜂饲料饲喂方法

蜜蜂饲料的饲喂方法灵活多样，一般分为以下 8 种。

1. 框梁饲喂 该法是将蜜蜂饲料直接盛放于蜂箱框梁（或隔王栅）上供蜜蜂采食，适用于蜂花粉、人工代用花粉及炼糖等半固体饲料的饲喂。

2. 桶装、瓶装或罐装饲喂 该法是将水、糖蜜饲料或花粉、代用花粉等饲料干粉盛装于塑料制（也可为玻璃或铁制）桶、瓶或罐状容器中，将容器置于蜂箱巢门处、箱顶或继箱内饲喂蜜蜂。

3. 托盘饲喂　将炼糖、白砂糖、蜂花粉或人工代用花粉等蜜蜂饲料粉碎磨细后置于托盘中置于蜂箱底部、中部隔断或框梁上，供蜜蜂自由采食。

4. 袋装饲喂　将调制好的花粉或人工代用花粉饲料、炼糖以及糖蜜饲料盛放于保鲜袋等塑料袋中，置于蜂箱内供蜜蜂自行取食。

5. 开放式饲喂　在蜂场附近将蜂花粉、人工代用花粉等干粉置于特定的饲喂器皿中，并在饲料表面不时喷洒一定量的稀糖蜜液，供蜜蜂采集。

6. 灌脾饲喂　将一定浓度糖蜜饲料、调制好的蜂花粉或人工代用花粉灌入空脾，将饲料脾添加到蜂群中饲喂。

7. 饲喂盒饲喂　将配制好糖蜜饲料溶液、水、及稀的蜂花粉或人工代用花粉饲料放入蜂箱内安放好的饲喂盒中饲喂的方法。该方法特别适用于糖蜜饲料的饲喂，目前市场上已具多型饲喂装置供蜂农选用。

8. 其他饲喂方式　除以上饲喂方式外，蜜蜂饲料的饲喂还有箱底（盖）饲喂、将从蜂群抽出保存的蜜粉脾直接添加到目标蜂群饲喂等多种饲喂方式。

（三）蜜蜂饲料的调制原则

不同蜂场购买同一种蜜蜂饲料，有的饲喂效果很好，有的饲喂效果很差。之所以会造成饲喂效果差异现象，很大程度上就根源于蜂农对蜜蜂饲料的调制水平参差不齐。因此，科学、合理地配制蜜蜂饲料，是提高饲料利用率，保证蜜蜂积极取食、蜂群健康发展的关键。总体而言，蜜蜂饲料在调制时应始终围绕"一重心，三制宜"进行。

所谓的"重心"是指无论何种蜜蜂饲料的调制均要以蜜蜂的健康为出发点，以蜜蜂对调制的饲料的适口性为重心，利于蜜蜂取食，否则若蜜蜂取食积极性差，再好的饲料也没有利用价值。

"三制宜"是指在调制蜜蜂饲料时要因料制宜、因地制宜和因时制宜。由于蜜蜂饲料的调制过程经常涉及糖蜜、花粉、玉米蛋白粉等不同物理特性不同比例的饲料原料，因此蜜蜂饲料的调制往往没有一成不变的定式，蜂农在调制蜜蜂饲料时必须综合考虑所购蜜蜂饲料的原料组成及比例，并结合自身蜂场所具备的糖蜜饲料资源，科学合理地调配不同组分之间的配比，以求所配制的蜜蜂饲料有助于蜜蜂取食。因地制宜是指应根据蜜蜂饲料的特性及蜂场实际选择合适的饲喂方法，以配制相应类型的蜜蜂饲粮。若蜂场周围蜜粉源条件丰富，蜂场应积极采粉或储备花粉脾，尽量做到不购买和使用外地及不明来源的花粉做饲料。因时制宜是指蜂农在使用蜜蜂饲料时必须考虑蜂场当时的气候条件（温度、湿度、蜜粉源条件）、蜂群对蜜蜂饲料的需求（奖励饲喂还是补助饲喂）以及饲喂蜂群的时机。例如，在蜜源缺乏的季节，应及时饲喂蜂群高浓度糖饲料以维持蜂群正常的生活；在王浆生产期饲喂蜂群一定量的糖蜜饲料及花粉或人工代用花粉以刺激蜂王产卵、提高哺育蜂哺育积极性。再如，北方地区越冬饲料应尽量在9月中下旬喂完，南方地区最好控制在10月下旬至11月上旬。若饲喂太迟，蜜蜂来不及将饲料酿造成熟，蜜蜂采食后易发生下痢，危及蜂群越冬安全。

（四）蜜蜂饲料的调制方法

1. 糖蜜饲料的调制　养蜂生产中糖蜜饲料的饲喂主要包括补助饲喂和奖励饲喂。补助饲喂时，蜂蜜及果葡糖浆、葡萄糖浆、麦芽糖浆等可直接饲喂蜜蜂。按2份白砂糖（或甜菜糖）兑1份水，搅拌至形成糖的饱和溶液后饲喂。有条件的蜂场可以适当添加0.1%～0.5%的柠檬酸。若为奖励饲喂，则按2份蜂蜜或1份白砂糖兑1份水饲喂蜂群。

需要特别注意的是，糖蜜饲料原料尤其在选用时应谨慎。不要使用来历不明的饲料，发酵或含有大量铁锈的蜂蜜以及红糖、饴糖、土糖、甘露蜜等均不能作为越冬饲料使用。越冬饲料优先使用蜂蜜及优质白砂糖，尽量不使用果葡糖浆、葡萄糖浆等作为蜜蜂越冬饲料使用。另外，要特别注意用水卫生，要选用清洁的凉水或开水，有条件的蜂场应优先使用开水，切勿使用不清洁的水源，以免引起蜂病。

由于我国国内淀粉糖浆生产存在多乱杂现象，各生产厂商原料工艺不同，导致淀粉糖浆质量参差不齐，蜂农若购买使用质量差或伪劣糖浆，极易引起蜜蜂寿命缩短、下痢，甚至造成蜂群死亡等不良影响。若想使用淀粉糖，应选择具备正规食品生产资质厂商生产的产品，并必须先在几群蜂中试用，证实安全后方可大量使用。

在框梁上覆盖一层炼糖，既能起到保温层作用，又能作为饲料供应，以备蜂群越冬饲料不足之需。因此，对处于寒冷的北方地区而言，炼糖是一种很好的辅助越冬饲料，同时春繁时期使用炼糖也能起到很好的繁育效果。制作炼糖的方法很多，在此介绍两种方法。第一种方法，选2份优质白砂糖兑水1份，用文化加热，并不断搅拌，使糖完全溶化至起大泡，以将糖液滴入冷水成硬脆球状时，立即撒火，停止加热。待凉后捣碎过筛成细粉状，逐步滴入蜂蜜（0.5～1份）搅拌搓揉成为乳白色的糖团为止。第二种方法，选粉碎磨细后白砂糖粉（过80～100目筛）4份、水1份，逐步加入少许蜂蜜（约1份），拌匀捣实。糖团放置一夜后，若变软则再加糖粉，反之则添加蜂蜜，搓揉至适宜硬度。

2. 蜂花粉及代用花粉饲料的调制　蜂花粉及代用花粉的调制应根据饲喂方式合理选择调制方法，其饲喂效果与水、白砂糖、蜂蜜、蜂花粉及人工代用花粉饲料的配比息息相关。若购买商品饲料则可依照厂商使用说明书调制，若蜂农自己购置原料生产配制，则必须考虑饲料原料的组成及物理性状，合理调配各组分比例。

灌脾饲喂时，先将蜂花粉或人工代用花粉与白砂糖混合均匀（1∶1），后加入优质蔗糖溶液（15%～30%）或蜂蜜水（1份蜂蜜兑0.5～0.8份水），不断搅拌均匀，以用手攥可成团、松开易散开为宜。将饲料反复搓压到修割整齐的空脾上，最后在蜂脾表面浇灌糖浆或喷水以使蜂房中的糖类溶化与并花粉等饲料结合紧实，放置一夜后若发现粉脾发干，则可再次浇灌糖浆。饲料脾准备好后可直接放入蜂群进行饲喂。在春繁及秋繁时期，可以选择在空脾的四周灌入饲料，为蜂王留下产卵的空间。

　　若调制框梁饲喂用饲料，应合理控制花粉、人工代用花粉、蜂蜜、蔗糖及水的比例。由于人工代用花粉原料较多，在此很难提供理想的配制比例，但一般而言，1份人工代用花粉应添加至少1份以上的白砂糖、0.5份以上的蜂蜜，有条件的蜂场若在配制时添加1份以上的蜂花粉则更佳。水的添加因饲料各组分物理特性及配比而酌情使用。需要注意的是，人工代用花粉在使用时若配制不当极易造成干结、松散、蜜蜂拖粉问题，预防措施是适当增加蜂蜜、白砂糖的比例；在使用时饲料上部覆盖保鲜膜；另外，由于饲料中膨化豆粕、小麦胚芽粉等原料颗粒吸水熟化过程较慢，配制好的饲料不宜立即饲喂蜂群，应置于塑料袋或桶内熟化一段时间，其间应及时检查，若发现饲料出现干硬时及时补加糖浆或稀蜜液以使饲料颗粒熟化充分。饲料中水分含量过多，遇炎热季节极易造成饲料霉变、腐败，不利于蜂群健康，解决办法是提高糖蜜的比例以增大料团的渗透压，也可适当添加适量柠檬酸或柠檬酸钠，添加量为 0.1%～0.5%。

（胥保华）

第四章 规模化蜂场标准化饲养管理的基本技术

蜜蜂规模化饲养是在提高养蜂经济效益前提下，人均饲养量提高的蜜蜂管理技术体系。现阶段人类社会生产中，没有规模就没有效益。

第一节 规模化饲养管理技术模式

我国的蜜蜂饲养规模与国外养蜂技术发达国家相比差距非常大，美国、加拿大、澳大利亚等国商业养蜂规模数量是我国专业蜂农的10～100倍。如何借鉴国外养蜂的先进技术、将国外先进的养蜂技术进行本土化改造，突破我国养蜂的技术在规模化方面的瓶颈，是我们养蜂工作者当今需要解决的重要问题。

一、规模化饲养管理的技术特点

我国西方蜜蜂定地饲养技术中制约规模化发展的瓶颈主要有：①蜂群管理过于细致，投入的精力和体力过多，蜂群饲养管理的效率低；②没有高效的养蜂机具，养蜂所用的工具简单原始；③缺少适应于规模化饲养的蜂种，蜜蜂规模化饲养的蜂种要求维持的群势强、盗性弱等，减少因处理分蜂和盗蜂而限制人均饲养蜂群的数量；④对蜜蜂疾病防控防疫的意识薄弱，蜂病的暴发和流行限制了蜂场规模的扩大；⑤放蜂场地不足，规模化蜂场需要多个蜜粉源丰富、小气候适宜、水源良好、蜂群安全的放蜂点。蜜蜂规模化饲养需要突破上述技术瓶颈，通过简化操作解决管理繁杂、效率低、劳动强度大的问题。这也是目前提高我国蜜蜂规模化饲养程度的主要方法。同时努力研发和应用与现代养蜂生产相适应的养蜂机具。

我国的西方蜜蜂规模化饲养技术的创新，应借鉴国外的西方蜜蜂规模化饲养管理技术，结合我国养蜂环境条件。西方蜜蜂规模化饲养管理技术的主要特点是：

①在蜜蜂管理上以放蜂点为单位，蜂群管理操作不是根据每一蜂群的现状，而根据一个放蜂点的总体情况决定。每一放蜂点的所有蜂群做统一处理。②在蜜蜂饲养操作上以箱体为单位，调整蜂巢空间时，加一个箱体或撤下一个箱体；调整巢脾位置是将箱体连同箱内的巢脾上下调换位置。③常年保持育子区 2～3 个箱体，可以给蜂群更大的发展空间，有利于蜂群快速增长，减弱分蜂热，培育的蜂群更强盛，采蜜更多。

二、蜂群分点放置

规模化蜜蜂饲养管理技术按现在起步阶段要求人均达到 300 群以上，将来应发展到 1 000 群以上。一般情况下，视蜜粉源丰富程度每个放蜂点放蜂 100～120 群蜜蜂。规模化蜂场要有 8～10 个放蜂点，现阶段我国规模化饲养技术不成熟的情况下，至少也需要 3 个放蜂点。放蜂点也可以称其为分场，是蜂场若干个放置蜂群的场所之一。蜂群过于集中放在一起，会导致蜜源相对不足，影响蜂产品的产量，增加蜜蜂饲料的饲喂量，甚至引起盗蜂等严重问题。所以规模化蜂场的蜂群必须分放在多个放蜂点。

三、调整和保持全场蜂群一致

蜜蜂饲养管理的单位由"脾"改为"放蜂点"，也就是同一放蜂点的蜂群基本状况保持一致的前提下，所有蜂群做相同的饲养管理措施处理。

保持全场蜂群状态一致是蜜蜂规模化饲养技术的前提。西方蜜蜂规模化饲养管理技术，要求全场蜂群的群势、贮蜜量、放脾数、蜂王等蜂群状态一致。在蜂群饲养管理中，同一个放蜂点的所有蜂群统一管理方法和技术操作。如在换王时，全场蜂群全部换王，无论现有的蜂王是好还是不好，这样就不必进行蜂王好坏的鉴别；在蜂群饲喂时，每群蜂都进行相同的饲喂，无论蜂群的贮蜜贮粉是多还是少；在造脾时，所有的蜂群都加入同样数量的巢础框，无论蜂群的群势是略强还是略弱等。所以规模化蜜蜂饲养，全场蜂群保持一致的程度决定了蜜蜂规模化饲养的成败。

四、简化技术

要实现西方蜜蜂定地规模化饲养，减轻饲养人员的劳动强度，在蜂群饲养管理过程中，采用省时、省力的简化养蜂操作，才能扩大饲养规模，并取得更好的经济效益。简化蜂群饲养技术是指在蜂群饲养过程中，以整个蜂场为管理对象，利用科学的方法，将蜂群饲养主要目标以外的因素尽可能剔除掉，使复杂的问题简单化，使简单的问题条理化，从而简化蜂群饲养程序，提高养蜂生产效率。简化原则是：①不是必需操作的工作，不操作；②可操作也可不操作的工作，也不操作；③能够一步完成的操作，不要分多次进行。

（一）蜂群检查

在现阶段的蜜蜂日常饲养技术中最消耗时间的工作是蜂群检查，全面检查一群蜜蜂需要的时间与蜜蜂群势大小有关，一般需要 $5\sim12$ min，也就是每小时只能检查 $5\sim12$ 群蜂。如果是人均饲养 1 000 群的规模化蜂场，全面检查一次需要 $80\sim200$ h，需要 $10\sim25$ d。按现阶段养蜂技术要求，在蜂群增长阶段需每隔 12 d 全面检查一次蜂群，且每群均有详细的检查记录，检查的内容包括检查日期、蜂群号、蜂王情况、放脾数、贮蜜量、贮粉量、蜜蜂成虫数量、蜜蜂卵数量、未封盖幼虫数量、封盖子数量等。现在的蜜蜂全面检查方式是不可能进行规模化饲养的。

规模化蜜蜂饲养管理技术的特点之一是减少开箱操作。检查蜂群尽可能不开箱或少开箱，多进行箱外观察，打开部分蜂箱进行局部检查。

1. 全面检查　全面检查是对所有蜂群进行开箱检查，为了提高蜜蜂的饲养管理效率，减少全面检查次数和简化全面检查方法。全面检查操作只在每一养蜂阶段的开始，也是上一养蜂阶段结束时进行一次。蜜蜂周年饲养管理可分为增长阶段、蜂蜜生产阶段，南方蜂场还有越夏阶段，北方蜂场有越冬准备阶段和越冬阶段。规模化蜂场周年养蜂全面检查只需要 $3\sim4$ 次，每群蜂每次检查所需时间减少到 $2\sim5$ min。蜂群全面检查只需关注群势、蜂子数量及蜂子发育、粉蜜饲料贮存和蜂脾比。

2. 局部检查　在两次全面检查之间，通过局部检查了解掌握蜂群的基本情况。局部检查只抽查少部分蜂群，占所有蜂群的 $10\%\sim20\%$。开箱时并不是提出蜂箱中所有的巢脾，只提出蜂群中的 $1\sim2$ 张巢脾。局部检查只检查某一问题。

（1）贮蜜情况　提边脾，有蜜表明不缺；如边脾蜜不足，提边 2 脾，有角蜜表明不缺。

（2）蜂王及蜂子发育　在蜂巢中部提脾，有卵虫，无改造王台，则有王；可直接观察幼虫的发育情况。

（3）蜂脾比　根据边 2 脾上的蜜蜂数量来判断蜂群的蜂脾比。换句话说，就是此脾的蜂脾比能够代表蜂群的蜂脾比。

3. 箱外观察　在蜜蜂巢外活动的时段，在箱外观察蜜蜂在巢门前活动情况判断。检查方法参见本章第二节。

（二）换王

换王季节一般蜜蜂的群势在 8 足框以上，西方蜜蜂多为继箱群。将巢箱和继箱的巢脾调整好，使上、下箱体的巢脾结构差不多，巢箱多留空脾和正在出房的封盖子脾，为蜂王产卵提供充足的空间。蜂王留在下方的巢箱中。

从生产性能优良的蜂群中移虫育王，保留群势强盛蜂群中的雄蜂。当王台封盖6 d时，诱入生产蜂群的继箱中。继箱上开后巢门，供处女王出台后出巢交配。

诱王后第 15 天，去除巢继箱间的隔王板，关闭继箱巢门。撤除巢箱和继箱间的隔王板，巢箱的老蜂王爬上继箱后与新蜂王相遇，新旧两只蜂王可能出现自然交替的母女同巢情况，更可能的是两只蜂王厮杀，绝大多数的情况是新蜂王淘汰老蜂王。

（三）造脾

在蜂群增长阶段，外界辅助蜜粉源较丰富，在能保持蜂巢温度正常的条件下，群势 6 足框、封盖子 2 足框的蜂群，一次可加 2 个巢础框；群势 8 足框、封盖子 3 足框的蜂群，且有大量的新蜂出房，一次可加 4 个巢础框；群势达到 9 足框，可一次加5～6 个巢础框。巢础框加在育子区，最好与箱内原有的巢脾相间放置。

（四）人工分群

人工分群方法可采用单群平分和混合分群。在蜂群增长阶段时间较长的地方，多采用单群平分的方法。与常规蜂群管理相同的是单群平分也需在流蜜期到来 45 d 前进行，不足 45 d 只宜采取混合分群的方法。

1. 单群平分　原群向一侧移动约一个箱位的距离，在另一侧距原箱位等距离位置放一个空蜂箱。将原群一半，放入空蜂箱。蜂王留在原群，给无王的新分群诱入一个产卵王。诱入的蜂王正常产卵后，给两个新分群各加一个箱体，形成两个新的继箱群（图 4-1）。如果发生偏集，可通过箱体的移动调节。

2. 混合分群　从几个强群中提出 5～6 张带蜂的封盖子脾放入蜂箱中，并用空脾将箱内的空间填满。再抖入 3～4足框蜜蜂，诱入蜂王或成熟王台。待蜂王产卵正常后，再加一个装有空巢脾和巢础框的继箱。为避免分群后蜜蜂返回原巢，可将混合分群的新分群搬运至直线距离 5 km 以外的其他放蜂点饲养。

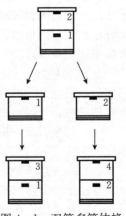

图 4-1　双箱多箱体蜂群单箱平分

（五）分蜂热控制和解除

1. 分隔蜂巢　在毁尽分蜂王台后，如果使用活底蜂箱，可将上、下箱体的巢脾对调。如果使用固定箱底蜂箱，需要手工将巢箱的巢脾与继箱对调。然后在两个原箱体间加一个装满巢础框继箱，使育子区达3个箱体。新加入的蜂箱将原蜂巢分成上、下两个部分，中间出现空的区域，促使蜂群在中间的箱体积极造脾。同时由于蜂巢扩大，缓解了巢内拥挤闷热，改善了巢内环境，因此有利于分蜂热的解除。

2. 模拟分蜂　将发生分蜂热的蜂群暂时移开原位，在原址放一个蜂箱，箱内中间位置放1张卵虫脾，其余空间用巢础框填满。在此箱体上加隔王板，先将原群最上层箱体放在隔王板的上方，箱体内的巢脾逐一提出，抖蜂在巢前，使蜜蜂自行从巢门进入蜂箱。脱蜂后的巢脾毁尽所有分蜂王台后放回原箱内。再将下一个箱体放到蜂群的上方，箱内所有的巢脾也均脱蜂于巢前（图4-2）。处理后的7~9 d将隔王板上各箱体中的改造王台毁尽，调整箱体位置，将隔王板撤除或放在育子区和贮蜜区间。

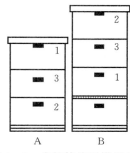

图4-2　多箱体蜂群模拟分蜂
A. 原群　B. 模拟分蜂后蜂群

3. 暂时分群　发生分蜂热的强群暂时移开（图4-3A），在原箱位先放上一个装满空脾的继箱，其上再放一个装满巢础框的继箱。巢础框继箱上放一个装满封盖子脾的继箱，并毁尽所有王台。在此箱体中诱入一只产卵王或成熟王台。巢础框继箱上方用木板副盖或铺有覆布的铁纱副盖隔开，将其余2个箱体放在副盖上，在副盖上方与原巢门方向相反位置开巢门（图4-3B）。第二天将上箱体调头，使巢门与原巢门方向一致（图4-3C）。流蜜期到来后，撤除两群间的副盖，将上、下箱体的蜜蜂合并成强群。

4. 蜂群易位　大流蜜初期蜂群发生分蜂热，可在蜜蜂出勤前将有分蜂热的蜂群移位或将有分蜂热的强群与无分蜂热的弱群互换箱位（图4-4），削弱强群的群势，解除分蜂热。

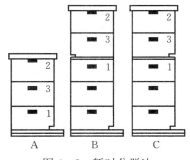

图4-3　暂时分群法
A. 原群　B. 加隔板分群，上箱体开后巢门
C. 上箱体巢门调头，与下箱体巢门方向一致

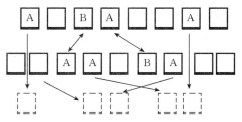

图4-4　易位法解除分蜂热
A. 有分蜂热的强群　B. 无分蜂热的弱群

（六）取蜜

　　蜜蜂规模化饲养蜂蜜生产要求取成熟蜜，一个流蜜期只取一次蜜。一个流蜜期是指不连续的一个主要蜜源花期和多个连续的主要蜜源花期。在流蜜期蜂箱中贮蜜达80％以上时添加新的空脾贮蜜继箱，新加的贮蜜继箱贮蜜80％时再添加新的空脾贮蜜继箱，直到流蜜期结束。新添加的贮蜜空脾继箱始终都放在贮蜜区的最下层，也就是隔王板的上面（图4-5），原有的贮蜜继箱顺序向上放。这样可以缩短巢门到贮蜜空脾间的距离，提高蜜蜂采蜜效率。

图4-5　流蜜阶段加贮蜜继箱方法

　　流蜜期结束后，将贮蜜继箱中的蜜蜂脱除后，进行取蜜作业。蜜蜂规模化饲养蜂群数量多，每群蜂的贮蜜量大，取蜜需要在车间内使用较大型的取蜜机械。

五、养蜂生产机械化

　　1. 蜂产品生产机械化　蜂产品生产机械最主要的是取蜜机械，此外国家蜂产业技术体系西方蜜蜂饲养岗位科学家团队研发的免移虫机具和采浆机械化设备已日臻成熟。国外有成熟的大型取蜜机械，包括脱蜂机、切蜜盖机、分蜜机、蜜蜡分离机和蜂蜜过滤设备等。随着我国西方蜜蜂规模化程度的发展，可以引进或借鉴国外成熟的设备。也可以根据我国西方蜜蜂规模化发展的阶段，自行设计研发适应我国现阶段规模化水平的蜂蜜生产设备。

　　在我国蜂机具水平还不能满足蜜蜂规模化饲养管理技术的发展的情况下，很多养蜂生产者自行研制蜂机具，以提高养蜂生产效率。国家蜂产业技术体系乌鲁木齐综合试验站北屯西方蜜蜂规模化饲养管理示范基地，将柴油发动机和发电机安装在三轮车上。在采收蜂蜜时，将此发电机组运到蜂场（彩图2A），带动自制的电动脱蜂机（彩图2B）脱除蜜脾上的蜜蜂（彩图2A）。国家蜂产业技术体系乌鲁木齐综合试验站新疆黑蜂规模化饲养管理示范基地，用摩托车电瓶提供电力（彩图3A），驱动12 V电动摇蜜机（彩图3B），在蜂场收取蜂蜜。

2. 蜜蜂饲养管理机械化　蜜蜂规模化饲养管理的机具包括钉巢框和上础机具、蜜蜂饲料加工和饲喂机具等。国家蜂产业技术体系乌鲁木齐综合试验站北屯西方蜜蜂规模化饲养管理示范基地，自制上础铁线的分段器（彩图4），提高了分剪铁线的效率。

3. 转地装运蜂群机械化　我国定地蜂场大多都要经过1～2次的短途转地，规模化蜂场的蜂群装卸对养蜂人来说是沉重的体力负担。蜂群短途转地时，除了用汽车运输外，最好用叉车装卸蜂群。为了便于叉车的使用，蜂箱每4～6个一组固定在托盘上，叉车将一个托盘的蜂箱整体装车或卸下。蜂群放置时也以托盘为单位，整体放置。有实力的规模化大蜂场可以自购大型卡车用来运蜂，购买叉车用来装卸蜂群。

4. 蜂群治病防病机械化　西方蜜蜂最主的病害是蜂螨。国家蜂产业技术体系乌鲁木齐综合试验站北屯西方蜜蜂规模化饲养管理技术示范基地的梁朝友自行研发了治螨机具（彩图5），1 h能治螨处理100～150群蜜蜂。治螨机具用高压气筒改装，将干粉状的治螨药通过高压气筒成雾霾状分散在蜂箱内，均匀地喷洒到蜜蜂身体表面。

六、蜜蜂病敌害的防控防疫

蜜蜂病敌害防控防疫对于规模化蜂场非常重要，疫病流行可能毁掉蜂场。蜜蜂病敌害防控防疫需从环境卫生、蜜蜂健康、避免传染、病害隔离和销毁病群等多方面入手。

1. 蜂场环境　蜂场环境是保证蜜蜂健康和蜂产品优质的重要条件。蜂场环境包括蜂场内的环境和蜂场周边的环境。蜂场内保持整洁，不乱堆放蜂箱蜂具，不乱丢弃旧脾，不乱堆入垃圾。蜂场周边无工业"三废"污染，无畜牧场粪便污染，水源安全。

2. 蜂群健康　蜂群健康是增强蜜蜂对病害抵抗力的重要措施。保持蜂群健康需要做到：①保持蜜蜂营养充足；②保持蜂巢适宜巢温，巢温的适宜温度是33～35 ℃；③留足蜂群的粉蜜饲料；④不滥用蜂药。

3. 防疫措施　防疫是指为预防、控制疾病的传播而采取的一系列措施，是防止传染病的传播流行的方法。规模化蜂场最直观的特征就是蜂群数量多，疫病发生给蜂场造成的损失要比普通蜂场大的多。规模越大的蜂场，越要重视蜜蜂防疫工作。

（1）**蜂场封闭管理**　蜂场尽可能与周边的蜂群保持5 km以上的距离，减少本场蜂群与外场蜂群的接触。蜂场的放蜂区用围栏等隔离人畜，以防流动的人畜传播病原。在进入蜂场的放蜂区的入口处设立石灰消毒池。

（2）**保持卫生**　保持蜂场整洁和卫生，在蜂箱外及蜂箱周边定期消毒。养蜂人要保持个人卫生，专用干净的开箱工作服是完全必要的，开箱前要用肥皂等洗手。

一般不去动非本场蜂群。一般不允许外来人员进入蜂场的放蜂区和开箱。

（3）销毁病群   发现患传染病的蜂群后，将蜂和脾用火烧毁（彩图6），蜂箱仔细洗刷、晾晒、火焰灭菌后，备用。如果舍不得销毁，则会成为蜂病的传染源，影响整个蜂场的风险极大，且患病蜂群很难发展起来，在生产中没有价值。

如果发现本地区没有的病虫害，应及时向当地主管部门报告。

第二节   西方蜜蜂定地饲养管理一般技术

我国一般饲养管理技术的特色在于管理精细，追求单群效益最大化，技术成熟，应用广泛。但存在的问题非常突出，如劳动强度大，人均效益差，导致我国养蜂者出现后继无人。上一节阐述的规模化饲养技术是我国养蜂发展方向，是解决养蜂业问题的重要途径。

一、蜂群箱外观察

蜂群的内部情况，在一定的程度上能够从巢门前的一些现象反映出来。因此，通过箱外观察蜜蜂的活动和巢门前的蜂尸的数量和形态，就能大致推断蜂群内部的情况。箱外观察这种检查了解蜂群的方法，随时都可以进行。

（一）从蜜蜂的活动状况判断

1. 蜂群的采蜜情况   全场的蜂群普遍出现外勤工蜂进出巢繁忙，巢门拥挤，归巢的工蜂腹部饱满沉重，夜晚扇风声较大，说明外界蜜源泌蜜丰富，蜂群采酿蜂蜜积极。蜜蜂出勤少，巢门口的守卫蜂警觉性强，常有几只蜜蜂在蜂箱的周围或巢门口附近窥探，伺机进入蜂箱，这说明外界蜜源稀绝，已出现盗蜂活动。在流蜜期，如果外勤蜂采集时间突然提早或延迟，说明天气将要变化。

2. 蜂王状况   在外界有蜜粉源的晴暖天气，如果工蜂采集积极，归巢携带大量的花粉（彩图7），说明该蜂王健在，且产卵力强。这是因为蜂王产卵力强，巢内卵虫多，需要花粉量也大。所以采集花粉多的蜂群，巢内子脾就必然多。如果蜂群出巢怠慢，无花粉带回，有的工蜂在巢门前乱爬或振翅，则有失王的嫌疑。

3. 自然分蜂的征兆   在分蜂季节，大部分的蜂群采集出勤积极，而个别强群很少有工蜂进出巢，却有很多工蜂拥挤在巢门前形成蜂胡子，此现象多为分蜂的征兆（彩图8）。如果大量蜜蜂涌出巢门，则说明分蜂活动已经开始。

4. 群势的强弱　当天气、蜜粉源条件都比较好时，有许多蜜蜂同时出入，傍晚大量的蜜蜂拥簇在巢门踏板或蜂箱前壁，说明蜂群强盛；反之，在相同的情况下，进出巢的蜜蜂比较少的蜂群，群势就相对弱一些。

5. 巢内拥挤闷热　气温较高的季节，许多蜜蜂在巢门口扇风，傍晚部分蜜蜂不愿进巢，而在巢门周围聚集，这种现象说明巢内拥挤闷热。

6. 发生盗蜂　当外界蜜源稀少时，有少量工蜂在蜂箱四周飞绕，伺机寻找进入蜂箱的缝隙，表明该群已被盗蜂窥视，但还未发生盗蜂。蜂箱的巢门前秩序混乱，工蜂团抱厮杀（彩图9），表明盗蜂已开始进攻被盗群。如果弱群巢前的工蜂进出巢突然活跃起来，仔细观察进巢的工蜂腹部小，而出巢的工蜂腹部大，这些现象都说明发生了盗蜂。如果此时某一强群突然又有大量的工蜂携蜜归巢，该群则有可能是作盗群。

7. 农药中毒　工蜂在蜂场激怒狂飞，性情凶暴，并追螫人、畜；头胸部绒毛较多的壮年工蜂在地上翻滚抽搐，尤其是携带花粉的工蜂在巢前挣扎，此现象为蜜蜂农药中毒。

8. 螨害严重　巢前不断地发现有一些体格弱小、翅残缺的幼蜂爬出巢门，不能飞，在地上乱爬，此现象说明蜂螨危害严重。

9. 蜂群患下痢病　巢门前有体色特别深暗、腹部膨大、飞翔困难、行动迟缓的蜜蜂，并在蜂箱周围有稀薄量大的蜜蜂粪便，这是蜂群患下痢病的症状。

（二）从巢前死蜂和死虫蛹的状况判断

严格意义上，蜜蜂死在巢前是不正常的。如果巢前有少量的死蜂和死虫蛹对蜂群无大影响，但死蜂和死虫蛹数量较多，就应引起注意。为了准确判断死蜂出现的时间，在日常的蜜蜂饲养管理中应每天定时清扫巢前。

1. 蜂群巢内缺蜜　巢门前出现有拖弃幼虫或增长阶段驱杀雄蜂的现象，若用手托起蜂箱后方感到很轻，说明巢内已经缺乏贮蜜，蜂群处于接近危险的状态。巢前出现腹小、伸吻的死蜂，甚至巢内外大量堆积这种蜂尸，则说明蜂群已因饥饿而开始死亡。

2. 农药中毒　在晴朗的天气，蜜蜂出勤采集时，全场蜂群的巢门前突然出现大量的双翅展开、勾腹、伸吻、伸出螫刺的青壮死蜂（彩图10），尤其强群巢前死蜂更多，部分死蜂后足携带花粉团，说明是农药中毒。

3. 大胡蜂侵害　夏秋季大胡蜂活动猖獗的季节，蜂箱前突现大量的缺头、断足、尸体不全的死蜂，而且死蜂中大部分都是青壮年蜂，这表明该群曾遭受大胡蜂的袭击。

4. 冻死　在较冷的天气，蜂箱巢门前出现头朝箱口，呈冻僵状的死蜂，则说明因气温太低，外勤蜂归巢时来不及进巢冻死在巢外。

二、巢脾修造和保存

蜂巢中巢脾数量和质量，直接影响蜜蜂群势的增长速度、蜂群的生产能力以及养蜂生产。新巢脾房壁薄，培育的工蜂发育好、体重大、寿命长、采集力强、抗病能力强。一个意蜂的巢脾最多使用 3 年，也就是每年至少应更换 1/3 的巢脾。转地饲养的蜂群，因花期连续，培育幼虫的代数多，巢脾老化快，需要年年更换新脾。

（一）新脾修造

优质巢脾的修造须根据蜂群泌蜡造脾的特点，以及所需要的条件来采取具体的技术措施，进行镶装巢础、加础造脾和相应的蜂群管理措施。

1. 镶装巢础　优质巢脾应具备完整、平整、无雄蜂房或雄蜂房很少。新脾造好后应及时提供蜂王产卵。修造巢脾需经钉巢框或清理巢框、拉线、上础、埋线、固定巢础等步骤。修造优质巢脾需选用优质巢础。巢础须用纯净蜂蜡制成，厚薄均匀，房基明显，房基的深度和大小一致。

（1）钉巢框　新巢框由完全干燥的杉木、白松或其他不易变形的木材加工的一根上梁、一根下梁和两根侧条构成。用小铁钉从上梁的上方将上梁和侧条固定，侧条上端侧面钉入铁钉以加固上梁与侧条。最后用铁钉固定下梁和侧条。为了提高钉新巢框的效率，可用专用的模具固定。巢框的侧梁最好选用较硬的木材根端，以防拉线时把孔眼划破陷入。

（2）清理巢框　用旧巢框修造巢脾，将旧脾割下，去除铁线，用起刮刀刮干净框梁和侧条上的蜂蜡，用特制的清沟器（彩图 11A）清除上梁下面巢础沟中的残蜡（彩图 11B）。旧巢框清理干净后，需检查巢框是否完好和平整。必要时需重新装订。

（3）拉线　拉线是为增强巢脾的强度，避免巢脾断裂。拉线使用 24～26 号铁丝，铁线拉直后，预先剪成每根 2.3 m。拉线时顺着巢框侧梁的小孔来回穿 3～4 道铁丝，将铁丝的一端缠绕在事先钉在侧条孔眼附近的小铁钉上，并将小钉完全钉入侧条固定。用手钳拉紧铁丝的另一端，直至用手指弹拨铁丝能发出清脆的声音为度。最后将这一端的铁丝也用铁钉固定在侧条上（彩图 12）。

（4）上础　巢础很容易被碰坏，上础时应细心。将巢础放入拉好线的巢础框上，使巢框中间的两根铁线处于巢础的同一面，上、下两根铁线处于巢础的另一面。再将巢础仔细放入巢框上梁下面的巢础沟中。

（5）埋线　埋线前，应先将表面光滑、尺寸略小于巢框内径的埋线板用清水浸泡 4～5 h，以防埋线时蜂蜡熔化将巢础与埋线板粘连，损坏巢础。将已拉线的巢础框镶入巢础，使中间的铁线在巢础的一面，上、下两条铁线在巢础的另一面。将巢础框平放在埋线板上，将巢础嵌入上梁的巢础沟，并将巢础抚平。用埋线器将铁线加热，熔化部分巢础中的蜂蜡，将铁线埋入巢础中。

埋线器主要有普通埋线器（彩图 13A）和电热埋线器（彩图 13B）两种。普通埋线器主有两种类型，图 6-17 上方为烙铁式埋线器，下方为齿轮式埋线器。普通埋线器在使用前需要适当加热，埋线器尖端部有小沟槽，埋线时将埋线器尖端小沟槽骑在铁线上向前推移（彩图 13C，彩图 13D）。推移埋线器时，用力要适当，防止铁丝压断巢础，或浮离巢础的表面。用电埋线器上础时，将两个电极分别与铁线两端接触，通过短路加热铁线（彩图 13E）。埋线时先将中间的铁线埋入，然后再埋上、下两条铁线。将铁线逐根埋入巢础中间，如果铁线浮在巢础表面，巢脾修造后，浮铁线的一行巢房不被蜂群用于育子（彩图 14）。

（6）巢础和巢框上梁的固定　埋线后需用熔蜡浇注巢框上梁的巢础沟槽中，使巢础与巢框上梁粘接牢固。熔蜡壶中放入碎块蜂蜡，放在电炉等炉具上水浴加热。蜂蜡熔化后，熔蜡壶置于 70～80 ℃的水浴中待用。蜡液的温度不可过高，否则易使巢础熔化损坏。

2. 加础造脾方法　在适宜修造新脾的季节，应采取快速造脾的技术措施，更换蜂箱中的旧脾。适合造脾的条件是天气温和、蜜粉源丰富，蜂群强盛，巢内贮蜜充足，在巢脾的上梁和蜂箱内空档处有赘脾（彩图 15）。

（1）加础策略　在造脾季节先采用普遍造脾，全场正常蜂群每群均加础造脾。巢础框的数量根据蜜蜂的群势而定，加入巢础框后仍能保持蜂脾相称。在普遍造脾的基础上，发现造脾能力强的蜂群可用于重点造脾。造脾能力强的蜂群多处于群势增长阶段中期的蜂群，双王群和蜂蜜生产阶段的副群，无分蜂热，蜂王产卵积极，内勤蜂较多，造脾较快。巢础框一般每次加一个，多加育子区边 2 脾的位置。待新脾巢房加高到约一半时，将这半成品的巢脾移到蜂巢中间，供蜂王产卵，以促进蜂群更快速度造脾，并在原来的巢础框位置再放入一个新的巢础框。

（2）加础方法　巢础框应加在蜂箱中的育子区，如果加在无王的贮蜜区则易造雄蜂巢房。在气候温暖且稳定的季节，可将巢础框直接加在蜂巢的中部，由于蜂巢的完整性受到较大的影响，蜜蜂造脾速度快。气温较低和群势较弱时，巢础框应加在子圈的外围，也就是边 2 脾的位置，以免对保持巢温产生不利的影响。加巢础框应避开气温较高的中午，以防巢础受热变形；傍晚加础还能利用蜂群夜间造脾，减轻白天的工作负担。

3. 造脾蜂群的管理　激发蜂群积极泌蜡造脾的状态，提供快速造脾的物质条件。快速造脾的物质条件是充足的贮蜜和优质的巢础框。

（1）调整蜂群　为了加快造脾速度和保证造脾完整，应保持蜂群巢内蜂脾相称，或蜂略多于脾。在造脾蜂群的管理中应及时淘汰老劣旧脾或抽出多余的巢脾，以保证蜂群内适当密集。

（2）奖励饲喂　在蜜粉源不充足的条件下，奖励饲喂能够给造脾蜂群外界蜜源丰富的错觉，促进蜂群造脾。

（二）巢脾保存

巢脾保存最主要的问题是防止蜡螟的幼虫蛀食危害。巢脾保存主要工作是灭杀蜡螟的卵、幼虫、蛹和成虫，然后将巢脾密封保存。

1. 巢脾的分类和清理　巢脾分类是将不可用的巢脾淘汰，再将可用的巢脾按质量分等。将可用的巢脾清理干净后再贮存处理。

（1）巢脾的分类　贮存的空脾主要用于提供蜂王产卵和贮蜜。空脾可根据新旧程度和质量分为三等。一等空巢脾应是浅褐色、脾面平整，几乎全部都是工蜂房的巢脾；二等空巢脾稍次于一等空巢脾，巢脾颜色稍深，或有少部分雄蜂房的巢脾。淘汰的巢脾集中化蜡。

（2）巢脾的清理　巢脾贮存整理之前，应将空脾中的少量蜂蜜摇尽，刚摇出蜂蜜的空脾，须放到巢箱的隔板外侧，让蜜蜂将残余在空脾上的蜂蜜舔吸干净，然后再取出收存。从蜂群中抽取出来的巢脾应用起刮刀将巢框上的蜂胶、蜡瘤、下痢的污迹及霉点等杂物清理干净，然后分类放入巢脾贮存室的脾架上，并在脾架上分区标注。

2. 巢脾灭杀蜡螟处理　灭杀蜡螟主要有两种方法，即化学毒杀和低温冷冻。

（1）巢脾的熏蒸　西方蜜蜂规模化蜂场需要建设专业的巢脾贮存室，要求密封、清洁、干燥。在室内用木料、铝合金等材料制作巢脾支架。巢脾平行放在支架上，巢脾间留 1 cm 的空隙。巢脾在贮存室放好后，在地面放置瓦片等，其上放烧红的木炭，在木炭上撒硫黄粉。硫黄粉的用量为 $80\sim100$ g/m³。燃烧硫黄产生热的二氧化硫气体向上扩散，故燃烧的硫黄应放在地面上。也可以将燃烧的二氧化硫气体从室外鼓风送入贮存室内。二氧化硫一般只能杀死蜡螟成虫和幼虫，不能杀死蜡螟的卵和蛹。彻底杀灭蜡螟须待蜡螟的卵孵化成幼虫和蛹羽化成成虫后再次熏蒸。因此，用硫黄粉熏蒸需在 $10\sim15$ d 熏蒸第 2 次，再过 $15\sim20$ d 熏蒸第 3 次。硫黄粉熏蒸具有成本低、易购买的优点，但是操作较麻烦，不慎易发生火灾。蜡螟和巢虫在 10 ℃以下就不活动，在气温 10 ℃以下的冬季保存巢脾可暂免熏蒸。

（2）巢脾低温处理　将清理后需要保存的巢脾放入 -15 ℃的冰柜或冷库中 24 h，可以杀死蜡螟的卵、幼虫、蛹和成虫。冷冻处理的巢脾立即放入巢脾贮存室中密封保存。

三、蜂群合并

蜂群的合并就是把两个或两个以上蜂群合并为一群的养蜂操作技术。蜂群合并是养蜂生产中常用的管理措施。

（一）蜂群合并前的准备

蜂群的群味和警觉性是蜂群安全合并的障碍。因此，在大流蜜期，以及群势较弱、失王不久、子脾幼蜂比较多的蜂群警觉性弱，比较容易进行合并；而在非流蜜期，以及群势较强，群内有蜂王或王台存在、失王过久甚至工蜂产卵、子脾少、老蜂多、常遭受盗蜂或胡蜂等骚扰的蜂群，合并比较困难。为此，在蜂群合并之前，应注意做好准备工作，创造蜂群安全合并的条件。蜂群合并原则是弱群并入强群，无王群并入有王群。

1. 箱位的准备　蜜蜂具有很强的认巢能力，将两群或几群蜂合并以后，由于蜂箱位置的变迁，有的蜜蜂仍要飞回原址寻巢，易造成混乱。合并应在相邻的蜂群间进行。需将两个相距较远的蜂群合并，应在合并之前，采用渐移法使箱位靠近。

2. 除王毁台　如果合并的两个蜂群均有蜂王存在，除了保留一只品质较好的蜂王之外，另一只蜂王应在合并前 1d 去除。在蜂群合并的前半天，还应彻底毁弃无王群中的改造王台。

3. 保护蜂王　蜂群合并往往会发生围王现象，为了保证蜂群合并时蜂王的安全，应先将蜂王暂时关入蜂王诱入器内保护起来，待蜂群合并成功后，再释放蜂王。

4. 补加幼虫脾　对于失王已久、巢内老蜂多、子脾少的蜂群，在合并之前应先补给 1~2 框未封盖子脾，以稳蜂性。补脾后应在合并前毁弃改造王台。

5. 合并蜂群巢脾移至巢中部　直接合并前 1~2 h，将无王群的巢脾移至蜂巢中央，使无王群的蜜蜂全部集中到巢脾上，以便合并时通过提脾将蜜蜂移到并入群。

6. 蜂群合并的时间选择　蜂群合并时间的选择应重点考虑避免盗蜂和胡蜂的骚扰，在蜂群警觉性较低时进行。蜂群合并宜选择在蜜蜂停止巢外活动的傍晚或夜间，此时的蜜蜂已经全部归巢，蜂群的警觉性很低。

（二）蜂群合并的方法

根据外界的蜜粉源条件，以及蜂群内部的状况，判断蜂群安全合并的难易程度。容易合并时可采用直接合并的方法，安全合并较困难时则需采取间接合并的方法。

1. 直接合并　直接合并蜂群适用于刚搬出越冬室而又没有经过爽身飞翔的蜂群，以及外界蜜源泌蜜较丰富的季节。合并时，打开蜂箱，把有王群的巢脾调整到蜂箱的一侧，再将无王群的巢脾带蜂放到有王群蜂箱内另一侧。根据蜂群的警觉性调整两群蜜蜂巢脾间隔的距离，多为间隔 1~3 张巢脾。也可用隔板暂时隔开两群蜜蜂的巢脾。次日，两群蜜蜂的群味完全混同后，就可将两侧的巢脾靠拢。

2. 间接合并　间接合并方法应用于非流蜜期、失王过久、巢内老蜂多而子脾少的蜂群。间接合并主要有铁纱合并法和报纸合并法。在炎热的天气应用间接合并法，在继箱上要开一个临时小巢门,以防继箱中的蜜蜂受闷死亡。

(1)铁纱合并法　有王群的箱盖打开,铁纱副盖上叠加一个空继箱,然后将另一需要合并的无王群的巢脾带蜂提入继箱。两个蜂群的群味通过铁纱互通混合,待两群蜜蜂相互无敌意后就可撤除铁纱副盖,将两原群的巢脾并为一处,必要时抽出余脾。间接合并用铁纱分隔的时间主要视外界蜜源而定,有少量辅助蜜源时只需1 d,无蜜源需要2~3 d。能否去除铁纱,需观察铁纱两侧的蜜蜂行为,较容易驱赶蜜蜂表明两群气味已互通;若有蜜蜂死咬铁纱,驱赶不散,则说明两群蜜蜂敌意未消。

(2)报纸合并法　铁纱副盖可用钻许多小孔的报纸代替。将巢箱和继箱中的两个需合并的蜂群,用有小孔的报纸隔开。上、下箱体中的蜜蜂集中精力将报纸咬开,放松对身边蜜蜂的警觉。当合并的报纸洞穿半天至一天后,两群蜜蜂的群味也就混同了。

四、人工分群

人工分群,简称分群,就是人为地从一个或几个蜂群中,抽出部分蜜蜂、子脾和粉蜜脾,组成一个新分群。

1. 单群平分　单群平分就是将一个原群按等量的蜜蜂、子脾和粉蜜脾等分为两群。其中原群保留原有的蜂王,分出群则需诱入一只产卵蜂王。单群平分只宜在主要蜜源流蜜期开始的45 d前进行。

将原群的蜂箱向一侧移出一个箱体的距离,在原蜂箱位置的另一侧,放好一个空蜂箱。再从原群中提出大约一半的蜜蜂、子脾和粉蜜脾置于空箱内。次日给没有王的新分出群诱入一只产卵蜂王。分群后如果发生偏集现象,可以将蜂偏多的一箱向外移出一些,稍远离原群巢位,或将蜂少的一群向原箱位靠近一些,以调整两个蜂群的群势。

2. 混合蜂群　利用若干个强群中一些带蜂的成熟封盖子脾,搭配在一起组成新分群,这种人工分群的方法叫作混合分蜂。利用强群中多余的蜜蜂和成熟子脾,并给以产卵王或成熟王台组成新分群。混合分群应从早春开始就给蜂群创造好的发展条件,加强饲喂和保温,适时扩巢等,促使蜂群尽快地强盛。进行混合分群时,防止新分群的外勤蜂返回原巢,使子脾受冻,可在分群后,将新分群迁移到直线距离5 km以外的地方。

五、分蜂热的控制

促使蜂群发生分蜂热的因素很多,其主要原因是蜂群中的蜂王物质不足、哺育力过剩以及巢内外环境温度过高。控制和消除分蜂热应根据蜂群自然分蜂的生物学规律，在不同阶段采取相应的综合管理措施。如果一直坚持采取破坏王台等简单生硬方法来压制分蜂热，则导致工蜂长期怠工，并影响蜂王产卵和蜂群的发展。其结果既不能获得蜂蜜高产，群势也将大幅度削弱。

1. 选育良种　同一蜂种的不同蜂群控制分蜂的能力有所不同，并且蜂群控制分蜂能力的性状具有很强的遗传力。因此，在蜂群换王过程，应注意选择能维持强群的高产蜂群作为种用群，进行移虫育王。此外，应注意定期割除分蜂性强的蜂群中的雄蜂封盖子，同时保留能维持强群的蜂群中的雄蜂，以此培育出能维持强群的蜂王。

2. 更换新王　新蜂王释放的蜂王物质多，控制分蜂能力强。一般来说，新王群很少发生分蜂。此外新王群的卵虫多，既能加快蜂群的增长速度，又使蜂群具有一定的哺育负担。所以，在蜂群的增长期应尽量提早换新王。

3. 调整蜂群　调整群势的方法主要有两种，一是抽出强群的封盖子脾补给弱群，同时抽出弱群的卵虫脾加到强群中，这样既可减少了强群中的潜在哺育力，又可加速弱群的群势发展；二是进行适当的人工分蜂。

4. 改善巢内环境　巢内拥挤闷热也是促使分蜂的因素之一。在蜂群的增长阶段后期，当外界气候稳定、蜂群的群势较强时，就应及时进行扩巢、通风、遮阳、降温，以改善巢内环境。蜂群应放置在阴凉通风处，不可在太阳下长时间曝晒；适时加脾或加础造脾或增加继箱，扩大蜂巢的空间；开大巢门、扩大脾间蜂路，以加强巢内通风；及时饲水和在蜂箱周围喷水降温等。

5. 生产王浆　蜂群的群势壮大以后，连续生产王浆，加重蜂群的哺育负担，充分利用工蜂过剩的哺育力。

6. 毁弃王台　分蜂王台封盖，蜂王的腹部开始收缩。蜂群出现分蜂热后，应每隔 5～7 d 检查一次，将王台毁弃在早期未封盖阶段。

7. 蜂王剪翅　为了避免在久雨初晴时因来不及检查，或管理疏忽而发生分蜂，应在蜂群出现分蜂征兆时，将老蜂王的一侧前翅剪去 70%。剪翅时，用左手的拇指和食指将蜂王的胸部轻轻地捏住，右手拿一把锐利的小剪刀，挑起一边前翅，剪去前翅面积的 2/3（彩图 16）。

（周冰峰）

第五章 中蜂规模化饲养标准化饲养管理技术

我国饲养中蜂历史悠久，但科学饲养技术的形成只有数十年。随着对中蜂生物学特性的深入了解，中蜂的饲养技术将会不断地完善。

第一节 中蜂规模化原始养蜂技术

中蜂原始饲养技术是利用原始蜂巢饲养中蜂的传统方法，操作简单，管理简化，生产效率落后于活框饲养技术。但在资源丰富而饲养技术落后的地方，用相对简单的原始养蜂技术有利于蜜粉资源的利用、促进养蜂发展、扩大中蜂的种群数量、保护中蜂资源。中蜂原始饲养最大意义在于对中蜂遗传资源的保护，减少活框饲养技术对中蜂遗传结构的人为干扰。原始中蜂饲养的地区，中蜂遗传资源接近于野生中蜂，其种群的遗传进化多遵循自然选择规则，受人为干扰的影响较少，种群遗传结构稳定。有利于中蜂保持在自然界的独立生存能力。

一、原始蜂巢

中蜂的原始蜂巢有自然界的树洞（彩图 17A）、岩洞、土洞、墓穴等洞穴，中蜂也会利用人类生活产生的洞穴空间，如箱柜（彩图 17B）、坛罐、棺材（彩图 17C）、谷仓、房间内的天花板上（彩图 17D）和地板下等。养蜂人根据蜜蜂营巢特点，用树段、木桶、木箱、陶器、砖石、水泥、草编、竹编、枝条编等制作原始蜂巢，通过诱引和过箱方式将蜂群引入原始蜂巢进行饲养。原始蜂巢的空间与中蜂群势有关，天气炎热的南方中蜂群势较小，北方和高海拔较冷的地方中蜂群势较大。原始蜂巢内部空间多为 0.02～0.08 m³。

（一）树段原始蜂巢

树段原始蜂巢是用直径 30～60 cm、长 40～80 cm 的树段，将中间镂空后制成。这种形式的原始蜂巢受到材料来源的限制，多出现在北方或高海拔的山区。树段原始蜂巢特点是保温好，且与原始中蜂的蜂巢相近，适应中蜂生存发展。树段原始蜂巢有两种形式：整体树段原始蜂巢和纵分树段原始蜂巢。

1. 整体树段原始蜂巢　整体树段原始蜂巢是将树段中间镂空（彩图 18A，彩图 18B），两端用木板等封闭，在树段的中间钻数个小孔作为巢门。这种形式原始蜂巢可立放（彩图 18C），也可横放（彩图 18D）。在吉林长白山，四川甘孜、凉山、达州，河南济源等地常见。

2. 纵分树段原始蜂巢　纵分树段原始蜂巢是将树段中间纵分为二，分别将半个树段镂空（彩图 19A），将两个半个镂空的树段上下叠放成为原始蜂巢（彩图 19B）。养在这种原始蜂巢中的蜜蜂，当地称其为"棒棒蜂"。这种形式的树段原始蜂巢多见于甘肃省和四川省阿坝州（彩图 19C）。

（二）木桶、木箱原始蜂巢

木桶、木箱原始蜂巢均用木板制作成圆柱状蜂桶或立方体的蜂箱，木板厚度多为 1.5～2.5 cm。木桶、木箱原始蜂巢在我国大部地区普遍使用。

1. 木桶原始蜂巢　木桶原始蜂巢（彩图 20A）是用木片箍成的圆桶状原始蜂巢，箍桶技术在民间非常成熟，在 20 个世纪多用于制作水桶。木桶原始蜂巢内径为 20～50 cm，长度为 25～90 cm。横放木桶两端多用木板封堵（彩图 20B），在桶壁上钻若干个直径 8～10 mm 小孔，成为供蜜蜂进出的巢门。立放的木桶上方用木板等板材盖住，下方不封闭，放在地面上，蜂桶的下方是平面，用小木棍、小石块等垫起 8～12 mm 的缝隙成为蜜蜂进出的巢门（彩图 20D）。

2. 木箱原始蜂巢　木箱原始蜂巢长为 40～80 cm，宽为 18～40 cm，高为 20～80 cm，有的近正立方体，也有的呈长方体（彩图 21A）。木箱原始蜂巢可以横放（彩图 21B），也可以竖放（彩图 21C）。

（三）草编、竹编、枝条编原始蜂巢

草编、竹编、枝条编原始蜂巢利用当地的材料编制圆桶蜂巢，在较冷的地区在原始蜂巢的内部或内外用泥涂抹。尺寸大小与木桶原始蜂巢类似。

1. 草编原始蜂巢　草编原始蜂巢（彩图 22A）是用稻草或谷草编制而成，可横放也可竖放。

2. 竹编原始蜂巢　竹编原始蜂巢（彩图 22B）是在产竹地区，利用竹篾编制技术制成的圆桶状原始蜂巢。有的蜂农直接将竹制筐篓用于原始饲养中蜂（彩图 22C）。

3. 枝条编原始蜂巢 枝条编原始蜂巢（彩图 22D）是用柳条、荆条等筐篓编制技术制成的圆桶状原始蜂巢。枝条编原始蜂巢多在桶内或桶的内外涂抹泥，以利于保温和蜂巢内避光。

（四）砖石原始蜂巢

用砖（彩图 23A）、石板（彩图 23B）砌成固定的原始蜂巢，多用泥土和水泥黏合，内外可用泥土和水泥抹平（彩图 23C）。尺寸大小与木箱原始蜂巢相似。

（五）日常容器蜂巢

日常生活和生产使用的容器也可能用作原始蜂巢，如塑胶水桶（彩图 24A）、陶器的缸（彩图 24B）、坛（彩图 24C）等。将容器的开口处用木板封闭（彩图 24D），并在封闭蜂巢的木板上钻洞作为巢门。也有将巢门开在缸底（彩图 24B）。

（六）水泥原始蜂巢

用水泥铸成圆桶状水泥管蜂巢（彩图 25A），水泥原始蜂巢的内径为 $20\sim30$ cm，长度为 $40\sim60$ cm，壁厚 $2\sim5$ cm。在使用时，水泥桶的两端用木板封堵（彩图 25B），木板上钻孔作为巢门。

（七）墙壁原始蜂巢

在宁夏、山东、河南、山西等地，将原始蜂巢镶嵌在院墙的墙壁中（彩图 26）或房屋内的墙壁中（彩图 27）。这种方式最大的优点是节省蜂群放置的空间。

（八）用泥坯等建筑的原始蜂巢组

我国西北山区有用泥坯构筑的蜂巢建筑，多个蜂巢组成"蜜蜂大厦"，以便相对集中安置蜂群（彩图 28）。

（九）人工石洞蜂巢和人工土洞蜂巢

在石壁的凹陷处外部用石板封闭，石板内的空间可作蜂群的生存之处（彩图 29A）。在黄土高原的农村，养蜂人将黄土坡挖成垂直于地面的断面，在断面的土壁上挖出原始蜂巢（彩图 29B）。

二、蜂巢放置

中蜂原始蜂巢的放置主要有 5 种形式：放置在地上、放置在高处、悬空安置、组合放置、镶嵌入壁。无论哪一种形式，原始蜂巢的放置均需做到干燥通风、遮阳避雨、安静无扰、蜜蜂飞行路线通畅。

1. 地面　将原始蜂巢直接放置在地面，便于蜂群管理和取蜜操作，是最主要的原始蜂群放置方法。这种方式简单实用，适用于放置在庭院、山林等场地较开阔的地方，是大型蜂场主要的放置方式，也是中蜂原始饲养蜂巢主要的放置方式。

放置在地上的蜂巢多数用砖、石、木桩垫高 10～100 cm（彩图 30A，彩图 30B），既方便管理操作，避免地面潮湿，又能减少地面敌害对蜂群的危害。也有的直接立在地面，蜂巢下方往往是硬化的地面（彩图 30），或垫木板石板等。立式蜂巢下方无巢底，蜂巢下方用小石块或树枝等垫起形成巢门。

2. 高置　原始蜂群放置的第二种形式是放置在楼上（彩图 31A）、屋顶（彩图 31B）、树上、墙上（彩图 31C）。这种原始蜂群的放置方法可避免人或动物的干扰，但管理稍有不便，可以作为家庭小规模养蜂的放置方式。

3. 悬空　将原始蜂巢悬挂（彩图 32A，彩图 32B）或悬置（彩图 32C，彩图 32D）在房屋外墙上，可以完全避免地面上的动物对蜂群的干扰，但对蜂群的管理十分不便。这样放置的蜂群几乎不进行管理，多用于业余养蜂。

4. 组合　砖石或泥坯砌成多个原始蜂巢成组建在一起，蜂巢集中，便于管理。主要问题是容易造成蜜蜂的迷巢和偏集。

5. 镶嵌入壁　将简易的木箱原始蜂巢镶嵌入墙壁、土壁、石壁，对原始蜂巢内环境温度、湿度的调节有利。

三、原始饲养的基础管理

中蜂原始饲养管理相对简单，原始蜂群也不宜过多地打扰，所以对原始饲养的中蜂只做简单的处理。

（一）清巢

蜂巢内的下方易积累蜂巢的脱落杂物，如果杂物数量不多，工蜂会自行清理。但由于巢脾过旧，蜜蜂啃咬旧脾、巢内旧脾屑过多，工蜂就无力清除。原始蜂巢下方的旧脾屑等杂物是滋生巢虫、微生物的场所。在蜜蜂活动季节应一个月检查一次蜂巢，如果巢底杂物多就需要清除。

（二）饲喂

原始蜂群一般不需要饲喂，但在越冬越夏前，群势增长阶段要注意蜂群是否缺糖饲料。如果边脾没有贮蜜或贮蜜较少，就需要及时饲喂。饲喂方法是用浅容器作为饲喂器，饲喂器中放入糖水比 2∶1 的蔗糖液，于当晚放入蜂巢底部。饲喂的量以蜜蜂一晚上能将饲喂器中的糖饲料完全搬入巢脾为度，一般 0.5 kg。

（三）调整巢脾

在蜂群的增长阶段，用割脾专用工具将旧脾割下，让蜜蜂造新脾，用此方法保持蜂巢内巢脾更新。在群势下降的季节，可以适当将边脾割下，以保持蜂脾相称。蜂脾相称就是脾面爬满蜜蜂，脾面的蜜蜂全覆盖，不重叠。蜂脾相称是蜜蜂饲养管理技术的基本原则。

原始蜂群的割脾专用工具，民间有各种类型的设计（彩图33A～E），但主要的功能有两种，即铲（彩图33F）和割（彩图33G）。可以找当地的铁匠铺或铁艺店等作坊打造。专用工具最好用不锈钢材料制作。

（四）取蜜

1. 准备工作　清理蜂巢周边环境，准备割蜜专用工具、盛蜜容器、喷烟器、起刮刀、蜂刷和装有清水的水桶等。将原始蜂巢安放在易操作的地方。

2. 打开原始蜂巢的桶盖或箱盖　用起刮刀撬开原始蜂巢的桶盖或箱盖，适当向蜂巢内喷烟，驱赶蜜蜂离脾。割脾前最好能将原始蜂巢翻转（彩图34A），方便割脾操作。翻转原始蜂巢一定要看清巢脾走向，在翻转蜂巢时要始终保护巢脾与地面垂直，以免巢脾断裂。不便翻转的原始蜂巢也可以直接打开桶盖割脾（彩图34B）。

3. 割取蜜脾　用割蜜专用工具顺序将蜜脾割下，小心取出。如果脾上有少量的蜜蜂，可用蜂刷去除（彩图34C）。取出的蜜脾，轻稳平放在容器中（彩图34D）。原始养蜂取蜜不可一次将脾割尽，一般情况下一次只割取1/3～1/2的巢脾，以减轻取蜜对蜂群的伤害。待蜂巢恢复后，视情况再取另外一部分的蜜脾。

4. 蜜脾处理　封盖蜜脾切割修整后，可以巢蜜的形式直接出售，提高产品附加值。切割下的边角不规则的蜜脾和未封盖的蜜脾，用干净的纱布或尼龙纱挤榨。挤榨的蜂蜜放入陶制的容器中静置10 d，去除上层杂质和下层杂质，最后封装在陶制的容器中。

5. 取蜜后的恢复　取蜜后，将蜂群放回原位，清扫场地，清洗工具和容器，将榨蜜后的蜡渣封装。蜂场不允许有蜜和脾蜡暴露在外，以防盗蜂。

（五）人工分群

原始饲养的蜂群人工分群操作的关键技术在于取下巢脾固定到新的蜂巢中。

1. 准备空蜂巢　一般不用新的蜂巢，有蜂群新居住过的蜂巢最好。将原蜂巢搬离原位，空蜂巢放置在原来的箱位，以使过箱后更多蜜蜂进入新分群。

2. 割脾和固定巢脾　打开原群蜂巢的桶盖，用烟驱蜂离脾，小心地割下子脾（彩图35），割除子脾上的蜜脾。用自制的托脾叉（彩图36），将子脾托起固定在新的蜂巢中（彩图 37），巢脾间按正常蜂路平行排列。

托脾叉可就地取材，用竹子制作，根据子脾距蜂巢顶部的距离，确定托脾叉的长度。至少其中一张子脾的下方要有一个以上的王台。

3. 新分群补蜂　子脾固定新巢后，将原群的蜜蜂用大饭勺等器具舀出，放入新巢中，舀出的蜜蜂数量大约能使子脾爬满蜂。

4. 将原巢搬离原位另置　人工分群操作结束后，将原群搬离原位。清理好操作场地，仔细清除蜂箱外的残蜜，以防盗蜂。

人工分群后，视外界蜜源情况，给原群和新分群进行奖励饲喂，外界蜜源较丰富可少喂一些糖饲料，蜜源不足就多喂一些。奖励饲喂有助于蜜蜂泌蜡造脾，有利于蜜蜂将脾固定在蜂巢顶部。

四、原始饲养的阶段管理

阶段管理是根据气候、蜜源、蜂群等季节变化，确定阶段的管理目标和任务，制定蜂群阶段的管理方案。原始饲养中蜂的管理阶段基本可以划分为增长阶段、流蜜阶段和停卵阶段。中蜂的停卵阶段南方在夏季，北方在冬季。不同地区的气候差异，蜜蜂周年的管理阶段不同。养蜂者需要掌握阶段管理的基本原理，在养蜂实践中根据具体环境条件确定管理办法。

（一）增长阶段管理

增长阶段是指蜂王产卵、蜂群育子且非大流蜜期的阶段。增长阶段的管理目标是以最快的速度恢复和发展蜂群。根据管理目标确定的阶段任务是克服不利因素，创造有利条件促进蜂群快速增长。

1. 保持巢温　在低气温季节，蜂群应放置在温暖向阳的地方。保温不良的原始蜂巢还需要在巢外用稻草等包裹保温。蜜蜂护脾不足，应将蜂较少的边脾割除。强群是蜂群保持巢温的根本，养蜂人要养成不养弱群的习惯。

2. 饲料充足　饲料缺乏蜂王产卵减少，严重时停卵，清除幼虫，导致群势发展缓慢。当边脾没有蜂蜜贮备，就需要及时补助饲喂。

3. 增加蜂群数量　通过人工分群和收捕分蜂群的方法增加蜂群数量。选择群势强盛的有封盖分蜂王台的蜂群进行人工分群。在人工分群前，需要采取促进蜂群快速增长的技术措施，加快速度培养强群。促进蜂群快速增长的技术措施包括奖励饲喂，在粉源不足的情况下饲喂蜂花粉，保持良好的巢温。

（二）流蜜阶段管理

取蜜多在主要蜜源流蜜期结束以后。在流蜜阶段，蜂群几乎不须操作。但要防止巢温过高，蜜蜂为调节巢温采水而影响采蜜。在流蜜阶段初期需要处理分蜂热，需要及时将分蜂群收捕回来，放入新的蜂巢另组一群。结合换新脾取蜜，最好分 2 次进行，第一次割取一半的巢脾，割下的巢脾切割下蜜脾，保存好子脾。取蜜后及时将子脾放回蜂群，要保持放回蜂巢的巢脾两脾面间隔 8～10 cm。半个月后再取巢内另一半蜂蜜。

（三）越夏阶段管理

越夏阶段前，保证蜂群饲料充足。不足的蜂群需要及时饲喂。越夏阶段最重要的是防止蜜蜂逃群。巢内脾新蜜足、群势强盛、无疾病、无干扰的蜂群是保证不逃群的条件，也是中蜂顺利越夏的重要条件。蜂群放置的场地要通风遮阳。周边缺少水源的蜂场，需要在蜂场上设饲水器。简易的饲水器可用大的容器，内铺细沙和卵石，加水供蜜蜂采集。及时扑杀巢前胡蜂。

（四）越冬阶段管理

越冬前保证贮蜜充足，不足时需要饲喂补足。蜂巢放置在避风处，并用稻草、谷草等保温物进行箱外保温，保持蜂群安静不受干扰。中原和南方要注意不可保温过度，只要蜜蜂出巢活动就说明巢温偏高。

第二节　中蜂规模化活框养蜂技术

中蜂规模化活框饲养的特点是人均饲养的中蜂数量多。我国大多数原始饲养中蜂的蜂场人均饲养 50～60 群。通过国家蜂产业技术体系的研发和集成，现已形成人均饲养 200～300 群的规模化中蜂饲养技术模式。未来可以期待将中蜂规模化饲养水平提高到人均千群以上。

一、中蜂规模化活框饲养的概述

中蜂规模化饲养管理技术是近年来提出的新理念和新方法，解决中蜂饲养规模小、效益低的问题。其技术的基本要点是简化管理、机具应用、良种应用和病敌害防控。

1. 简化管理　简化一切不必要的操作，谋求饲养管理更多的蜂群。

（1）全场蜂群调整保持一致　调整保持全场蜂群一致是全场蜂群在管理和处理操作统一的前提。全场蜂群所有管理操作均统一处理。

（2）简化蜂群检查　蜂群检查在一般养蜂管理中很频繁，消耗了很多的精力，影响了养蜂数量提高。简化蜂群检查要减少蜂群检查的次数和简化蜂群检查的操作。全面检查是费时最多的蜂群检查方法，在一般饲养中蜂方法要求在蜂群增长阶段每隔 11 d 检查一次。规模化蜜蜂饲养要求全年只在每阶段开始时检查一次，一年只需全面检查 3～4 次。全面检查方法的简化，无需查找蜂王，通过巢脾上蜂子和王台判断蜂王的正常与否。在全面检查记录中只需要记录群势和子脾数量，其余只记录蜂群是否正常，以及记录出现的问题。

2. 机具应用　通过机具的应用减轻劳动强度，提高生产效率。现在规模化中蜂活框饲养技术应用的蜂具有电埋础器、电动脱蜂机和电动摇蜜机。饲养中蜂所用机具将随着规模化的发展，将向重型化方向发展。

3. 良种应用　中蜂规模化活框饲养技术对蜂种性状的要求是强群和抗病。我国还没有专门培养中蜂良种的机构和单位。中蜂良种需要蜂场自己培育。在强群和高产的蜂群中移虫育王，保留强群雄蜂，割除弱群雄蜂封盖子。在地方良种选育中，必须保持丰富的遗传多样性，也就是移虫育王的母群要多，至少 20 群，同时另外再选择 20 群作为培养种用雄蜂的副群。再次强调，育王移虫的母群和培育种用雄蜂的父群只能在本区域选择，不能跨区域引种。

4. 控制病害　规模化中蜂场与大型畜牧场一样，疫病控制第一重要，如果疫病流行，将对蜂场产生毁灭性打击。中蜂的主要病害为中蜂囊幼虫病，一旦暴发病害很难控制。规模化中蜂活框饲养蜂场必须把防疫放在首位。加强管理，为蜂子发育提供理想的巢温和充足的营养，以此提高蜜蜂对疾病的抵抗力。选育抗病蜂种，在抗病的强群移虫育王，割除患病严重蜂群中的雄蜂。

二、中蜂基础管理

（一）保持巢脾优良

蜂群中的巢脾质量是反映活框饲养中蜂的技术水平的重要判断依据。巢内出现劣脾（彩图 38），说明该蜂场饲养技术有问题。好的巢脾应该是完整、平整、脾较新、雄蜂房少。保持蜂群中巢脾优良，需要在修造巢脾的季节加紧造脾，将蜂群内的所有巢脾都换掉。

（二）蜂脾比适当

中蜂活框饲养的基本要求是蜂脾相称（彩图 39A）。我国大多数活框饲养的蜂农都存在脾多蜂少的问题（彩图 39B，彩图 39C）。脾多蜂少的危害非常大：①不利于维持巢温，蜜蜂只能利用巢脾中间有限的区域，且子脾边缘的蜂子易冻伤；②护脾能力弱，很多巢脾没有蜜蜂，易滋生巢虫，造成大面积白头蛹；③易引发盗蜂，它群蜜蜂进入巢内，可轻易进入巢脾贮蜜区搬走蜂蜜。盗蜂回巢后，通过舞蹈信息招引来更多的盗蜂；④蜂子发育不良易患病；⑤脾上的蜂少，巢脾上的空间不能充分利用，蜜蜂中能保证巢中心的蜂子发育温度，导致蜂王只能在脾的中间产卵，所以经常见到脾中间颜色深、边缘色浅的巢脾（彩图 38D，彩图 39C）。巢脾修造后从未产卵育子的巢脾称作"老白脾"，蜂群不会在老白脾产卵育子。彩图 38D、彩图 39C的四周巢房本质上是老白脾。

在气温较低的季节蜂脾比为 1.2：1，在高温季节蜂脾比为 0.8：1，一般情况下保持蜂脾相称。蜂脾相称是指巢脾两面都爬满蜜蜂，不重叠、无空隙。

（三）工蜂产卵处理

工蜂产卵蜂群比较难处理，既不容易诱王诱台，也不容易合并。失王越久，处理难度越大。所以，失王应及早发现，及时处理。

防止工蜂产卵，关键在于防止失王。蜂群中大量的小幼虫，在一定程度能够抑制工蜂的卵巢发育。发生工蜂产卵，可视失王时间长短和工蜂产卵程度，采取诱王、诱台、蜂群合并、处理卵虫脾等方法处理。

1. 诱台或诱王 中蜂失王后，越早诱王或诱台，越容易被接受。对于工蜂产卵不久的蜂群，应及时诱入一个成熟王台或产卵王。工蜂产卵比较严重的蜂群，直接诱王或诱台往往失败，在诱王或诱台前，先将工蜂产卵脾全部撤出，从正常蜂群中抽调卵虫脾，加重工蜂产卵群的哺育负担。1 d 后再诱入产卵王或成熟王台。

2. 蜂群合并 工蜂产卵初期，如果没有产卵蜂王或成熟台，可按常规方法直接合并或间接合并。工蜂产卵较严重，采用常规方法合并往往失败，需采取类似合并的方法处理。即在上午将工蜂产卵群移位 0.5～1.0 m，原位放置一个有王弱群，使工蜂产卵群的外勤蜂返回原巢位，投入弱群中。留在原蜂箱中的工蜂，多为卵巢发育的产卵工蜂，晚上将产卵蜂群中的巢脾脱蜂提出，让留在原箱中的工蜂饥饿一夜，促使其卵巢退化，次日仍由它们自行返回原巢位，然后加脾调整。工蜂产卵超过 20 d以上，由工蜂产卵发育的雄蜂大量出房，工蜂产卵群应分散合并到其他正常蜂群。

3. 工蜂产卵巢脾的处理 在卵虫脾上灌满蜂蜜、高浓度糖液或用浸泡冷水等方法使脾中的卵虫死亡，后放到正常蜂群中清理。对于工蜂产卵的封盖子脾，可将其封盖割开后，用摇蜜机将巢房内的虫蛹摇出，然后放入强群中清理。

（周冰峰）

第六章 西方蜜蜂规模化定地标准化 饲养管理技术

随着一年四季气候周期性的变化，蜜粉源植物的花期和蜂群的内部状况也呈周期性的变化。蜂群的阶段管理就是根据不同阶段的外界气候、蜜粉源条件，蜂群本身的特点，以及蜂场经营的目的、所饲养的蜂种特性、病敌害的消长规律、所掌握的技术手段等，明确蜂群饲养管理的目标和任务，制定并实施某一阶段的蜂群管理方案。

第一节 春季增长阶段管理

增长阶段是指蜂蜜生产阶段前，蜜蜂群势恢复和发展的阶段。增长阶段的主要特征是蜂王产卵、工蜂育子，蜜蜂群势持续增长，增长阶段结束进入蜂蜜生产阶段。无论是春、夏、秋、冬蜜源，此前的蜂群管理阶段均为增长阶段。春季增长阶段最为典型，难度最大，对周年养蜂也最重要。以春季增长阶段管理为主，介绍增长阶段的管理方法。

春季是蜂群周年饲养管理的开端，蜂群春季增长阶段是从蜂群越冬结束蜂王产卵开始，直到蜂蜜生产阶段到来止。此阶段根据外界气候、蜜粉源条件和蜂群的特点，可划分为恢复期和发展期。越冬工蜂经过漫长的越冬期后，生理机能远远不如春季培育的新蜂。蜂王开始产卵后，越冬蜂腺体发育，代谢加强，加速了衰老。因此在新蜂没有出房之前，越冬工蜂就开始死亡。此时，蜜蜂群势非但没有发展，而且还继续下降，是蜂群全年最薄弱的时期。当新蜂出房后逐渐地取代了越冬蜂，蜜蜂群势开始恢复上升。当新蜂完全取代越冬蜂，蜜蜂群势恢复到蜂群越冬结束时的水平，标志着早春恢复期的结束。蜂群恢复期一般需要 40 d。蜂群在恢复期，由于越冬蜂体质差、早春管理不善等原因，越冬蜂死亡数量一直高于新蜂出房的数量，使蜂群的恢复期延长，这种现象在养蜂生产中称之为春衰。蜂群度过恢复期后，群势上升，直到主要蜜源流蜜期前，这段时间为蜂群的发展期。发展后期蜂群的群势壮大，应注意控制分蜂热。

一、养蜂条件、管理目标和任务

我国春季虽然南北各地的条件差别很大，但是由于蜂群都处于流蜜期前的恢复和增长状态，因此，无论是蜂群的状况和养蜂管理目标，还是蜂群管理的环境条件都有相似之处。

1. 养蜂条件特点　养蜂主要条件包括气候、蜜源和蜂群。我国各地蜂群春季增长阶段的条件特点基本一致。早春气温低，时有寒流；蜜蜂群势弱，保温能力和哺育能力不足；蜜粉源条件差，尤其花粉供应不足。随着时间的推移，养蜂条件逐渐好转，天气越来越适宜；蜜粉源越来越丰富，甚至有可能出现粉蜜压子脾现象；蜜蜂群势越来越强，后期易发生分蜂热。

2. 管理目标　为了在有限的蜂群增长阶段培养强群，使蜂群适龄采集蜂出现的高峰期与主要蜜源花期吻合，此阶段的蜂群管理目标，是以最快的速度恢复和发展蜂群。

3. 管理任务　根据管理目标，蜂群春季增长阶段的主要任务是克服蜂群春季增长阶段的不利因素，创造蜂群快速发展的条件，加速蜜蜂群势的增长和蜂群数量的增加。

4. 蜂群快速发展所需要的条件　蜜蜂群势快速增长必须具备蜂王优质、群势适当、饲料充足、巢温良好等条件。优质蜂王最重要的特征是产卵力强和控制分蜂能力强。

5. 影响蜂群增长的因素　春季增长阶段影响蜜蜂群势增长的常见因素主要有外界低温和箱内保温不良、保温过度、群势衰弱和哺育力不足、巢脾储备不足影响扩巢，以及发生病敌害、盗蜂、分蜂热等。盗蜂主要发生在蜜粉源不足的早春，分蜂热主要发生在增长阶段中后期群势旺盛的春末。

二、春季增长阶段的蜂群管理措施

（一）选择放蜂场地

蜂群春季增长阶段场地的要求周围一定要有良好的蜜粉源，尤其粉源更重要。因为在幼虫的发育中花粉是不可缺少的，粉源不足就会影响蜂群的恢复和发展。虽然可以补饲人工蛋白质饲料，但是饲喂效果远不如天然花粉。蜂群增长阶段中后期，群势迅速壮大，糖饲料消耗增多，此时养蜂场地的蜜源就显得非常重要。蜂群春季的养蜂场地，初期粉源一定要充足，中、后期则要蜜粉源同时兼顾。

春季应选择在干燥、向阳、避风的场所放蜂，最好在蜂场的西、北两个方向有挡风屏障。如果蜂群只能安置在开阔的田野，就需用土墙、篱笆等在蜂箱的北侧和西侧阻挡寒冷的西北风。冷风吹袭使巢温降低，不利于蜂群育子，并迫使蜜蜂消耗大量的贮蜜，加强代谢产热，加速了工蜂衰老。为蜂群设立挡风屏障是北方春季管理的一项不可忽视的措施。

（二）促使越冬蜂排便飞翔

在蜂群越冬结束后，必须尽快抓住天气回暖的时机，创造条件让越冬蜂飞翔排便。排便后的越冬蜂群表现活跃，蜂王产卵量显著提高。南方冬季气温较高，蜂群没有明显的越冬期，就不存在促蜂排便的问题。随着纬度的北移，春天气温回升推迟，蜂群排便的时间也相应延迟。正常蜂群在第一个蜜源出现前 30 d 促蜂排便最合适。患有下痢病的越冬蜂群，促蜂排便还应再提前 20 d，并且应在排便后，立即紧脾使蜂群高度密集，一般 3 足框蜂只放 1 张巢脾。

北方在越冬室越冬的蜂群，促飞排便前，应先将巢内的死蜂从巢门前掏出。选择向阳避风、温暖干燥的场地，清除放蜂场地及其周围的积雪。然后根据天气预报，选择荫处气温 8 ℃以上、风力在 2 级以下的晴暖天气，在 10：00 以前，将蜂群全部搬出越冬室。为了防止蜜蜂偏集，蜂群可 3 箱一组排列。搬出越冬室的蜂箱放置好以后，取下箱盖，让阳光晒暖蜂巢，20 min 后再次打开巢门。15：00～16：00，气温开始下降前及时盖好箱盖。

室外越冬的蜂群适应性比较强。在外界气温超过 5 ℃、风力 2 级以下的晴朗天气，场地向阳避风无积雪，即可撤去蜂箱上部和前部的保温物，使阳光直接照射巢门和箱壁，提高巢温促蜂飞翔排便。长江中下游地区气温 8 ℃以上的无风雨的中午，打开蜂箱饲喂少量蜂蜜，促蜂出巢飞翔。

（三）箱外观察越冬蜂的出巢表现

在越冬蜂排便飞翔的同时，应在箱外注意观察越冬工蜂出巢表现。对于各种不正常蜂群，应及时做好标记，等大规模的飞翔排便活动结束后，立刻进行检查。凡是失王或劣王蜂群应尽快直接诱王或直接合并；饥饿缺蜜的蜂群要立即补换蜜脾，若蜜脾结晶可在脾上喷洒温水。

越冬顺利的蜂群，蜜蜂体色鲜艳，腹部较小，飞翔有力敏捷，排出的粪便少，常像高粱米粒般大小的一个点，或像线头一样的细条。蜂群越强，飞出的蜂越多。蜜蜂体色黯淡，腹部膨大，行动迟缓，排出的粪便多，像玉米粒大的一片，排便在蜂箱附近，有的蜜蜂甚至就在巢门踏板上排便，这表明蜂群因越冬饲料不良或受潮湿影响患下痢病。蜜蜂从巢门爬出来后，在蜂箱上无秩序地乱爬，用耳朵贴近箱壁，可以听到箱内有混乱的声音，表明该蜂群有可能失王。在绝大多数的蜂群已停止活动，而少数蜂群仍有蜜蜂不断地飞出或爬出巢门，发出不正常的嗡嗡声，同时发现部分蜜蜂在箱底蠕动，并有新的死蜂出现，且死蜂的吻足伸长，则表明巢内严重缺蜜。

（四）蜂群快速检查

对于个别问题严重蜂群采取急救措施后，还应在蜂群排便后、天气晴暖时尽快地对全场蜂群进行一次快速检查，以便及时地了解越冬后所有蜂群的概况。快速检查的主要目的是查明的贮蜜、群势及蜂王等情况。

早春快速检查，一般不必查看全部巢脾。打开箱盖和副盖，根据蜂团的大小、位置等就能大概判断群内的状况。如果蜂群保持自然结团状态，表明该群正常，可不再提脾查看。如果蜂团处于上框梁附近，则说明巢脾中部缺蜜，应将边脾蜜脾调到贴近蜂团的位置，或者插入一张贮备的蜜脾，蜜脾插入前必须将脾温加热到 30～35 ℃。如果蜂群散团，工蜂显得不安，在蜂箱里到处乱爬，则可能失王，应提脾仔细检查。

因早春能够开箱时间有限，快速检查时应注重对全场蜂群的了解，不能只注意处理已发现的问题。快速检查中发现问题，如果不需急救，可把情况先记录下来，继续检查其他蜂群。在蜂群快速检查同时，也可以做些顺便的工作。例如，将贮备的蜜脾及时调给急需的蜂群，并将空脾撤出等。

（五）蜂巢的整顿和防螨消毒

主要的工作是换箱和紧脾。换箱是给蜂群换上干净消毒过的蜂箱，为蜂群的恢复和发展提供良好的空间。紧脾是将巢内多余的脾取出或换上合适的巢脾，使蜂多于脾。紧脾标志着蜂群增长阶段的开始。

1. 紧脾时间　蜂群经过排便飞翔后，蜂王产卵量逐渐增多。蜂群紧脾时间多在第一个蜜粉源花期前 20～30 d。

2. 蜂巢整顿　蜂巢整顿应在晴暖无风的天气进行。先准备好用硫黄熏蒸消毒过的粉蜜脾和清理并用火焰消毒过的蜂箱，用来依次换下越冬蜂箱，以减少疾病发生和控制螨害。操作时将蜂群搬离原位，并在原箱位放上一个清理消毒过的空蜂箱，箱底撒上少许的升华硫，每框蜂用药量为 0.5～1.0 g，再放入适当数量的巢脾。将原箱巢脾提出，将蜜蜂抖入更换箱内的升华硫上，以消灭蜂体上的蜂螨。换下的蜂箱，去除蜂箱内的死蜂、下痢、霉点等污物，用喷灯消毒后，再换给下一群蜜蜂。蜂群早春恢复期应蜂多于脾，越弱的蜂群紧脾的程度越高，1.5～2.5 足框蜂放 1 张脾，2.5～3.5 足框的蜂 2 张脾，3.5～4.5 足框蜂 3 张脾，4.5～5.5 足框放 4 张脾。蜂路均调整为 9～10 mm。2 足框以下的较弱蜂群应双群同箱饲养。

3. 蜂螨防治　蜂群早春恢复初期是防治蜂螨最好时机，必须在子脾封盖之前将蜂螨种群数量控制在最低水平，保证蜂群顺利发展。对于蜂群内少量的封盖子，须割开房盖用硫黄熏蒸。因为大量的越冬蜂螨集中于封盖巢房内进行繁殖。由于全场蜂群开始育子的时间不一，个别蜂群封盖子可能较多。彻底治螨时无论封盖子有多少都不能保留，一律提出割盖熏蒸。

（六）蜂群保温

蜂群保温在早春增长阶段比越冬停卵阶段更重要。蜂群靠密集结团来维持巢温，但由于高度密集限制了产卵圈的扩大，使蜂群的增长迟缓。如果蜂群保温不良，则多耗糖饲料、缩短工蜂寿命、幼虫发育不良。

1. 箱内保温　在密集群势和缩小蜂路的同时，把巢脾放在蜂箱的中部，其中一侧用闸板封隔，另一侧用隔板隔开，闸板和隔板外侧均用保温物填充。蜂箱内填充的保温物多为农村常见的稻草或谷草，稻草或谷草捆扎成长度能放入蜂箱内为度，直径约 80 mm。为了避免隔板向内倾斜，可在蜂箱的前后内壁钉上两枚小钉挡在隔板下方。框梁上盖覆布，在覆布上再加盖上 3～4 层报纸，把蜜蜂压在框间蜂路中（彩图 40）。盖上铁纱副盖后再加保温垫，保温垫可用棉布、毛毡、草帘等材料制作，大小参照副盖尺寸。保温物常使蜂箱内潮湿，在晴暖天气应翻晒箱内外的保温物。

随着环境温度的升高，需要适当减轻保温。先将巢框上梁的覆布撤出，然后逐渐减少隔板外保温物，再撤除闸板外保温物，最后撤除闸板，将巢脾调整到靠一侧箱壁。

2. 箱外保温　蜂箱的缝隙和气窗用报纸糊严。放蜂场地清除积雪后，选用无毒的塑料薄膜，铺在地上，垫一层 10～15 cm 厚的干稻草或谷草，各蜂箱紧靠呈"一"字形排列放在干草上，蜂箱间的缝隙也用干草填满。蜂箱上覆盖草帘，最后用整块的塑料薄膜盖在蜂箱上。箱后的薄膜压在箱底，两侧需包住边上蜂箱的侧面（彩图41）。到了傍晚把塑料薄膜向前拉伸，覆盖住整个蜂箱。

（七）蜂群全面检查

蜂群经过调整后，天气稳定，选择 14 ℃以上晴暖无风的天气，进行蜂群的全面检查，对全场蜂群详细摸底。蜂群的全面检查最好是在外界有蜜粉源时进行，以防发生盗蜂，造成管理上的麻烦。全面检查应作详细的记录，及时填好蜂群检查记录表。在蜂群全面检查时，还应根据蜂群的群势增减巢脾，并清理巢脾框梁上和箱底的污物。

（八）蜂群饲喂

保证巢内饲料充足，及时补充粉蜜饲料，避免因饲料不足对蜂群的恢复和发展造成影响。为了刺激蜂王产卵和工蜂哺育幼虫，蜂群度过恢复期后应连续奖励饲喂，促进蜂王产卵和工蜂育子。在饲喂操作中，须避免粉蜜压脾和防止盗蜂。为了减少蜜蜂在低温时采水而冻僵在巢外，应在蜂场饲水，并在饲水同时给蜂群提供矿物质盐类。

（九）适时扩大产卵圈和加脾扩巢

春季适时加脾扩大卵圈，是春季养蜂的关键技术之一。加脾扩巢过早，遇寒流侵袭时蜂团收缩，会冻死外圈子脾上蜂子；加脾扩巢过迟，蜂王产卵受限，影响蜂群的增长速度。蜂群加脾扩巢不当可能影响蜂群保温。早春蜂群恢复期不加脾。

1. 加脾扩巢　蜂群加脾应同时具备三个条件：巢内所有巢脾的子圈已满，蜂王产卵受限；群势密集，加脾后仍能保证护脾能力；扩大卵圈后蜂群哺育力足够。初期空脾多加在子脾的外侧。气温稳定回升，蜜蜂群势较强，可将空脾直接插入蜂巢中间。蜂群春季管理的蜂脾关系一般为先紧后松，也就是早春蜂多于脾，随着外界气候的回暖，蜜源增多，群势壮大，蜂脾关系逐渐转向蜂脾相称，最后脾略多于蜂。具体加脾还应根据当地的气候蜜源以及蜂群等条件灵活掌握。加脾时，应选择蜂场中保存最好的巢脾先加入蜂群。蜂群发展到5～7足框时，可加础造脾，淘汰旧脾。外界气候稳定，蜜粉源逐渐丰富，新蜂大量出房，则可加快加脾速度，但每个巢脾的平均蜂量应保持在80%以上。

2. 加继箱扩巢　全场蜂群都发展到满箱时，就需要叠加继箱来扩巢。单箱饲养的蜂群加继箱后，巢内空间突然增加一倍。在气温不稳定的季节，对蜂群保温不利，同时也增加了饲料消耗。可先调整一部分蜂群上继箱，从巢箱中抽调5～6个新封盖子脾、幼虫脾和多余的粉蜜脾到继箱上，巢箱内再加入空脾或巢础框，供造脾和产卵。巢继箱之间加平面隔王栅，将蜂王限制在巢箱中产卵。再从暂不上继箱的蜂群中，带蜂抽调1～2张老熟封盖子脾加入邻近的巢箱中。继箱的巢脾数应一致，均放在蜂箱中的同一侧，并根据气候条件在巢箱和继箱的隔板外侧酌情加保温物。待蜜蜂群势再次发展起来后，从继箱强群中抽出老熟封盖子脾，帮助单箱群上继箱。加继箱时，谨防将蜂王误提到继箱。加继箱后子脾从巢箱提到相对无王的继箱，在7～9 d进行一次彻底的检查，毁弃改造王台。

第二节　蜂蜜生产阶段管理

蜂蜜是养蜂生产最主要的产品。蜂蜜生产受到主要蜜源花期和气候的严格控制，蜂蜜生产均在主要蜜源花期进行。一年四季主要蜜源的流蜜期有限，适时大量地培养与大流蜜期相吻合的适龄采集蜂，是蜂蜜优质高产所必需的。

一、养蜂条件、管理目标和任务

1. 养蜂条件特点　蜂蜜生产阶段总体上气候适宜、蜜粉源丰富、蜜蜂群势强盛，是周年养蜂环境最好的阶段。但也常受到不良天气和其他不利因素的影响而使蜂蜜减产，如低温、阴雨、干旱、洪涝、大风、冰雹，蜜源的长势、大小年、病虫害以及农药危害等。蜂蜜生产阶段可分为初期、盛期和后期，不同时期养蜂条件的特点也有所不同。蜂蜜生产阶段的初盛期蜜蜂群势达到最高峰，蜂场普遍存在不同程度分蜂热，天气闷热和泌蜜量不大时，常发生自然分蜂。蜂蜜生产阶段的中后期因采进的蜂蜜挤占育子巢房，影响蜂王产卵，甚至人为限卵，巢内蜂子锐减。高强度的采集使工蜂老化，寿命缩短，群势大幅度下降。在流蜜期较长、几个主要蜜源花期连续或蜜源场地缺少花粉的情况下，蜜蜂群势下降的问题更突出。流蜜后期蜜蜂采集积极性和主要蜜源泌蜜减少或枯竭的矛盾，导致盗蜂严重。尤其在人为不当采收蜂蜜的情况下，更加剧了盗蜂的程度。

2. 管理目标　蜂蜜生产阶段是养蜂生产最主要的收获季节，周年的养蜂效益主要在此阶段实现。一般养蜂生产注重追求蜂蜜等产品的高产稳产，把获得蜂蜜丰收作为养蜂最主要的目的。所以蜂蜜生产阶段的蜂群管理目标是，力求始终保持蜂群旺盛的采集能力和积极工作状态，以获得蜂蜜等蜂产品的高产稳产。

3. 主要任务　根据蜂群在蜂蜜生产阶段的管理目标和阶段的养蜂条件特点，该阶段的管理任务可确定为：组织和维持强群，控制蜂群分蜂热；中后期保持适当的群势，为蜂蜜生产阶段结束后的蜂群恢复和发展，或进行下一个流蜜期生产打下蜂群基础；毕竟此阶段是周年养蜂条件最好的季节，蜂群周年饲养管理中需要在强群条件和蜜粉源丰富季节完成的工作，也应在此阶段进行，所以在采蜜的同时还需兼顾产浆、脱粉、育王等工作。

二、适龄采集蜂培育

适龄采集蜂是指采蜜能力最强日龄段的工蜂，根据工蜂发育的日龄和担任外勤采集活动的工蜂日龄估测，培养适龄采集蜂应从主要蜜源花期开始前 45 d 到结束前 40 d。蜂蜜生产阶段蜂群采蜜同样需要一定比例的内勤蜂，在养蜂实践中蜂群停卵在流蜜期结束前 30 d。

三、采蜜群组织

（一）加继箱

在大流蜜期开始前 30 d，将蜂数达 8～9 足框、子脾数达 7～8 框的单箱群添加第一继箱。从巢箱内提出 2～3 张带蜂的封盖子脾和 1 张蜜脾放入继箱。从巢箱提脾到继箱，应在巢箱中找到蜂王，以避免将蜂王误提入继箱。巢箱内加入 2 张空脾或巢础框供蜂王产卵。巢箱与继箱之间加隔王栅，将蜂王限制在巢箱产卵。继箱上的子脾应集中在两蜜脾之间，外夹隔板，天气较冷还需进行箱内保温。提上继箱的子脾如有卵虫，应在第 7～9 天彻底检查一次，毁除改造王台。其后，应视群势发展情况，陆续将封盖子脾调整到继箱，巢箱加入空脾或巢础框。

（二）蜂群调整

在蜂群增长阶段中后期，通过群势发展的预测分析，估计到蜂蜜生产阶段蜜蜂群势达不到采蜜要求，可采取调入卵虫脾、封盖子脾等措施。

1. 补充卵虫脾　主要蜜源花期前 30 d 左右，可以从副群中抽出卵虫脾补充主群，这些卵虫脾经过 12 d 发育就开始陆续羽化出房，这些新蜂到蜂蜜生产阶段便可逐渐成为适龄采集蜂。补充卵虫脾的数量要与该群的哺育力和保温能力相适应，必要的时可分批加入卵虫脾。

2. 补充封盖子脾　距离蜂蜜生产阶段 20 d 左右，可以把副群或特强群中的封盖子脾补给中等蜂群。由于封盖子脾不需饲喂，只要保温能力足够，封盖子脾可一次补足。蜂蜜生产阶段前 10 d 左右，补充正在出房的老熟封盖子脾。

（三）蜂群合并

距离蜂蜜生产阶段 15～20 d，可将两个中等群势的蜂群合并，组织成强大的采蜜群。也可以将蜂王连带 1～2 框卵虫脾和粉蜜脾带蜂提出，另组副群，其余的蜂脾并入采蜜群。

（四）补充采集蜂

流蜜期前，以新王或优良蜂王的强群为主群，另配一个副群放置在主群旁边。到流蜜盛期，把副群移开，使副群的外勤采集蜂投入主群（图 6-1），然后主群按群势适当加脾，以此加强群的采集力。移开的副群，因外勤蜂多数都投向主群，不会出现蜜压子脾现象，蜂王可以充分产卵，又因哺育蜂并没有削弱，所以不会影响蜂群的可持续发展。这样可以为下一个蜜源或蜂群的越冬、越夏创良好的蜂群条件。

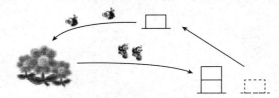

图6-1　副群蜂箱移位后，副群的采集蜂投入采蜜主群

四、蜂群管理要点

蜂蜜生产阶段蜂群一般的管理原则是：维持强群，控制分蜂热，保持蜂群旺盛的采集积极性；减轻巢内负担，加强采蜜力量，创造蜂群良好的采酿蜜环境；努力提高蜂蜜的质量和产量。此外，还应兼顾流蜜期后的下一个阶段蜂群管理。

1. 适当限王产卵　蜂卵约需40 d才能发育为适龄采集蜂。在主要蜜源花期中培育的卵虫，对该蜜源的采集作用很小，而且还要消耗饲料，加重巢内工作的负担，影响蜂蜜产量。因此，应根据主要蜜源花期的长短和前后主要蜜源花期的间隔来适当地控制蜂王产卵。

2. 及时扩巢　流蜜期及时扩巢是蜂蜜生产的重要措施，尤其是在泌蜜丰富的蜜源花期。蜂蜜生产阶段采蜜群应及时加足贮蜜空脾。若空脾贮备不足，也可适当加入巢础框。但是在蜂蜜生产阶段造脾，会明显影响蜂蜜的产量。

贮蜜继箱的位置应加在紧靠育子巢箱的上面。当第一继箱已贮蜜80%时，可在巢箱上增加第二继箱；当第二继箱的蜂蜜又贮至80%时，第一继箱就可以脱蜂取蜜了。取出蜂蜜后再把此继箱加在巢箱之上。也可加第三、第四继箱，蜂蜜生产阶段结束再集中取蜜。空脾继箱应加在育子区的隔王栅上（图6-2）。

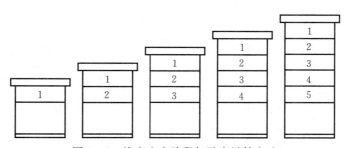

图6-2　蜂蜜生产阶段加贮蜜继箱方法

第三节　越夏阶段管理

夏末秋初是我国南方各省周年养蜂最困难的阶段，此阶段管理不善易造成养蜂失败。

一、养蜂条件特点、管理目标和任务

1. 养蜂条件特点　夏末秋初，我国南方气候炎热，粉蜜枯竭，敌害严重。南方蜂群夏秋困难最主要的原因是外界蜜粉源枯竭。许多依赖粉蜜为食的胡蜂，在此阶段由于粉蜜源不足而转入危害蜜蜂。江浙一带 6～8 月，闽粤地区 7～9 月，天气长时间高温，外界蜜粉缺乏，敌害猖獗，蜂群减少活动，蜂王产卵减少甚至停卵。新蜂出房少，老蜂的比例逐渐增大，群势也逐日下降。由于群势小，调节巢温能力弱，巢温过高，致使卵虫发育不良，造成蜂卵干枯，虫蛹死亡，幼蜂卷翅。

2. 管理目标　蜂群夏秋停卵阶段的管理目标，是减少蜂群的消耗，保持蜂群的有生力量，为秋季蜂群的恢复和发展打下良好的基础。

3. 管理任务　蜂群夏秋停卵阶段的管理任务是创造良好的越夏条件，减少对蜂群的干扰，防除敌害。蜂群所需要越夏的条件包括蜂群荫凉、巢内粉蜜充足和保证饲水。减少干扰就是将蜂群放置在安静的场所，减少开箱。防除敌害的重点主要是胡蜂，越夏蜂场应采取有效措施防止胡蜂的危害。

二、蜂群夏秋停卵阶段的准备

为了使蜂群安全地越夏度秋，在蜂群进入夏秋停卵阶段之前，必须做好补充饲料、更换蜂王、调整群势等准备工作。

1. 饲料充足　夏秋停卵阶段长达 2 个多月，外界又缺乏蜜粉源，该阶段饲料消耗量较大。在最后一个蜜源，给蜂群留足饲料。贮备一些成熟蜜脾，以备夏秋季节个别蜂群缺蜜直接补加。巢内贮蜜不足，就应及时进行补饲。

2. 更换蜂王　南方蜂群蜂王全年很少停卵，因此产卵力衰退比较快。为了越夏后蜜蜂群势正常恢复和发展，应在夏秋停卵阶段之前，培育一批优质蜂王，淘汰产卵力开始衰退的老、劣蜂王。

3. 调整群势　在夏秋停卵阶段前，应对蜂群进行适当调整，及时合并弱小蜂群。调整群势应根据当地的气候、蜜粉源条件和饲养管理水平而定。一般在蜜粉源缺乏的地区，以 3 足框的群势越夏比较合适。

4. 防治蜂螨　南方夏季由于群势下降，蜂群的蜂螨寄生率上升，使蜂群遭受螨害严重。在越夏前采取集中封盖子脾用硫黄熏蒸等方法治螨。

三、管理要点

蜂群夏秋停卵阶段管理的要点是：选好场地，降低巢温，避免干扰，减少活动，防止盗蜂，捕杀敌害，防蜂中毒。

1. 选场转地　在蜜粉源缺乏、敌害多、炎热干燥的地区，或夏秋经常喷施农药的地方的蜂场，在越夏时应选择敌害较少、有一定蜜粉源和良好水源的地方，作为蜂群越夏度秋的场所。华南地区蜂群多采取海滨越夏和山林越夏方式。

2. 通风遮阳　夏末秋初，切忌将蜂箱露置在阳光下曝晒，尤其是在高温的午后。蜂群应放置在比较通风、荫凉开阔、排水良好的地面，如果没有天然林木遮阳，还应在蜂箱上搭盖凉棚。为了加强巢内通风，脾间蜂路应适当放宽。

3. 调节巢门　为了防止敌害侵入，巢门的高度最好控制在 $7\sim8$ mm，必要时还可以加几根铁钉。巢门的宽度则应根据蜂群的群势而定，一般情况下，每框蜂巢门放宽 15 mm 为宜。如果发现工蜂在巢门剧烈扇风，还应将巢门酌量开大。

4. 降温增湿　高温季节蜂群调节巢温，主要依靠巢内的水分蒸发吸收热量使巢温降低。蜂群在夏秋高温季节对水的需求量很大。如果蜂群放置在无清洁水源的地方，就需要对蜂群进行饲水。

5. 保持安静，防止盗蜂　将蜂群放置比较安静的场所，避免周围嘈杂、震动和有烟雾。尽量减少开箱，夏、秋季开箱会扰乱蜂群的安宁，也会影响蜂群巢内的温、湿度，还易引起盗蜂。南方大多数地区，夏末秋初都缺乏蜜粉源，这阶段也是容易发生盗蜂的季节。正常情况下蜂群越夏度秋都有困难，如果再发生盗蜂就更危险了，必须采取措施严防盗蜂。

四、蜂群夏秋停卵阶段后期管理

蜂群越夏后的恢复阶段，完成蜜蜂的更新以后，才能真正算作蜂群安全越夏，越夏失败的蜂群在此时灭亡。

1. 紧缩巢脾和恢复蜂路　夏秋停卵阶段后期，应对蜂群进行一次全面检查，并随群势下降抽出余脾，使蜂群相对密集，同时将原来稍放宽的蜂路恢复正常。

2. 喂足饲料和补充花粉　当天气开始转凉、外界有零星粉蜜源、蜂王又恢复正常产卵时，应及时喂足饲料。如果巢内花粉不足，最好能补给贮存的花粉或代用花粉，以加速蜂王产卵。

第四节　越冬准备阶段管理

南方有些地区冬季仍有主要蜜源植物开花泌蜜，如鹅掌柴、野坝子、枧属植物、枇杷等。如果蜂群准备采集这些冬季蜜源，秋季就应抓紧恢复和发展蜜蜂群势，促进蜂群增长，培养适龄采集蜂，为采集冬蜜做好准备。秋季增长管理阶段的蜂群管理要点可参考蜂群春季增长阶段的管理方法。

在我国北方，冬季气候严寒，蜂群需要在巢内度过漫长的冬季。蜂群能否顺利越冬，将直接影响来年的春季蜂群的恢复发展和蜂蜜生产阶段生产，而秋季蜂群的越冬前准备又是蜂群越冬的基础。所以，北方秋季蜂群越冬前的准备工作对蜂群安全越冬至关重要。

一、养蜂条件、管理目标和任务

1. 养蜂条件特点　北方秋季的养蜂条件的变化趋势与春季相反，随着冬季临近，养蜂条件越来越差。气温逐渐转冷，昼夜温差增大。蜜粉源越来越稀少，盗蜂比较严重。蜂王产卵和蜜蜂群势也呈下降趋势。

2. 管理目标　蜂群的越冬准备阶段的管理目标是为蜂群安全越冬创造必要的条件。

3. 管理任务　北方越冬准备阶段的管理任务主要两点，培育适龄越冬蜂和贮足越冬饲料。适龄越冬蜂是北方秋季培育的，未经参加哺育、高强度采集工作，又经充分排便，能够保持生理青春的健康工蜂。

二、适龄越冬蜂的培育

只有适龄越冬蜂才能度过北方严寒而又漫长的冬天，凡是参加过哺育幼虫工作或羽化出房后没有机会充分排便的工蜂，都无法安全越冬。在有限的越冬蜂培育时间内，要集中培养出大量的适龄越冬蜂，就需要有产卵力旺盛的蜂王和采取一系列的管理措施。

适龄越冬蜂的培育主要分为两大部分，越冬准备阶段的前期工作重点是促进适龄越冬蜂的培育，越冬准备阶段后期的工作重点是适时停卵断子。

1. 更换蜂王　初秋培育出一批优质的蜂王，以淘汰产卵力开始下降的老蜂王。

2. 培育越冬蜂的时间选择　全国各地气候和蜜源不同，适龄越冬蜂培育的起止时间也不同。停卵前 25～30 d 开始大量培育越冬蜂；停卵在蜜蜂能够出巢飞翔的最后日期前 30 d 左右。

3. 选择场地　在蜜粉源丰富的条件下，蜂群的产卵力和哺育力强。尤其是秋季越冬蜂的培育要求在短时间内完成，就更需要良好的蜜粉源条件。

4. 保证巢内粉蜜充足　蜜蜂个体发育的健康程度与饲料营养关系十分密切。在巢内粉蜜充足的条件下，蜂群培育的工蜂数量多、发育好、抗逆力强、寿命长。培育适龄越冬蜂期间，应有意识地适当造成蜜粉压卵圈，使每个子脾面积只保持在

50%～60%，让越冬蜂在蜜粉过剩的环境中发育。

5. 奖励饲喂　奖励饲喂在任何时候都是促进蜂群快速增长的有效手段。培育适龄越冬蜂应结合越冬饲料的贮备连续对蜂群奖励饲喂，以促进蜂王积极产卵。

6. 适当密集群势　逐步提出余脾，使蜂脾相称，同时将蜂路缩小到 9～10 mm。

7. 适当保温　保证蜂群巢内育子所需要的正常温度，做好蜂群的保温工作。

8. 适时停卵断子　停卵断子的主要方法是限王产卵和降低巢温。

（1）限王产卵　限制蜂王产卵是断子的有效手段。用框式隔王栅把蜂王限制在 1～2 框蜜粉脾上或用王笼囚王。应注意在囚王断子后 7～9 d 彻底检查并毁除改造王台。如果不及时毁除改造王台，处女王出台就可能造成所囚王被蜂群遗弃，或者释放所囚蜂王后，被处女王咬死等事故。囚王期间，应继续保持稳定的巢温，以满足最后一批适龄越冬蜂发育的需要。

（2）降低巢温　囚王 21 d 后，封盖子基本全部出房，可释放蜂王，通过降低巢温的手段限制蜂王再产卵。长期关在王笼中对蜂王有害，尽可能减少囚王的时间。降低巢温可采取扩大蜂路到 15～20 mm，撤除内外保温物，晚上开大巢门，将蜂群迁到阴冷的地方，巢门转向朝向北面等措施，迫使蜂王自然停卵。

9. 阻止蜜蜂出巢活动　断子后，中午外界气温升高，蜜蜂频繁地出巢活动。为了阻止蜂群的巢外活动，减少消耗，除了采取降低温度方法之外，还应在巢门前遮阳，避免光线对蜂箱内的越冬蜂刺激。待外界气温下降到蜂群活动的临界温度以下，并趋于稳定，再采取越冬管理措施。

三、贮备越冬饲料

在秋季为蜜蜂贮备优质充足的越冬饲料，保证蜂群安全越冬是蜂群越冬前准备阶段管理的重要任务之一。

1. 选留优质蜜粉脾　优质蜂蜜是蜜蜂最理想的越冬饲料。在秋季主要蜜源花期中，应分批提出不易结晶、无甘露蜜的封盖蜜脾，并作为蜂群的越冬饲料妥善保存。选留越冬饲料的蜜脾，应挑选脾面平整、雄蜂房少并培育过几批虫蛹的浅褐色优质巢脾，放入贮蜜区中让蜜蜂贮满蜂蜜。脾中蜂蜜贮满后放到贮蜜区巢脾外侧，促使蜜脾及时封盖。

在粉源丰富的地区，还应选留部分粉脾，以用于来年早春蜜蜂群势的恢复和发展。在北方饲养的蜂群，每群最好能贮备 2 张以上的粉脾。

2. 补充越冬饲料　秋季最后一个流蜜期越冬饲料的贮备仍然不够，就应及时用优质的蜂蜜或白砂糖补充。补充越冬饲料应在蜂王停卵前完成。补充越冬饲料最好是优质、成熟、不结晶的蜂蜜。蜜和水按 10∶1 的比例混合均匀后补饲给蜂群。没有蜂蜜也可用优质的白砂糖代替。

四、严防盗蜂

北方秋季往往是盗蜂发生最严重的季节。一旦发生盗蜂，一般的止盗方法都难以奏效，转地是止盗最有效的措施，但是往往难以找到蜜粉源理想的放蜂场地，且转地运输将增加养蜂成本。盗蜂对蜂群培育适龄越冬蜂危害极大，被盗蜂群饲料消耗增加，作盗群和被盗群的工蜂均加速衰老，寿命缩短。

第五节　越冬阶段管理

蜂群越冬停卵阶段是指长江中、下游以及以北的地区，冬季气候寒冷，工蜂停止巢外活动，蜂王停止产卵，蜂群处于半蛰伏状态的蜜蜂饲养管理阶段。

一、养蜂条件、管理目标和任务

1. 蜂群越冬停卵阶段的养蜂条件特点　越冬蜜蜂完全停止了巢外活动，在巢内团集越冬。冬季我国南北方的气温差别非常大，蜜蜂越冬的环境条件也不同。东北、西北、华北广大地区冬季天气寒冷而漫长，东北和西北常在－20～－30℃，越冬期长达5～6个月。

长江和黄河流域冬季时有回暖，常导致蜜蜂出巢活动。越冬期蜜蜂频繁出巢活动，增加蜂群消耗，越冬蜂寿命缩短，甚至早晚出巢活动的蜜蜂被冻僵在巢外，使群势下降。

2. 管理目标　保持越冬蜂健康和生理青春，减少蜜蜂死亡，为春季蜂群恢复和发展创造条件。

3. 管理任务　提供蜂群适当的低温和良好的通风条件，提供充足的优质饲料以及黑暗安静的环境，避免干扰蜂群，减少蜂群的活动和消耗，保持越冬蜂生理青春。

二、越冬蜂群的调整和布置

在蜂群越冬前应对蜂群进行全面检查，并逐步对群势进行调整，合理地布置蜂巢。越冬蜂群的群势调整，要根据当地越冬期的长短和第二年第一个主要蜜源的迟早来决定。北方越冬蜂的群势最好能达到 7 足框以上，最低也不能少于 3 足框；长江中下游地区越冬蜂的群势应不低于 2 足框。越冬蜂群的群势调整，应在秋末适龄越冬蜂的培育过程中进行。

蜂群越冬蜂巢的布置，一般将全蜜脾放于巢箱的两侧和继箱上，半蜜脾放在巢箱中间。多数蜂场的越冬蜂巢布置是脾略多于蜂。越冬蜂巢的脾间蜂路可放宽到 15～20 mm。

1. 单群平箱越冬 单箱 5～6 足框的蜂群越冬，巢箱内放 6～7 张脾；巢脾放在蜂箱的中间，两侧加隔板，中间的巢脾放半蜜脾，全蜜脾放在两侧（彩图 42）。

2. 单群双箱体越冬 7～8 足框蜂群采用双箱体越冬，巢箱和继箱各放 6～8 张脾。蜂团一般结在巢箱与继箱之间，并随着饲料消耗而逐渐向继箱移动。70％的饲料应放在继箱上，继箱放全蜜脾，巢箱中间放半蜜脾，两侧放全蜜脾（彩图 43）。

3. 双群双箱越冬 将两个 5 足框的蜂群各带 4 张脾分别放入巢箱闸板的两侧。巢脾也是按照外侧整蜜脾、闸板两侧半蜜脾原则摆放。巢箱和继箱之间加平面隔王栅，然后再加上空继箱。继箱上暂时不加巢脾，等到蜂群结团稳定、白天也不散团时，继箱中间再加入 6 张全蜜脾。

三、北方室内越冬

北方室内越冬的效果取决于越冬室温度和湿度的控制和管理水平。

1. 蜂群入室 蜂群入室的前提条件是适龄越冬蜂已经过排便飞翔，气温下降并基本稳定，蜂群结成冬团。入室前一天晚上，撬动蜂箱，避免搬动蜂箱时震动。蜂群入室当天，越冬室应尽量采取降温措施，把室温降到 0 ℃以下，所有蜂群均安定结团后，再把室温控制在适当范围。蜂群入室之前，室内应先摆好蜂箱架，或用干砖头垫起，高度不低于 400 mm。蜂箱直接摆放在地面会使蜂群受潮。蜂群在搬动之前，应将巢门暂时关闭。搬动蜂箱应小心，不能弄散蜂团。蜂群在室内的摆放，蜂箱应距离墙壁 200 mm，巢门向外。蜂群入室最初几天，巢门开大些，蜂群安定后巢门逐渐缩小。

2. 越冬室温度的控制 越冬室内温度应控制在 −2～2 ℃，短时间也不能超过6 ℃，最低温度最好不低于 −5 ℃。室内温度过高需打开所有进出气孔，或在夜间打开越冬室的门。测定室内温度，可在第一层和第三层蜂箱的高度各放一个温度计，在中层蜂箱的高度放一个干湿球温度计。

3. 越冬室湿度控制 越冬室的湿度应控制在 75％～85％。东北地区室内越冬一般以防湿为主，在蜂群进入越冬室之前，就应采取措施使越冬室干燥。室内地面潮湿可用草木灰、干锯末、干牛粪等吸水性强的材料平铺地面吸湿。新疆等干燥地区，蜂群室内越冬一般应增湿，在墙壁悬挂浸湿的麻袋和向地面洒水。

4. 室内越冬蜂群的检查　在蜂群入室初期需经常入室察看，当越冬室温度稳定后可减少入室观察的次数，一般每 10 d 一次。越冬后期室温易上升，蜂群也容易发生问题，应每隔 2～3 d 入室观察一次。进入室内首先静立片刻，看室内是否有透光之处，注意倾听蜂群的声音。

5. 保持越冬室的安静与黑暗　冬季的蜂群需要在安静和黑暗的环境中生活，振动和光亮都能干扰越冬蜂群，促使部分蜜蜂离开冬团，飞出箱外。多次骚动的蜂群，食量剧增，对越冬工蜂的健康和寿命都极为不利。在越冬蜂群的管理中，应保持黑暗和安静的环境，尽量避免干扰蜂群。

四、北方蜂群室外越冬

蜂群室外越冬更接近蜜蜂自然的生活状态，只要管理得当，室外越冬的蜂群基本上不发生下痢，不伤热，蜂群在春季发展也较快。室外越冬的蜂群巢温稳定，空气流通，完全适于严寒地区的蜂群越冬。室外越冬可以节省建筑越冬室的费用。

（一）室外越冬蜂群的包装

室外越冬蜂群主要进行箱外包装，箱内包装很少。蜂群的包装材料，可根据具体情况就地取材，如锯末、稻草、谷草、稻皮、树叶等。根据冬季的气候确定包装的严密程度，要防止蜂群伤热。蜂群冬季伤热的危害要比过冷严重得多，所以蜂群室外越冬的包装原则是宁冷勿热。注意保持巢内通风和防止鼠害。

1. 地面上越冬蜂群保温包装　蜂群呈"一"字形摆放在避风向阳的地面（彩图44A），在箱底垫起厚度 100 mm 以上干草（稻草或谷草）。蜂箱上方也铺上厚度100 mm 以上的干草（彩图 44B、C），蜂箱四周均用草帘（彩图 44C）或麻袋装添干草等制成的保温垫（彩图 44D）等包裹在蜂箱周围。蜂箱之间相距 100 mm，其间塞满干草、松针等保温物。避免蜂箱巢门被堵塞，巢门前斜放一块板或保温垫。

2. 草帘包装　华北地区冬季最低气温不低于－18 ℃的地方，蜂群室外越冬包装，可利用预制的草帘包装蜂箱。在箱底垫起 100 mm 厚干草，10～40 个蜂箱呈"一"字形摆放在干草上，蜂箱之间相距 100 mm，其间塞满干草（彩图 45）。将草帘从左至右把箱盖和蜂箱两侧都用草帘盖严，箱后也要用草帘盖好。夜间天气寒冷，蜂箱前也要用草帘遮住。

3. 地沟包装　在土质干燥的地方，可利用地沟包装法进行蜂群室外越冬（彩图46A）。越冬前以每 10～20 群为一组，挖成一条长方形的地沟，沟长按蜂箱排列的数量而定，宽 800 mm，深 500 mm。沟下垫 60～80 mm 厚的保温材料，上面排列蜂箱，然后在蜂箱的后部和蜂箱之间填加 80～100 mm 的保温材料，蜂箱上部也覆盖以 8～

10 mm 厚的保温材料，蜂箱前面地沟的空间用树枝架起草棚，形成沿巢门前部的一条长洞，在这个长洞的两侧留有进气孔，中间洞的上方留一个出气孔（彩图 46B）。出气孔要有防鼠设备，在靠近蜂箱前部相应位置上分别插上 2~3 个塑料管，每个管里放一个温度计测地沟温度（彩图 46C）。覆盖保温材料之后，再往草上培以 60~80 mm 厚的土。放入地沟里的蜂群大开巢门，地沟内保持 0~2 ℃。通过扩大和缩小进出气孔调节地沟里的温度。

（二）室外越冬蜂群管理

1. 调节巢门　调节巢门是越冬蜂群管理的重要环节。根据外界气温变化调整巢门。初包装后大开巢门，随着外界气温下降，逐渐缩小巢门。随着天气回暖，应逐渐扩大巢门。

2. 遮阳　从包装之日起直到越冬结束，都应在蜂箱前遮阳，防止低温晴天蜜蜂飞出巢外冻死。即使低气温下蜜蜂不出巢，光线刺激也会使蜂团相对松散，引起代谢增强、耗蜜增多。蜂箱巢门前可用草帘、箱盖、木板等物遮阳。

3. 检查　从箱外听箱内蜂群的声音（彩图 47），能够判断箱内蜂群状况，判断方法参见室内越冬的检查。越冬后期应注意每隔 15~20 d 在巢门掏除一次死蜂，以防死蜂堵塞巢门不利通风。室外越冬的蜂群整个冬季都不用开箱检查。

如果初次进行室外越冬没有经验，可在 2 月份检查一次。打开蜂箱上面的保温物，逐箱查看。如果蜂团在蜂箱的中部（彩图 48），蜂团小而紧，就说明越冬正常。

五、我国中部地区蜂群越冬管理

由于我国中部地区冬季气温偏高，中午气温常在 10 ℃以上，蜜蜂常出巢活动，容易冻僵在巢外。

1. 我国中部游地区蜂群暗室越冬　南方蜂群暗室越冬措施得当，死亡率和饲料的消耗量都较低。但是，如果暗室温度过高，蜂群就会发生危险。在冬季气温偏高的年份，南方蜂群室内越冬也容易失败。

（1）越冬暗室的选择　我国中部地区蜂群越冬暗室选择瓦房和草房均可，要求室内宽敞、清洁、干燥、通风、隔热、黑暗。室内不能存放过农药等有毒的物质，并且室内应无异味。

（2）入室前的蜂群准备　蜂群入室之前须囚王断子，并且结合治螨，使新蜂充分排便，保持巢内饲料充足。脾略多于蜂，蜂路扩大到 15~20 mm，箱内不保温。

（3）蜂群入室及暗室越冬管理　夜晚把蜂群搬入越冬室，打开巢门，并在巢门前喷水。蜂群入室后连续 10 d，每天在巢门前喷水 1~2 次以促使蜂群安定。室内温度控制在 8 ℃以下。白天关紧门窗，保持黑暗，夜晚打开门窗通风降温。遇到天气闷热室温升高，蜜蜂骚动，应采取洒水、加冰等降温的措施。如果室温不能有效控制，应及时将蜂群搬出室外。

2. 我国中部地区蜂群室外越冬　我国中部地区蜂群室外越冬管理，重点应放在减少蜜蜂出巢活动，以保持蜂群的实力。管理要点是越冬前囚王断子，留足饲料；在气温突然下降时，把蜂群搬到阴冷的地方；注意遮光，避免蜜蜂受光线刺激出巢；扩大蜂路，降低巢温；越冬场所不能选择在有油茶、茶树、甘露蜜的地方越冬。

（周冰峰）

第七章　西方蜜蜂规模化转地标准化饲养管理技术

转地饲养收益大，但成本高，有风险。蜜蜂转地饲养的成败，关键在于转地路线的确定、放蜂场地的选择以及蜜蜂转运的速度和安全。

第一节　转地饲养路线

转地路线是指转地饲养的蜂群周年饲养、生产所经过的各放蜂场地的路线。转地路线的优劣是蜜蜂转地饲养能否获取蜜蜂产品高产稳产的关键因素之一。

各地蜂场的转地路线纵横交错，非常丰富。一年从春到冬，根据蜜粉源植物开花泌蜜的规律，省内或邻省的短途转地蜂场通常由低海拔的平原和盆地，逐渐向高海拔的高原和山区转运，全年的蜜粉源结束以后，再回到低海拔地区饲养；长途转地的蜂场多由春季开始，在云南、广东、广西、福建等南方各省恢复和发展蜂群，然后分别逐渐向西北、华北、东北方向运移，9月后全年的蜜粉源基本结束后，或直接迁回南方饲养，或就地越半冬，11～12月再运回南方开始促蜂增长。我国的转地路线一般可归纳为东线、中线、西线等三条主要放路线。

在实际转地饲养过程中，转地蜂场并非一定要沿着某一固定的路线一直到底。转地蜂场常根据蜜源、气候、蜂群等条件的变化，进行东西穿插，互相交错。例如，有些蜂场在东线恢复和发展蜂群，在苏北、鲁南采完刺槐和苕子后，穿过中线沿陇海线进入西线放蜂；也有的蜂场在西线在东线恢复和发展蜂群，进入四川采完油菜后，便转入中线放蜂；还有部分蜂场在中线在东线恢复和发展蜂群，到河南采集紫云英和刺槐后，分别转入东线或西线放蜂。也有部分南方转地蜂场沿着某一条放蜂路线，进行一半就返回。

一、全国主要转地放蜂路线——东线

1月福建、广东、江西的瑞金、宁都，2月末或3月初北上江西的宜春、新余、上饶和浙江的萧山等地，4月到浙北、江苏、安徽，4月末或5月初到苏北、鲁南，然后到山东、河北。5月末或6月初转地蜂场到黑龙江、吉林。8月末或9月初全年的主要蜜源结束。

二、全国主要转地放蜂路线——中线

12月末广东韶关、花都、中山和广西南宁、玉林、桂林等地，3月上旬湖南湘潭、醴陵和湖北武昌、麻城，4月湖北北部和河南信阳等地，6月末或7月初北京、晋中或到山西省左云、右玉，陕北的榆林等地，或内蒙古集宁、四子王旗，山西省大同。在当地附近采集全年最后一个主要蜜源荞麦。8月末全年主要蜜源结束。

三、全国主要转地放蜂路线——西线

12月在云南省玉溪、呈贡，广西玉林、南宁，广东省湛江。2月下旬或3月初入川，进入四川盆地。结束后可选择以下路线。

1. 陕北线　3月下旬四川绵阳地区，4月中旬陕西咸阳地区，5月上中旬陕西富县、延安，6月初内蒙古乌审旗、陕北榆林，7月上旬陕北榆林。

2. 宁夏线　4月上旬，蜂群进入陕西省渭河平原，采集油菜、刺槐等蜜源，5月中下旬，将蜂群直接用火车运到宁夏青铜峡，或内蒙古包头，然后再用汽车运到鄂尔多斯高原，采集老瓜头、沙枣、地椒、紫花苜蓿、芸芥等蜜源。7月上旬，在宁夏的蜂群转入盐池、同心，甘肃东部的环县，陕西定边、靖边等地的荞麦场地；也可将蜂群转到黄河两岸的南起宁夏中卫、北至内蒙古临河的大面积向日葵场地，然后部分蜂群还可转到陕北采集荞麦。在内蒙古的蜂群，在老瓜头蜜源结束后，转地到包头等河套地区采集向日葵，然后转到固阳等地采集荞麦。

此外，在陕西渭河平原采集完油菜、刺槐后，也可在5月中旬，将蜂群转运到宁夏北部黄河灌区，包括石嘴山、银川、平罗、灵武、中宁、中卫等地，或转到内蒙古临河、包头等河套地区，采集沙枣、枸杞、小茴香、刺槐、紫花苜蓿、草木樨、紫苏、向日葵等蜜源。

3. 甘肃线　3月下旬陕西汉中，4月下旬陕西凤县、太白，秦岭的黄牛铺镇，甘肃两当、徽县、成县，6月中旬甘肃山丹、武威、天祝、古浪等地，8月中下旬武威、张掖、临泽、高台。

4. 青海线 4月中旬陕西省关中，5月上旬到陕甘两省交界的两当、麟游、凤翔、彬县、长武、灵台，6月上旬青海省东部的民和、乐都、互助、湟源、湟中，7月上旬贵南、贵德、共和、刚察、海晏、江西沟、门源回族自治县青石嘴镇，7月下旬甘肃省武威、张掖，陇东地区，陕北，宁夏六盘山区。

5. 新疆线 4月中旬陕西省扶风、眉县，5月中旬新疆石河子、奎屯。或者在5月下旬到乌鲁木齐、昌吉、吉木萨尔、奇台、阿克苏等地，7月中旬吐鲁番、鄯善、阿克苏、喀什。9月中旬蜜源结束，立即将蜂群运回云南或四川。

第二节 场地选择

蜜蜂转地饲养的成败关键技术之一是放蜂场地的选择，蜂场安全和生产效益与放蜂场地相关。蜜源调查是放蜂场地选择的重要依据，转地饲养的蜂场必须做好蜜源调查的基础工作。

一、转地蜂场放蜂场地的蜜源调查

蜜源调查是选择放蜂场地和调整转地路线的重要依据。转地放蜂的总体路线基本确定之后，应该在蜂群转运之前，有目的地到下一个放蜂场地深入调查。切实掌握主要蜜源的数量、流蜜情况、花期、气候特点、耕作习惯、放蜂密度等有关养蜂生产的因素，以确定该蜜源场地的放蜂价值。

1. 主要蜜粉源植物的数量 主要蜜源的数量，需要深入现场进行实地考察，特别要注意有效采集范围内的蜜源植物的数量。蜜蜂的有效采集范围的半径一般为2 500 m。一个放蜂场地能容纳蜂群的数量，应根据实际可利用的蜜粉源面积、蜜源植物的种类和长势而定。

2. 蜜源的长势和花期 蜜源植物的长势，直接关系到花期的迟早和泌蜜量的多少。生长不良的草本蜜源往往花期提前，泌蜜量减少；木本蜜源植物的开花泌蜜多与树龄有关，壮年树泌蜜量大，幼树和老树泌蜜量减少。蜜源植物的花期由于受气候的影响，每年也略有差别。干旱高温使花期提前，低温阴雨使花期推迟。另外，同一种类的蜜源花期还与植物的品种有关。例如，东北的椴树，紫椴的花期比糠椴早。调查蜜源时，应了解主要蜜源在放蜂场的最早和最迟的始花期，然后再根据当年的气候和蜜源植物的长势来判断花期。

3. 泌蜜规律　在调查蜜源时，还需了解这种主要蜜源植物历年的泌蜜规律。一般来说，像油菜、紫云英等一年生的草本蜜源植物的泌蜜无大小年，而荔枝、龙眼、椴树等多年生木本蜜源植物的泌蜜，往往一年多一年少，即泌蜜的大小年。

蜜源植物的泌蜜量与其分布的地区有关。东北椴树泌蜜量很大，而华北椴树则不泌蜜；长江以北荞麦，泌蜜量要大于长江以南；新疆棉花泌蜜量，大于其他地区种植的棉花。

4. 蜜源花期的气候特点　流蜜期天气状况直接影响植物的开花泌蜜。转地蜂场应时刻注意下一个放蜂场地的中长期天气预报。不同蜜源，开花泌蜜对气候条件的要求也不一样。多数种类的蜜源植物，在多晴少雨的天气泌蜜多，如油菜、荔枝、荞麦等；而枣树泌蜜则需要潮湿的天气条件。在调查蜜源时，应主要了解历年来流蜜期的天气状况。此外，还需了解有无灾害性天气。

二、转地放蜂场地的选择

在进行周密的蜜源调查之后，如果决定利用此地蜜源，应具体选择落实放蜂场地。在选择时，除了参考蜂群基础管理章节中介绍的固定蜂场场址的选择方法外，还应特别注意以下几个问题。

1. 放蜂密度和蜂场间的距离　放蜂密度是影响转地饲养生产的重要因素。放蜂场地的蜂群密度过大，即使各方面条件都很理想，也难获得高产，甚至还会在流蜜期发生盗蜂、偏集、病害传播等问题。蜂场间的距离应尽可能远一些，蜂场之间应2 km以上，避免蜂场之间发生偏集、盗蜂和疾病传染等问题。

2. 交通运输的道路条件　为了保证及时转地，蜜蜂运输途经的路面，应在久雨和大风雪等情况下仍能通行，避免洪水、塌方、泥石流等造成道路阻断的风险。在东北半越冬地区，要向当地人了解是否有大雪封山的风险。

3. 地形、地势和环境　在不同的季节和不同的地区放蜂，由于不同的气候特点，选择放蜂场地的条件也有所侧重。春季一般气温偏低，放蜂场地应选择避风向阳的地方。夏季气温高，放蜂场地应考虑遮阳和通风条件。辽西和内蒙古等地干燥缺水、风沙大，在这类地方放蜂水源最重要，蜂场周围500 m的范围内应有足够的水源。在山区放蜂还要特别注意洪水、森林火灾和危及人蜂安全的野兽。

第三节　转地运输

长途转地的蜂场几乎周年在外。因此，在蜂群转地之前，必须做好运输、物质、蜂群等各方面的充分准备工作。

一、交通运输的准备

交通运输的准备工作是保证蜂群及时安全转运不可缺少的条件。蜂群能否及时安全地运到下一个蜜源场地，对转地养蜂生产影响很大，尤其在花期紧紧衔接的生产旺季更为重要。蜂群进出场相差1～2 d，其产值就可能差别数万元，最高可少收入10万元以上。

用汽车装运蜜蜂，可根据当地运力提前与汽车货运者联系。在联系汽车运蜂时，应向承运方具体提出汽车安全运蜂的特殊要求，包括对车况、驾驶员的技术、途中停留时、颠簸震动情况等提出具体要求。国家蜂产业技术体系乌鲁木齐综合试验站规模化蜜蜂饲养示范蜂场用2个大型平板货车，一次运蜂3 500群。

二、转地物资的准备

转地放蜂所需的物资可分为两大类，即生产物资和生活用品。在蜂群转运之前，应对转地放蜂所需的物资做周密安排。

1. 生产物资的准备　转地蜂场除了需要一般的养蜂管理工具外，还应备足蜂箱、巢脾、巢框、产浆框、脱粉器、隔王栅、分蜜机、蜜桶、绳索以及蜂箱装钉用具、饲料糖等。各种养蜂生产的物质所需要的数量，根据蜂场的规模、基础以及饲养的目的而定。

2. 生活用品的准备　从事转地放蜂的养蜂人，长期野外生活。为了保证生活的基本需要，日常生活用品应尽可能携带周全。需要携带的物品包括帆布帐篷或搭帐篷的帆布、钢丝床或床板、衣服被褥、炊具餐具、自行车或摩托车、粮食，以及医治感冒、发热、中暑、腹泻、外伤、蛇伤等常用药品。

三、蜂群转运前的调整

蜜蜂在转运途中，由于震动和通气条件的变化，且铁路和航运部门不允许开巢门运蜂，使蜂群处于不正常的巢内环境中。为了保证蜜蜂运输安全，除冬季外，在转运前蜂都必须进行合理的调整。蜂群的调整，包括蜂数、子脾、粉蜜脾以及巢脾排放位置等。

1. 蜂数的调整　蜜蜂在运输过程中，同等条件下因热闷死的首先是强群。所以，转运蜜蜂的群势不可太强。一般来说，单箱群不应超过 8 张脾、6 足框蜂，继箱群不应超过 15 张脾、12 足框蜂。转地蜂场在平时的蜂群管理中，就应注意调整，将群势发展快的蜂群中的子脾抽补给弱群。蜜蜂群势的调整还可采取在转运前 2 d 将强弱群互换箱位的方法，使部分强群中的外勤蜂进入弱群。还可以通过在傍晚互换强弱群的副盖来平衡群势。

2. 子脾的调整　转地蜂群要保持连续追花夺蜜的生产能力，需要足够的子脾作为采集蜂的后备力量。生产群一般应有 3～4 足框的子脾。但是，子脾太多同样会使巢温升高，过多的老熟封盖子脾中的蜂蛹在运输途中羽化出房，更会增加蜜蜂运输的风险。

3. 粉蜜脾的调整　蜜蜂在运输途中，饲料不足会造成蜂王停卵、幼虫发育不良、拖子等现象，严重时甚至整群饿死。巢内贮蜜不足还会使蜂群危机感强烈，加剧蜜蜂的出巢采集冲动，影响蜜蜂运输安全。但巢内贮蜜过多，会使蜂箱过重，不便装卸，并且在运输途中易造成坠脾。蜜脾不易散热，所以巢内蜜脾过多会促使巢温升高。因此，蜂群在转地途中应贮蜜适当。蜜蜂巢内的贮蜜量，应根据蜜蜂的群势和运输途中所需的时间来确定。一般情况下，蜜蜂群势达 12 足框的蜂群，运输途中需 5～7 d，每群蜜蜂贮蜜 5～6 kg。

四、蜂群转运前的装钉

蜂群装钉就是将巢脾、隔板、副盖与蜂箱，继箱与巢箱固定连接起来，以防蜜蜂在长途运输过程中因颠簸松散或巢脾、箱体相互冲撞造成蜂王受挤压伤亡，激怒蜜蜂而发生事故。蜂群装钉是否牢固，直接影响运输过程中蜂群的安全。蜂群转地前的装钉，总的要求是牢固、快速、轻稳，尽量少用铁钉。

（一）巢脾的固定

巢脾固定的方法较多，可根据所具备的条件和自己的习惯特点选择适合的方式。

1. 海绵固定法　用海绵固定巢框更为简便。将 380 mm×30 mm×30 mm 弹性好的海绵条，放在巢框上梁上方的两端，用平面隔王栅或副盖压实。

2. 铁钉固定法　在蜂箱前壁和后壁大约箱内巢脾侧条的位置，钉入铁钉，两端铁钉的压力固定巢脾。

3. 木条塑料管固定法　在木条的下方钉一截弹性好的塑料管，有塑料管的一面朝下，一端插入箱体的一侧固定，用力压下后再用闩销固定在箱体的另一侧。

（二）巢箱与继箱的连接固定

1. 木条或竹条固定法　巢箱与继箱的连接和固定，每个继箱群需要 4 根连箱条。连箱条是长 300 mm、宽 30 mm 的木条或竹条。每根连箱条各钻 4 个小孔。在蜂箱的前后或左右外壁各用两根连箱条按"八"字形用铁钉固定在巢箱与继箱上。最后用直径约 10 mm 的绳子捆绑，以便转地时搬运。

2. 巢箱、继箱和箱盖的固定　转地蜂箱的巢箱和继箱安装连接器，连接器类型多种，有弹簧型和扣紧型。在转地装车前用专用工具安装弹簧或扣紧连接器。有的用专用的钢丝绳或弹簧加绳索固定箱体。

3. 副盖固定　用两根长约 40 mm 的铁钉在副盖近对角处钉入，将副盖固定在蜂箱上。如果副盖不平整，还需适当多加钉几根铁钉加固。为了方便到达场地后拆除包装，在钉铁钉时应留出 3~5 mm 的钉头。

4. 箱盖固定　箱盖和箱体用弹性好的钢丝制成连接器连接。

五、安全运蜂的技术措施

通过对影响蜜蜂安全运输因素的分析，制定蜜蜂安全运输技术措施的重点，应是保持蜂群的安定、加强通风、降温防湿和保证饲料优质充足。

（一）保持蜜蜂的安定

运输期间蜜蜂常有出巢冲动且易被激怒，导致蜂群骚闹，巢温升高，而巢温升高更促使蜜蜂骚闹。所以保持蜜蜂的安定在蜜蜂运输过程中非常重要。保持蜜蜂安定的途径，主要从抑制蜜蜂出巢冲动和避免激怒蜜蜂两方面入手。

1. 抑制蜜蜂出巢冲动　抑制蜜蜂的出巢冲动，需要尽量避免强光刺激，保证巢内饲料充足，及时饲水，加强通风，防止巢内高温、高湿、缺氧，以及减弱外界流蜜对蜜蜂的影响。为了免受强光刺激，应尽量在夜晚运蜂。

2. 避免激怒蜜蜂　蜜蜂在运输途中，尽量避免剧烈的震动。在装车后，要将蜂箱捆绑牢固，以防在运输途中因震动造成蜂箱之间松散、互相碰撞和倒塌。运蜂车在路面不好的路段行驶时，应将车速放慢，减轻震动。

3. 加强通风　通风不良是造成蜜蜂在运输期间巢内高温、高湿、缺氧的主要原因。保证蜂群巢内通风良好，除了必须做到保持蜜蜂安定、巢内群势适当、扩大巢内空间，装车时尽可能将蜂群尤其是强群摆放在比较通风的地方，注意不要有杂物堵塞通风口。

（二）保证饲料优质充足

蜜蜂在转运期间，不允许巢内有低浓度的贮蜜。所以，在转运之前决不能给蜂群饲喂低浓度的糖液。如果巢内有刚采进的稀蜜，应该在转运装钉前取出，以防造成运输期间造成巢内高温高湿。

第四节　西方蜜蜂转地饲养标准化管理技术

与定地的蜂群相比，转地蜂群的管理总体上基本相同。但是，转地饲养因其有运输和连续蜜源的特殊性，在蜂群管理上也有所特点。

一、刚运抵放蜂场地时的蜂群管理

在蜜蜂运输过程中，汽车等交通工具行驶时连续轻稳地震动，能使蜜蜂处于较安静的状态。停车后，由于卸车时较剧烈的震动和光线刺激等原因，蜜蜂反而更容易骚闹，稍不慎就会发生蜜蜂闷死事故。因此，迅速安顿蜂群是蜜蜂运抵放蜂场地后的首要工作。

运蜂车到达放蜂场地，将蜂群从车上卸下，迅速排列好。随即向纱窗和巢门踏板喷洒清水，关闭纱窗，等蜜蜂稍微安静后再打开巢门。在高温季节卸下蜂群后，应密切注意强群蜜蜂的动态，发现有受闷的预兆时，应立即撬开巢门进行施救。汽车停靠地点应稳固，避免在卸车过程中解开绳索后车体晃动而使蜂箱跌落。

蜂群开巢门后蜜蜂出勤正常，就可以开箱拆除装钉。然后进行取浆移虫和蜂群的全面检查。检查的主要内容包括蜂王、子脾、群势以及饲料等。检查之后要及时对蜂群进行必要的调整和处理。如合并无王群、调整子脾、补助饲喂、组织采蜜群、抽出多余巢脾等。

二、转地蜂群的管理特点

长途转地饲养的蜂群连续追花采蜜，其周年的生活可主要分为增长和生产两个阶段。此外，在北方越半冬的蜂场，蜂群的周年生活还有越冬阶段。转地饲养的蜜蜂管理，也应根据不同养蜂阶段的特点采取相应的管理措施。

（一）转地蜂群春季增长阶段的管理

春季是转地蜂群最主要的群势增长阶段。在不同地区，蜜蜂增长阶段的起始时间有所不同。长途转地的蜂场，一般1月前后在滇、桂、粤、闽等省份开始蜜蜂群势的恢复和发展，2个月后进入川、湘、鄂、赣、浙等省份继续饲养并逐渐进入生产阶段。也有许多长途转地的蜂场在川、湘、鄂、赣、浙等省份开始早春蜜蜂群势的恢复。此阶段的蜂群管理，应围绕尽快培育强群进行。

（二）转地蜂群生产阶段的管理

1. 转地蜂场不同花期的饲养决策　不同花期的蜂群管理，应根据天气、蜜源、蜂群以及下一个放蜂场地蜜源的衔接等因素综合考虑，制订方案。某一花期的管理重点，是以蜂群增长为主，兼顾生产，还是以生产为主，兼顾蜂群增长，或是生产和蜂群增长并举，这些战略性的决断是非常重要的。

2. 转地蜂场同一花期的饲养决策　蜜蜂群势增长和蜂蜜生产的重心，在同一花期的不同时期也有所不同。一般来说，在花期较短的蜜源场地，刚进场时巢箱少放空巢脾，适当限王产卵。还可以从副群中抽取正在出房的封盖子脾来加强采蜜群的群势。但不宜将副群中的卵虫脾与继箱群中的空脾对调，以免造成采蜜群中哺育蜂负担过重和蜜源后期新蜂大量出房，影响转地安全。花期长或流蜜期连续时，不宜限王产卵。

3. 转地蜂场取蜜　在流蜜期取蜜，一般只取继箱中的成熟蜂蜜，最好不取巢箱中的贮蜜。在流蜜后期则应多留少取。使蜂群中有足够的成熟蜜脾，以利于蜜蜂的运输安全。

4. 转地蜂场育子特点　转地饲养的蜂群，需要培育更多的蜜蜂，所以蜂王更容易衰老。因此，在管理中除了合理使用蜂王外，还需每年在上半年和下半年粉源充足的花期各培育一批优质蜂王。

（三）转地蜂群越半冬阶段管理

长途转地的蜂场，秋季9月最后一个蜜源结束大都在东北、华北或西北等地，此时气温日渐下降，而南方气温仍很高。为了保持蜂群的实力，借此断子治螨，很多蜂场就地越半冬后，11～12月再转地南方饲养。这阶段的蜂群管理，除按常规准备外，还必须提前进行蜂群的装钉。加继箱的蜂群，在蜂王停卵后，应及时除去隔王栅，以免气温下降后，由于蜜蜂上升到继箱结团，而把蜂王隔在巢箱冻死。

（周冰峰）

第八章　蜜蜂产品标准化生产技术

　　蜜蜂产品的种类较多，一般按其来源和产生的过程可分为三类：第一类是蜜蜂直接从植物上采集天然原料，经蜜蜂加工而成的产品，包括蜂蜜、蜂花粉和蜂胶；第二类是蜜蜂体内某些腺体分泌的腺液，包括蜂王浆、蜂蜡和蜂毒；第三类是蜜蜂胚后发育的躯体，包括蜂幼虫、蜂蛹和蜂成虫。蜜蜂产品不仅营养十分丰富、全面，而且具有各自独特的生理、药理功能，是医食同一、食药同源、食药兼优的特殊物质，被称为是人类永恒的保健食品，千百年来一直受到各国消费者的喜爱。

　　不同蜜蜂产品的生产具有各自独特的要求，只有按照标准化技术开展生产，才能获得优质高产的蜜蜂产品，从而获得较高的经济效益。

第一节　蜂蜜标准化生产技术

　　蜂蜜是蜜蜂采集植物的花蜜、分泌物或蜜露，与自身分泌物混合后，经充分酿造而成的天然甜物质。蜂蜜是蜜蜂最主要的产品，也是蜂场最主要的收入来源。按生产方式，蜂蜜可分为分离蜜（又称离心蜜或机蜜）和巢蜜（又称格子蜜）。分离蜜是指从巢脾中分离出来的蜜；而巢蜜是利用蜜蜂的生物学特性，在规格化的蜂巢中酿造出来的连巢带蜜的蜂蜜块。

一、分离蜜的标准化生产

　　分离蜜是主要的蜂蜜种类，分离蜜的生产是蜂蜜的主要生产方式，是在活框蜂箱饲养技术基础上进行的蜂蜜生产活动。

　　为了保证主要蜜源流蜜期获得优质高产的蜂蜜，应该尽量维持生产蜂群的强群势。按强群高产的生产规律组织生产，具体操作要点如下。

　　1. 培育适龄采集蜂　蜜蜂蜂群工蜂羽化出房 14～21 d 后，才能进行外出采蜜、采粉、采水等采集活动，而且蜂蜜生产期的工蜂寿命短，平均寿命只有 35 d。因此，要准确地确定进入大流蜜期的时间和流蜜期持续的时间，根据流蜜期来合理安排蜜蜂繁殖计划。通常要求在蜜源植物大流蜜期前 35～45 d 开始通过加强饲喂，促进蜂群繁殖，保证在大流蜜期有较多的适龄采集蜂采蜜。若蜂王偏老，应及时用新王更换老王。

2. 组织强群生产　蜂群群势强弱与蜂蜜产量质量正相关。流蜜期前，除了采用弱群合并的方法外，还可以采用主副群饲养法，即并列放置两群蜂，在蜜源植物开始流蜜时，移走副群，使副群的外勤蜂进入主群，增强主群的采集蜂比例，再根据群势加脾或加继箱。为了在主要蜜源期夺取高产，采用王台换王、限制蜂王产卵和用空脾换出未封盖子脾的办法，减轻蜂蜜生产群的巢内哺育负担，集中精力在蜜源大流蜜期获得蜂蜜高产。为了解决好采蜜和繁殖矛盾，在组织采蜜群时应掌握"强群取蜜，弱群繁殖""新王群取蜜，老王群繁殖""单王群采蜜，双王群繁殖"的原则。

3. 生产成熟蜂蜜　蜜蜂从采进花蜜到酿制成熟蜂蜜的过程需 5～7 d。蜂群强，气候干燥，时间可缩短；反之，蜂群弱，气候潮湿，时间需延长。蜂蜜在巢内成熟的标志是巢脾上的蜜房封盖，封盖面积越大，浓度越高。在蜂蜜生产时应采取"初期早、中期稳、后期少"的取蜂蜜生产原则。"初期早"是指在流蜜期开始时，将生产蜜脾存蜜清空，保证单花种蜂蜜纯度，同时还可以刺激蜂群的采集积极性。"中期稳"要求生产合格的成熟蜂蜜，不可见蜜就取。"后期少"的目的是要为蜂群留下足够的食料，在蜜源流蜜后期少取蜜，以免天气变化或下个蜜源期到来前，因食料缺乏，造成蜂群损失。

蜂蜜生产提倡根据蜂群采蜜量添加多个继箱，保证蜂巢内有足够的储蜜空间，平衡好产量与质量的矛盾。遇到高温天气，还要对蜂群进行遮阳降温管理，加强蜂巢通风。流蜜后期，每个蜂群保留 2～4 框蜜粉脾，并预防盗蜂。

4. 确保蜂蜜卫生安全　必须严格按照《蜂蜜生产技术规范》（NY/T 639—2002）、《蜜蜂病虫害综合防治规范》（GB 19168—2003）和《无公害农产品　兽药使用准则》（NY/T 5030—2016）等有关规定，规范生产操作和用药，确保蜂蜜的卫生和安全。

5. 流蜜期生产蜂群管理　在大流蜜期的蜂群管理重点是保持生产蜂群群势强盛，预防分蜂热。定期检查蜂群，及时毁弃生产蜂群中的自然王台或台基，割除雄蜂巢房，正确处理蜜蜂繁殖过程中的"促"与"控"。当大流蜜期过去，而其他蜜源又接不上时，一般在蜜源结束前 20 d 就要开始控制蜂王产卵，防止流蜜期结束后，大批新蜂出房，成为"饭桶蜂"。

6. 分离蜜采收　包括脱蜂、蜂蜜分离和蜂蜜过滤三个步骤。在采蜜前，应把取蜜场所清扫干净，取蜜工具和贮蜜容器要清洗干净。

（1）准备工作　采收蜂蜜前，应对取蜜场所、取蜜工具和贮蜜容器进行清洁和消毒处理，取蜜工作最好在室内进行，工作人员也应做好个人卫生。

（2）脱蜂　我国目前脱蜂方法主要是人工抖脾脱蜂，即把贮蜜继箱从巢箱上搬下，放在翻过来放置的箱盖上，在蜂群的巢箱上另加一个空继箱，箱内一侧放 2～4个空巢脾，然后将蜜脾依次提出，用两手握住框耳，用腕力上下抖动，把附着在蜜脾上面的蜜蜂抖到继箱内的空处，再用蜂刷将少量吸附在巢脾上的蜜蜂扫净，然后放进巢脾搬运箱内，盖好箱盖。另外一种方法是动力脱蜂，即利用吹蜂机脱蜂，将贮蜜继箱放在吹蜂机的铁架上，用喷嘴顺着蜜脾的间隙吹风，将蜜蜂吹落到蜂群的巢门前。

（3）分离蜂蜜　将已脱蜂的蜜脾，一般以左手握住框耳和侧梁，另一框耳和侧梁放在木架上，右手用快刀或经开水烫热的割蜜刀，沿上框梁从下向上割除蜜房盖。然后将蜜脾放入分蜜机的框架内，转动分蜜机，把蜂蜜分离出来。转动摇蜜机，先慢后快，以便分离出蜂蜜。两框摇蜜机一般转动摇把 5～6 圈就可摇尽一面的蜂蜜。然后慢慢停下，转换蜜脾面，按同样的方法再摇出另一面的蜂蜜。摇蜜时要避免突然启动和突然制动，以免蜜脾发生断裂，如果巢脾内有幼虫还可能把幼虫甩出。

（4）过滤　将分离蜂蜜中的蜡屑、幼虫等杂质，用 80～120 目过滤器滤去杂质，然后分装密封贮存。

二、巢蜜的生产

巢蜜是天然成熟的蜂蜜，未经人为加工，不易掺假和污染，营养价值高，易携带保存，还具有蜂巢的医疗性能，属高档的天然蜂蜜产品，近年来受到国内外越来越多消费者的喜爱。

1. 巢蜜生产的条件　巢蜜的生产与分离蜜不同，需要一些特定的条件。

（1）蜜源条件　生产巢蜜对蜜源有特殊要求。酿制后的蜂蜜不易结晶、味香色淡、花期长或泌蜜量大，如紫云英、荔枝、刺槐、椴树、龙眼等蜜源植物比较适宜生产巢蜜；荞麦、乌桕、桉树等蜜源虽然流蜜量大，但蜜质的适口性差，一般不宜生产巢蜜。

（2）蜂群要求　生产巢蜜要选择群势强、健康无病、具有优良新蜂王的蜂群。

（3）生产工具　生产巢蜜需要特殊的生产工具，如巢蜜继箱、巢蜜格、薄型巢础、切巢础的模盒、巢蜜格框架或托架等。巢蜜格可用塑料或薄木片制成，形状有圆形、正方形或长方形，并有单、双面不同的类型；巢础由纯蜂蜡制成，其厚度比普通巢础薄。

2. 巢蜜的生产方法

（1）蜂群组织　蜜源植物开花时，开始组织蜂群，准备巢蜜生产，将 2 个箱体减为1个箱体，撤掉原来的继箱，将蜂王和面积大的封盖子脾和大幼虫脾留在巢箱里，将其余巢脾的蜂抖落后调给其他蜂群，在巢箱上加上已安好巢蜜格的巢蜜继箱。

（2）修造巢蜜格巢脾　加上巢蜜继箱后，用蜜水进行饲喂，促使蜂群造脾。在有两个蜜源衔接的地区，可利用前一个蜜源造脾，后一个蜜源贮蜜。为了在流蜜盛期多生产巢蜜，应抓紧在流蜜初期或主要流蜜期前的辅助蜜源流蜜时修造巢蜜格内的巢脾，也可在主要流蜜期前对蜂群进行奖励饲喂，以刺激蜜蜂造脾。为使巢蜜格中的巢脾造得均匀、迅速，开始时可在2个叠在一起的巢蜜继箱或标准继箱中，将巢蜜框与封盖子脾相间放置，待巢脾造到60%～70%时，可将继箱中的子脾放回巢箱，将巢蜜框集中在两个巢蜜继箱内。

（3）添加巢蜜继箱　在流蜜开始时，将强群的继箱搬下来，换上巢蜜继箱，使蜜蜂高度密集。当第1个巢蜜继箱的蜜格内充满50%以上时，要及时加第2个巢蜜继箱。第2巢蜜继箱加在第1巢蜜继箱的上面，等到第2继箱内巢蜜格脾造好时，将第2巢蜜继箱移到第1巢蜜继箱下面，巢箱之上。如果主要蜜源流蜜很多，第1巢蜜继箱内蜜格贮满蜂蜜，已有部分封盖时，并且第2巢蜜继箱充满50%以上蜂蜜时，照上述方法添加第3个巢蜜继箱。当第1个基本成熟时，将2个巢蜜继箱互换位置。之后，根据贮蜜和蜜源情况考虑是否再加第4或第5巢蜜继箱。采用巢蜜框架生产巢蜜时，在巢箱上一次加两层巢蜜继箱，每层放3个巢蜜框架，上下相对，与封盖子脾相间放置，巢箱内放6～7个脾。当两层巢蜜继箱的巢蜜格贮满蜜时，将封盖子脾还回巢箱，撤走一个巢蜜继箱。此时巢箱保持9～10个脾，并以子脾为主。将巢蜜框架集中放在一个巢蜜继箱内。

（4）控制自然分蜂　生产巢蜜的蜂群，容易产生分蜂热，所以要特别重视预防分蜂。发现有分蜂迹象就要及时处理，可采用饲养优质新王，每隔5～6 d割除雄蜂蛹和王台，加强遮阳，通风降温，还可采取生产王浆、调整巢脾等措施来控制分蜂热的产生。

（5）提高封盖整齐度　为了消除在外界流蜜量较大或饲喂不匀的情况下出现的封盖不整齐现象，可在每两行（或每框）之间加一块薄木板（栅）控制蜂路，不让蜜蜂任意加高蜜房；同时将巢蜜继箱前后调头，促使蜜蜂造脾，贮蜜均匀，以提高封盖的整齐度。

当主要蜜源即将结束，巢蜜格尚未贮满或尚未封盖完成时，可用同种蜂蜜进行补助饲喂。如果巢蜜格中部已经开始封盖，而四周尚未封盖，则应限量饲喂。饲喂期间，不宜盖严覆布，要加强通风，排出湿气。

（6）防止污染　巢蜜生产时期绝对禁止使用任何违禁农药及抗生素防治蜂病。饲喂巢蜜生产群的蜂蜜必须是纯净、符合相关卫生标准的同品种蜂蜜。

3. 巢蜜的采收

（1）及时采收　巢蜜格贮蜜充满，并已全部封盖后，应分期分批采收，及时取出，不可久置蜂群中。采收巢蜜，用蜂刷驱逐蜜脾上附着的蜜蜂时，动作要轻，不可损坏蜡盖。

（2）整修蜜格　巢蜜采收后，用不锈钢薄刀将巢蜜格逐个刮去边沿和四角上的蜡瘤、蜂胶和其他污迹。

（3）杀虫去湿　巢蜜清理干净后，需立即进行杀虫处理，防止遭受巢虫的破坏。杀虫方法可采用冷冻法或 CO_2 熏蒸法。

（4）除湿　在高湿季节生产巢蜜，由于蜂蜜的含水量高，蜂蜜容易发酵，应采取必要措施降低巢蜜含水量。

4. 巢蜜的检验包装　对经过整修、杀虫、去湿的巢蜜逐个挑选，按巢蜜的形状、外表平整度、封盖完整程度、颜色均匀度、重量等标准分级，剔除不合格产品。将符合标准的巢蜜分别用玻璃纸或无毒塑料袋密封，放入有窗口的硬板盒或无毒透明消毒包装盒内，用胶带纸封严，贴上商标。

第二节　蜂王浆标准化生产技术

蜂王浆是 5～15 日龄的哺育工蜂的咽下腺和上颚腺等分泌的，主要用以饲喂蜂王和 3 日龄以内工蜂、雄蜂幼虫的乳白色、淡黄色或浅橙色浆状物质。蜂王浆在蜜蜂级型分化中起决定性作用，3 日龄内小幼虫均被饲喂蜂王浆，3 日龄后继续被饲喂大量蜂王浆的雌性幼虫能发育成具有生殖力的蜂王，而未被饲喂蜂王浆的雌性幼虫则发育成无生殖力的工蜂。蜂王浆生产就是利用工蜂哺育蜂王幼虫生物学特性，诱导哺育蜂分泌蜂王浆，并获取蜂王浆的过程。

一、蜂王浆的生产条件

1. 蜂场环境要求　放蜂场地应选择地势高燥洁净、向阳背风、排水良好、小气候适宜的场所。放蜂场地 3 km 范围内应有丰富的蜜粉源植物，且远离化工厂、农药厂等有污染源的地方。放蜂场地周围空气、水质良好。生产季节气温在 15～30 ℃，相对湿度在 50％～80％比较适宜。蜂场四周要保持清洁卫生、干燥，每周要清理一次蜂场死蜂和杂草，清理的死蜂要及时深埋。

2. 蜂群要求　应采用优质、高产、抗病力强的蜂种。群势强盛，在 8 框蜂以上，工蜂密集，哺育蜂充足，健康无病。蜂群蜜粉饲料充裕，在外界缺乏蜜粉源时应适时饲喂。

3. 产浆用具与设备

（1）产浆框　要求用木质或食品级塑料材质制作，形式为单框、双框产浆框等。产浆框应设计合理，以便于台基条自由装卸。

（2）台基　要求用蜂蜡及食品级塑料制成，台基高 11～12 mm，内径为 9.35～10.10 mm，并为直筒型，底部呈圆弧形。

（3）台基条　要求用食品级塑料制成，安装在产浆框上。目前蜂场普遍使用的是 33～35 孔的塑料台基条，使用时直接将塑料台基条用铁丝绑在产浆框上即可。

（4）移虫针　舌部用牛角、羊角或无毒塑料片制成，要求圆滑、轻薄、柔软、坚韧。

（5）采浆器具　要求用无毒、不污染蜂王浆的材料制成。

（6）包装容器　要求无毒，使用前须清洗、消毒、晾干。

（7）操作间　要求清洁干净的房间或帐篷作为操作间，采浆前必须对操作间进行清理、消毒。

（8）冰箱、冷柜　为了保证蜂王浆的新鲜度，必须配备冰箱或冷柜，要求有良好的速冻效果，制冷效果达到 -18 ℃ 以下。

（9）其他蜂具和用品　包括镊子、刀片、毛巾、75% 乙醇、浆框盛放箱、巢脾托盘等。

二、产浆群的管理

1. 产浆群组织　产浆群的组织通常有原群组织法和多群拼组法两种。

（1）原群组织法　在生产蜂王浆前 1～2 d，用隔王板将蜂群分隔成蜂王产卵繁殖区和无王产浆区。在繁殖区放空脾、卵虫脾，即将出房封盖子脾和蜜粉脾，保证蜂王有产子的空房；产浆区放小幼虫脾、蜜粉脾、刚封盖子脾。产浆框插在幼虫脾与蜜粉脾或封盖子脾之间，蜂路保持在 12 mm 左右，工蜂密集，蜂多于脾。

（2）多群拼组法　在外界气候适宜，蜜源良好而蜂群群势不强时，采用多群拼组法组织产浆群，提前生产蜂王浆。生产蜂王浆前 1 周，将其他蜂群刚出房的封盖子脾连幼蜂提出插入产浆群，工蜂密集，蜂多于脾。

2. 产浆期管理

（1）移虫脾培育　用框式隔王板将蜂王控制在 3 框产卵区内，内有蜜粉脾、空脾、幼虫脾，诱导蜂王在空脾上集中产卵 24 h，然后对卵脾标记日期，再提出插到哺育群孵化，作为备用移虫脾。哺育群内应工蜂密集，哺育蜂充足，有利于泌浆。

也可以用蜂王产卵控制器将蜂王控制在 1 张空脾上产卵 24 h，然后对卵脾标注日期并提出插到哺育群孵化，作为备用移虫脾。当然，最好能利用多王群技术，多只蜂王在同一张空脾上同时产卵，虫龄较一致，可提高移虫的效率，提高蜂王浆的产量和品质。

（2）初期管理　蜂王浆生产初期，蜂群群势较弱，产浆台数量要适度。

（3）高温季节管理　天气干热时，给蜂群遮阳，用湿毛巾或湿覆布盖在纱盖上，并给蜂群喂水。

（4）蜂群检查调整　每5d左右，检查蜂群一次。检查蜂群时，应将繁殖区1～2张小幼虫脾、刚封盖子脾调到产浆区，再将产浆区的出房子脾调到繁殖区。检查时，应及时清除自然王台。群势较弱时，应及时抽出空脾，保持工蜂密集，蜂多于脾。

（5）产浆群休整　出现下列情况，应停止生产蜂王浆：①高温天气，外界缺乏蜜粉源；②蜂群缺花粉，又没有及时补饲花粉；③蜜蜂农药中毒时；④其他有可能造成蜂王浆品质不合格情况时。

三、蜂王浆的生产工序

1. 人员要求与蜂具的清洁消毒　蜂王浆生产人员应具备养蜂生产知识与生产蜂王浆技术，经蜂产品安全与标准化生产技术培训，持有健康证、养蜂证。取浆前应戴口罩，穿隔离衣，手部用75％乙醇棉花球擦净。接触蜂王浆的器具，使用前也要用75％乙醇消毒。

2. 安装台基条　将台基条固定在产浆框上。

3. 清理与筑台　将产浆框提前1～2d插入产浆群，待台基口出现蜡质时，提出产浆框供移虫用。

4. 移虫　用移虫针将幼虫从移虫脾里取出，移入台基底部中央，每台基1只幼虫。要选择巢房底部有较多乳浆、幼虫虫龄在12h以内、虫龄基本一致的脾移虫；移虫过的产浆框用湿毛巾覆盖，保持适当湿度。

5. 下产浆框　将移过虫的产浆框及时插入产浆群预留部位。

6. 取产浆框　在移虫后68～72h，将产浆框从产浆群提出。提出的产浆框轻轻抖落蜜蜂，再用蜂刷扫掉余蜂，放入盛放箱，送到工作间。

7. 割台　用锋利刀片割去台基加高的蜡质部分。割台前，不得向台基喷水，应将产浆框台口朝上，轻振一下。割台时，台口要平整，不得割破幼虫。

8. 取虫　用镊子从台基内取出幼虫，放入专用容器；不慎割破或夹破的幼虫，应把王台内的蜂王浆取出，另外贮存。

9. 采浆　用采浆器具取浆，不得蘸水和唾液，取出的蜂王浆装进专用包装容器中。

10. 包装、标识、保存　取出的蜂王浆应立即密封在容器内，并进行标识。标识内容包括：蜂场编号（或名称）、蜂王浆、蜜源、采收日期、产地、重量。标识后立即存放在冰箱或冷柜，冷冻保存。蜂场在交付蜂王浆的同时，应向对方提供交货单，做好标识防护和管理，以提供可追溯性证据。

11. 清理台基　取浆后应及时清理台基。产浆框应用湿毛巾覆盖，及时移虫，进入下一轮蜂王浆的生产。

四、蜂王浆优质高产配套技术

影响蜂王浆产量和质量的因素很多，这些因素相辅相成，相互促进。蜂王浆优质高产配套技术包含以下几个方面。

1. 优良的蜂种　优良的蜂种，是蜂王浆优质高产的基础和关键。可采取引进优质高产蜂种、不断进行优选、发挥杂种优势、培育高产雄蜂、增加高产基因等技术方法来提高蜂群蜂王浆优质高产的种性。

蜂种引进的方法通常有三种：引进蜂群、引进蜂王和引进卵脾。但无论采用何种方法引种，都需注意：①引进的蜂种必须健康无病；②引种要因需制宜；③引王要重视质量；④引王的数量要适当。

蜂种引进后，通过优选法不断优选蜂王，不断提高蜂王性能。同时，要注重优质高产雄蜂的培育，提高雄蜂质量，增加高产基因，促进再高产。

2. 强壮的群势　养成强群，尤其是全年维持强群，是蜂王浆高产的决定因素。

要长期维持强群，主要应抓好增加新蜂数量和提高新蜂质量两个方面。具体措施包括：①饲养双王群、多王群来增加王蜂比值；②及时更换劣王；③维持较多的子脾；④保持食料充足；⑤注意防病治螨；⑥加强科学管理。

3. 充足的营养　食料的数量和质量不仅影响蜂王浆的产量，而且还影响其质量，因为蜂王浆中的多种生物活性成分大部分来源于其食物中的蛋白质。因此，王浆的质量和活性成分受食料（花粉）条件的影响非常明显。

花粉是蜜蜂不可缺少的蛋白质饲料，粉源期要尽量脱粉，尽可能多贮藏。缺粉时要连续饲喂不中断，同时，在巢内保持一定的花粉库存，让蜜蜂有足够采食的面积。扩大花粉可采食面积的办法是灌脾和框梁上放花粉糖饼同时进行。

4. 先进的蜂机具　采用先进的蜂王浆生产机具，实现蜂王浆生产机械化，可以大幅度减轻劳动强度，提高工作效率，提高蜂王浆的产量和质量，提高养蜂的经济效益和社会效益。

5. 产浆期的延长　我国幅员辽阔，南、北方气候差异很大，可生产蜂王浆的时间长短不一。黑龙江的产浆期仅3个月，北京为6个月，浙江为7～8个月，而广西长达10个月左右。要延长产浆期必须延长群势强盛阶段，要延长强盛阶段，应遵循蜂群的全年消长规律，因势利导，促使蜂群提前复壮，延迟衰退。

　　延长产浆期的关键是抓两头：一头是提早春繁，提早养成强群，提前生产蜂王浆；另一头是充分利用南方的茶花粉源，延长产浆期，增加产浆量。

　　6. 科学的管理　要进行科学的管理，首先应了解蜂王浆生产的基本条件和方法，掌握蜂王浆优质高产的原理和要点；同时，掌握饲养管理中的细节，提高操作水平。此外，蜂产品质量安全是国内外越来越关注的课题，蜂王浆的生产必须严格遵守国家有关部门制定的技术规范，生产的蜂王浆应符合无公害食品要求。

第三节　蜂花粉标准化生产技术

　　蜂花粉是蜜蜂从被子植物雄蕊花药和裸子植物小孢子叶上的小孢子囊内采集的花粉粒，经过蜜蜂加工而成的花粉团状物。蜂花粉是蜜蜂延续生命的基本营养素，是蜜蜂生存所必需的蛋白质、氨基酸、脂肪以及维生素等营养物质的主要来源。

　　蜂花粉中除含有花粉外，还有蜜蜂在采集过程中加进去的少量花蜜和分泌物。所以，其成分（如含糖量和水分等）与纯花粉略有差异。

一、蜂花粉的生产条件

　　1. 蜂场环境要求　放蜂场地应选择地势高燥洁净、向阳背风、排水良好、小气候适宜场所。放蜂场地3 km范围内应有丰富的粉源植物，且远离化工厂、农药厂等有污染源的地方。放蜂场地周围空气、水质良好。生产季节气温在15～30 ℃，相对湿度在50%～70%比较适宜。蜂场四周要保持清洁卫生、干燥，每周要清理1次蜂场死蜂和杂草，清理的死蜂要及时深埋。

　　2. 蜂群要求　应采用优质、高产、抗病力强的蜂种。蜂王体格健壮，产卵积极；群势6框以上，蜂脾相称，健康无病。蜂群蜜粉饲料充裕，在外界缺乏蜜源时应适时饲喂。

　　3. 蜂具与设备

　　（1）脱粉器　脱粉器是指脱取归巢工蜂后足携带花粉团的器具。应选择结构牢固、脱粉孔径合适、不伤蜂体，并能保持蜂花粉团粒完整、清洁无毒的脱粉器。

　　（2）接粉盆　是指接收并贮存从脱粉器脱下的蜂花粉团粒的食品级器具。

　　（3）蜂花粉干燥器　是指脱除蜂花粉水分的干燥器具，有热风沸腾干燥器、远红外减压干燥器，也有冷冻干燥机等。

（4）包装材料　应无毒、无色、无味、隔氧、防潮、坚固，符合食品安全要求。

二、采粉蜂群的管理

1. 采粉群组织　在采集蜂花粉前 45 d 组织采粉群，淘汰老劣蜂王，换上新王，并有足够空脾利于蜂王产卵；适当控制群势，蜜粉充裕，培育采粉的适龄蜂。

2. 采粉群管理　蜂王产卵积极，并有大量幼虫脾，群势适中。在采粉期间，适时加脾或造脾，并保持适当群势。

3. 采粉群休整　下列情况，蜂群应停止采集蜂花粉，有利于采粉群休养生息，恢复群势，并防止蜂花粉被污染：①天气闷热、湿度较大时；②外界粉源吐粉减少时；③发现蜜蜂农药中毒时；④其他有可能造成蜂花粉品质不合格情况时。

三、蜂花粉的采收方法

目前普遍采用花粉截留器（脱粉器）截留蜜蜂携带回巢的花粉团。

脱粉器种类较多，大致可分为巢箱下放置的箱底脱粉器、蜂箱进出口放置的巢门脱粉器以及巢内脱粉器。为提高蜂花粉的清洁度，提倡使用巢内脱粉器。脱粉器主要部件是脱粉板，脱粉器上的脱粉孔径大小应该是：不损伤蜜蜂，不影响蜜蜂进出自如，脱粉率达 90％左右。西方蜜蜂的孔径为 4.7～4.9 mm，中蜂的孔径为 4.2～4.4 mm。安装脱粉器时，要求安装牢固、紧密，脱粉器外无缝隙，如安装巢门脱粉器时，脱粉板应紧靠蜂箱前壁，阻塞巢门附近所有缝隙，蜜蜂只能通过脱粉器进入巢内，以免影响脱粉效果。同一排蜂箱必须同时安上或取下脱粉器，不然会出现携带花粉团的蜜蜂朝没有安脱粉器的蜂箱里钻，造成偏集而导致强弱不均。

采集蜂花粉时，动作要轻，以免蜂花粉团粒破碎；采收结束后应清洁脱粉器、接粉器，以便下次使用。

第四节　蜂胶标准化生产技术

蜂胶是工蜂采集植物树脂等分泌物，与其上颚腺、蜡腺等分泌物混合形成的胶黏性物质。采集蜂胶是蜜蜂艰苦而繁重的工作，一般由壮年蜂担任，称为"采胶蜂"。采胶蜂采集蜂胶时，用它的上颚咬下胶粒，用两前足把持住；再用一只中足伸向口器下的两前足，然后用这只中足将胶粒送到同侧后足的花粉筐；当它将胶粒向花粉筐上填装的同时，又伸出前足去接应新的胶粒。蜜蜂反复剥离胶粒和向花粉筐中装填要花很长时间，最后才能满载蜂胶回到巢中，在其他蜜蜂的帮助下，蜂胶从花粉筐中取出使用。内勤蜂用上颚将蜂胶撕咬下来，并用上颚腺分泌物调制蜂胶，用蜂胶加固蜂巢、填补缝隙或送至其他需要的地方。

由于蜂胶对人体有着广泛的医疗保健作用，因而蜂胶是近二十年来国内外蜂产品生产、研究与开发的热点。

一、采胶蜂群的管理

1. 蜂种选择　东方蜜蜂不能用于蜂胶的生产。西方蜜蜂，尤其是具有高加索蜂血统的西方蜜蜂采胶性能特别好，或经定向培育的意大利蜂高产蜂胶品系采胶能力也强。所以在专业生产蜂胶的蜂场，特别要注意蜂种的选择。

2. 集胶器具　集胶器是根据蜜蜂具有向蜂巢上方积聚蜂胶的生物学特性而设计成的蜂胶生产工具。集胶器的品种很多，有竹木制或塑料制的集胶器具应用于生产中。框式格栅集胶器也是比较常见的集胶器，它由一个外框和若干个小金属棍组成。将小金属棍插入外框中，形成集胶栅栏。外框尺寸与巢框相似，厚度为巢框的一半。生产蜂胶时，将集胶器放在隔板的位置，待栅栏间的蜂胶集满后，抽出小金属棍，就可取下蜂胶。

二、蜂胶的生产

蜂胶的生产方式多种多样，包括盖布取胶、纱盖取胶、格栅集胶器取胶、巢门集胶器取胶等方式。

1. 盖布取胶　盖布取胶是一种简单易行的方法。在框梁上放一些小木棍，再放上盖布，使盖布与上框梁保持 2～3 mm 的距离，以促进蜂胶积聚。当盖布粘满蜂胶后，打开蜂箱，取下带胶盖布，用起刮刀刮取。或将盖布置于冰箱中冷冻，低温下蜂胶变硬、变脆，然后用木棒敲打盖布，蜂胶即可脱落。收集蜂胶的间隔时间长短，可依据蜂群中积胶速度快慢而定，一般每隔 15～20 d 刮取一次。

2. 尼龙纱盖取胶　蜜蜂有用蜂胶将纱盖糊严，使纱盖失去通风作用的特性。在纱盖没有铁纱的一面固定一层尼龙纱，尼龙纱靠近上框梁，蜜蜂将蜂胶涂在尼龙纱上。取胶时，把存有大量蜂胶的隔王板和铁纱盖换下来放于冰箱中速冻，然后轻轻将蜂胶敲下。

3. 格栅集胶器取胶　格栅集胶器为平行排列的板条格栅，它由两个可活动的部分组成，其中一部分板条胶合在另一部分板条的缝隙里；格栅由纵向板条、横向板条以及轴构成。横向板条宽度为 3 mm，厚度为 10 mm，采用直径 3 mm 的铁丝作轴进行固定。集胶器可放置于巢框上或蜂巢两侧进行集胶。格栅集胶器从蜂箱中取出后，可用起刮刀刮胶，在冷库中冷冻后，蜂胶变脆，易从格栅缝隙中挤压下来。

4. 巢门集胶器取胶　对于多箱体蜂群，在主要蜜源采集期，可放置巢门集胶器，在蜂箱巢门处集聚的蜂胶几乎无夹杂物。这种木制巢门集胶器，两侧用板条或竹片分隔出多个宽 3 mm 左右的缝隙，板条或竹片的结构以便于装拆和收取蜂胶为原则。

三、提高蜂胶产量和质量的措施

1. 选择采胶能力强的蜂种　根据蜂场饲养管理的需要，选择采胶能力强的意大利蜂和高加索蜂饲养。还可以选取采胶能力强的蜂群作父本和母本来人工育王，选育自己蜂场的采胶蜂群。

2. 多用尼龙纱盖、集胶器取胶　尼龙纱盖、集胶器取胶比传统覆布和铁纱盖取胶的蜂胶中蜡含量低，无铁锈污染，既省时，又高产，且质量也好。

3. 强群采胶　饲养强群是蜂胶高产稳产的基础，不仅要保持强群采集蜂胶，还要保证群内蜂多于脾，蜜粉充足，这样蜂胶才能高产。

第五节　其他蜂产品标准化生产技术

一、蜂蜡的标准化生产技术

蜂蜡，又名黄蜡、蜜蜡，是由适龄工蜂腹部的 4 对蜡腺分泌出来的一种脂肪性物质，蜜蜂用它来修筑巢脾。蜂蜡是人类最早发现和利用的天然动物蜡，也是最古老的一种蜂产品。

1. 蜂蜡的来源　蜜蜂在筑脾时，蜜囊中充满了蜜液，经过一系列生物化学反应，变成了含有复杂成分的一种液状蜡质。由蜡腺分泌以后，通过细胞孔渗出到外层的几丁质镜膜上，经与空气接触，便凝结成蜡鳞，用以修筑巢房，供蜂群贮存食料和培育后代使用。

工蜂的泌蜡能力与其日龄密切相关。8～12 日龄的工蜂蜡腺最发达，泌蜡最多。从理论上推算，蜜蜂筑脾分泌 1 kg 蜂蜡需要 3.035 kg 蜂蜜，实际消耗的蜂蜜为3.5～3.6 kg。

生产上提炼蜂蜡的原料，主要是旧巢脾和取蜜时割下来的蜜房盖，其次是平时管理蜂群和生产蜂王浆时逐渐积累的碎蜡，如赘脾、蜡瘤、雄蜂房盖、取浆时割除的台口蜡等。旧巢脾和收集的碎蜡混有茧衣、蜂胶等杂质，经过提炼去掉杂质后才能利用。蜜房盖和新赘脾的蜂蜡质量优于旧巢脾和其他碎蜡，提炼时不要混合，应分别提取。

2. 蜂蜡的提纯　蜂蜡原料中，常混有茧衣、蜂蜜、蜂花粉、蜂胶、尘土及其他机械杂质，需要及时加工提纯，以消除杂质。蜂蜡提纯时，将蜂蜡原料加热熔化，用滤网过滤，冷却后凝成蜡块。常用的方法有如下。

（1）日光晒蜡提取　将蜂蜡原料置于由双层玻璃制成的日光晒蜡器内，借强烈日光的照射，使蜡质熔化。蜡熔化后，经滤网过滤，蜡液即流入盛蜡槽中。该法不用燃料，不费人力，是一种既经济又简便的方法，但提纯效率不高。

（2）蒸煮加压提取　将蜂蜡原料放入锅内，加入 3～4 倍水，煮沸 20～30 min，随即装入尼龙编织袋或麻袋内，操作杠杆加压，榨出蜡液，冷却后即成蜡块。剩余蜡渣可重复加热榨取，直至基本取尽。

（3）加热离心提取　用离心提蜡机，通入蒸汽加热蜂蜡原料，提纯蜂蜡。该法提纯效率较高。

（4）机械热压提取　这是蜂蜡提炼厂常用的一种方法，可用来大批量加工蜂蜡原料和已经初步提取过蜂蜡的蜡渣。压榨前先将蜂蜡原料捣碎，放在水中浸泡 1 d，使其松软，盛在袋中，放入榨蜡机内，随后将榨蜡机装满水，从下面通入高压蒸汽徐徐煮沸。旋动榨蜡机顶上的螺旋丝杠使压力间歇地压到袋上，将蜂蜡榨出。

（5）超高频能提取　用粉碎机将蜂蜡原料捣碎，然后与排水物（切小的秸秆）混合，用水浸湿（2 份混合物，1 份水），装入超高频小间。向小间里输入超高频能，加热到 120～130 ℃后，对已加热的混合物挤压，使蜂蜡流入澄清槽内。

3. 提高蜂蜡产量的措施　蜂蜡的增产措施主要是给蜂群创造积极泌蜡造脾的条件，促使蜂群多修造巢脾。同时，在日常管理中注意收集赘脾、蜜盖等零星碎蜡。提高蜂蜡产量的措施有以下几种。

（1）多造新脾　旧巢脾是提取蜂蜡的主要原料，筑造 1 张新脾可以生产 50～70 g蜂蜡，在蜜粉源丰富的季节，应抓住有利于蜂群泌蜡造脾的时机，淘汰旧脾，多造新脾。

（2）收集蜜盖蜡　在流蜜期应尽量放宽贮蜜区中的脾间蜂路，使巢脾上的蜜房封盖加高突出。取蜜时，割下突出的蜜房蜡盖，收集后进行蜜蜡分离处理。

（3）加采蜡框　采蜡框可用巢框改制，即在巢框的 2/3 高度处钉一根横梁，再将上梁拆下，在两侧条的顶端各钉一铁皮框耳，活动框梁放于铁皮框耳上。横梁的上部用来收蜡，只需在上梁下面粘一窄条巢础，蜜蜂就会很快造出自然脾。收割后把采蜡框放回蜂群，继续让蜜蜂造脾。横梁下面镶装巢础，修造好的巢脾可供贮蜜和育虫。

（4）日常收集蜂蜡 蜂王浆生产时，每次采收均可获得一些蜂蜡。平时检查和调整蜂群时，随时收集赘脾、蜡屑、雄蜂房盖等。

二、蜂毒的生产

蜂毒是工蜂的毒腺和副腺分泌出的具有芳香气味的一种透明毒液，贮存在毒囊中，螫刺时由螫针排出。蜂毒的生产有以下几种方法。

1. 直接刺激取毒法 用手或镊子夹住工蜂的胸部或双翼，激怒工蜂让其刺入滤纸或动物膜，使毒囊和螫针留下，然后用水洗脱滤纸或动物膜，使蜂毒溶于水中，蒸发掉水分后即得粉末状蜂毒。该方法取毒蜜蜂会死亡，取到的蜂毒量少又不纯，且费工费时，不适于大量生产。

2. 乙醚麻醉取毒法 预先在一个容器里放入适量乙醚，然后将大量的蜜蜂放入此容器里。蜜蜂吸入乙醚而被麻醉，随即发生吐蜜和排毒现象，蜂毒便汇集在容器底部。取出麻醉状态的蜜蜂，经过一段时间，蜜蜂苏醒后能自动飞回蜂群。这种方法能够得到较多的蜂毒，且不牺牲蜜蜂，但取得的蜂毒也不够纯净，而且也会因麻醉深度不易掌握，难免造成蜜蜂死亡。

3. 电刺激取毒法 这是 20 世纪 60 年代以后国内外普遍采用的方法，它靠电取蜂毒器来完成。电取蜂毒器由两部分组成：一部分是控制器，其作用是产生断续电流刺激蜜蜂排毒；另一部分是取毒器，包括由金属丝制成的栅状电网，电网下紧绷的尼龙布以及尼龙布下接收蜂毒的玻璃板。当蜜蜂停在电网上时，因受控制器产生的断续电流的刺激，螫针刺透尼龙布排毒，除小部分留在尼龙布上外，绝大部分蜂毒排于玻璃板上，很快挥发成透明蜂毒结晶。

三、蜜蜂躯体的生产

蜜蜂个体发育要经过卵、幼虫、蛹、成虫 4 个阶段。各个阶段的蜜蜂躯体也是一种独特的蜂产品。目前已开发利用的蜜蜂躯体产品主要有蜂王幼虫和雄蜂蛹。

1. 蜂王幼虫 蜂王幼虫又称蜂王胎，是生产蜂王浆时从王台里的王浆表面取出来的幼虫，6～7 日龄（从卵开始），属生产蜂王浆的副产品。生产 1 kg 蜂王浆可收 0.2 kg 左右的蜂王幼虫。

（1）蜂王幼虫的生产 在取蜂王浆时，用已消毒过的镊子轻轻地夹取王台中的蜂王幼虫，虫体为乳白色，具光泽，虫体饱满且富弹性，具有新鲜幼虫特有的腥味。夹取时要尽量保证蜂王幼虫的完整，不要将虫体割破或夹破。

（2）贮存方法　蜂王幼虫离开蜂群，置常温 2～4 h 就会变质腐败，所以幼虫贮存、保鲜是加工、生产的关键。可采用以下几种贮存方法。

① 冷冻法　将采集来的幼虫，装入已消毒的无毒塑料袋或塑料瓶内密封，放入 −18 ℃（或以下）的冷库或冰柜中冷冻贮存，该法能保持幼虫的新鲜度 2 年。

② 冻干法　将新鲜幼虫冷冻加工成干粉。蜂王幼虫干粉常温下能保存半年，冷藏达 2 年，冷冻可更长。

③ 酒精浸泡法　即将取出的幼虫用 50°～60°白酒或 75% 的食用酒精浸泡，可暂存 48 h；若浸泡幼虫超过 48 h，虫体液流失过多，营养价值会降低。

④ 二氧化碳气存法　在幼虫容器中充入高浓度的二氧化碳来进行保鲜，但该法只能暂存新鲜蜂王幼虫 3～5 d。

2. 雄蜂蛹的生产　雄蜂蛹含有丰富的蛋白质、脂肪、碳水化合物、维生素、微量元素、生物活性物质等，营养价值很高，在国际市场上很受欢迎。

（1）生产群的组织与管理　选用健康的强群是雄蜂蛹优质高产的前提，轻度分蜂热有利于雄蜂蛹的生产。首先要紧脾，使蜂略多于脾，继箱分别放 1 张蜜粉脾、1 张雄蜂脾、1 张幼虫脾和 1 张新蛹脾，巢箱和继箱之间加隔王板，将蜂王控制在继箱中；也可将蜂王关在装 1 张雄蜂脾的蜂王产卵控制器中，产一日未受精卵，24 h 后将雄蜂脾提出，取下产卵脾，记上产卵日期，将卵脾放入哺育群哺育。雄蜂蛹的最佳生产季节在春末夏初，蜂群内蜜粉充足，当群势达到 10 框以上、外界蜜粉源丰富时，就可以生产了。从产卵之日算起，21 d 为一个生产周期。群势超过 12 框以上的，可用 2 张雄蜂脾进行轮换，11 d 加 1 张脾；也可以用 3 张脾轮换，增加产量。应用多王群生产雄蜂蛹可在较短时间内获得日龄较为一致的雄蜂脾，有利于提高雄蜂蛹的产量和品质。

（2）哺育群的选择　一般生产群也可以，但蜜蜂必须密集。平箱群可哺育 1 张蛹脾，插在蜜粉脾与新蛹脾之间。继箱群可哺育 2 张蛹脾。雄蜂幼虫封盖后，也可抽出放入较弱的蜂群中培育至成熟，哺育群再加入雄蜂卵脾培育雄蜂蛹。

（3）蜂王的要求　选择产未受精卵比较多的老蜂王，专门生产雄性卵。也可以用人工育王的方法培育数只处女王，诱入 5 框左右的蜂群中，巢门前钉上隔王片，防止它们飞出交尾，到 3 日龄时把处女王装入王笼，放入玻璃瓶内，通入二氧化碳，使其麻醉，等它苏醒后放回原群。隔 2 d 再用二氧化碳处理一次，不久处女王就开始产卵，成为专产未受精卵的蜂群。

（4）生产工具消毒　采收前，工作人员需戴口罩作业，对所接触到的雄蜂蛹割刀、盛器、包装袋、操作人员的手等均需经 75% 的酒精消毒，对提取雄蜂蛹的房间提前 1～2 h 消毒，每采收一框雄蜂蛹，都要对所有器具重新消毒。

（5）雄蜂蛹的采收

① 采收时间　严格控制采收时间，意大利蜂产卵后 20～22 d 采收雄蜂蛹，若过早，含水多，太嫩，易破损，而且难采收；但太迟，雄蜂蛹的几丁质硬化，影响食用和营养价值。

② 采收方法　先提脾抖蜂，有冰柜的蜂场，可先将封盖的雄蜂蛹脾放入冰柜冷冻 5～7 min 后，将封盖的雄蜂蛹脾平放，用硬木棒敲打框梁四周，使朝上一面的雄蜂蛹震落到房底，此时雄蜂蛹蛹头与巢房盖之间便空出 3～4 mm 的间隙，接着用锋利的长刀割去房盖，再提起蛹脾用蜂刷扫净脾上的房盖、蜡屑等物，最后翻转巢脾用木棍在框梁上轻敲几下，使雄蜂蛹跌落在消毒过的容器里。

（6）提高生产效率的措施　以整张的雄蜂巢脾供给蜂群，让蜂王在其上产未受精卵，可培养出日龄比较一致的雄蜂蛹。在流蜜期按常规方法在蜂群中加入雄蜂巢础框，就可造出整框的雄蜂脾。为了获得日龄比较一致的雄蜂虫蛹，还可以按标准巢框的内围尺寸制作 3 个大小相等的小框，3 个小框外围尺寸之和等于巢框的内围尺寸。每个小框就可供蜂王产一昼夜的卵所需，采用这种小框生产雄蜂蛹可以很好地提高生产效率。

（7）雄蜂蛹的包装、标识、贮存、运输

① 包装　按照我国的法律法规要求，内包装容器材料应符合食品安全卫生要求，封口严密、牢固；按照雄蜂蛹的产品特性，运输时需要保温，方可保证虫体的冷冻状态，故外包装箱应采用无毒无害的保温材料制成。

② 标识　产品包装上应标明产品名称、产地、重量、收购单位、收购日期等内容。

③ 贮存　按照雄蜂蛹的特性，应在 −18 ℃以下的冷库贮存。不得与有异味、有毒、有腐蚀性和可能产生污染的物品一起存放。

④ 运输　按照雄蜂蛹的特性，应 0 ℃以下运输，不得与有异味、有毒、有腐蚀性和可能产生污染的物品同装混运。

（胡福良）

第九章 蜜蜂授粉蜂场的标准化饲养管理技术

第一节 蜜蜂授粉产业发展现状

一、国外授粉产业发展现状概述

1. 政府重视，授粉增产效果得到社会广泛认可 在欧美等发达国家，蜜蜂授粉作为一种专业化、商品化的产业很早就受到政府的高度重视并有相应经费支持。以蜜蜂授粉产业最发达的美国为例，蜜蜂授粉每年可创造约 150 亿美元的价值，为保证蜜蜂授粉为农作物授粉的增产效应，政府制定了相应的法律法规以促进授粉产业的顺利发展，此外，还设立了很多与授粉相关的推广项目或基金，为蜜蜂重要性的普及和蜜蜂产业的可持续发展起到了重要的推动作用。

英国、法国的情况与美国基本相似；保加利亚、罗马尼亚等国家农业主管部门负责免费接送授粉蜂群、安排授粉场地，并给予一定的经济补贴；对养蜂者不收任何费和税，供应的饲料糖低于市价的 10%，其他养蜂所需物资也予以适当优惠。日本也十分重视蜜蜂授粉，早在 1955 年颁布的《日本振兴养蜂法》中就明确提出利用蜜蜂为农作物授粉，提高农业产量。日本目前每年用于出租授粉的蜂群几乎占其总蜂群的一半。

2. 商业租赁授粉产业发达 目前，世界养蜂发达国家普遍以养蜂授粉为主、取蜜为辅，蜜蜂为农作物授粉而产生的价值是蜂产品本身价值 143 倍。目前美国约有蜂 250 万群，其中约 100 万群出租为作物授粉。授粉蜂场除可以得到政府部门的资助和优惠政策的补贴及法律上的保护外，还可以从需要授粉的农场主那里获得以每群 170 美元的租蜂费。蜂场的收入有 90% 是向农场主出租蜜蜂，而 10% 是靠销售蜂产品的原料获得。近年来，授粉费用有所提高，原因之一是蜂群崩溃失调（CCD）引起的蜂群数量减少，导致授粉蜂费用增加，另外作物种植面积的扩大导致授粉蜂群相对不足。

3. 授粉服务机构完善，授粉产业信息化 欧美国家对家养蜜蜂传粉的研究和技术推广工作极为重视，专门成立了蜜蜂授粉服务机构，建立了一整套措施，将蜜蜂授粉广泛应用于谷物、水果、牧草、花卉等各种作物。美国农业部 1947 年就建立了蜜蜂实验室用于科研及蜜蜂授粉服务，并集中力量用于家养蜜蜂和野生蜜蜂对农作物授粉的研究，并制定了一套从种类调查到应用的研究方案。为充分发挥蜜蜂授粉的增产作用，并保护养蜂者的利益，1994 年美国农业部的农业研究中心决定在国家 5 个重点研究室中的 2 个实验室专门研究蜜蜂授粉与杀虫剂对蜜蜂的影响，解决温室作物授粉应用、野生授粉蜂种的人工饲养和周年繁殖以及蜜蜂保护等相关技术。此外，积极开展授粉专用蜂种的培育，同时培育花朵形态适于蜜蜂采粉的植物新品种。美国商业性授粉专业蜂场还可利用美国国防部公共卫星网络提供的卫星全球覆盖系统，通过 GPS 来确定蜂场（蜂群）的位置。在授粉应用方面，特定作物授粉需求信息可以由政府相关部门免费提供，完全实现了授粉产业信息化。

二、我国蜜蜂授粉产业发展现状

1. 政府重视程度逐年提升　21 世纪以来，国家对蜂业发展更加重视，2005 年养蜂业被正式写入《中华人民共和国畜牧法》。2008 年，蜂业被纳入"国家现代农业产业技术体系"；2009 年，习近平主席对蜜蜂授粉的"月下老人"作用做了重要批示。随后，2010 年初农业部出台《农业部关于加快蜜蜂授粉技术推广促进养蜂业持续健康发展的意见》和《蜜蜂授粉技术规程（试行）》两个重要文件，制定了新中国成立以来第一部《全国养蜂业"十二五"发展规划》，为养蜂业发展指明了方向。

另外，2010 年将蜜蜂运输列入绿色通道，2011 年农业部设立公益性行业专项支持蜜蜂授粉技术研究；2013 年农业部召开专题会议强调蜜蜂授粉的重要性；2014 年农业部启动了蜜蜂授粉与绿色植保增产技术集成与应用示范工作，这些对促进我国授粉产业发展有着重要意义。

2. 蜜蜂授粉产业摸底调查有条不紊地展开　蜜源植物是发展养蜂生产的物质基础，调查和掌握各地区的蜜源植物的种类、数量、分布及开花流蜜规律，是进一步发展和规划蜂业的基础，也是授粉产业化的前提。目前以各省份科研及管理部门为主开展的调查范围涉及中国北方的北疆地区、内蒙古、东北、甘肃、华北，南方的大巴山、神农架、四川、重庆、海南等地。很多地区在蜜源调查的基础上，进行了载蜂量的预测，为合理规划本地蜂业发展、保护蜜源植物提供了理论参考。在综合各方调查数据的基础上，基本摸清我国养蜂业现状，调查显示我国现有蜜粉源植物 5.6 亿亩*，至少可容纳 1 500 万群蜜蜂，而截至 2020 年，我国饲养蜂群的数量也已达到 1 442 万群，约占全世界蜂群总数的 1/8，因此，我国授粉产业的发展空间非常巨大。

3. 蜜蜂授粉技术研究取得长足发展　国家蜂产业技术体系在"十二五""十三五"期间开展了油菜、苹果、梨及设施作物的蜜蜂授粉技术及授粉蜂种的繁育、开发、利用等研究并取得以下进展。

（1）实用授粉技术研究

---

*　亩为非法定计量单位，1 亩≈667 m²。

①　油菜蜜蜂授粉技术研究　进行了黄土高原油菜的开花生物学特性、油菜访花昆虫的调查及影响因素、蜜蜂采集油菜花的方向性及采集范围等项内容的研究，为油菜生产中合理、高效利用蜜蜂授粉提供了理论依据及技术指导，农民利用蜜蜂为油菜授粉可以增产10％～47.5％，以此为据制定了《油菜蜜蜂授粉技术规程》（DB51/T 1468—2012）。

②　苹果蜜蜂授粉技术研究　开展了苹果蜜蜂授粉增产机理、不同规模蜂场及不同摆放方式对蜜蜂授粉效果的影响等研究内容，并结合生产实际进行了无授粉树蜜蜂授粉强度和授粉树配置不足条件下的授粉蜂数量等实用技术的研究，研究内容紧密联系生产实际，能够有效解决苹果生产中的技术难题，形成的技术全面、系统，为苹果蜜蜂授粉技术的推广、应用提供了技术支撑，苹果应用蜜蜂授粉技术增产幅度在5％～30％。

③　梨树蜜蜂授粉技术研究　进行了授粉蜂群最佳入场时间、授粉蜂最佳配置数量、不同授粉方式对梨树坐果率的影响等实用技术的研究，又针对梨树生产中授粉树配置不足的问题，研究了蜜蜂通过特殊装置携粉为梨树授粉及梨树生产期间合理用药的授粉蜂群安全技术，内容翔实、数据可靠，形成的技术实用、可操作性强，梨树增产15％～30％，节约人工授粉成本40％，获得了广大梨农的普遍认可。

（2）授粉蜂种开发利用

①　熊蜂繁育技术的研究　开展了本土熊蜂的饲养技术研究，成功筛选出6种本土优势种熊蜂，重点进行了饲料对蜂群的生长发育的影响研究，在此基础上对饲料筛选、优化，为本土熊蜂的利用奠定了基础。

②　农药及虫害对授粉蜂影响的研究　完成了不同地区野生熊蜂种类微孢子虫的寄生率调查及鉴定及熊蜂对6种农药敏感性检测，为熊蜂的健康繁育及合理利用提供保障。

（3）授粉资源信息库的建立　构建"中国熊蜂种质资源信息数据库"，完善、更新"蜜粉源植物数据库"，为授粉资源的查询、利用提供平台。

第二节　授粉蜂群繁育

一、重要授粉蜂的种类

1. 中华蜜蜂（*Apis cerana cerana* Fabr.）　简称中蜂，是东方蜜蜂的一个亚种。

广泛分布于我国华南、西南、中南、西北、华北及东北等地。是我国南方主要饲养的土著蜂种。

由于中蜂活框饲养技术的成功推广，中蜂成为南方省份的一个重要的授粉蜂种。研究表明，中蜂可以有效地为果树、水稻、籽莲等作物授粉，并取得明显的增产效果。

由于中蜂善于利用零星蜜源，能节约饲料，适应性强，抗寒耐热，环境恶劣时能节制产卵量，适于果园定地饲养，可用于为果树和温室各类蔬菜授粉。

2. 西方蜜蜂（*Apis mellifera* L.）　我国饲养的西方蜜蜂大多是意大利蜂。此外，还有一部分其他蜂种，如喀尔巴阡蜂、卡尼鄂拉蜂、高加索蜂、东北黑蜂、新疆黑蜂等。

意大利蜂（*Apis mellifera ligustica* Spin）广泛分布于全国各地。由于意蜂群体大，喙长和易于管理，因此是国内外利用的主要授粉蜂种。意蜂除了能为果树及其他作物授粉增产外，还能成功地被应用于为温室内蔬菜授粉，并取得明显的效果。我国常应用意蜂及其杂交种为大田作物和温室保护地授粉，均取得明显的增产效果。

3. 熊蜂（*Bombus*）　熊蜂是蜜蜂科熊蜂属的社会性昆虫，广泛分布于北半球，一些种甚至在北极圈北部生存。在北温带地区最为集中，熊蜂属全世界有 500 余种，在我国约有 150 种。

熊蜂群是由一只蜂王、若干只雄蜂及数十只性发育不全的雌蜂构成的。通常，每一个熊蜂群相对较小，如 *Bombus terrestris* 是一种大型的在地下建巢的熊蜂，每群有 400 只左右的工蜂。但大多数种每群只有几十只熊蜂，较小的熊蜂群每群只有 20～30 只工蜂。

蜂王是受精的越冬雌蜂，与第一批春夏之交的工蜂，在大小上有极大的差异，而与以后出巢的工蜂在外形上几乎没有什么区别。各种熊蜂都有大型蜂王和小型蜂王，在体重上相差 1～4 倍甚至更多。熊蜂王寿命包括越冬期在内平均为 1 年，活动时期为 3～5 个月。熊蜂群内主要一批熊蜂王在夏末出现。每一个熊蜂群都是先产生几代性发育不全的雌蜂（即工蜂）后，性发育完全的熊蜂才孵化。首先是雄蜂孵化，继而是性发育完全的雌蜂（处女王）孵化，之后，经过交配，在来春开始新蜂群之前，它们将冬眠越冬。

当交配过的年轻蜂王从冬眠中苏醒后，蜂群的生命周期就开始了。起初，蜂王在阳光下取暖，此时她的卵巢管小而呈流线型。但经过饲喂 3 周后，卵巢开始增大并产下第一粒卵。接着，出现性发育不全而且身体较小的工蜂，蜂巢开始变大，这些工蜂除了不能帮助蜂王产卵以外，承担着蜂群的全部工作，蜂群的生活开始出现。夏季，蜂群的生活变得更加复杂，到了秋季，雄蜂和性成熟的雌蜂发育并交配。交配了的雌蜂放弃蜂巢而去独居，雄蜂及发育不全的雌蜂则死亡。

熊蜂以植物的花粉和花蜜为食，全身长满毛茸茸的长毛，并有采集花粉的专门器官，能携带大量花粉穿梭飞行于花间，帮助植物传授花粉。它的喙很长，能吸取到窄而深的花冠底部的花蜜，这是一般昆虫难以做到的。一只熊蜂一天能采访2 000～3 000朵花，采集范围可达数千米。

经过认真仔细的研究，科学家们发现，熊蜂具有数种使其成为重要授粉昆虫的特性，例如，长吻以及它们旺盛的采集力和对低光密度的适应力。蜜蜂与熊蜂之间的一个重要差异，是蜜蜂的工蜂之间可以相互交流温室外可选择的蜜源信息，当对蜜蜂有吸引力的食物源——某种作物开花时，蜜蜂可能大量地离开温室而不采集温室内的作物。熊蜂却没有像蜜蜂这样发达的信息交流系统。因此，大多数熊蜂仍留在温室内或返回温室，同时，熊蜂对零星花朵的采集力也很强。

鉴于熊蜂的这些特性，西方发达国家的一些科研单位开始研究周年繁育熊蜂的方法，并已取得成功，现已进行工厂化生产。用于为红三叶草、苜蓿、果树、棉花等作物授粉，效果十分理想。尤其是利用熊蜂为温室内蜜蜂不爱采集的番茄授粉，效果更为理想，很受菜农欢迎。因此，西方许多国家温室内作物大多利用熊蜂授粉。利用熊蜂授粉，操作十分简单。通常，只需要将80只左右的熊蜂群饲养于一只15 cm×12 cm×12 cm的巢箱内即可达到授粉目的。

我国是一个农业大国，随着科学技术的日益发展，薄膜温室技术在广大农村普及率很高。据统计截至2018年，我国各类设施面积有5 000多万亩，而且，许多农作物都需要异花授粉才能成熟，尤其是当严冬来临之际，温室内几乎没有自然界的授粉昆虫，授粉的迫切性十分突出。玻璃或塑料温室种植果菜类蔬菜，形式上是与外界隔离的，四周设有防虫网，特别是冬春季节缺乏自然授粉昆虫，使虫媒植物为主的温室作物授粉受到严重影响，座果率很低。为帮助授粉，各地采用的方法往往采取激素点花、竹竿击打主茎、电动授粉器振动以及鼓风机吹风等手段辅助授粉，这些做法虽有一定效果，但都存在不同的弊端，如激素点花易导致果实畸形、品质差，费工费事，劳动强度大；有时还会产生药害，果实上激素残留影响食用者健康；竹竿击打及鼓风机吹风相对较省工，然而效果不甚明显，用电动授粉器增产效果最多不超过15%，需每天操作，且容易造成植物伤痕，引发病害感染。为弥补设施农业授粉缺陷，目前世界农业发达国家均采用工厂化繁育的熊蜂为果菜作物授粉，完全克服了传统授粉所带来的弊端。

利用熊蜂为温室内果菜授粉有下列几方面优点：①增加产量。熊蜂对番茄花粉的特殊颜色及挥发气味特别敏感，会在最佳授粉期去"亲吻"每一朵花，达到最佳授粉效果。实践证明，通过熊蜂授粉可提高产量15%～35%，比任何其他授粉方法都增产明显。②提高品质。由于熊蜂会在花粉数量最多、活力最强时授粉，使大量的花粉落到柱头上并发育受精而形成更多的胚珠，从而形成更多的种子。种子越多，果肉越厚、果实越大、质地越坚实，产量品质也就提高。③省时省力。授粉工作由熊蜂完成，不需人工。蜂箱由天然材料专门设计制造的，适合熊蜂的生存，配备1～

2个月的食物，一旦放入，就无需任何管理。④减少果菜类蔬菜的污染。放蜂后会减少有毒农药的使用，而增加对低毒高效的安全性农药的使用，以及有意识地偏重于生物防治。特别是杜绝了植物生长激素的食用和在果菜类蔬菜上残留的可能，有利于消费者的健康。

一只熊蜂1 min可访问17朵花，柱头变棕色为授粉，未变色为没有授粉。实验资料表明：用熊蜂为番茄授粉，座果率可达98.16%（震动棒座果率为90.16%，蜜蜂授粉座果率为75.89%，对照为60.87%），产量增加30%～35%。熊蜂为茄子授粉单个果重达140.85 g（震动棒为98.58 g，蜜蜂为90.30 g，对照为75.54 g），熊蜂授粉比震动棒增产35.9%，比用激素增产51.3%。

综上所述，在我国农业现代化进程中，熊蜂授粉将成设施农业不可缺少的配套技术，也将是我国生态农业和可持续发展农业的重要组成部分，理应得到足够的重视和扶持。

需要指出的是，熊蜂周年繁育技术是一项技术含量很高的工作，不但对环境条件诸如温度、湿度、饲料等有严格的要求，而且还要注意防治可能发生的病虫害。由于熊蜂是在人工繁育的条件下，多为在某一固定场所的集约化饲养，一旦传染病虫害，将会迅速蔓延，给熊蜂群造成毁灭性的危害。因此，定期对饲养场所、饲料、巢箱、饲喂器等用具进行严格消毒，是保证熊蜂群健康成长的必要条件。

4. 大蜜蜂（*Apis dorsata* Fabr.）　又称排蜂，是分布于我国云南南部、广西南部、海南岛和台湾的一种大型野生蜜蜂。

大蜜蜂体大、吻长、飞行速度快，是热带地区的一种宝贵的授粉蜜蜂资源。印度已成功地将其箱养，可以转地。大蜜蜂可以为多种植物授粉，尤其是对砂仁授粉效果特别显著。

5. 小蜜蜂（*Apis florea* Fabr.）　主要分布于云南中部以南地区、广西西南部以及东南亚地区。

小蜜蜂属于社会性小型蜜蜂，数量多，体积小而灵活，可以深入花管为植物授粉。据报道，小蜜蜂可在短期内进行人工饲养，但当外界蜜源缺乏时，常弃巢飞逃。可以进一步研究进行人工驯化，利用其为作物和果树授粉。

6. 无刺蜂（*Trigona*）**和麦蜂**（*Melipona*）　蜜蜂总科中许多无刺蜂和麦蜂是社会性昆虫。一些种群中可以由约8 000只个体组成；而另一些种群则由少于100只个体的蜂组成。无刺蜂属和麦蜂属是两个很重要的属，它们广泛分布于世界上热带和亚热带地区，可以为多种作物授粉，可以长时间生产蜂蜜和蜂蜡，是很有开发潜力的授粉蜂种。

雌蜂具有弱的或发育不全的螫针，但不会造成疼痛，因而称为"无刺蜂"。一些蜂种上颚发育强壮，足以咬人一口或拉毛发。另一些种则可以从口器中发射腐蚀性液体，若接触到皮肤会引起强烈的疼痛。然而，多数种并不招人讨厌，人们可以安全、容易地控制它们。

人类饲养无刺蜂已有几个世纪。最初，蜂群是被养在瓠果、树干或相似的巢穴中，后来改进了巢箱，以便于管理和转运。体积为 0.3 m³ 的巢箱足够容纳 3 000～5 000 只蜂。如果需要的话，还可以增大巢箱空间以容纳较大的蜂团。

无刺蜂为农作物授粉有如下几方面的优点：① 无刺蜂不蜇人，因而不会伤及附近的人或动物。② 无刺蜂一年中可采集到数量可观的花蜜和花粉，因而肯定采集和访问许多花朵。③ 可以像蜜蜂那样被人们饲养于蜂箱内。④ 蜂巢小，易于管理，相对便宜。⑤ 蜂群不会成为无王群。

无刺蜂的缺点是：①不能适应寒冷的天气，因而仅限于热带及亚热带地区。②副产品的数量比蜜蜂少得多。

7. 切叶蜂（*Megachile*）　切叶蜂的种类较多，其中分布广、数量多、效果好的有苜蓿切叶蜂（*Megachile rotundata* Fabr.）、淡翅切叶蜂（*Megachile remota* Smith）、北方切叶蜂（*Megachile manchuriana* Yasumatsu）等。

切叶蜂营独栖生活，每年繁殖 1～2 代。寡食性或多食性，采访苜蓿、草木樨、白三叶草、红三叶草等多种豆科牧草，也常见采访薄荷、益母草、野坝子、香茶菜等唇形科植物，采访速度快，每分钟 11～15 朵花。雌蜂能将花朵打开，用"腹毛刷"采集花粉。当切叶蜂钻进花朵采集花蜜时，花内的柱头很容易接触到切叶蜂腹下的腹毛刷，从而接受很多的花粉，完成授粉。

雄蜂早于雌蜂 5 d 羽化，雌蜂一羽化就交配，尽管雄蜂可交配多次，但雌蜂只交配一次。据报道，每公顷苜蓿地可用大约 4 000 只雌蜂在 3 周内完成授粉工作。

一只雌蜂在其生活周期内可以生存 2 个月并能产 30～40 粒卵。从巢房中孵化出的成蜂有 2/3 是雄蜂。卵经 2～3 d 孵化，并且幼虫是在巢房中吃食物，继续发育，在产卵后 23～25 d 羽化为成虫。国内外科研人员已经成功地研制出一套切叶蜂繁殖设备及管理技术，并在生产上广泛应用。

研究人员发现，以松木为材料，孔径为 7 mm 的蜂巢板组装的蜂箱最好，在这种蜂箱中，可以比较经济地繁殖出雌蜂比例高、个体大、授粉能力较强的蜂。蜂茧在 5 ℃冰箱中贮存越冬，翌年初夏取出，在 29～30 ℃的孵蜂箱中孵育，在苜蓿留种地的初花期释放于田间。每亩用蜂 1 500～3 000 只，可以提高苜蓿的异花授粉率，种子增产 50%～100%。

切叶蜂用来为农作物授粉有许多优点，尤其是在为苜蓿授粉上表现出色。操作者可以放心、安全地管理切叶蜂，而不必担心被蜇。切叶蜂繁殖速度很快，采集范围仅限于所在的场所，在未发育期可被方便而经济地运输，而且，不需要像对蜜蜂那样进行持续的护理。切叶蜂可以被运到所需要的任何地方去授粉。由于其卓越的授粉功能和便于管理与运输的特点，正越来越受到各国政府的重视，正在形成一个新的昆虫产业。

当然，切叶蜂也有它自身的局限性，它除了为苜蓿授粉以外几乎没有什么别的经济价值。

8. 彩带蜂（*Nomia*）　最典型的代表是黑彩带蜂（*Nomia melanderi*）。它是苜蓿的高效授粉昆虫，多数在具有淤泥的或具有细砂黏土的盐碱土壤上筑巢。

黑彩带蜂个体和蜜蜂差不多大，体色为黑色，带有彩虹的铜绿色条纹环绕着腹部，雄蜂的触角比雌蜂触角大得多。巢穴通常是由像一支铅笔大小的垂直通道构成，其表面可向下扩展 25 cm 深，但通常只有 7.6～12.7 cm 深。通常，一片巢脾状的蜂巢上可以排列 15～20 个巢房，每一个巢房呈卵圆形的洞，比主通道口略大，约 1.27 cm 长。首先，用土壤做巢房的内壁，然后，彩带蜂以中唇舌向巢房壁分泌一层防水的透明液体。每个巢房都被提供一个 1.5～2 mm 的卵圆形花粉球，这些花粉球是由 8～10 个彩带蜂花粉团与花蜜相混合而制成的。

成年蜂一般在 6 月底至 7 月底羽化，这主要取决于地点和季节。雄蜂比雌蜂早出现几天。在羽化前，每一个彩带蜂都被限制在它自己出生的巢房里。卵期 3 d，幼虫生长期 8 d，完全发育的幼虫休眠期 10 个月，蛹期 2 个月，硬化、成熟期的成虫期若干天。在近一个月的成虫活动期中，雌性负责建造、供应食物，并在巢房中产卵。

三叶苜蓿的花蜜和花粉构成了大多数黑彩带蜂的基本食物来源。它们也访问其他种类的植物，例如苜蓿、薄荷、洋葱、甜苜蓿、盐香柏、俄国蓟等。

黑彩带蜂可有效地为苜蓿授粉，并能提高种子作物的产量。据报道，278.7 m² 的蜂床可为 80 hm² 的作物提供授粉，而且，黑彩带蜂的租金也比蜜蜂经济得多。

但是，黑彩带蜂也有很强的局限性。例如，黑彩带蜂的筑巢地要求土壤表面下至少 31 cm 的土层必须保持湿润，因此其应用仅限于雨量大的地区。由于蜂床不能被运输，因此，被授粉的作物必须种在蜂床的附近。蜂床必须在它所需授粉服务之前的好几个月开始计划和建设。此外，蜂床极易由于洪水、捕食者、寄生者、疾病、杀虫剂和其他农业措施的影响而很快地失去。

9. 壁蜂（*Osmia*）　壁蜂是多种落叶果树的优良传粉昆虫。全世界有 70 余种。它们都属于蜜蜂总科 Apodea 切叶蜂科（Megachilidae）壁蜂属（*Osmia*），为野生独栖性昆虫。壁蜂具有耐低温、采集速度快、不需要人工饲喂、便于管理的特点，被广泛用于为果树授粉。

壁蜂大部分种类行独栖生活，但也有群体活动筑巢的习性。我国现已发现并研究应用较多的壁蜂种类主要有角额壁蜂（*Osmia cornifrons* Radoszkowski）、凹唇壁蜂（*Osmia excavata* Alfken）、叉壁蜂（*Osmia pedicornis* Cockerell）、紫壁蜂（*Osmia jacoti* Cockerell）和壮壁蜂（*Osmia taurus* Smith）五种，其中，以凹唇壁蜂种群数量大、授粉效果明显，目前已经成为我国北方果区的优势蜂种。

凹唇壁蜂一年一代，在人工驯养利用的条件下，均喜欢在芦苇管内营巢，幼虫和蛹及羽化后的成虫均在巢管内生长发育，在巢管内呆住的时间约 300 d，而羽化后经过滞育状态越冬后的成虫，一般在早春 3 月下旬破茧出房，采集花蜜、繁衍后代，在 5 月上旬，成蜂寿命结束。成蜂工作时间约 60 d。

壁蜂为果树授粉技术已在我国得到广泛应用，并取得明显的效果。

10. 木蜂（*Xylocopa*） 木蜂属于蜜蜂总科木蜂科，我国已经发现 21 种，其中有 18 种分布于云南。较为常见的是黄胸木蜂（*Xylocopa appendiculata* Smith）。体长 17～19 mm；后足扁而平，形成花粉筐；营巢于木头、竹筒里，只有一个孔道；耐寒性很强，外界气温 15 ℃时，仍能到处采集花粉。体大舌长，能携带大量花粉，授粉效果较好。据研究，木蜂能为菜豆、白芸豆、瓜类、果树、蔬菜、牧草等授粉。但木蜂尚未被人类成功驯化。

11. 无垫蜂（*Amegilla*） 常见种类是绿条无垫蜂（*Amegilla zonata* L.）体长 13～14 mm，腹部背板上有鲜艳的绿色绒毛带，吻很长，可 7～8 mm。生活能力强，动作灵活、敏捷，采访一朵花只需 2～3 s，授粉效果很好。可为南瓜、向日葵、木槿、红三叶草、砂仁、油菜、甘蓝、荞麦、菜豆等 46 种植物授粉，有待于进一步研究、驯化。

12. 地蜂（*Andrena*） 常见的种类有黑地蜂（*Andrena carbonaria* Fabr.）、白带地蜂（*Andrena albotascita* Thoms）等。体长 7～10 mm，全身密被绒毛，雌蜂后足转节具有毛刷，为采粉器官。据观察，地蜂可为苜蓿、向日葵、桃、紫薇、山梅等 16 种植物授粉，并且授粉效果较好。值得一提的是，有几种地蜂在长期协同进化中适应了油茶的生化特点和物候特点，能够在油茶林中大量繁殖，如油茶地蜂每平方米有 200 多只，可有效地为油茶授粉而不用担心授粉中毒问题。

可以设想，若能成功地将地蜂进行人工饲养并在生产中加以应用，必将产生明显的经济效益和社会效益，其应用前景乐观，有待于进一步深入研究。

二、授粉蜂群的繁育

随着设施农业的发展和蜜蜂为农作物授粉增产技术的普及，种植业者在冬春季节花钱购买或租用蜜蜂为温室作物授粉的情况越来越多。因此，为满足实际工作中市场对于授粉蜂群的需求，及时培育适龄的授粉蜂群、及时满足用户需求是实现蜜蜂授粉产业化的重要基础性工作。

1. 授粉蜂种的选育 冬春季节室外温度通常较低，因此，建议筛选产卵力强、群势大的意大利蜂和抗寒能力强、采集力突出的喀蜂进行杂交，其杂交王进入棚室后产卵积极，工蜂采集积极性强，有利于为棚内作物授粉。

2. 育王时间 北京地区通常在 8 月中旬开始育王，这样培育出来的工蜂将在 10 月份进入越冬期，当蜂群在 12 月或翌年 1～2 月进入温室为草莓、大桃、西瓜等作物授粉，则工蜂全部都是适龄蜂，能够减少工蜂撞棚损失，并且提高蜂群授粉效率。

3. 蜂群的组配　每群蜂需要配置 3 张蜂脾，包含 1 张幼虫脾、1 张封盖子脾、1 张蜜粉脾、1 只新产的杂交蜂王；蜂群群势为 2 足框；将蜂群放入由聚乙烯泡沫材料制成的微型授粉蜂箱内即可。

4. 进棚时间　种植业者在接到授粉蜂群后，在傍晚时分将蜂箱放入棚室中间位置，然后把巢门打开。

5. 蜂群进棚后的管理　在花期严禁对作物喷农药，否则将对蜜蜂造成毁灭性的伤害。此外，要检查蜂群饲料情况，若发现缺粉和缺饲料，要及时给蜂群补充花粉和 50％浓度的糖水。

第三节　授粉蜂群出售与出租

一、授粉活动的组织与协调

推广蜜蜂授粉技术与推广农药、化肥等其他独立性较强的技术不同，除了引用技术者本身外，还需要外界条件的配合，因此组织和协调是大面积推广蜜蜂授粉技术至关重要的一个环节。

（一）协作方式

从经济利益原则，可将协作形式分为支持农业型、互相依赖型、租蜂授粉和自养蜂授粉 4 种形式。

1. 支持农业型　在蜜源比较好地区，养蜂者自主前往采蜜而完成授粉。这种合作主要是对流蜜比较好、面积比较大的作物而言，养蜂者是自愿去的，农民并没有表示欢迎，所以养蜂人员首先应主动宣传蜜蜂授粉的增产作用和防止蜜蜂中毒的注意事项。同时要注意周围环境的变化，若遇到打农药等不利条件时应积极主动和对方协调，请求支持，否则应转移。

2. 互相依赖型　在蜜蜂授粉逐渐被人们认识的情况下，一些蜜源比较好但又需要蜜蜂授粉的作物，在开花之前，农业主管部门为了增加产量，提高经济效益，会积极地向养蜂场发出邀请书，希望进场采蜜授粉，农业主管部门在授粉期间不向蜂场收取任何费用。有时还通过帮助选择场地，承诺不打农药等各种方式给养蜂者提供方便，花期结束后，积极为蜂场安排运输，帮助他们尽快转移。养蜂场通过采蜜获得一定的经济收入，因此他们不向农业主管单位和个人收取费用。

3. 租蜂授粉　有些地方对蜜蜂授粉已有了充分的认识，通过蜜蜂授粉已获得明显的经济效益。他们种植的植物，蜜粉欠佳，不能满足养蜂人的经济利益，养蜂人不愿无偿授粉，农作物种植者只能通过租用蜜蜂的办法，给养蜂者一些经济补偿。目前在蔬菜制种方面以及果园都采取这种合作方式。

4. 自养蜂授粉　在蜜蜂授粉季节因交通不便或租蜂难以实现，再加上本地常年都有需要蜜蜂授粉的作物，租蜂授粉在经济上又不合算，为了保证自身的经济利益，提高农作物产量，又有些单位和个人采用自养蜂的办法解决授粉问题。

（二）保证授粉顺利进行的措施

为了保证蜜蜂授粉技术能够顺利实施，并不断扩大授粉面积，取得显著的社会效益和经济效益，现将几项关键措施及操作方法分述如下。

1. 加强宣传　提高广大农业领导、技术干部和农民对蜜蜂授粉增产效果的认识，让更多的人了解和掌握这一技术。首先应积极争取将蜜蜂授粉增产技术列入各类农业院校的教材中，其次利用新闻媒体广泛宣传，在有关农业类报刊上发表相关研究结果，不要仅限于养蜂报刊。让蜜蜂授粉走出养蜂人研究、养蜂人推广的小圈子，这样可以教育一批人，使他们充分认识到蜜蜂授粉在农业生产中的重要位置，以便在推广授粉技术过程中积极配合，创造适宜的条件，扩大蜜蜂授粉效果。

2. 组织示范　让农民亲眼看到蜜蜂授粉的增产效果，是大面积、大范围推广蜜蜂授粉的有效措施。研究授粉成果的试验应设在农户或果园，让科意识比较强的农民参与，试验结束后，邀请当地农业行政部门组织现场观摩会，用事实教育农民和农业科技干部，这是最有力的推广手段。

3. 政府部门协调　大田作物推广蜜蜂授粉不是一家一户的问题，蜜蜂飞行范围大，直接受益者不固定，独家果农难以实施，这就需要几家、几十家甚至几百家联合租用，各家的认识程度不同，更难以实施。除了投资者不能获得一定收益的因素外，投资者引入蜜蜂后，有些农户不配合，在花期喷药，造成蜂群死亡，所以必须有政府部门出面协调，在一个村或者距离较近的几个村内，授粉作物相同的村庄应联合行动，大力推广生防技术，在花期不要施化学农药，如果有私自施药者，应给予处罚。

二、授粉蜂群的出售与出租

随着我国设施农业的普及和人们对蜜蜂为农作物授粉增产、提质作用认识的不断提升，种植业者愿意花钱买蜂或租蜂为农作物授粉的情况越来越多，因此，有必要对授粉蜂群的出售或出租行为进行规范，以避免日后出现不必要的法律纠纷。

1. 蜂群的出售　在实际工作中，有的种植业者为了日后能够长期使用蜜蜂为农作物授粉，因此有意向蜂农购买相应数量的蜜蜂作为授粉蜂群，在这种情况下一般是买卖双方随行就市，根据双方的约定达成协议成交。

一般授粉蜂群买卖协议应该包含以下内容：①蜂群购买方单位、姓名、地址、联系方式；②蜂群出售方单位、姓名、地址、联系方式；③成交蜂群的数量、蜜蜂的品种、蜂群健康状况、蜂群群势（蜜蜂足框数、子脾框数等）、单群成交价格；④蜂群购买方签字（盖章）；⑤蜂群出售方签字（盖章）；⑥签字日期。

2. 蜂群的出租　在实际工作中，最为常见的就是租用蜜蜂授粉，而租用蜜蜂授粉最为关键的一个步骤就是要签订蜜蜂授粉合同。为了保护养蜂人和农民双方的利益，使授粉工作顺利进行，双方应事先签订书面合同，将双方的责任在合同中载明，便于双方共同遵守。在合同中应明确以下几个主要内容。

（1）合同的主体　在合同中应写清养蜂者和租用者的单位、姓名、地址、联系办法。

（2）蜂群数量和标准　双方应根据作物确定蜂群数量和蜂群标准。蜂群是以群计，易直观控制。蜂群标准很关键，是蜂群授粉效果好坏的主要指标。麦格雷戈等（1979 年）建议采用群势单位来计算，即蜂群内有 1 框足蜂或者有 1 框封盖子脾就是一个单位，例如，一群蜂有 17 张满蜂巢脾，其中 8 张上面有封盖子，则蜂群有 25 个单位。春季授粉蜂群的授粉单位要求在 15 个左右，但夏秋季应高些，以 25 个以上为宜。还有人提出将子脾面积（数量）作为蜂群授粉能力等级的标准。不论采用哪一个标准，都应该在合同中明确规定。一般情况下，蜂群运到以后，租用者可随机抽查，对蜂群评定等级。

（3）租金的标准和支付方法　在合同中应载明每群蜂或授粉单位的租金，蜂群到授粉地后，双方对蜂群质量和数量共同鉴定，然后与合同指标对照。在合同中还应约定租金支付办法，一般采用预付、到场支付 50％或者授粉完成后一次性支付 3 种方式。

（4）进入授粉场地的时间　可采取提前准确约定，指定在几月几日至几日到达；也可采用合同预约大概时间，准确时间另行约定。但最重要的是约定授粉总时间为多少天，若超过应补付租金。一般进场时间应根据授粉对象来定，梨树、果树以 25％的花开放时蜜蜂运到最好，樱桃一开花就应进场。

（5）养蜂者在授粉期间的责任　应将蜂群调整到最佳的授粉状态，加强管理，保证有足够的蜜蜂出巢采花授粉。

（6）租用者的责任　应保证在授粉期间不喷洒农药，并说服邻居也不喷洒农药，若违约应承担一定的责任，并负责协调解决养蜂人与当地有关机关或个人的矛盾。

授粉合同的内容及格式如下：

授 粉 合 同

蜂群饲养者姓名：

住址：

电话：

栽培者姓名：

住址电话：

租赁或购买蜂群的种类：

数量：

租赁或购买蜜蜂每群单价：

额外搬运蜂群的报酬和其他费用：

金额合计：

作物名称：

作物地点：

蜂群摆放位置：

栽培者同意：

1. 限_____天前通知把授粉蜂群运进作物地。

2. 限_____天前通知把授粉蜂群运走。

3. 授粉蜂群运到作物地时付给佣金或租金总额的一半。

4. 运到蜂群后_____天内付清全部佣金或租金。

5. 过期未付，按每月付给金额5％的利息。

6. 除非得到蜂群饲养者的允许，在租用蜂群期间不得在作物上喷洒有毒杀虫剂，如果邻居喷洒毒剂要预先告知养蜂者。

7. 提供无污染的蜜蜂饮水站。

8. 担负由于牲畜的损坏或摧残所造成的损失。

9. 蜂群在作物地时，承担公众被蜂蜇刺的责任。

蜂群饲养者同意：

1. 栽培者检查时，打开随机选定的蜂群，并显示其群势。

2. 为了有效授粉，在作物放置授粉昆虫有一个必要的时期，估计约需_____天，最长需_____天，过期后就搬走授粉蜂群或另续合同。

3. 在为作物授粉期间，保证授粉蜂群放置在适宜的地方，保持蜂群处于良好状态。

鉴定者：

栽培者：

授粉蜂群饲养者：

日期：

第四节　授粉蜂群管理

一、授粉蜂群设备及管理

1. 蜂箱　近几年来我国保护地栽培果树和瓜类面积越来越大，都需要采用蜜蜂授粉，但目前使用的蜂箱存在着诸多缺点：体积大，从棚内搬进搬出不方便；昼夜温差大，蜂箱保温性能差，不利于蜂群繁殖；成本高，费用大，不适合农民管理。研制一种体积小、重量轻、蜂数量合适、保温性能好、防潮湿、造价低的蜂箱势在必行。建议蜂箱的内部尺寸为：长 510 mm，宽 180 mm，高 280 mm。为了达到既保温、重量轻，又防潮的目的，可采用发泡塑料外覆聚乙烯膜。

2. 巢门饲喂器　实验证明，由辽宁喀喇沁左翼蒙古族自治县畜牧局张文礼设计的饲喂器，作为授粉蜂群喂水、喂蜜饲喂器较为理想，一般情况下用来喂水，在缺蜜时刻用来喂蜜。

3. 大田授粉蜂群的管理技术　蜜蜂经过越冬期后，进入春天的缩脾、保温、治螨、奖励饲喂、加脾等工作，壮大了群势。这时外界需要授粉的植物先后开花吐粉。由初花期到盛花期，蜂群逐步投入授粉。授粉植物开花前，应组织好授粉群。授粉群的组织方法最好是从辅助群中陆续提老蛹脾加到主群中组成，最好在盛花期前 5 d 左右完成。转地饲养的蜂群应到授粉场地后再组织。

（1）油菜授粉的蜂群饲养管理

① 南方油菜花期的蜂群饲养管理　南方的油菜籽在 1～2 月开始开花，这时天气还较寒冷，外界的野生授粉昆虫少，主要靠蜜蜂为之授粉，所以要尽量想办法让蜂群尽快壮大起来。注意奖励饲喂和保温，促使蜂群尽快养成强群。这时蜂王产卵力增强，3～4 d 能产满一个巢脾，产满一脾后及时再加优质空脾，空脾先加在靠巢门第二脾位置，让工蜂清理，经过 1 d 后再调整到蜂巢中心位置，供蜂王产卵。将蛹脾从蜂巢中心向外侧调整，正出房的蛹脾向中心调整，待新蜂出房后供蜂王产卵。蜂群发展到满箱时进行以强补弱，弱群的群势很快就壮大起来。在油菜花盛期到来前 10 d 左右进行人工育王，培育一批新蜂王作分蜂和更替老蜂王。为避免粉压子圈并提高蜜蜂授粉的积极性，可在晴天 9:00～12:00，进行脱粉。

② 北方油菜花期的蜂群饲养管理　南方油菜授粉结束后，北方的油菜才接着开花，一般花期在 6～7 月份。场地要选择有明显标记的地方，以利于蜜蜂授粉。转地进场时间要在盛花期前 4～5 d，如前后两个需要授粉的油菜相差只有几天，为了赶下一场地的盛花期，就要提前退出上一场地的末花期，这样才有利于油菜籽的增产。如前后两个场地油菜开花期相间时间长，可以先采别的蜜源后再进入油菜授粉场地。

通常油菜都比较集中，为了便于蜜蜂授粉，最好将蜂群排放在油菜地边田埂上或较高的地方，以防雨天积水。

（2）柑橘授粉的蜂群饲养管理　柑橘花经常有蕾蛆危害，果农常喷农药防治病虫害，蜜蜂常中毒死亡。所以，蜂群要等喷过药后4～5 d再进场地。蜂群到场地时，应选择离树几十米以外的地方安置蜂群，不要放在果园中的树下，避免农药毒害。要经常和有关部门联系，了解喷药情况以便事前采取防范措施。盛花期遇到喷药要在当天早晨蜜蜂还未出巢门前关上巢门，等喷药后当天晚上再打开巢门，这样就可以减轻中毒。若在末花期喷药，应及时转地到下一个授粉场地。

（3）紫云英、苕子授粉的蜂群饲养管理　这两种作物最佳收割时期是盛花期，蜜蜂为之授粉的只是留种的部分。天气干旱，紫云英和苕子容易发生蚜虫危害，农民经常喷药防治，在喷药当天早晨蜜蜂出巢前应把巢门关上，喷药当天傍晚开启巢门放蜂，这样可以减少中毒损失，天气晴朗花朵吐粉多，每天9:00后装上脱粉器生产花粉3～4 h，以防粉压子脾。在油菜花期没有治螨的，这时应进行治螨工作。

（4）荔枝、龙眼授粉的蜂群饲养管理　荔枝、龙眼流蜜量大、粉少，所以蜂场应选邻近有辅助蜜粉源植物的地方。蜂群进入场地时，蜂箱应放在树荫下防止太阳暴晒，并抓紧组织授粉群。在盛花期大流蜜时，天气晴朗进蜜快，应及时取蜜，以便扩大子圈。取蜜时应彻底割除雄蜂蛹，以防螨害，如发现脾上有小蜂螨，摇蜜后的空脾应用硫黄进行熏蒸，以根除小蜂螨。

（5）枣树授粉蜂群的饲养管理　枣树开花是5月下旬到6月下旬，长达30多天，场地要选择枣树多而集中和附近有辅助蜜源的地方。采枣花时因气候干燥等原因，工蜂常常发生卷翅病，在枣花地放蜂时应注意洒水、灌水脾降温和调节蜂箱内的温度，以预防卷翅病。有灌溉条件的地方更为理想。蜂群进场地后，选择有荫蔽的地方安放蜂箱，并抓紧组织授粉群，无遮阳条件的用蒿秆盖着蜂箱，不能使蜂箱在阳光下暴晒，防止发生分蜂热。

（6）西瓜授粉的蜂群饲养管理　西瓜的花期很长，为4～9月份，主要是5～7月份。西瓜粉多蜜少，花粉在9:00前容易采集，以后多飞散。西瓜花期蜂群进入场地，应选择遮阳的地方放置蜂箱，不能暴晒。此时期要抓紧治螨，发现其他的病害应及时用药治疗，防止传染。

（7）棉花授粉的蜂群饲养管理　棉花的花期长达40～50 d。场地应选择栽培多而集中、沙质土壤、花期温度高、雨水少的新棉区，因为新棉区病虫害少、喷药少。棉花的花粉本来不少，但因其花粉黏性小，蜜蜂难以利用。所以场地要选邻近有同期开花的辅助蜜粉源植物。为防止棉铃虫和红蜘蛛等害虫，棉农会经常喷药，为预防蜜蜂临时中毒，要准备阿托品等解毒物品。如遇到农民喷药，用解毒药物配制糖浆，晚上饲喂蜂群，能减轻损失。棉花开花期气候炎热，蜂群进场后要选择有遮阳的地方放置蜂箱，不能让蜂箱暴晒。蜜蜂幼虫病容易发生和传播，要加以防治。

（8）向日葵授粉的蜂群饲养管理　向日葵是一年中比较晚的一个蜜源，一些养蜂场采过向日葵后就准备越冬，这时蜂群极易发生秋衰，蜂群进场地后要搞好繁殖工作：淘汰产卵差的蜂王，用后备蜂王补充。在盛花期防止蜜、粉压子圈，要及时取蜜和脱粉。对后备蜂群适时抓紧繁殖，对群势弱的进行合并以提高繁殖力，并根据蜂螨寄生情况进行防治，把寄生率控制在最低。在向日葵开花期蜜蜂的盗性特别强，有时从开始到结束始终互盗不息，要特别防备，不要随便打开蜂箱；开箱检查蜂群或取蜜、生产王浆等工作，能结合为一次进行的就结合成一次完成，工作时动作要快要轻，最好是在早晨蜜蜂尚未大量出巢前完成。检查蜂群覆布不易完全揭开，要部分检查部分揭开。缩小巢门，抽出多余的巢脾，缩小蜂路，有利于蜜蜂护巢。向日葵花期伤蜂严重，要尽早退出场地，到有粉源的地方去繁殖一批越冬蜂。

4. 温室内授粉蜂群的管理技术　温室内不仅空间小，而且高温、高湿，要使蜂群适应温室内的生活环境，蜂群的饲养技术上与大自然的饲养技术有很大的差异。

根据蜂群的生物学特性，针对温室内的小气候特点，从蜂群搬进温室开始，就采取一系列特殊的管理措施：①搬进温室的蜂群，最好是幼蜂；②根据蜂量，严格限制巢门的尺寸，以训练工蜂重新认识新的环境，以适应小空间的飞翔习惯；③设法将蜂箱放置在干燥处，以免温室内过大的湿气侵袭蜂群；④蜂群必须始终保持良好的通风透气状态，以防高温闷热时对蜂群造成的危害；⑤及时给蜂群补充足够的无机盐和所需的矿物质，以满足蜂群内的幼虫和幼蜂生长发育的需要。

（1）蜂群进温室前的准备工作　由于温室内的空间和蜜粉源植物均有限，所以蜜蜂在进温室前最好将老蜂脱去，并喂足饲料和根治蜂螨。

（2）诱导蜜蜂为温室内的果菜授粉　蜂群在进入温室前必须将老蜂尽可能脱尽，只保留幼蜂。同时在蜂群进温室后，不要马上打开巢门，进行短时间的幽闭，这样做的目的，主要是为了使蜜蜂有一种改变了生活环境的感觉，而温室内的温度比外界的温度高，迫使蜜蜂有飞出去的愿望，待 5～6 h 以后，只开一个刚好只能让一只蜜蜂挤出去的小缝，这样凡是挤出去的蜜蜂就不会有一冲出巢门就立即飞到很远地方去的愿望，而是绕着蜂箱来回飞翔重新认巢，熟悉新环境。

由于温室内的花朵不可能像大自然中那么多，所以有些植物花香的浓度就相应淡一些，对蜜蜂的吸引力小些，为了能使蜜蜂尽快地去拜访有关植物的花朵，应及时给蜜蜂饲喂浸泡过该种植物花朵的糖浆，蜜蜂一经吮吸，就陆续去拜访该种植物的花朵，并为其授粉。实践证明，只要采取上述措施后，蜜蜂就会很快地为有关的植物授粉。

（3）温室内蜂群的饲养管理　由于温室内的空间小，小气候特殊，给蜂群正常生活带来诸多不利因素，蜂群的繁殖受到一定的影响，为了饲养好温室内的蜂群，我们根据蜜蜂的生物学特征，研究出一套适合温室特点的饲养蜂群技术，现分述如下。

① 防潮湿　试验证明蜜蜂幼虫生长发育最适宜的相对湿度为 80% 左右，而蜜蜂

羽化最适宜的相对湿度为 $60\%\sim70\%$，正常的蜂群（2 足框以上的群势）能自行调节巢内的湿度，如果放在温室内的蜂群群势过弱，自行调节湿度的能力差，而温室内的相对湿度通常都在 90% 以上，蜂群在这样高的湿度环境中，不仅对封盖子的羽化有一定的影响，且群内的饲料蜜也会吸收空气中的水汽，以致变稀变质，蜜蜂吃了这种变质的饲料，容易拉痢，所以在温室内不仅应将蜂群放置在较干燥处，而且还应时常补充新鲜的饲料。

②补充无机盐　蜜蜂幼虫的生长发育，不仅需要花粉和蜜，还需要无机盐，大自然中的蜂群可自行获得无机盐，而放在温室内的蜂群，蜜蜂就无法得到这些无机盐，幼虫发育将受到影响，所以要及时给蜂群补充所需要的无机盐。

③喂水　水不仅是幼虫生长发育必不可少的，而且也是成年工蜂生活所需要的，由于在温室内没有合适的水源，蜜蜂为了采水，只好去吮吸由水汽凝结成的水珠，这种水珠里不仅没有任何蜜蜂所需要的无机盐，而且还含有许多有毒的物质，成年工蜂吃了寿命会缩短，工蜂用这种水来饲喂幼虫，幼虫易慢性中毒，有的甚至会发育不良，不能正常羽化，所以必须在蜂群的巢门口设置喂水器，保证蜜蜂所需要的水，以防止其去采凝结的水珠。

④补充花粉　不仅幼虫生长发育需要花粉，幼蜂羽化后也需要大量食用花粉。温室内虽有植物开花，但有时花粉还会短缺，所以一旦发现花粉缺少时，应及时给蜂群补充备用的新鲜花粉，如果是制种地，不要饲喂与制种植物的同种花粉，可将花粉经高温消毒，这样一则不致使花粉失去萌发力，以免影响种子的质量，二则可杀灭白垩病病菌。

⑤防蜜蜂外飞　秋季和春夏之交季节，在晴天时，温室内的温度有时高达 30 ℃以上，这样高的温度对有些作物的生长是不利的，所以必须开通气窗进行通气，这时蜜蜂往往会从通气窗飞出，造成损失，为防止蜜蜂外飞，应在窗口罩上尼龙纱。

⑥防药害　由于温室内高温高湿，适合各种病虫害发生，必须要进行防治，有些药物会对蜜蜂产生药害，所以在防治病虫害时，应根据所用的药物对蜂群采取措施，如果药害不太大，可在施药的当天清晨将蜂巢关闭，如果药物毒性较强，应暂时将蜂群撤离温室。

⑦蜂群放置的高度　蜂群放置的高度应根据所授粉的植物来定，一般都应比所要授粉的植物略高，这样既有利于蜜蜂外出访花、授粉，又便于回巢，不致使其失去回巢的方向，造成损失。

二、蜜蜂为作物授粉的最佳密度

（一）果蔬类作物

总的来说，果树上基本用蜜蜂授粉，也可用壁蜂、熊蜂和其他蜂（如隧蜂等）

授粉。在蔬菜和花卉上，在可控制的田块，如果每公顷用蜂 6 箱，可使产量增加 45％。

1. 苹果　苹果（*Malus pumila*）属于蔷薇科。在苹果生产上，授粉是重要的事情。大部分苹果树生长在温带地区，春季往往不适宜蜜蜂飞翔和授粉，不利于花粉管的生长和受精，同时还存在着其他影响坐果的因素。为应付最坏的情况，成功的栽培者通常准备了大量蜜蜂进行授粉。大部分苹果是自交不实的，有些品种是杂交不实的。各个品种不可能在同一时期开花。设计良好的果园，应准备充足的授粉品种，正确地分布在整个果园中。通常采用两个品种，这两个品种间的花粉必须是杂交可以结实的，但在某些情况下，尤其是一个品种有败育花粉的情况下，必须有三个品种。

在果园中，应采用品种间种的方法种植，如果种两个能成功杂交授粉的品种，建议在每三行每三棵树中种一棵授粉树，这样就为每九棵主要品种树准备一棵授粉树。授粉树的数量可增加至每行每三棵种一棵。由于蜜蜂顺行飞行采集，不横过行授粉，所以种植时，必须考虑好品种间的合理种植搭配，以更好地发挥蜜蜂授粉作用。

需要蜜蜂群数：推荐每公顷苹果树放置 3 群蜂，一个标准授粉单位由 6 框幼蜂组成，其中 4 框幼蜂的羽化时间不等，2 框幼蜂有蜂粮，至少 20 000 只蜜蜂。

在果园里放置蜂群时，通常建议养蜂者在作物地内每 4～6 群一组，按组摆放蜂群。在许多大果园中，将 10～20 群为一组的蜂群放在向阳、避风的地方，也会收到同样的授粉效果。

当 10％～15％的苹果开花时，将蜂运入，放置时间为 3 周。单独放置，间隔至少 50 m。

壁蜂的几个种类也被用于为苹果园授粉，如在北美，蓝壁蜂（*Osmia lignaria*）用于苹果授粉；在日本，角额壁蜂（*O. cornifrons*）用于苹果授粉，在欧洲南部，欧洲壁峰（*O. cornuta*）用于苹果授粉。蓝壁蜂和欧洲壁蜂用可控制的材料筑巢群居，在苹果开花时，放在果园中临时搭建的棚中。在苹果园中，每公顷至少需要 618 只筑巢的蓝壁蜂才能获得经济效益，才能与每公顷 2.5 个蜜蜂群提供的 3 000～10 000 只蜜蜂授粉效果相当。

2. 梨　梨（*Pyrus*）属于蔷薇科。在大多数地区，梨的商品品种是自花不实的，所以必须进行混合种植。梨树有单性结实的趋势，因此必须有授粉昆虫来进行授粉结实。蜜蜂采访梨花主要是采集花粉。梨属植物的花粉可刺激蜜蜂舌腺和脂肪体发育，延长蜜蜂寿命。梨的花蜜含糖量低，浓度为 2％～37％，对蜜蜂的吸引力比其他果树少。刚开始放入时工作得很好，随后蜜蜂会被该地段内有竞争力的花朵所吸引。因此，最好在花已开至 25％～30％时，在凌晨将蜜蜂运至果园内。

梨树通常需要使用蜜蜂授粉，在同样地区，需比苹果多一倍的蜂群。每公顷苹果梨上放置蜂群为 10～12 群时，每群应间隔 183～274 m，当放置 4～5 群时，间距应为 91～183 m。

在我国安徽，蜜蜂为砀山梨授粉时，蜂群不要过于集中，以 750 m 相距，分组排列。一群蜂可为 10 亩砀山梨授粉，这样，可使梨树产量提高 8～9 倍。

3. 酸樱桃　酸樱桃（*Prunus cerasus*）属于蔷薇科。商业品种是自花可实的。因此，在果园里可以种植成片的一个品种，自动授粉不会自然发生，所以为传播花粉以取得大量收获，蜜蜂是需要的。在 23～24 ℃采蜜的蜜蜂数量最多，在 21 ℃时采花粉的蜜蜂最多。酸樱桃的花蜜含糖量为 15%～40%，它们的花朵有吸引力，蜜蜂在花上工作良好，为获得最高产量每公顷至少要有 5 群蜂。

4. 甜樱桃　甜樱桃（*Prunus avium*）属于蔷薇科。所有商业品种都是自花不育的，所以必须与亲和的品种混合种植。许多普通品种是不相亲和的，所以需要正确考虑种植适合当地的品种。甜樱桃对蜜蜂具有吸引力，花蜜含糖量为 21%～60%。甜樱桃的授粉必须在开花后马上进行，应在初花期或初花前把蜜蜂摆入果园，延迟准备蜂群就会严重减低产量。推荐每公顷用蜂 2 群。

5. 桃和油桃　桃和油桃（*Prunus persica*）属于蔷薇科。大部分商品品种是自花可育的，可以成片地种植。桃的花蜜浓度为 20%～38%，对蜜蜂具有吸引力，所以蜜蜂会从周围的地区来采访，通常不必租赁蜜蜂。在野蜂稀少或天气不良可能减少蜜蜂飞翔的情况下，在果园里摆放蜂群最保险。推荐每公顷用蜂 2 群。

6. 李属　李属（*Prunus* spp.）植物属于蔷薇科，栽培品种可分为欧洲种、日本种、美国种和日美杂种。欧洲种一般与日本种或美国种不亲和。欧洲种的亲和性也不同，有些在成片种植之下也能座果。品种间的套种被认为是对所有品种都保险的措施。日本品种也是自花不育的，需要和其他品种套种。美国品种也是自花不育的。李花十分吸引蜜蜂，花蜜含糖量为 10%～40%。建议从初花到谢花时，把蜂群放在果园里，每公顷用蜂 2 群。除蜜蜂外，角额壁蜂被用于为日本李授粉。

7. 杏树　杏树（*prunus armenia*）属于蔷薇科。壁蜂被用于为杏树授粉，如在北美使用蓝壁蜂（*O. lignaria*），在欧洲南部用欧洲壁蜂（*O. cornuta*）为杏树授粉。平均 1 只蓝壁蜂雌蜂的授粉效果相当于 3 只欧洲壁蜂雌蜂的授粉效果。

对上述李属和梨属果园来说，所需蜂群数取决于许多因素，如果园的年龄，对年轻树来说，需蜂群数少。另外，品种也很主要。对樱桃园来说，所需蜂群数应多一些。

8. 扁桃　扁桃（*Amygdalus communis*）属于蔷薇科，种植的扁桃品种都需要借蜜蜂进行品种间杂交授粉以取得收获。为达到杂交授粉的目的，果园通常每两行主要品种间种一行授粉品种。整个果园应分布着足够的授粉树和强壮的蜂群。

每公顷推荐要有 4 群蜂。因为扁桃树开花期很早，养蜂都必须采取特殊措施，使蜂群发展到适当群势。这些措施包括在秋季饲喂蜂蜜和花粉或花粉补充物。蜂群应在初花期运入，90％的花谢后运出。

9. 柑橘属　柑橘属（*Citrus*）属于芸香科。采访柑橘属植物的昆虫通常为采花粉和花蜜昆虫。在北美，熊蜂、蓟马和螨是常见的来访者。在埃及，膜翅目昆虫占54％，双翅目占34％，鳞翅目占8％，脉翅目占4％，鞘翅目占3％。膜翅目昆虫包括地蜂（*Andrena erincia*）、木蜂（*Xylocopa aestuans*）和蜜蜂。蜜蜂占88％～90％。采蜜昆虫每朵花花费15～20 s，采粉者花费5～8 s。经昆虫授粉后可使自花结实的产量增加。

柑橘类有许多种和品种，大部分非常吸引蜜蜂，并提供最美味的蜂蜜。Moffett在亚利桑那州的研究发现，仙童橘需要授粉树和蜜蜂，以生产足量的果实。四株加罩而没有蜜蜂的橘树只结了一个果子。由于柑橘在某些天气条件下有单性结实的趋势，很难正确确定蜜蜂的价值。

10. 柠檬　柠檬（*Citrus limonia*）属于芸香科。实验证明，经蜜蜂授粉后，柠檬的产量和品质显著提高。建议每公顷柠檬园中用蜂1箱，放置时间为25 d。

11. 草莓　草莓（*Fragaria* spp.）属于蔷薇科。大多数现代的草莓品种是自花结实的。草莓花的构造是含花粉的花药围绕着含有雌蕊的花粉接受器。某些品种的雄蕊高，花药接近柱头，叶和花朵被风吹动时就进行了授粉。通过蜜蜂来增加花粉的移动使产量提高不多。而另外一些品种的花粉接受器可能高而雄蕊短，除非蜜蜂帮助使花粉移动，否则授粉作用、产量以及果实的大小都将降低，而且许多果实将呈畸形，在这些品种上应用蜜蜂授粉会得到很大利益，不仅可以改善草莓果实品质，而且可增产38％以上。

蜜蜂是草莓的主要传粉者。蜜蜂和许多种野生蜂采集草莓的花蜜和花粉，但草莓并不是很吸引蜜蜂的。大多数种植者如果不断地在草莓田每公顷用2群蜂时，会获得利益。许多种植者低估了蜜蜂的作用，在草莓初花期使用例如谷硫磷等杀虫剂，结果在初花期田地里根本找不到蜂类。虫害本来可以在花期前，早些时加以适当控制，杀虫剂的使用无疑是害多益少。

在温室中，以温室面积每300 m²（约0.5亩）配一标准授粉群，在盛花期前5～6 d放入温室，最好在运到后傍晚进入温室。在入室后4～5 d再打开温室顶部。蜂箱应置于约0.5 m高的蜂箱架上，巢门向东，置于温室中部靠后壁处。最好加巢门踏板，巢门略前倾，便于蜜蜂清理蜂箱。若2群蜂，可以放在温室两端。缩小巢门，容3～4只蜜蜂通过即可。

近年来，熊蜂也被用于为温室中草莓授粉，推荐每亩使用熊蜂2群。

12. 悬钩子属　悬钩子属（*Rubus* spp.）属于蔷薇科，分布于全世界，有覆盆子、黑悬钩子（black raspberry）、悬钩子、香莓、露莓（dewberry）、云莓、罗甘莓、伯依森莓（boysenberry）等许多种。一些野生种要异花授粉，但栽培种有两性花，自花可孕。研究证明，蜜蜂对产量的提高有所帮助，而且由于它们的授粉工作，使组成果实的多肉小核果数量增加，从而改善了果实品质。蜜蜂采集一些花粉，但采访花主要是为其丰富的花蜜，可以酿制出极为可口的蜂蜜。

建议当5%的悬钩子花开放时，将蜜蜂运入，每公顷用蜂3箱，放置时间为6周。

在北美，蓝莓壁蜂（*O. ribifloris*）是蓝莓上最有效的授粉者。除蜜蜂和壁蜂外，熊蜂也被用于蓝莓授粉。

13. 猕猴桃　猕猴桃（*Actinidia chinensis*）又称中华猕猴桃，属于猕猴桃科，已经在十几个国家栽培。猕猴桃是雌雄异株，雄株和雌株均有花，每株都有雌花和雄花。雌花具有有活力的子房及无活力的花粉，雄花具有有活力的花粉及无活力的子房。雌株上的花要求雄株的花粉粒授粉。雄株比例高对授粉有益，为保证足够的授粉和结实，果园按8雌株1雄株的比例种植。猕猴桃需要昆虫传粉，因为昆虫传粉比风传播可靠。雄花和雌花均分泌花蜜，但不太吸引蜜蜂。蜜蜂在猕猴桃上主要采食花粉，雄花花粉比雌花花粉有更大的吸引力，蜜蜂在雄花上的活动更频繁。

为刺激蜜蜂在花上频繁采访，可在猕猴桃开花时种植一些提供蜜源的植物风障（如刺槐等）。

为保证充分授粉，每公顷需要6～10群蜂，推荐每公顷用蜂8群。蜂群在果园内分散放置。

除蜜蜂外，食蚜蝇是猕猴桃很好的传粉者，熊蜂和其他野生蜜蜂也可以在花上找到。

14. 葡萄　葡萄（*Vitis vinifera*）属于葡萄科。一些品种可以自花结实，一些品种则完全不能结实，大部分介于两者之间。大多数品种花蜜不起作用，或者说花蜜没有吸引力，很少有昆虫采集葡萄花。当外界缺粉时，蜜蜂会从葡萄花上采集68%～84%的花粉。可用葡萄花糖浆液训练蜜蜂采集，能使产量提高23%～54%。

15. 荔枝　荔枝（*Litchi chinensis*）属于无患子科，每公顷用蜂3箱，当20%～30%荔枝开花时移入，放置25 d。在赞比亚，当每棵树每天有15～20只蜜蜂时，产量可增加35%。

16. 胡萝卜　胡萝卜（*Daucus carota*）属于伞形科。有风时，伞形花序彼此摩擦发生一些自花授粉和异花授粉。一些采花的昆虫参加授粉。为商品生产获得大量种子，需要蜜蜂授粉。蜜蜂采访胡萝卜是为了采蜜和采粉。栽培的胡萝卜花比野生胡萝卜花更具吸引力。对于胡萝卜，需要在不同品种田之间保持适当隔离；否则不能保持品种纯度。根据品种的不同，建议隔离0.4～5 km。

胡萝卜花粉和花蜜易被昆虫接受。蜜蜂、瓢虫、半翅目、食蚜蝇、独居蜂和独居胡蜂采胡萝卜花。胡萝卜花期4周，当花期中间花粉最多时，蜜蜂最多，当花快开败时，食蚜蝇最多。胡萝卜有效授粉者是蜜蜂总科、食蚜蝇科等。在大多数种子区，蜜蜂是主要的授粉者，采花粉的蜜蜂比采花蜜的蜜蜂授粉有效。

苜蓿切叶蜂也被用于为胡萝卜传粉。美国爱达荷州的实验表明，当9框蜜蜂（约3 000只成蜂和4框幼蜂）和100只苜蓿切叶蜂（雄蜂和50只雌蜂）分别被放置于相同面积（3.7 m×7.3 m）的胡萝卜田中时，胡萝卜种子的产量和发芽率没有明显的差异。与取食苜蓿花粉和花蜜的苜蓿切叶蜂幼虫相比，取食胡萝卜花粉和花蜜的苜蓿切叶蜂幼虫达到成虫体重没有显著差异。对胡萝卜杂交种授粉效果而言，30只苜蓿切叶蜂雌蜂相当于3 000只蜜蜂工蜂。

17. 南瓜属　南瓜属（*Cucurbita*）植物属于葫芦科，包括南瓜、西葫芦、大绞瓜等。

南瓜雌、雄器官不在同一朵花上。采访葫芦科花的昆虫包括膜翅目、双翅目和鞘翅目等。在缺少独居蜂的地方，熊蜂、木蜂、隧蜂和无刺蜂也可用于南瓜授粉。

蜜蜂在6:00～12:00采葫芦花，在8:00～9:00达到高峰。蜜蜂采集南瓜花粉困难，因为花粉粒又黏又大，风难以传粉，因此在温室中通常用人工授粉，野外通常由昆虫传粉，蜜蜂可替代人工授粉，蜜蜂更愿意采集更显眼的雄花，这样就进行了传粉。在山西日光节能温室中，使用蜜蜂为西葫芦授粉，可使西葫芦增产14.06％～34.9％，平均增产22.1％。建议每公顷放置1～2群蜜蜂。

18. 黄瓜　黄瓜（*Cucumis sativus*）属于葫芦科。黄瓜一般雌雄同株。大多数品种需要授粉。在荷兰，蜜蜂和熊蜂是主要授粉者。蜜蜂通常在没有更具吸引力的植物如油菜或三叶草的情况下采黄瓜。经蜜蜂授粉后可使黄瓜增产。除蜜蜂外，隧蜂和蚂蚁也采黄瓜蜜，但不能授粉。一种独居蜂*Melissodes communis*是有效授粉者。

蜜蜂为塑料大棚黄瓜授粉可增产20％～31％。一个面积2亩以内的大棚需1群蜂。为保证充分授粉，应在首批花刚出现时，就运入蜜蜂。授粉期间最佳温度为24～30℃，最佳相对湿度为65％～90％，每天授粉时间不少于2.5 h。但应注意要在下午或夜间灌溉，以增加结实率。因为喷灌会从田里驱走大多数的授粉蜜蜂，返回的蜜蜂直到花干后才在花上工作。喷灌已授粉后2 h的花，如果水进入花冠，就不能结瓜，可能是水从柱头冲走了花粉或阻碍了花粉管的生长。

19. 甜瓜　甜瓜（*Cucumis melo*）属于葫芦科，包括有网状表皮和似麝香味的品种，以及有光滑表皮和无香味的蜜露型品种。甜瓜是自花授粉，相互之间可以授粉。甜瓜植株有雄性花和两性花（完全花）两者，两性花产瓜。雄性花花冠管短，蜜蜂能轻易采到花蜜。两性花花冠管深，蜜蜂必须钻入柱头和雌蕊间才能采到花蜜，这样就进行了传粉。蜜蜂是最有效的传粉者。甜瓜花吸引蜜蜂采蜜和花粉，充分授粉在甜瓜大小上是个重要因素。授粉充分，可形成大量的副花冠，甜瓜会比较甜，比较大，大小一致，而且会减少1/3的淘汰果。不足400粒种子的瓜通常不能达到商品瓜大小。种植者为生产商品瓜必须租赁蜜蜂或在瓜园有蜜蜂。McGregor计算，在瓜田有一只蜜蜂为每10朵两性花授粉，可以保证充分授粉，获得最高产量。早晨授粉最有效。靠近植株下部产的瓜（门瓜）最好，大量蜜蜂授粉能保证有较多的门瓜。

为了获取最大产量，开花前就应运入足够的蜜蜂。为了缩短开花期，提早收获，增加产量，减少淘汰果数，每公顷可使用蜜蜂 2～3 群。

20. 西瓜　西瓜（*Colocynthis citrullus*）像其他葫芦科植物一样，西瓜的每朵花的有效寿命是 1 d，普通品种是雌雄同株的。花粉黏而重，借蜜蜂传播花粉。为充分授粉必须有 500～1 000 粒花粉达到每个雌花。为保证西瓜瓜形良好，这些花粉粒必须被均匀分布到全部 3 个雌蕊裂片上，需要一只蜜蜂 8 次采访一朵正在受粉期的雌花完成。雌蕊在 9:00～10:00 最易接受花粉。建议每公顷 2 群蜂。为增加产量，可增至 4～6 群。

21. 番茄　番茄（*Lycopersion esculentum* Mill）属于茄科。番茄花自花授粉。在温室中许多品种座果不好，必须人工授粉或采用震动棒进行授粉，雌蕊短于雄蕊的品种在温室中座果好。蜜蜂不喜欢采集番茄花。熊蜂是番茄的有效授粉者，经熊蜂授粉后，可使番茄产量增加 30%。使用密度为每公顷用 8 群熊蜂。

22. 其他茄科植物　熊蜂也被用于为温室中辣椒和茄子授粉，1 群熊蜂可为 2 亩温室授粉。每公顷用蜂 8 群。

23. 洋葱　洋葱（*Allium cepa*）属于百合科。洋葱在世界广泛栽培，但种子产量低而且不稳定。种子种植者每种 4～24 行雄性不育品种，间种 1～4 行雄性可育品种。也有在 4、6 或 8 行雄性不育行，间种 2 行雄性可育行的。因为雄性不育品种不产生可育花粉，从花粉可育行带来花粉时，就发生受精和杂交现象。

在自然条件下，洋葱是由昆虫杂交传粉的。大量的蜂、蝇类和胡蜂采集洋葱花，并进行有效授粉，蜜蜂最常见。从商业角度讲，蜜蜂是唯一可用的授粉者。用蜜蜂授粉时，每亩产量可达 16 kg。洋葱花蜜充分外露，是可以看见的，会产生内在的荧光物质，成为视觉信号，吸引授粉昆虫。花蜜含糖较高，可达 30%～50%，容易被蜜蜂、胡蜂、蝇类和其他昆虫采集，因而会吸引并使大量蜜蜂留在洋葱上进行授粉。糖浓度会因环境变化，如湿度低或下雨而快速变化。湿度大、多云和下雨的天气会稀释花蜜，增加洋葱对蜜蜂的吸引力。然而在加利福尼亚，蜜蜂在胡萝卜田中的飞行距离长于在洋葱田中的距离，这证明洋葱对蜜蜂的吸引力不如胡萝卜。当田间更有吸引力的花开放时，蜜蜂常常不采洋葱花，而转采有吸引力的花。

洋葱花粉常被采集蜜蜂刷下遗弃，而且，采集花粉的蜜蜂不到采集蜜蜂的 1/10，但有时也会有大量采集。

在对授粉昆虫的吸引力上，洋葱品种间存在差异。蜜蜂和其他蜂倾向于只待在雄性可育花或只待在雄性不育花上，然而极少数蜂能区分出雄性不育花和雄性可育花的差别。

增加采花蜜的蜜蜂数量，会增加蜜蜂在雄性不育和雄性可育花上的运动，蜜蜂之所以随机无区别地采集，主要是雄性不育花和雄性可育花提供的花蜜相似，而且视觉和气味也类似。洋葱的花通常开放 3～4 周。当田间 15%～20% 洋葱花开放时放入蜂群，建议每公顷放置 7～12 群蜂。

24. 天门冬　天门冬（*Asparagus officinalis*）属于百合科，雌雄同株，蜜蜂是主要的传粉昆虫。将蜜蜂运入天门冬田中，可增加产量。建议每公顷天门冬田中放置 2.5～5 群蜂。

25. 菜豆属　菜豆属（*Phaseolus spp.*）属于豆科，包括红花菜豆（*Phaseolus multiflorus*）、棉豆（*P. lunatus*）、菜豆（*P. vulgaris*）。

菜豆花开前或花开时就有自花传粉，直到传粉后 8～9 h 才会受精。蜜蜂和熊蜂有时传粉。种植时不同品种应间隔 1.8～3.7 m，中间有高大密实的障碍物阻隔。

尽管昆虫有时会进行杂交授粉，但不会增加产量。因此将蜜蜂运入看来不会影响产量。

在赞比亚，红花菜豆是出口品种，通常种在遮阳棚中。遮阳棚中湿度大，伤蜂，蜜蜂不愿授粉。熊蜂是最有效的授粉昆虫。花芽变红前灌溉会提高产量。

使用蜜蜂时，可根据产量需要，设置 5～10 个蜂箱，当 3% 的花开放时移入，设置 2～3 个月。为解决湿度大的问题，4～6 周换一次蜂箱和蜂群，也有人将蜂悬挂于离地 2 m 高地方。

每公顷用蜂超过 7 箱时，要喂蜜蜂通常喂以 2 kg 白糖液（65% 的水，35% 的糖）。蜂群距间至少 30 m 远，蜂箱间相对距离一致。

使用杀菌剂时可不移动蜂群，但不要对蜂箱入口处喷洒。经蜜蜂授粉后，平均每公顷产量可达 25 t，高的可达 60 t。

26. 蚕豆　蚕豆（*Vicia faba*）属于豆科植物。通常蚕豆是自花不育的，但在温室不受干扰时，杂交蚕豆是可育的。种植的品种通常介于两者之间。经蜜蜂和野生蜜蜂授粉后，蚕豆产量会提高，由 2 378 kg/hm² 增加至 4 520 kg/ hm²。蜜蜂授粉会加速座果，使豆荚迅速成熟。

只有长舌昆虫能采到豆科植物的花蜜，尽管蜜蜂、木蜂和短舌熊蜂也想采花蜜，但通常情况下只能采到花粉。采粉蜂中蜜蜂和木蜂数量最多，然而一些昆虫，如短舌熊蜂（*B. lucorum*、*B. terrestris*）、雄性木蜂（*Xylocopa aestuans*）、蚂蚁（*Cataglyphis bicholor*）能在花基部咬一个洞来获取花蜜。蚕豆田中放入蜜蜂 1～2 周后，应换蜂，以防止蜜蜂发现熊蜂钻的洞。

杂交蚕豆的种植按照 3～6 行为一个区域，间隔 76 cm 空行进行。蜜蜂采 10 朵以下花时，距离为 132 cm，采 11～20 朵花时，间隔为 256 cm，采 21～30 朵花时，间隔为 305 cm，采 62 朵花时，间隔为 335 cm。当雄性不育和雄性可育行为一个区域，以空行间隔时，大部分蜜蜂和长颊熊蜂（*B. hortorum*）采集雄性可育花。*B. lucorum* 和 *B. terrestris* 则光顾雄性不育行。

在 2 hm² 蚕豆地有足够的野生蜂授粉时，每公顷需要 2.5～5 个蜂群授粉。由于花开前蜜蜂采集花外蜜腺，因此花开前不能运入蜜蜂，否则蜜蜂不会再采花。

27. 十字花科植物　十字花科植物代表是白菜属和萝卜属，包括油菜、芥菜类、卷心菜、萝卜、芜菁等。白菜属和萝卜属的花对采粉和采蜜昆虫都具有高度吸引力，特别是对蜜蜂。

油菜是我国的主要油料作物之一，也是养蜂生产的重要蜜源。在乌克兰，88%～97%的蜜蜂采集油菜，其他昆虫包括地蜂和熊蜂也采集油菜。

蜜蜂采集油菜蜜，也采集花粉。油菜蜜对蜜蜂最具吸引力，蜜蜂会从 3.5～4 km 远的地方飞来采集，而不采集其他果树。大量的花蜜由位于雄蕊的四个蜜腺产生，含糖 45%～60%，受精发生在传粉 24 h 内。蜜蜂频繁的采集会刺激更多的花蜜产生。经过蜜蜂授粉后，油菜的总产量可增加 20% 以上。一些地区当十字花科植物开放时，气温过低或过于潮湿的气候会限制蜜蜂活动。

在中国白菜杂交制种田中，通常的种植方式是 3 行雌株 1 行雄株。在大白菜采种田中，1 亩地放一群蜂效果最佳。鲁白三号在无蜂授粉条件下，杂交率仅 16.2%，在大量蜂群（20 m² 一群蜂）传粉条件下，杂交率为 93.3%，有蜂授粉可提高杂交率近 5 倍。

28. 甜菜　甜菜（*Beta vulgaris*）属于藜科，主要靠风传粉。蓟马是甜菜的主要杂交传粉者。在加拿大，食蚜蝇是重要的甜菜采访者。蜜蜂、独居蜂（包括切叶蜂）和几种半翅目昆虫也能为甜菜传粉。蜜蜂既采甜菜花蜜，也采花粉。但对蜜蜂来说，甜菜的吸引力并不大，只有当甜菜数量很大，又无其他花粉和花蜜时，蜜蜂才去采集。经蜜蜂授粉后，甜菜的产量会增加。

（二）牧草

目前，我国北方种植的豆科牧草主要有苜蓿和红豆草，南方主要有三叶草等，这些牧草均属于常异花授粉植物，主要靠蜜蜂授粉。

1. 苜蓿　苜蓿（美国称为 alfalfa，欧洲称为 lucerne），属于豆科，是世界上最重要的牧草，被称为牧草之王。苜蓿具有产量高、营养丰富、适口性好、适应性广、抗逆性强、容易栽培等优点，是一种改良土壤、提高地力的优质牧草。

我国苜蓿种子生产的历史悠久，但种子产量不高，为 20～150 kg/hm²，而加拿大、新西兰和美国等畜牧业发达国家产量高达 400～800 kg/hm²。

在蜜蜂是主要授粉者的地区，当采蜜蜂多时，每公顷苜蓿田需 15 或更多群蜜蜂；当采花粉的蜂多时，每公顷苜蓿田中只需 7.5 群蜂。一般每公顷可放置 8～10 群蜂，将部分蜂群放置在苜蓿田的周围，另一部分蜂群放在苜蓿田的正中，每隔 500～600 m 放置一群蜂，可保证均匀授粉。始花的 10 d 后运入一半蜂群，约一周后再把余下的一半运入。

苜蓿切叶蜂是北美洲西部地区苜蓿授粉的首选昆虫，由于它喜好豆科植物，因此，一直被看作一种有发展前途的授粉昆虫。加拿大目前有 90% 以上的苜蓿种子田应用苜蓿切叶蜂授粉，经授粉后的苜蓿不仅种子产量提高 1～5 倍，而且种子的发芽率也可以大大提高。

在吉林，每公顷苜蓿田中放苜蓿切叶蜂 30 000～45 000 只，可使苜蓿增产 2～4 倍。苜蓿初花期（花 10%～15%开放时）为最佳放蜂时间。各箱间距离以 100 m 左右为宜。推荐每公顷用蜂 30 000～45 000 只（每亩 2 000～3 000 只）。

2. 红三叶草　红三叶（*Trifolium pratense*）属于豆科。在红三叶上的授粉昆虫有蜜蜂、熊蜂、切叶蜂、壁蜂和地蜂等。一般认为熊蜂是红三叶草最有效的授粉者，它的吻长、体大、工作速度快，能从红三叶草中采集大量花蜜和花粉。1 hm² 红三叶田中有 2 000 只熊蜂可进行有效授粉。熊蜂对四倍体品种较为有用。

实际上蜜蜂给红三叶草作了绝大部分的授粉工作。在大多数地区，种植者要在田里摆放蜂群，才能获得最多的种子产量。蜜蜂对二倍体品种较有用。红三叶草不是一种优良的蜜源植物，有些品种的蜜蜂很难采集到三叶草的花蜜，因为花蜜积聚在花瓣的底部，蜜蜂不喜欢采集。所以蜜蜂离开它到同时开花的草木樨或其他有吸引力的蜜源植物上去。为了提高红三叶的收获量，应在 100 m² 的耕作地中有 100～150 只蜂在工作，推荐每公顷用蜂 15 群，当有 10%～20%花开放时，将蜜蜂运入，在蜂群采访三叶草约 20 d 后，田中还留有 10%～20%的花序时，便可将蜜蜂运走。采用配制糖浆的方法对蜜蜂进行训练，以提高种子产量。

3. 草木樨　草木樨（*Melilotus*）属于豆科。引进北美的草木樨有两个种：白花草木樨（*Melilotus alba*）和黄香草木樨（*Melilotus officials*）。

授粉后的花会很快凋谢，未授粉的花仍会开放，因此花的外观可作为判断授粉的标准。从经济的角度看，每公顷放置 5 群蜂比较合适。

4. 杂三叶草　杂三叶草（*Trifolium hybridum*）属于豆科。蜜蜂在杂三叶田通常占压倒优势，只有少量熊蜂被吸引去。由于杂三叶草蜂蜜质量好，一度曾被认为是最好的蜜源植物之一。每亩杂三叶草约有 2 亿朵小花，为收获最大量种子需要许多蜜蜂。

为了有效地授粉，推荐每公顷用蜂 4～6 群。

5. 白三叶草　白三叶草（*Trifolium repens*）属于豆科。白三叶草种子产量受花序数量、每个花序的小花数以及每个小花的种子数的影响。花序和小花数受植物生长势的影响，然而，在决定每一小花的种子数量方面，授粉是重要因素。为了有效地给这种三叶草授粉，通常推荐每公顷 2 群蜂。

6. 西班牙杂三叶草　西班牙杂三叶草（*Ladino clover*）是一种大型白三叶草。如果没有蜜蜂授粉，几乎不产生种子。它产生花蜜，但泌蜜少。由于其头状花序比其他三叶草少，每天每个花序只开 3～15 朵小花。每个花序约有 100 个小花，平均每朵小花可收获 2～3 粒、最多 7 粒种子。每公顷至少需要放 2 群蜜蜂授粉。

7. 绛三叶草　绛三叶草（*Trifolium incarnatum*）属于豆科。绛三叶草是一年生的，能自己很好地补播种子。蜜蜂采访它是为了采粉，在某种程度上也为了采蜜。受精的小花在一天内就会凋谢，如未受精，小花可保持开放和新鲜达2个星期。小花凋谢表明授粉效果。一般推荐每公顷2群蜂，但为取得最高收获量，可多使用些蜂群。

8. 百脉根 百脉根（*Lotus corniculatus*）属于豆科植物。为争取最高产量需要异花授粉。蜜蜂采集它的花蜜和花粉，但它似乎不是优良的蜜源植物。充分授粉时每公顷可收获种子91 kg。种植者可以按每公顷2群蜂进行授粉。

9. 长柔毛野豌豆 长柔毛野豌豆（*Vicia villosa*）属于豆科。蜜蜂采集长柔毛野豌豆的花蜜和花粉。采蜜蜂可能进入并打开小花，但一些蜜蜂学着把吻伸进花冠基部的花瓣间，不需打开花而得到花蜜。在密歇根州，蜜蜂采集这种作物，但容易被三叶草或其他有竞争性的植物吸引去。虽然熊蜂比蜜蜂更强烈地被吸引到这种植物上，但种子生产者必须每公顷田提供2群蜂，才能保证有充分的授粉。

10. 驴喜豆 驴喜豆（*Onobrychis viciafolia*）属于豆科，是欧洲的普通牧草。这种植物强烈吸引蜜蜂去采集花粉和花蜜。其头状花序长在直立茎的顶端，小花不需要被打开，所以蜜蜂易于采到花蜜和花粉。驴喜豆几乎全靠蜜蜂授粉，收获的蜂蜜色浅、质优。产量测定，它不次于苜蓿传统的高标准。在苜蓿生长不好或苜蓿象虫引起严重问题的地方，驴食草会成为最好的代替者。雷蒙特品种再生比较迅速，能提供比较均衡的全季节生产。每公顷推荐使用4群蜂。

（三）大田作物

1. 棉花 棉花（*Gossypium* spp.）属于锦葵科植物，常见的锦葵科植物为陆地棉（*Gossypium hirsutum*）、埃及棉、亚洲棉和木棉。陆地棉是最重要的经济作物，也是一种重要蜜源。棉花的花在清晨开放，傍晚凋萎。棉花上的授粉昆虫包括甲虫、蜜蜂和胡蜂，然而只有蜜蜂和胡蜂身体上带有大量的棉花花粉。这些膜翅目昆虫可能是雄性不育棉花的有效授粉者。Moffett发现，同一时间、同一块棉田上的蜜蜂和胡蜂数量变化很大，有时数量很多，有时很少。

蜜蜂通常不采集棉花花粉，即使在缺粉情况下，蜜蜂也不愿采集。然而当一个区域中蜜蜂很多时，也会采集。拜访棉花的蜜蜂数量因季节、日期、位置和年份不同而差异很大。由于花外蜜腺浓度高，蜜蜂喜欢在花开前和花开后采集外露的花蜜，并且表现出对雄性不育花的忠实性，中午花蜜数量和浓度最大，蜜蜂数量最多。据研究，蜜蜂9次拜访雄性不育花，结铃率达69%，4次时，结铃率达38%，2次时，结铃率达13%。每100朵花有1只蜜蜂是足够的。

蜜蜂异花授粉对某些品种提高了产量，对另一些品种能促使早熟。每公顷4.9个蜂群可使棉花增产21%，6.6个蜂群可增产45%。2行雄性可育品种间种6行雄性不育品种可提高产量，采集蜜蜂也会增加2%。棉花基因型在吸引蜜蜂上存在差异。

陆地棉（*G. hirsutum*）和海岛棉（*G. barbadense*）对蜜蜂吸引力较小。选择对蜜蜂有吸引力的品种，增加花蜜中糖的浓度，都可以增加对蜜蜂的吸引力，提高授粉效果。

由于蜜蜂喜欢采集花外蜜腺，因而必须有足够蜜蜂以确保其采集花内蜜腺。对雄性不育花来说，每公顷需要 2 群蜂。

在北美，熊蜂被认为是棉花的最有效的授粉者。*B. americanorum* 和 *B. auricomus* 是唯一可以在棉花开放时进入棉花中的昆虫。在 31 min 内 *B. americanorum* 采访了 166 个植株的 193 朵花。熊蜂活动高峰在 9:00～10:30，平均每天有 45 只。

熊蜂是美国东部地区棉田中的有效授粉者，但在西部地区却见不到一只熊蜂采集。在佐治亚州，某些棉田长角蜜蜂属（*Melissodes*）蜜蜂数量很多，熊蜂和毛足长腹土蜂（*Campsomeris plumipes*）却少。

壁蜂、熊蜂、隧蜂、木蜂和长腹土蜂（*Campsomeris*）是棉花上重要的杂交授粉者。在巴基斯坦，花蜂（*Anthophora*）、蜜蜂和一种胡蜂（*Myzinum*）是重要的棉花授粉者。在印度和巴基斯坦，7 个目 41 个科的昆虫采访棉花，最重要的授粉者是西方蜜蜂、大蜜蜂、小蜜蜂和中蜂、长角蜜蜂、隧蜂和熊蜂等。在亚利桑那州，有 70 多种昆虫采访棉花。其中，蜜蜂和三种 Melissodes 数量最多，是棉花的有效授粉者。野生蜜蜂采棉花的比例为 1.59%，大部分野生蜂是三种长角蜜蜂、两种斯长角蜜蜂（*Svastra*）、一种啊隧蜂（*Agapostermon*）和一种结隧蜂（*Halictus ligatus*）。当天气异常高温干旱或大量使用杀虫剂时，蜜蜂的种群数量下降。Moffett 发现，虽然大量苜蓿切叶蜂被放入棉田中，但只有 4 只采集棉花。

木蜂也采集埃及和北美棉花上的花蜜。长腹土蜂也频繁采集埃及和北美棉花蜜和花粉。

2. 向日葵　向日葵（*Helianthus annuus*）属于菊科，原产于北美，目前已遍布全世界，是受益于昆虫授粉的重要的油料作物。

向日葵的花盘是适应昆虫授粉的进化适应的典范。向日葵的花挤在一起，使单个昆虫采集授粉的次数最大化。花蜜中糖浓度通常为 50%，但品种间的糖的体积和百分比也不同。每朵花开放的时间为 5～16 d。植株开花时间为 3～5 周。

细胞质雄性不育常发生在向日葵。经昆虫授粉后，产量可显著提高。自然界中，284 种昆虫采集向日葵花粉。另外，72 种采集花粉蜂只采向日葵花蜜，56 种寄生蜂只采向日葵蜜。Parker 发现，美国 400 种蜜蜂采集向日葵花蜜和花粉，许多是寡喜性的。

向日葵上蜜蜂与野生蜂比例是变化的，在美国的明尼苏达州，比例是 4.4 : 1.3。在北达科他州，比例是 5.3 : 5.6。在怀俄明州，80% 的采集者是蜜蜂。单一的种植方式和杀虫剂的大量使用破坏了蜂的筑巢条件，使野生蜂种群迅速下降。

蜜蜂采集向日葵的花蜜和花粉。采花蜜的蜂是最有效的授粉者。对养蜂者而言，向日葵是重要的蜜源植物，在采蜜的同时，蜜蜂也采了花粉，这增加了授粉机会。

蜜蜂能区别出雄性不育和雄性可育花的基因型。雄性不育花分泌花蜜少。一些野生蜂喜欢雄性可育花,一些没表现出喜好。在雄性可育行,100%蜜蜂采集花粉,而在雄性不育行,只有6%携带花粉,另外17%在头部有花粉。

不同杂交种对蜜蜂吸引力不同,杂交制种田对蜜蜂吸引力不如F1代田。

向日葵蜜蜜淡黄色,味道可口。蜜蜂是有用的授粉者,足量的蜜蜂促成异花授粉,显然使种子和油的产量比一个头状花序自花授粉的产量较高。如果恶劣气候推迟授粉,较老的花产量下降。为此,花期一开始就应把蜜蜂放入田里。为了获得最高种子产量,每公顷至少需要2个强群。

当向日葵的种植面积在10 hm²以下时,当5%～10%向日葵开花时,运入5箱蜜蜂。当种植面积在10～100 hm²时,当5%～10%向日葵开花时开始运入蜂群,所需蜜蜂为10箱,蜜蜂在田间平均放置25 d。蜂箱间隔200或250 m远,所有蜂箱门口朝向不同方位。当田间更有吸引力的花开放时,将蜂箱移到田边较远的地方,强迫蜜蜂飞向授粉作物。经蜜蜂授粉后,向日葵的平均产量为每公顷1 t,高的可达1.5 t。

3. 大豆　大豆(*Glycine max*)属于豆科。大豆是世界范围的非常重要的作物,是自花传粉。它的应用正在增加。大豆有许多不同的品种,每种都具有颇为特定的地理适应性。发展杂交品种是植物育种者感到很大兴趣的事业,但是当前可用的人工授粉方法不适应大规模杂种种子的生产。这个问题的解决可依靠应用蜜蜂进行异花授粉,但在此以前,要使这种植物更能吸引蜜蜂,需要改变花的解剖构造,使其有比现在更高比率的异花授粉,这是一项巨大的"工程"。印度昆虫采访大豆的时间为10:00～12:00,彩带蜂最常见,其次是中蜂和大蜜蜂。

4. 荞麦　荞麦(*Fagopyrum esculentum*)属于蓼科,由于其深色和浓郁风味的蜂蜜而著名。荞麦花有两种类型,一种雄蕊长,花柱短,只到雄蕊丝的中部,即长花柱型,另一种雄蕊短,花柱长,超出雄蕊2～3 mm,即短花柱型。

许多昆虫采荞麦花,其中蜜蜂最多,占63%～72%,9:00～12:00数量最多,每只蜜蜂每分钟采14朵花。在美国荞麦种植得较多,是一个重要的蜜源。荞麦开花的前2～3 d,蜜蜂不采集,当开花高峰过后,蜜蜂数量很快增加,花蜜浓度也达到最大。荞麦花蜜糖浓度为35%～45%,约70%的糖在前半个开花期产生。因此必须在开花后立刻将蜜蜂运入。建议播种一小部分开花早的品种,或早播部分荞麦,使荞麦开花期延长,以更好地吸引蜜蜂。

当每公顷有1～5群蜂时,58%～80%的花座果结籽。为获取最大产量,每公顷应有4～5群蜂。

5. 红花　红花(*Carthamus tinctorius*)普通应用的品种大部分是自花能育和自动授粉的。蜜蜂采集它的花蜜和花粉。试验证明,充足的蜜蜂授粉可使种子产量增加5%～50%甚至更多。这些试验结果的差异,可能是由于品种和环境因素的不同所导致的。

6. 花生　花生（*Arachis hypogaea* L.）是自花传粉的。蓟马和蜂拜访可以使自花受精更充分。采访花生昆虫的数量和类型取决于当地条件，在东季风区，昆虫很少采访花生，而在西季风区，采访昆虫包括灰蝶、木蜂、芦蜂、蜜蜂科昆虫。蜜蜂科包括东方蜜蜂。在以色列，一种芦蜂（*Ceratina bispinosa*）是花生最主要的采访者。

在美国佐治亚州，几种食蚜蝇和蝴蝶、6 种隧蜂，7 种切叶蜂、3 种蜜蜂、2 种熊蜂也采集花生花。在早上气温较低时，隧蜂和切叶蜂较多，而当中午需授粉时，却找不到它们。蜜蜂和胡蜂全天都有。蜜蜂采集花生花粉和花蜜，在每朵花上花费 6 s。

总的来说，蜜蜂用于短花期植物大量开花时授粉，熊蜂用于开花期长的植物以及深花冠植物（如红三叶、蚕豆等）的授粉，其原因为蜜蜂个体数量大，而熊蜂个体数量少。当开花期长的植物花朵数量不多时，熊蜂更能胜任授粉工作。当蜜蜂和熊蜂都能用时，所需的种群数量和每群的价格是确定是否使用熊蜂的决定因素。因为熊蜂通常由可靠的有实力的供应者提供，购买者可获得一定的技术帮助，而蜜蜂的提供者从专业到业余不等，蜂群质量差别较大，因而授粉效果差别较大。

在红三叶和苜蓿上，苜蓿切叶蜂比蜜蜂更适合在温室中授粉。苜蓿切叶蜂也可用于温室中黄瓜授粉。

（吴杰）

第十章 蜂产品质量控制与加工技术

蜂产品的化学成分复杂，理化性质独特，生物学活性广泛，因而在产品质量控制技术方面具有各自独特的要求。要做好蜂产品的质量控制，就必须了解和掌握各种蜂产品的化学成分、理化特性和质量要求。同时，为了改善蜂产品品质、方便贮运与使用、扩大蜂产品应用范围、增强应用效果、提高蜂产品的附加值，需要对蜂产品采用物理、化学、生物等手段，对蜂产品进行加工。虽然蜂产品加工业属于传统产业，但随着科学技术的迅猛发展，越来越多的高新技术在蜂产品加工业中得到应用。通过各种高新技术的应用，蜂产品的加工效益越来越高，品质越来越好，附加值越来越高。

第一节 蜂蜜质量控制与初加工技术

一、蜂蜜的化学成分

一般而言，蜂蜜中的主要成分是糖类，占蜂蜜总量的 3/4 以上，包括单糖、双糖和多糖。这些糖分的含量比例对于各种蜂蜜来说有一个共同的特征：即葡萄糖和果糖的总和占蜂蜜糖分的 85%～95%。其次是水分，占 16%～25%。蔗糖含量居第三位，不超过 5%～10%。此外，蜂蜜中还含有少量的酸类、蛋白质、酶、矿物质、维生素、色素和芳香物质，以及蜜蜂采集或人工取蜜时掺入的花粉、蜡屑等。

1. 水分 水分含量的高低标志着蜂蜜的成熟程度，是蜂蜜最重要的质量指标，它对吸湿性、黏滞性、结晶性和耐藏性都有着直接的影响。蜂蜜含水量的表示方法有：百分含量、相对密度（相对密度大，则含水量低）、折射率（折射率高，则含水量低）。

2. 糖类 蜂蜜是一种高度复杂的糖类混合物。蜂蜜之所以具有甜度、吸湿性、结晶性和高能量，是由于葡萄糖和果糖占绝对优势的缘故。蜂蜜中含有单糖、双糖和多糖等多种糖类。

3. 酶类 蜂蜜中含有多种酶类，如转化酶、淀粉酶、葡萄糖氧化酶、过氧化氢酶及磷酸酯酶等，这些酶类主要来源于蜜蜂的唾液，是由蜜蜂在酿造蜂蜜时加入的。

蜂蜜中最重要的酶是转化酶和淀粉酶。转化酶能将花蜜中的蔗糖转化为果糖和葡萄糖。淀粉酶的主要作用是水解淀粉和糖原为糊精和麦芽糖。由于它对温度和贮存时间敏感，加上易于测定，因而常作为判断成熟与非成熟蜜、原蜜与加工蜜、新蜜与陈蜜的指标。

二、蜂蜜的理化特性

1. 蜂蜜的颜色、气味和味道 颜色的深浅取决于蜂蜜中所含的色素、矿物质、花粉等。

蜂蜜的气味十分复杂，一般与花的香味相一致。来自于蜂蜜中所含的酯类、醇类、酚类和酸类等 100 多种化合物，其中主要是花蜜中的挥发油。

蜂蜜的味道以甜为主，并混有蜜源植物所具有的特殊味道。

2. 蜂蜜的吸湿性 吸湿性是指一种物质从空气中吸取水分的能力，这种能力一般是在该物质的含水量和空气的相对湿度达到平衡时才消失。吸湿性导致敞开贮存的蜂蜜在高湿度环境下形成表层稀释现象，对蜂蜜的保存不利；在低湿度环境下，蜂蜜表层会形成"干燥膜"现象。

3. 蜂蜜的旋光性 凡含有不对称碳原子或不对称基团的有机物都具有使平面偏振光旋转的特性。从丙醛糖和丁酮糖起，各级醛糖和酮糖分子中都有手性碳原子，氨基酸也有不对称的手性碳原子，因而都具有旋光性。

葡萄糖右旋 52.5 度（$+52.5°$），果糖左旋 92.5 度（$-92.5°$），蔗糖右旋 66.5 度（$+66.5°$），转化糖左旋 $20°$（$-20°$）。蜂蜜中果糖含量高于葡萄糖，因此，正常的蜂蜜绝大多数是左旋的。

4. 蜂蜜的结晶 蜂蜜的结晶是指蜂蜜内部的葡萄糖结晶核逐渐增大，形成结晶粒并缓慢向下沉降的现象。蜂蜜的结晶是一种物理现象。结晶后，蜂蜜从液态变为固态，颜色从深到浅，但其成分没有改变。影响蜂蜜结晶的因素有蜜种、葡萄糖结晶核的数量、温度、含水量、果糖与葡萄糖的比率、葡萄糖与水的比率等。

5. 蜂蜜的发酵 蜂蜜的发酵是指蜂蜜中的耐糖酵母菌，在一定的条件下分解葡萄糖和果糖产生气体和乙醇，在有氧的情况下进一步分解为醋酸和水的过程。

$$C_6H_{12}O_6 \xrightarrow{\text{酵母菌}} C_2H_5OH + CO_2 \uparrow$$
$$\longrightarrow CH_3COOH + H_2O$$

醋酸菌 $[O]$

发酵使蜂蜜的化学成分发生了改变，是一个不可逆的化学过程。发酵的蜂蜜是变质蜂蜜，它失去了原有的色香味和营养保健价值。

蜂蜜发酵后有一股酒精味或醋酸味，并且由于发酵过程中产生并释放出 CO_2，从而形成浅色、白色的斑纹，产生大量的气泡，静置后在表面形成一层泡沫盖。当蜂蜜在密封的蜂蜜桶中发酵时，大量的气体会涨破桶壁，甚至引起爆炸。

影响蜂蜜发酵有三个因素：酵母菌数量、含水量和温度。普通的酵母菌难以在高浓度的糖溶液中生长，只有耐糖酵母菌才能在适宜的条件下使蜂蜜发酵。含水量越高，越容易发酵。温度越低，越不易发酵。因此，可以采取以下方法防止酵母菌的发酵：①杀死酵母菌，即在 77 ℃温度下，5 min 即可杀死酵母菌；②低温贮存，以 0～10 ℃为最适宜；③取成熟蜜，或将含水量高的蜂蜜浓缩。

三、蜂蜜的质量要求

蜂蜜的质量要求包括蜂蜜的蜜源要求、感官要求、理化指标、污染物限量、兽药和农药残留限量、微生物限量以及真实性要求等。

我国现行的蜂蜜质量标准是中华人民共和国国家标准《食品安全国家标准　蜂蜜》（GB 14963—2011）（附录 1）。

四、蜂蜜的初加工

一般来说，成熟的蜂蜜浓度较高，具有较强的抗菌性，符合食品卫生要求，可直接食用。但有些蜂蜜的水分偏高或混有杂质，为了防止发酵变质，必须对蜂蜜进行初加工，以达到商品蜂蜜的要求。蜂蜜的初加工通常包括加热熔化、解晶液化、过滤去杂、浓缩除去多余水分等加工处理。

（一）蜂蜜的解晶液化

大多数蜂蜜都会结晶，通常采用加热的方法使它解晶液化。实践证明，蜂蜜所含有的酶、维生素、蛋白质以及抑菌素、芳香物质、鞣酸等，在长时间的高温处理下，会遭到严重破坏。所以，加热温度和加热时间的控制，是蜂蜜解晶液化的技术关键，也是保证产品质量的先决条件。蜂蜜的解晶液化有以下几种方法。

1. 热风式控温供房内加热解晶液化　将需要解晶液化的蜂蜜，整桶放在能调节温度的烘房内，利用热空气给供房加热。当室内温度达到 40 ℃时，采用自控装置使室内的温度恒定在 40 ℃左右，通常 5～8 h 后，桶内的结晶蜂蜜就会变成软块，持续时间越长，解晶液化的程度越高。这种方法仅适用于蜂蜜过滤的前处理，以方便蜂蜜移出桶外。

2. 水浴及蒸汽加热解晶液化

① 水浴加热解晶液化　水浴加热就是利用水作为加热剂来提高物料温度的操作。它适合于 40～80 ℃的低温加热。采用此法进行蜂蜜加热解晶液化，可以避免温度过高而给蜂蜜品质带来危害，同时，水在单位时间内对单位面积传递的热量要比空气大得多。因此，对蜂蜜的加热效果要比热空气好。蜂蜜的水浴加热解晶液化通常采用两种方式：一种是恒温水浴解晶液化，另一种是强化传热水浴解晶液化。

② 蒸汽加热解晶液化　蒸汽加热解晶液化所利用的加热剂是蒸汽。由于蒸汽在凝结时放出的潜热很大，单位时间内对每单位面积传递的热量要比热水大得多，因此消耗量少，有利于减少动力消耗和设备投资费用。而且，它还具有用管道输送容易、加热均匀以及只要改变蒸汽压力就能调节加热温度的优点，所以在实际生产中应用更为广泛。

上述方法都属于结晶蜂蜜进行过滤加工的前处理，因此蜂蜜最终平均温度应控制在 43 ℃左右，以保证蜂蜜的品质和后续过滤加工的顺利进行。

（二）蜂蜜的过滤

蜂蜜的过滤分为粗滤和精滤两个层次。粗滤是指蜂蜜通过 60～80 目滤网（0.17 mm≤网孔内径≤0.25 mm）的过滤处理。它主要用于滤去蜡屑、幼虫、蜂尸等较大的杂质。精滤是指蜂蜜通过 80 目以上滤网（网孔内径≤0.17 mm）的过滤处理，以进一步去除诸如花粉粒之类粒径更小的杂质，使蜂蜜更加清澈透明。

1. 蜂蜜过滤的工艺流程与设备　蜂蜜过滤的工艺流程通常为：蜂蜜加热→撇除泡沫→粗滤→蜂蜜再加热→精滤→精滤蜜。

蜂蜜过滤的生产线由加热设备、输送（加压）设备和分离（除沫、过滤）设备组成。生产企业可根据自身条件和生产实际的需要，选用各种设备。

可供选用的加热设备有带搅拌桨蒸汽夹层锅、对流式蒸汽或热水加热器（列管式或板式换热器）、沉浸式蒸汽蛇管热水池、沉浸式电热蛇管热水池、热风式控温供房等。

可供选用的输送（加压）设备有齿轮泵、罗茨泵、滑板泵、螺杆泵等。

可供选用的分离（除沫、过滤）设备有挡板式除沫器、叶滤器、板框过滤器、双联过滤器等。

以上设备中，凡是与蜂蜜直接接触的部分，均应为不锈钢制造。

2. 蜂蜜过滤加工中应注意的问题

① 粗滤过程应视蜂蜜中杂质的状况，确定滤网的规格和过滤级数。当杂质较多，尤其是细小蜡屑较多时，通常采用二级或三级过滤。二级过滤的前级采用 20 目滤网，后级采用 60 目滤网。三级过滤的前级采用 12 目滤网，中级采用 30 目滤网，后级采用 60 目滤网。这样，可以在不增加过滤压力的情况下，提高蜂蜜粗滤的速度。

② 精滤的滤网越细越好，通常可采用 200 目和 400 目两次过滤。这样可以最大限度地减少蜂蜜中花粉残留量，以解决瓶装蜂蜜贮存过程中的瓶颈黑围问题。

③ 过滤速度与浆液的黏度成反比。因此，降低滤浆的黏度是提高过滤速度的主要措施之一。蜂蜜的黏度与温度直接相关。当蜂蜜的温度低于 38 ℃时，黏度增加很快；当蜂蜜的温度高于 38 ℃，黏度降低也很快。冷蜜是很难过滤的，必须先把蜜温提高，才能使蜂蜜的过滤顺利进行。在生产上通常把过滤蜂蜜的适宜温度定为 43 ℃。因为蜜温达到 43 ℃时，其黏度已降到易于通过滤网的程度，再提高蜜温对其黏度下降的影响不明显；当蜜温超过 43 ℃时，其中的蜡屑将越来越柔软，易于粘连、堆叠而堵塞滤网孔眼，阻碍蜂蜜通过；而且当蜜温超过 43 ℃时，蜂蜜中的蜂尸会因受热而发出臭味，使蜂蜜带有不良的异味。

④ 当蜂蜜中还有蜡屑存在时，蜜温不得过高，以免蜂蜡熔化而无法滤除，导致日后出现瓶颈黑圈。

（三）蜂蜜的杀酵母与破晶核

绝大多数未经加工的蜂蜜，都含有大量的酵母菌和糖的小晶体，在贮藏过程中容易出现发酵和结晶析出的现象，从而影响蜂蜜的品质。为增强蜂蜜的贮藏性能及其商品的货架性能，有必要对其进行杀酵母与破晶核处理。

由于蜂蜜的破晶核处理温度与杀酵母处理的温度一致，因此蜂蜜的破晶核处理常常与蜂蜜的杀酵母处理同时进行。

蜂蜜的杀酵母与破晶核处理，多采用短时间、快速加热并快速降温的方法。80 ℃、10 min 既不会使蜂蜜中酶失活和羟甲基糠醛增加，又能杀灭酵母。可用带搅拌浆蒸汽夹层锅、管式换热器、板式换热器等设备。通常是将经粗滤后的蜂蜜在带搅拌浆蒸汽夹层锅内加热至 80 ℃保持 1～2 min 后，立即经管式换热器或板式换热器冷却至 50 ℃以下；也可以采用两组管式换热器或板式换热器，一组通蒸汽或热水用于快速加热，另一组通冷水用于快速冷却。

（四）蜂蜜的脱色脱味

深色蜂蜜如荞麦蜜、桉树蜜、山花椒蜜等，含铁量高，具有辅助造血的作用，这对贫血患者来说，是一种理想的保健蜂产品。但是，由于这些蜂蜜色重、味臭，消费者不愿食用；若将它直接添加到其他食品中，又会影响食品风味。因此有必要对这些蜂蜜进行脱色脱味处理。

蜂蜜的脱色脱味是利用多孔性固体作为吸附剂，使其中的一种或数种有色有味组分被吸附于固体表面，以达到分离的加工处理。

蜂蜜脱色脱味的吸附操作流程分为三步：先使液体与吸附剂接触，液体中有色、有味物质被吸附剂吸附；再将未被吸附的物质与吸附剂分开；最后进行吸附剂的再生或更换。

深色蜂蜜的脱色脱味目前多采用接触过滤加工法，为降低蜂蜜的黏度，在深色蜂蜜中加入为其重量 0.5～1.0 倍的水，有利于吸附剂与蜜中有色、有味物质的充分接触。

视原蜜色深程度及最终产品的色泽要求，加入原蜜重量 0.5％～2.0％ 的活性炭，于混合桶的夹层中通入蒸汽或热水，加热至 50 ℃，以进一步降低蜂蜜的黏度、加快吸附过程中被吸附物质的传质速度，在搅拌的条件下保持 20～30 min，让活性炭充分吸附有色、有味物质；之后，再加入 3％ 的酸性白土或高岭土，充分搅拌 10 min 后静置，使活性炭絮凝和沉淀，以利后续过滤顺利进行。

将上清液泵入过滤机，经 200 目过滤后，送入真空浓缩设备浓缩至含水量小于等于 18％；有时根据客户的要求，还要在过滤之后与浓缩之前，再经阴、阳离子交换处理，以保证最终产品的某些离子指标符合规定。

试验表明，经过这样处理的深色蜂蜜，色变浅，味变佳，吸光值可下降 80％ 以上。

（五）蜂蜜的浓缩

蜂蜜的浓缩加工是指在蜂产品加工中，通过蒸发去除蜂蜜中多余的水分，使之符合规定的要求，同时蜂蜜的色、香、味、淀粉酶值、脯氨酸、羟甲基糠醛等指标也需达标。

1. 蜂蜜浓缩加工的主要设备　化蜜槽、粗滤器、细滤器、缓冲储罐、过滤器、压滤机、真空装置、真空浓缩器、换热器、储罐、洗瓶机、灌装机等。

2. 蜂蜜浓缩加工的工艺流程　原料检验→选料配料→预热融蜜→粗滤→精滤→升温→真空浓缩→冷却→中间检验→成品配制→成品检验→包装入库。

3. 蜂蜜浓缩加工的步骤　原蜜进厂后首先分花、分色归类和质量检验，根据鉴定的质量进行选料配料。配料完毕即可预热，预热温度应在 60 ℃ 以下。时间以溶解结晶至蜂蜜全部熔化为限，一般控制在 60 min 以内。为使粗粒结晶蜜解晶，可将蜂蜜原料从桶中倒入夹层锅内，加温到 38～43 ℃，边加温边开动搅拌器进行搅拌，使蜂蜜受热均匀，以加速解晶。有条件的单位最好采用真空负压或其他方式向蜜桶直接吸蜜。

已解晶的蜜要趁蜜温尚未降低时，以 60～80 目的滤网进行粗滤。中滤时，滤网为 90 目，蜜温控制在 38～43 ℃，加热时间在 10 min 之内。为达到精制蜂蜜的标准，经中滤后的蜂蜜需再进行精滤。精滤时，通过板式换热器，将精滤后的蜂蜜升温 60 ℃，保持 30 min，使其黏度降低，以便进行精滤。升温同时还起到熔化细微结晶粒和杀灭耐糖酵母菌的作用。精滤时，使用的滤网为 120 目。然后用泵抽入真空浓缩罐（不超过 50 ℃）或薄膜蒸发罐（不超过 70 ℃），使水分达到 18％ 以下，严禁使用对蜂蜜直接加热而蒸发水分的浓缩方式。在保证真空度达到 0.09 MPa 的条件下，视原料蜂蜜浓度和预包装用蜂蜜的要求而确定浓缩时间，一般不超过 45 min。

第二节　蜂王浆质量控制与初加工技术

一、蜂王浆的化学成分

蜂王浆的化学成分非常复杂，而且随蜂种、蜜源、产地和取浆时间的不同存在一定差异。一般情况下，鲜蜂王浆含水量 $67.5\% \sim 69.0\%$，蛋白质 $11\% \sim 16\%$，碳水化合物 $8.5\% \sim 16.0\%$，脂类约 6%，灰分 $0.4\% \sim 1.5\%$。

1. 蛋白质　鲜蜂王浆中蛋白质含量为 $11\% \sim 16\%$，目前已确定了 10 多种，其中 2/3 是清蛋白，1/3 是球蛋白。王浆主蛋白家族（MRJP）构成了蜂王浆蛋白质的基本组成。对 MRJP 家族的研究可以追溯到 1992 年，Hanes 和 Simuth 共同发现蜂王浆中一种相对分子质量为 5.7×10^4 的蛋白质，并命名为"王浆主蛋白"，即现今的王浆主蛋白 1（MRJP1）。随着对蜂王浆蛋白质的研究不断深化，迄今已发现了 9 种 MRJP 家族蛋白（MRJP1 - 9）。MRJP1 - 5 占总蛋白的 $82\% \sim 90\%$，并且这些蛋白已经多次被证明具有营养价值，而通过克隆这些蛋白的 cDNA 并测序，发现它们之间的氨基酸序列同源性达 $60\% \sim 70\%$。

2. 氨基酸　蜂王浆中含有 20 多种氨基酸，包括人体所必需的 8 种氨基酸。其中最重要的是天冬氨酸和谷氨酸。蜂王浆中脯氨酸含量最高，约占氨基酸总量的 63%，其次为赖氨酸，约占 20%。

3. 脂类　蜂王浆脂类是蜂王浆有别于其他天然产物的特殊组成部分，也是蜂王浆发挥抗菌、免疫调节等生物学活性的主要功能物质。蜂王浆中的脂类物质中 90% 以上以游离脂肪酸形式存在，其次是甾醇类物质，甘油三酯、甘油二酯、简单酯类等形态非常少。不同于大部分动植物产品的长链脂肪酸，蜂王浆中有机酸以 $8 \sim 10$ 个碳原子数的中短链脂肪酸为主。目前在蜂王浆中发现的脂肪酸种类已经超过 90 种。其中，10 -羟基- 2 -癸烯酸（10 - hydroxy - 2 - dece - noic acid，简称 10 - HDA，分子式 $C_{10}H_{18}O_3$，相对分子质量 186）是蜂王浆特有的天然不饱和脂肪酸，俗称"王浆酸"，是衡量蜂王浆质量的重要指标。

4. 维生素　蜂王浆中含有丰富的维生素，以 B 族维生素最为丰富，包括维生素 B_1、维生素 B_2、维生素 B_6、维生素 B_{12}、烟酸、泛酸、生物素、叶酸、乙酰胆碱和肌醇。此外，还含有少量的维生素 A、维生素 D、维生素 K 和微量的维生素 E。由于王浆中含有抗坏血酸酶，所以其维生素 C 含量很低。

5. 糖类　蜂王浆中含量最高的两种糖是果糖和葡萄糖，约占总糖含量的 90%，蔗糖含量在不同的蜂王浆中差异较大。蜂王浆中还含少量的麦芽糖、蔗糖和龙胆二糖等。

6. 矿物质 蜂王浆中含有多种矿物质元素，常量元素有钾、钠、镁、钙、磷、铁等，微量元素有锌、铜、硒、锰、镍、钴、铬、铋、硅、汞、砷等。

7. 其他微量活性物质 蜂王浆内的活性物质十分丰富，主要是酶类和激素类。

（1）酶类 蜂王浆含有抗坏血酸氧化酶、葡萄糖氧化酶、胆碱酯酶、磷酸酶等，其中酸性磷酸酶较低，碱性磷酸酶较高。此外，还有脂肪酶、淀粉酶、醛缩酶、转氨酶等。

（2）核酸 蜂王浆中含有一定数量的核酸，包括 RNA 和 DNA。此外，还含有少量的黄素单核苷酸（FMN）、黄素腺嘌呤二核苷酸（FAD）、二磷酸腺苷（ADP）和三磷酸腺苷（ATP）等。

（3）激素 蜂王浆中含有极微量的激素，主要有保幼激素、17 -酮固醇、17 -羟固醇、雌二醇、睾酮、孕酮、肾上腺素、氢化可的松、类胰岛素激素等。

（4）生物蝶呤类 蜂王浆中含有微量的生物蝶呤、新蝶呤等生物蝶呤类物质。

二、蜂王浆的理化性质

1. 颜色 新鲜蜂王浆一般呈乳白色或淡黄色，有个别的呈浅橙色。蜂王浆颜色的深浅，主要取决于生产时的蜜粉源及其老嫩程度、工蜂日龄及质量的优劣。生产王浆的工蜂日龄的增加、蜂王浆保存时间的延长，以及采浆和加工时与空气接触时间的增加，均会使蜂王浆的颜色加深。

2. 状态 新鲜蜂王浆呈乳浆状或浆状朵块形，微黏，有光泽，手感细腻、无蜡屑等杂质，无气泡。

3. 味道 蜂王浆有一种极为典型的酚与酸的气味以及辛辣味。味感酸、涩、辣、甜，四味俱全，以酸涩为主。

4. pH 新鲜蜂王浆呈酸性，pH 3.5～4.5，酸度 30～53 mg/100 g。

5. 溶解性 蜂王浆部分溶于水，呈悬浊液；部分溶于乙醇，并产生白色沉淀，放置一段时间后分层。

6. 不稳定性 新鲜蜂王浆的性质很不稳定，以下几方面的因素均会影响蜂王浆的质量。

（1）温度 较高的温度容易使蜂王浆失去活性，甚至变质。用 5 ℃条件下贮存 1 年的蜂王浆及王浆冻干粉做育王试验，结果仅能培育出工蜂或介于工蜂与蜂王之间的中间体，这说明蜂王浆的生物活性已有很大损失。

（2）光线 蜂王浆中不少化合物含有极为活泼的基团，如醛基、酮基等。这些基团在光的作用下很快起化学反应，使其失去原有的特性。

（3）空气 蜂王浆中含有多种易被氧化的物质，常温下，许多化学基团容易和空气中的氧起氧化反应。但如果温度降至－18 ℃，这种氧化反应就会自然停止。

（4）酸碱　蜂王浆在强酸或强碱性条件下极其不稳定，易于被水解，因此，一般蜂王浆的加工与保存都尽量保持在其生理酸性范围内。

（5）金属　蜂王浆富含有机酸、氨基酸和蛋白质，它们易与金属，特别是锌、铁等金属容易起反应，腐蚀金属。金属进入蜂王浆，蜂王浆同样受到金属的污染，所以取浆和贮浆用具，不应使用一般的金属制品。

（6）细菌　蜂王浆虽然含有多种有机酸，pH 较低，本身具有较强的抑菌作用，但不等于能杀灭所有的细菌，特别是酵母菌，在适宜温度下，在有蜂王幼虫体液存在的条件下，容易引起蜂王浆发酵。

此外，蜂王浆在冷热交替、经常振动和换瓶时也容易引起变质。

三、蜂王浆的质量要求

蜂王浆的质量要求包括蜂王浆的感官要求、等级、安全卫生要求以及真实性要求等。

我国现行的蜂王浆质量标准是中华人民共和国国家标准《蜂王浆》（GB 9697—2008）（附录 2）。

四、蜂王浆的贮存保鲜

长期的科学研究和实践经验表明，蜂王浆的品质和保健功效易受其贮存条件的影响。若贮存温度过高或时间过长，蜂王浆的物理性状、化学组成会发生变化，保健功效降低甚至丧失。用 5℃条件下贮存 1 年的蜂王浆及王浆冻干粉做育王试验，结果仅能培育出工蜂或介于工蜂与蜂王之间的中间体，这说明蜂王浆的生物活性已有很大损失。因此，要尽量使蜂王浆保持低温，一般认为−5～−7℃可较长时期贮存蜂王浆，−18℃以下可贮存 2 年不变质。

五、蜂王浆的初加工

（一）蜂王浆的过滤

在蜂王浆的采收过程中，王台口上的碎蜡片以及蜂王幼虫等杂质常被带入浆体中，从而影响蜂王浆的感官状态和质量，必须过滤除去这些杂质。

1. 过滤前的解冻　蜂王浆采收后常冷冻贮存，因此过滤前必须先行解冻。为保证过滤顺利，要求解冻必须彻底。通常是将蜂王浆的冻结体连同容器浸入流动的自来水中，由自来水不断传给蜂王浆的冻结体解冻热量，使其逐渐解冻，直至完全呈半流体状态。

2. 过滤方法

（1）滤袋挤压过滤　属最简单的方法。将已解冻的蜂王浆装入用 60～100 目绢纱滤布制成的滤袋中，扎紧袋口，置螺旋推进挤压装置中，缓缓加压。滤净后将滤渣再用清水漂洗，以回收被过滤掉的 10 - HDA 结晶。

（2）离心加压过滤　将已解冻的蜂王浆装入用 60～100 目绢纱滤布制成的滤袋中，扎紧袋口，置于转速为 800～1 000 r/min、离心半径 300～350 mm 的离心装置转篮中进行离心。滤净后将滤渣再用清水漂洗，以回收被过滤掉的 10 - HDA 结晶。

（3）毛刷清渣加压过滤　将已解冻的蜂王浆装入底部带有 60～100 目滤网的圆形不锈钢滤盘中，毛刷在转速为 5～6 r/min 的转臂带动下，沿滤网面刷除沉积于其上的滤渣，并在毛刷运动的向下分力作用下，使蜂王浆顺利通过滤网，得以过滤。

3. 应注意的问题

（1）蜂王浆在贮存过程中，会有部分 10 - HDA 结晶析出，需用蒸馏水对滤渣进行漂洗，将其分离出来，并将其返回过滤出的蜂王浆中混匀。

（2）蜂王浆过滤操作的环境及用具应符合卫生要求。

（二）蜂王浆的冷冻干燥

蜂王浆的冷冻干燥是将蜂王浆冻结成固体，然后在真空条件下，使其中的水分直接由固态升华成气态而除去，达到含水量为 2% 左右的加工过程。蜂王浆经冷冻干燥后的制成品，称为蜂王浆冻干粉。由于脱水过程是在低温和真空条件下进行的，因此产品可避免受到热破坏和氧化作用，较高程度地保留了蜂王浆的色、香、味及维生素、酶类等活性物质。

蜂王浆冷冻干燥的工艺流程和要求如下。

工艺流程：预处理→预冻→升华干燥→解析干燥→包装。

（1）预处理　将待冷冻的鲜蜂王浆按 1∶1 的比例加入无菌蒸馏水，经 100 目的滤网过滤以除去杂质。

（2）预冻　将预处理好的蜂王浆移入方盘中，浆层厚度控制在 8～10 mm，然后送入冷库，于 −40 ℃ 的低温条件下快速冻结成固体。

（3）升华干燥　开动真空泵，使真空压力维持在 1.33 Pa 左右；再开动加热系统，使冻结蜂王浆的温度由 −40 ℃ 上升到 −25 ℃。该过程大约需要 12 h，蜂王浆的水分含量降至 10% 左右。

（4）解析干燥　为进一步降低蜂王浆中的水分，必须通过提高加热温度和保持较高的真空度，使被吸附的水分子在较大的解析推动力作用下从疏松的蜂王浆中解析出来，以继续干燥至含水量为 2% 左右。解析干燥的温度以 30 ℃ 为宜，最高不超过 40 ℃，这一干燥过程需要 4～6 h。

（5）冻干粉的包装　蜂王浆冻干粉的吸湿性很强，为防止污染及水汽侵入，分装和封口操作应以最快的速度进行。对进入操作室的空气必须经过净化处理，其相对湿度应低于 20%，包装封口必须严密。也可采取真空包装或冲氮气包装的方法。

第三节　蜂花粉质量控制与初加工技术

一、蜂花粉的化学成分

蜂花粉富含蛋白质、氨基酸、碳水化合物、维生素、脂类等多种营养成分以及酶、辅酶、激素、黄酮、多肽、微量元素等生物活性物质，因而有"完全食品"和"微型营养库"之美誉。

1. 水分　刚采集的新鲜蜂花粉水分含量一般为 15%～20%，有些高达 30%～40%。含水量过高易造成花粉发霉变质。因此，收集后的花粉应及时进行干燥处理，使其含水量降至 5% 以下。

2. 蛋白质和氨基酸　蜂花粉含丰富的蛋白质和游离氨基酸，一般为 8%～40%，平均为 20% 左右。花粉种类不同，蛋白质含量也有所不同。脯氨酸和 α-氨基丁酸在所含的氨基酸中含量是最高的。

蜂花粉含有 20 多种游离氨基酸，平均含量占总氨基酸的 4%～7%。人体所必需的 8 种氨基酸花粉中至少含有 7 种。

3. 碳水化合物　蜂花粉中的碳水化合物占干重的 22%～43%，其含量随植物种类不同而不同。碳水化合物的种类包括单糖（葡萄糖、果糖、半乳糖等）、低聚糖（蔗糖、麦芽糖、乳糖等）和多糖（淀粉、糊精、果胶、纤维素和半纤维素等）。

花粉多糖属于膳食纤维范畴，主要包括果胶多糖、纤维素和半纤维素等。花粉多糖具有多方面的生物活性，能通过增强机体免疫而达到抗衰老、抗肿瘤、抗辐射、抗肝炎和抗结核等多方面功效。

4. 矿物质元素　蜂花粉中含有丰富的矿物质，不仅包括一些常见的常量元素和人体所必需的 14 种微量元素，而且还包含许多目前尚未完全了解其生物学活性的元素。蜂花粉中所含微量元素种类、存在形式以及含量等适合人体需要，可以说花粉是"天然营养佳品"。

不同的花粉中，各种元素的含量差别较大，而且存在状态也不相同。花粉中有相当一部分矿物质元素是以结合态存在的，不同花粉中的结合物质以及存在状态也具有很大的差别。

5. 维生素　花粉中含有十分丰富的维生素，是一种天然维生素浓缩物。其中，以 B 族维生素较为丰富，包括维生素 B_1、维生素 B_2、维生素 B_3、维生素 B_5、维生素 B_6、维生素 B_{12} 以及胆碱、叶酸和肌醇，此外还有维生素 A、维生素 C、维生素 E、维生素 K、维生素 D 以及胡萝卜素和类胡萝卜素等。各种花粉中维生素的含量差别较大。

6. 脂类　花粉中脂类含量占干重的 $1\%\sim20\%$，主要以不饱和脂肪酸和类脂的形式存在，不饱和脂肪酸占脂类物质的 $60\%\sim91\%$。花粉中的不饱和脂肪酸主要包括棕榈酸、油酸、硬脂酸、月桂酸、花生四烯酸及亚油酸等。类脂主要包括磷脂、糖脂、固醇和固醇脂等。

7. 有机酸　花粉中常见的有机酸包括甲酸、乙酸、丙酸、丙酮酸、乳酸、苹果酸、琥珀酸、柠檬酸和 α-酮戊二酸等。此外，羟基苯甲酸、原儿茶酸、没食子酸、香英兰酸、阿魏酸等有机酸也被分离鉴定出来。研究证明，花粉中还含有绿原酸和三萜烯酸，且含量较高。绿原酸不仅有强壮毛细血管和抗炎作用，而且在合成胆酸、影响肾功能及通过垂体调节甲状腺功能方面有重要作用。

8. 其他活性成分

（1）酶类　花粉中有多种酶类，目前已鉴定出的就有 100 种左右，主要可以分为氧化还原酶、转移酶、水解酶、裂解酶、异构酶和连接酶等几大类。常见的主要有转化酶、淀粉酶、葡萄糖氧化酶、磷酸酶、催化酶、果胶酶、纤维素酶、肠肽酶、胃蛋白酶、过氧化氢酶、胰酶和脂酶等。

（2）黄酮类化合物　花粉中黄酮类化合物含量广泛而丰富。目前从花粉中发现的黄酮类化合物有黄酮醇、槲皮酮、山奈酚、杨梅黄酮、木樨黄素、异鼠李素、原花青素、二氢山奈酚、柚苷配基和芹菜苷配基等。

（3）激素　花粉中含有多种激素，主要包括植物生长激素、人生长激素、性激素和促性激素。植物生长激素包括生长素（吲哚乙酸）、赤霉素、细胞分裂素、油菜素内酯、乙烯和生长抑制剂等。性激素和促性激素主要包括雌二醇、睾酮、促黄体素和促卵泡素等，其含量在花粉中极少，但是其提纯物被证明可以用来治疗不孕症。

（4）核酸　花粉中核酸含量很高，占干物质的近 2%，其中 DNA 约为 0.5%，RNA 为 $0.6\%\sim1.0\%$。

二、蜂花粉的理化特性

由于植物种类或采集季节的不同，蜂花粉呈现不同颜色，如油菜花粉为黄色，向日葵花粉为橘黄色，虞美人花粉为黑色，但大部分花粉为淡黄色。对于蜂花粉来说，蜜蜂采集的植物越单一，形成的花粉团颜色也越均匀。

蜜蜂采集的花粉团由众多的花粉粒组成，花粉团大小和重量不尽相同，平均重量约为 7.5 mg。不同植物的花粉粒其形状和大小也都不相同。大部分的花粉呈现辐射对称或完全对称，形态多为球形、近球形、扁球形、三角形、菱形等。花粉粒的直径一般在 15～50 μm，不过最大的南瓜花粉直径为 250 μm 左右，而勿忘草的花粉直径只有 10 μm。

花粉的壁称为孢壁，由内壁和外壁等数层组成。花粉的外壁厚、硬而缺乏弹性，其主要成分为孢粉素，还含有纤维素、类胡萝卜素、类黄酮素等；内壁薄、软而富有弹性，在萌发孔处常较厚，主要成分为纤维素、果胶质、半纤维素及蛋白质等。由于孢粉素的存在，使得花粉具有抗酸、抗碱和抗生物分解的特性。花粉外壁上有孔、沟、裂缝等萌发器官，其萌发及各种营养物质渗出均在此进行。

新鲜花粉一般都具有特殊的自然气味，其口味也不尽相同。如茶花粉气味清香，微甜，而荞麦花粉则臭味重，口感差，但其营养价值较高。

三、蜂花粉的质量要求

蜂花粉的质量要求包括蜂花粉的感官要求、理化指标、污染物限量、微生物限量等。

我国现行的蜂花粉质量标准是中华人民共和国国家标准《食品安全国家标准 花粉》（GB 31636—2016）（附录 3）。

四、蜂花粉的贮存

1. 新鲜花粉贮存　鲜花粉中含水分高，还含有各种微生物和各种虫卵，保存条件不当，容易造成花粉发霉和各种虫卵孵化。因此，一定要及时处理。少量花粉的贮存可以采用以下几种简易方法。

（1）鲜花粉冷藏法　将新采集的花粉及时放入食品塑料袋或广口瓶等容器内，置于 −20 ℃低温冰箱或冷库内，可保持数年营养价值基本不变。

（2）加糖混合贮存　将花粉和白砂糖按 2∶1 混合装在容器内捣实，表面再加 1 层 15 mm 的白砂糖覆盖，然后将容器口密封，花粉可在常温下保存两年。

（3）仿蜂粮贮存法　在 1 kg 鲜花粉中加入 0.5 kg 左右的成熟蜜，放在棕色瓶内可保存半年左右。

2. 处理花粉保存　鲜花粉经过去杂后，充分干燥和灭菌，使其含水量在 5％以下（如果长期贮存，应使花粉含水量在 2％～3％为好），除去微生物和虫卵，再进行保存。

（1）自然干藏法　花粉干燥后，水分降低到 5％以下，装入容器，放到 −20 ℃低温环境 2～3 d，或用环氧乙烷气熏 2.5 h 以后装袋，杀死花粉中的虫卵，可放于常温下，但最多只能存放 1 年。

（2）冷藏法　花粉处理后，水分降低到5％以下，存放于−20℃冷库中，可以长期保存，3～4年不变质。

（3）充气贮存　花粉干燥后，水分降低到5％以下，装入不透气的双层塑料袋，然后充氮气或二氧化碳再密封，可置于室温下存放。如果将花粉用0.01％蜂胶乙醇溶液喷洒，效果更好。

五、蜂花粉的初加工

蜂花粉用于生产各种制品之前，需要经过干燥、去杂、消毒灭菌等处理，部分产品还涉及破壁、脱敏等加工处理。

（一）蜂花粉的干燥

蜜蜂刚采集的新鲜花粉含有较高的水分。室温下，含水量高的花粉极易发霉变质，且花粉中可能混入虫卵，在适当的条件下孵化，乃至发育成成虫。必须及时干燥花粉，才可贮藏待用。为了进一步提高花粉的稳定性和适应后续加工的需要，应将花粉干燥至含水量5％以下。

1. 常用干燥方法

（1）日光干燥　将花粉置于日光下暴晒，是蜂农采用的最常用方法。该方法简单易行，但受制于天气状况，而且花粉中有些成分在紫外线作用下会降低其生物学活性，同时易粘上灰尘与杂质。

（2）自然通风干燥　少量花粉可采用此法。这种方法简单易行，但干燥时间较长，且如果空气中湿度较高时，此法不适用。另外，如果有强通风设备，鼓进热风，干燥效果则较理想。

（3）电热干燥　利用普通干燥箱进行电热干燥花粉，效果较好，不过成本较高。干燥温度应控制在45℃左右，如果带鼓风机，应该打开热风机，以加快干燥过程。

（4）真空电热干燥　利用真空干燥箱，在一定真空度下进行加热干燥，这种方法比普通电热干燥速度快，可更好地保持花粉的活力。

（5）化学干燥剂干燥　该方法既能干燥少量花粉，也能干燥大量花粉，使用设备简单，不受外界条件限制，所用化学干燥剂无毒，无异味，不挥发，价格低廉，来源丰富。

2. 工业干燥方法

（1）气流干燥　利用热气流，通过对流传热进行干燥。干燥效果取决于气流的温度、湿度和流速。常用花粉气流干燥设备有烘箱、隧道干燥器和沸腾干燥器。

（2）真空冷冻干燥　将花粉冰冻，在真空状态下加热，使花粉中冻结成冰的水分不经过液态而直接升华，达到干燥的目的。干燥速度快、效率高，有效成分丢失少，可以保证花粉中活性成分不被破坏，但是其设备昂贵，技术复杂，对大型专业工厂较为适用。

（3）红外干燥　利用远红外线干燥花粉，既提高干燥效率，又有一定的杀菌作用。干燥速度快，受热时间短，热能利用率高，是工业化生产中理想干燥设备之一，缺点是噪声大。

（4）微波干燥　微波干燥是一种新型高效的干燥方法，特点是加热迅速、物料受热均匀、产品质量高、热效率高和便于控制，但其缺点是存在漏波的危险。

（二）蜂花粉去杂

蜂场采收的花粉中，含有蜜蜂肢体、砂砾、尘土、虫卵等杂质，可通过风力扬除和过筛分离以去杂。

1. 风力去杂　主要是分离质轻的蜂翅、蜂足、草梗、蜡屑和粉尘等杂质。

2. 过筛去杂　先选用比花粉团稍大一些的筛选网筛选，让花粉团通过，去掉比花粉团体积大的杂质如蜜蜂头、肢体等；再用比花粉团稍小的筛网除去比花粉团小的杂质。

上述两种方法，都适用于小范围操作。规模化花粉去杂，一般选用特定的机器（如气流筛子配合式清选机）进行运作。

（三）蜂花粉灭菌

蜜蜂采集的花粉中，存在着许多的微生物，其中可能有致病菌。因此，对花粉进行灭菌十分必要。目前花粉灭菌常用的方法包括以下几种。

1. 乙醇灭菌法　对花粉采用乙醇灭菌法时，应先测定花粉的含水量，然后根据花粉含水量确定将使用的乙醇浓度，使其最终质量分数控制在 70%～75%。喷乙醇时，先将花粉平摊在台板上，然后将配好的乙醇溶液装入喷雾器中，边喷边翻动花粉。注意喷洒要均匀、彻底，喷过之后应尽快将花粉装入塑料袋内密封保存，以免乙醇挥发影响效果。

2. 紫外线消毒法　将花粉摊在台板上，厚度约 1 cm，用紫外线照射 60 min。由于紫外线穿透能力差，每隔 20 min 要翻动一次。

3. 冷冻法　鲜花粉在 −18 ℃ 以下低温冰冻 1～3 d，可以杀死蜡螟虫卵及其他虫卵。

4. 温差法　将花粉在 −20～−30 ℃ 的低温冰箱中冷冻 24 h，取出后立即放入 90～100 ℃ 的热水浴中保持 30 min。

5. 加热灭菌法　红外线灭菌和微波灭菌本质上都是加热灭菌。花粉的热力灭菌，要掌握好致死温度与致死时间的关系。通常采用的灭菌温度越高，所需的灭菌时间越短；反之，灭菌温度越低，则所需的灭菌时间越长。加热灭菌法可分为远红外加热灭菌法和微波加热灭菌法。

6. 射线辐照灭菌法 辐照灭菌法利用 ^{60}Co 或 ^{137}Cs 的 γ 射线或电子加速器产生的低于 10 MeV 电子束照射，杀死花粉中微生物和虫卵的方法。辐照灭菌穿透力强，不提高物料的温度，在安全范围内不会产生放射性残留。该法适用于不耐热物料的灭菌或已包装密封的制品灭菌，可极大减小成品再染菌的机会。

（四）花粉脱敏

极少数人服用花粉会产生轻微过敏症状，其主要原因是花粉具有抗原性。免疫血清学研究表明，花粉的水溶性提取物和脂溶性提取物对实验动物会产生轻微的抗原性。同时，研究表明，风媒花粉是花粉过敏人群的主要过敏原。

在实际应用中，在制作花粉食品时常采用水煮、加热或发酵的方法进行脱敏处理，其本质是破坏花粉中某些具抗原特性的蛋白质的结构，使其失去致敏性。此法是否能完全脱敏，尚无有效的检验方法证明。

（1）水煮脱敏法 将花粉分散于水中，以 60 ℃温度加热 1 h，使其中的蛋白质发生变性而脱敏。

（2）加热法 把花粉放在 105 ℃烘箱内，烘烤 3 min，取出后迅速冷却至室温。

（3）发酵脱敏 通过微生物发酵，使花粉中某些具抗原特性的蛋白质分解或变性。该法兼具杀灭病原微生物和破壁的作用。将花粉原料的水分含量调到 20%～25%，放置于 35 ℃的发酵室内，发酵 48～72 h，即可达到脱敏的目的。

（五）花粉破壁

花粉破壁是指花粉经过发酵、机械处理、变温和化学处理后，花粉的萌发孔处破裂，里面的物质自萌发孔外溢的现象。下面介绍几种常见的花粉破壁法。

1. 机械破壁法 利用机械方法使花粉破壁，包括采用气流粉碎机的干法破壁法、采用胶体磨的湿法破壁法、采用超声波的超声波破壁法等。

2. 变温破壁法 利用物体热胀冷缩原理使花粉破壁，包括温差破壁法、冷冻破壁法等。

3. 发酵破壁法 发酵破壁法是通过发酵和酶的作用使花粉壁破裂，从而释放出花粉中的营养物质。花粉发酵既可破壁、脱敏、灭菌，又不破坏其营养成分，是一种较为理想的破壁方法。

花粉发酵破壁法又可分为间接发酵法、直接发酵法和蜂粮发酵法。

（1）间接发酵法 是指通过人工培养制备发酵液，使花粉达到发酵目的。

（2）直接发酵法 该法不需要人工培养制备发酵液，而是直接利用花粉本身所具有的酶类物质和微生物来使花粉达到发酵目的。

（3）蜂粮破壁法 利用蜜蜂巢房中适时的蜂粮作为酶的来源处理花粉，对于花粉的破壁、消毒、脱敏和除苦等均有较好效果。

第四节　蜂胶质量控制与初加工技术

一、蜂胶的植物来源与化学成分

（一）蜂胶的植物来源

由于温带、亚热带和热带地区气候条件的不同，造成植物分布的不同，因此蜂胶的植物来源也有很大的差异。温带地区主要的胶源植物有杨属、桦树、榆树、栲木、豚草、桉树、山毛榉、橡树、七叶树以及柏属、松属植物等；亚热带地中海地区蜂胶的化学成分与温带地区蜂胶的化学成分存在差异，但胶源植物仍然是以杨属植物为主，还有桉树、血桐属、柏属以及松属等其他胶源植物；热带地区气候复杂，植物种类繁多，所以胶源植物的种类也存在多样性，主要包括杨属、克鲁西属、南洋杉属、桉属、酒神菊属等。目前，根据蜂胶植物来源的不同，全世界已发现的蜂胶大体可以分为 5 种类型：杨属型、酒神菊属型、克鲁西属型、血桐属型和地中海东部地区型。

我国常见的胶源植物主要是杨柳科、松科、桦木科、柏科和漆树科中的多数树种，以及桃、李、杏、栗、橡胶、桉树、向日葵等。

（二）蜂胶的化学成分

蜂胶的化学成分极为复杂，并与产地、植物来源和采集季节有关。杨树型原料蜂胶的基本成分是：50％～55％的树脂类、芳香油，30％～40％的蜂蜡，5％～10％的花粉以及少量的其他分泌物和夹杂物。目前已从蜂胶中分离鉴定出的化学成分有黄酮类、萜烯类、醌类、酯类、醇类、醛类、酚类、有机酸类，还有大量的氨基酸、酶类、维生素类、多糖及多种微量元素等。含有大量的黄酮类、萜烯类化合物是蜂胶的重要特征。

1. 黄酮类化合物　黄酮类化合物是蜂胶的主要活性物质。蜂胶中含有的黄酮类化合物，其种类之多和含量之丰富，是任何一种植物药所不能比拟的。黄酮类化合物的含量通常作为评价蜂胶质量的主要指标之一。迄今为止，从世界各地不同蜂胶中分离出的黄酮类化合物已达 200 多种，主要包括黄酮、黄酮醇、二氢黄酮、二氢黄酮醇、异黄酮、二氢异黄酮、查尔酮、二氢查尔酮、黄烷、异黄烷和新型黄酮类化合物（主要为紫檀素和 4-苯基香豆素类化合物）等。此外，还在蜂胶中发现了黄酮苷类化合物。

2. 萜类化合物　萜类化合物是天然产物中一类非常重要的次生代谢产物（或称

二级代谢产物）。萜类化合物在自然界分布广泛，数量庞大，结构类型多。根据其分子结构中异戊二烯结构的数目，可将萜类化合物分为单萜、倍半萜、二萜、三萜、四萜以及多萜。萜类化合物是蜂胶挥发油中最主要的活性成分，蜂胶精油的多重生物学功能，如抗炎症、抗细菌、镇痛作用，都与其中含有大量萜类物质有关。迄今为止，已从蜂胶中分离鉴定出 200 多种萜类化合物。

3. 酚类化合物　酚类化合物是芳香烃环上的氢被羟基取代的一类芳香族化合物，它们的范围非常之广。研究表明，大量酚类化合物对人类慢性疾病的预防起着非常重要的作用。酚类化合物主要以酚酸的形式存在于蜂胶中。此外，蜂胶中还含有二苯乙烯类、木酚素类及其他复杂的酚类化合物。目前，已从蜂胶中分离鉴定出种酚类化合物 170 多种。

4. 醛酮类化合物　蜂胶中的醛酮类化合物主要包括香草醛、异香草醛、苯甲醛、二羟基苯乙酮、二羟基甲氧基苯乙酮、羟基苯甲氧基苯乙酮、甲氧基苯乙酮、6，10，14-三甲氧基-2-十五酮、2-十七酮、4苯基-3-丁烯-2-酮、6-甲基-5庚烯-2-酮等。

5. 烃类化合物　从蜂胶中分离鉴定出来的烃类化合物主要包括戊烷、二十烷、二十一烷、二十二烷、二十三烷、二十四烷、二十五烷、二十六烷、二十七烷、二十八烷、二十九烷、三十烷、三十一烷、三十二烷、三十三烷、1-十八烯、9-二十三烯、9-二十五烯、9-二十七烯、9-二十九烯、8-二十九烯、10-三十烯、8-三十一烯、10-三十三烯、8，22-三十一碳二烯、9，23-三十三碳二烯等。

6. 甾体化合物　目前已从蜂胶中分离鉴定出羊毛甾醇、胆甾醇、岩藻醇、海绵甾醇、豆甾醇、β-二氢岩藻甾醇、β-二氢岩藻醇乙酸酯、豆甾醇乙酸酯、海绵甾醇乙酸酯等甾体化合物。

7. 糖类　蜂胶中的糖类有 D-葡萄糖、D-呋喃核糖、D-葡萄糖醇、D-果糖、塔罗糖、蔗糖、山梨糖醇、木糖醇、肌醇、D-古洛糖、D-呋喃果糖、甘露糖、赤藓糖、半乳糖、半乳糖醇、乳糖、麦芽糖、葡萄糖酸、半乳糖醛酸等。

8. 维生素　蜂胶中含有丰富的维生素 P，还含有维生素 A、维生素 B_1、维生素 B_2、维生素 B_6、维生素 C、维生素 E、烟酰胺、泛酸以及极微量的维生素 H 和叶酸等。

9. 酶类　蜂胶中的活性蛋白质含量在 2.1%～3.8%，这些提取物中几乎含有 α-淀粉酶和 β-淀粉酶，此外，蜂胶中还含有组织蛋白酶、胰蛋白酶、脂肪酶等，这些酶在预防和治疗血栓、癌症方面有着突出的功效。

10. 氨基酸　蜂胶含有 17 种氨基酸，其中精氨酸和脯氨酸的含量最多，占游离氨基酸总量的 50% 以上。

11. 常量以及微量元素　蜂胶含有较丰富的常量元素以及 40 多种微量元素。

二、蜂胶的理化特性

1. 外形　蜂胶是不透明的固体，表面光滑或粗糙，折断面呈沙粒状，切面与大理石外形相似。一般形状呈现碎渣状、颗粒状或条片状。

2. 色泽　蜂胶呈黄褐色、棕红色或灰褐色，有时带有青绿色，少数近似黑色。蜂胶的色泽会随采集季节的变化而改变。

3. 香味　天然新鲜蜂胶具有特殊的香味，在加热或燃烧时发出类似乳香的香味。舌头品尝，味微苦涩，略带辛辣味，嚼时粘牙。随着存放时间的延长，香味渐失，但仍可闻到特殊的气味。

4. 黏性　20～40 ℃时蜂胶有黏性，用手捏能软化。低于 20 ℃时变坚硬，36 ℃时开始变软，用小棒搅动有黏性和可塑性。低于 15 ℃时变硬、变脆，可粉碎；60～70 ℃时熔化成为黏稠流体，并分离出蜂蜡。

5. 相对密度　蜂胶的相对密度为 1.112～1.136。

6. 溶解性　蜂胶一般情况下在水中溶解度非常小，加入部分助溶剂或者乳化剂可以增加蜂胶在水中的溶解性，但有的乳化剂加入后会降低蜂胶的生物学活性。蜂胶能溶于乙醇、乙醚、氯仿以及丙酮、苯、2%NaOH 溶液，微溶于松节油。

三、蜂胶的质量要求

蜂胶的质量要求包括蜂胶的感官要求、理化要求、真实性要求、安全卫生要求、特殊限制要求等。

我国现行的蜂胶质量标准是中华人民共和国国家标准《蜂胶》（GB/T 24283—2018）（附录 4）。

四、蜂胶的初加工

蜜蜂采集的蜂胶中含有较多的蜂蜡、蜂尸、木屑杂草等，不能直接食用，要经过除杂并提取出有效成分才能被利用。蜂胶提取的常见方法有如下几种。

1. 乙醇溶液提取法　乙醇具有无毒性、无不良反应、价格低、来源广及提取完成后回收率高等优点，是目前蜂胶提取的一种方便安全且经济有效的理想溶剂。蜂胶乙醇提取方法主要有浸提法、回流提取法、超临界流体提取法、超声波提取法、超高压提取法及微波辅助提取法。应用微波、超声波、超高压提取等辅助方法是在浸提时辅助加上相应的设备，具有提取效率高、时间短、节省溶剂用量等优点。常规浸提一般需要至少 2 d，而借助微波、超声波、超高压等提取 1 h 就可以达到，但因设备昂贵，目前，实际生产中蜂胶乙醇的提取主要仍采用浸提法：蜂胶原料去除杂质后放入−18 ℃冷冻柜冷冻48 h；将冷冻后的蜂胶原料放入破碎机中破碎；破碎后的原料立即经震动筛（14目）分选，大于14目的颗粒返回−18 ℃冷冻柜；将分筛后的原料放入浸渍釜，浸渍釜最好选用配回流冷凝器的反应釜。然后按蜂胶（质量）：乙醇（体积）＝1：4加上90%乙醇，在常温下不断搅动浸提。6 h后，停止搅动，静置2 h，放出上清液，再加90%乙醇如上述工艺重复3次，合并溶液。浸提过程中温度应保持在25 ℃左右。温度过高会引起蜂蜡大量熔化，造成过滤困难，温度过低溶解度降低导致时间延长，溶剂用量增加；浸渍后的溶液进入冷却反应釜，在反应釜夹套内通入循环水冷却，机械搅动，降温至5 ℃以下；降温后的溶液趁冷通过泵进入板框式过滤机进行过滤。溶液温度应保持5 ℃，这样可使溶入乙醇溶液中的蜂蜡析出而随滤渣滤出；滤液进入减压蒸发器，采用水浴加热。在此阶段温度应保持在50 ℃以下，这样可以减少挥发油的蒸发和有效成分受热变性；蒸发出的乙醇蒸气经冷凝器回收注入溶剂贮藏，循环使用；蒸发后的蜂胶注模成型后即成纯蜂胶浸膏。

2. 水提法　将粉碎后的蜂胶按料液比15：100（质量：体积）加入纯净水中，控制温度在80 ℃，加入少量天然绿色表面活性剂进行增溶，加热12 h后超声波处理30 min，过滤。滤液可以作为液体剂型或软胶囊的原料。水提法的提取率虽然比乙醇提取法低，但提取液的调节血脂、抗炎免疫和调节血糖等生物学活性与乙醇提取法的效果无明显差异，而且其提取后的残渣可以作为饲料添加剂等再利用。

3. 乙醇、石油醚双相溶剂萃取法　将粉碎后的蜂胶粉置于萃取器内，加入90%乙醇4倍、60%～90%石油醚1倍（质量：体积），在40 ℃恒温下搅拌萃取，重复3次，合并萃取液分层，冷却后过滤，减压浓缩。将脂溶性与醇溶性物质合并即得较纯的蜂胶。通过实验证实：石油醚与乙醇溶液与蜂胶的体积质量比在1：1：1范围内，40 ℃温度下，提取率较高，成分较完整。但因设备、工艺较单溶剂提取法复杂，不适合大规模生产。

4. 二氧化碳超临界萃取法　利用超临界条件下的二氧化碳流体作为萃取剂，针对被萃取物质在不同蒸汽压下所具有的不同化学亲和力和溶解能力，从液体或固体中萃取出蜂胶中的特定成分，以达到某类成分分离提纯的目的。工艺流程：将冷冻粉碎后的蜂胶放入萃取釜，然后用压缩机和相应设备将CO_2增压到所需压力，使超临界状态下的CO_2流体在萃取釜中进行萃取。萃取压力控制在25～30 MPa，萃取温度控制在50～55 ℃，萃取时间4～6 h，然后将溶解在CO_2流体中的蜂胶在分离器中分离。第一分离器压力在4～8 MPa，温度在25～40 ℃；第二分离器压力在1.5～4 MPa，温度在20～35 ℃。分离后的CO_2气体经两道吸收器的过滤，通过流量计后返回贮气罐。热交换器用来控制萃取温度的稳定。

5. 常规法蜂胶浸膏生产　蜂胶浸膏制作一般采用低温浓缩技术来保存蜂胶中的生物活性物质和解决蜂胶黏性大、不易操作的特性。工艺方法：原料100 kg，料液比为 1∶(3～4)。将蜂胶破碎为 300 目以下的碎块，然后投入冷浸拌料缸中，加入 95％乙醇溶液，间隔一定时间后搅拌一次。浸泡一定时间后，静置投抽取上清液，滤渣用足式离心机分离，滤液和上清液合并过滤后进行浓缩。经过 9 h 的浓缩，得到水分含量合格的浓缩液。把浓缩液从底部放入备用的不锈钢盘中，自然冷却，就可以得到蜂胶浸膏。乙醇经过气水分离后进入乙醇蒸馏回收塔中。

第五节　其他蜂产品质量控制与初加工技术

一、蜂蜡

1. 蜂蜡的化学成分　蜂蜡是一种复杂的有机混合物，主要成分是高级脂肪酸和高级一元醇所形成的酯。蜂蜡因产地、蜂种、类别及加工方法不同，其化学成分存在一定差异。

蜂蜡的主要化学成分包括：单酯类和羟基酯类（71％）、碳氢化合物（10.5％～13.5％）、游离脂肪酸（10％～14.5％）、饱和脂肪酸（9.1％～10.9％）、游离脂肪醇（1％～1.25％）、水和矿物质（1％～2％）。

2. 蜂蜡的理化性质　刚分泌出来的蜡鳞一律呈白色。蜜蜂筑成的巢脾所以会呈黄色，是由花粉所含的油溶性类胡萝卜素引起的。

蜂蜡在常温下呈固体状态，具有其独特的香味、可塑性和润滑性。将蜂蜡剖开时，断面有许多微细颗粒的结晶体。蜂蜡在 20 ℃时的相对密度为 0.966～0.970。熔点在 62～68 ℃。蜂蜡不溶于水，略溶于冷乙醇，完全溶解于四氯化碳、氯仿、乙醚、苯（30 ℃）、二硫化碳（30 ℃）。

3. 蜂蜡的质量要求　蜂蜡的质量要求包括蜂蜡的感官要求、理化要求、真实性要求等。我国现行的雄蜂蛹质量标准是中华人民共和国国家标准《蜂蜡》（GB/T 24314—2009）（附录 5）。

二、蜂毒

（一）蜂毒的化学成分

蜂毒的化学成分极为复杂，含水量 80％～88％，干物质中蛋白质类占 3/4。目前，已知蜂毒中的有效成分为蛋白质多肽类、酶类、生物胺和其他物质。

1. 蜂毒多肽类　是蜂毒的主要成分，占蜂毒干物质的 70% 以上，现已查明的种类有 10 多种。

（1）蜂毒肽　是蜂毒的主要活性成分，约占干物质的 50%。具有直接溶血作用。分为两种类型：蜂毒肽 I 由 26 个氨基酸组成，相对分子质量为 2 840。蜂毒肽 II 由 27 个氨基酸组成，其 21～27 位上的氨基酸排列顺序与蜂毒肽 I 不同。蜂毒肽具有种的特异性。

（2）蜂毒明肽　约占蜂毒干物质的 2%，为神经毒素。蜂毒所引起的各种神经症状，主要是该多肽的作用。由 18 个氨基酸构成，相对分子质量为 2 038。

（3）肥大细胞脱粒肽（mast cell degranulating peptide，又称 MCD 多肽）　含量占干物质的 2%～3%，由 22 个氨基酸组成，相对分子质量为 2 593。它能使动物肥大细胞颗粒脱落，释放组胺和 5-羟色胺，因而具有抗炎作用。

（4）心脏肽　由 11 个氨基酸组成，相对分子质量为 1 940，毒性较低，具有抗心律失常作用和 β-肾上腺素样活性。

（5）安度拉平　由 103 个氨基酸组成，相对分子质量为 11 092，具有很强的镇痛和抗炎作用。

（6）含组胺肽　具有两种分子结构，这两种分子结构的 C 端上均带有组胺，这是人类第一次从自然界获得含有组胺的多肽。

2. 酶类　蜂毒中目前已知的酶类物质超过 55 种。

（1）透明质酸酶　占蜂毒干物质的 2%～3%。分子结构尚未搞清，已知其相对分子质量为 42 000～44 000，N 端氨基酸为精氨酸，分子中含有 18 个酪氨酸和少量的丙氨酸与苏氨酸。透明质酸酶没有直接毒性，但具有很强的生物活性，参与蜂毒对组织的局部作用，促使蜂毒成分在局部组织渗透和扩散。

（2）磷脂酶 A2　含量占蜂毒干物质的 12%，相对分子质量为 14 500，由 129 个氨基酸组成。其主要功能是能迅速水解磷脂，并具有很强的溶血活性。

（3）酶抑制剂　属低分子质量多肽，分子质量为 9 000 u，耐热，并且不被蛋白酶水解。

3. 非肽类物质

（1）组胺　含量为蜂毒干物质的 0.1%～1.5%，其作用主要是引起平滑肌及横纹肌肉的紧张收缩，使皮肤灼热。

（2）儿茶酚胺类　一是多巴胺，是去甲肾上腺素的前身，是蜂毒中的抗炎物质；另一种是 5-羟色胺。

（二）蜂毒的理化性质

蜂毒是一种透明的液体，具有特殊的芳香气味，味苦，pH 为 5.0～5.5，相对密度为 1.131 3。在常温下很快就挥发干燥至原重量的 30%～40%。现已从蜂毒中鉴定出至少有 12 种挥发性成分，其中包括乙酸异戊酯为主的报警激素，这些成分主要来源于副腺。蜂毒溶于水、酸和甘油，不溶于乙醇。

蜂毒溶液的性质不稳定，加热到 100 ℃经 15 min 组分即被破坏，至 150 ℃毒性完全丧失。蜂毒可被消化酶类和氧化物所破坏，在胃肠消化酶的作用下，很快就会失去活性。所以，蜂毒不宜口服。而干燥的蜂毒稳定性强，加热至 100 ℃，经 10 d 仍不会失去其生物活性，冷冻也不会对其产生影响。因此，在严密封闭和干燥的情况下，蜂毒在常温下能保持其活性达数年之久。

（三）蜂毒的精制

刚生产的蜂毒，往往含有尘土、屑蜡及工蜂呕吐的花蜜或蜂蜜等杂质，因此需要经去杂、脱蜡及脱色等加工处理。

1. 蜂毒的去杂精制　将含杂质的蜂毒溶于 10 倍的蒸馏水中；然后将蜂毒水溶液经中速定性滤纸过滤，除去尘土、蜡鳞等水不溶物；再往蜂毒滤液中加入 1.5～2.0 倍体积的丙酮，使蜂毒沉淀析出。经离心，倾出上清液，除去溶于其中的花蜜等；最后分离出沉淀蜂毒，采用通风干燥处理后，装瓶密封。

2. 蜂毒的脱蜡、脱色精制　含杂质的蜂毒溶于 10 倍的蒸馏水中；按质量百分比，于蜂毒水溶液中加 0.5％活性炭吸附，经中速定性滤纸减压过滤，得澄清透明蜂毒水溶液；将澄清透明的蜂毒水溶液置于连续液液萃取装置中填充有小瓷圈的长玻璃管内，于玻璃管上方的球形漏斗内加入三氯甲烷，开启球形漏斗的阀门，让三氯甲烷慢慢滴入长玻璃管内，在沉降过程中与蜂毒水溶液充分接触，萃取其中的脂类物质。当三氯甲烷沉降至长玻管底部时，开启长玻管底部的阀门，缓慢放出已与蜂毒水溶液充分接触并已萃取了其中脂类物质的三氯甲烷，直至蜂毒中蜡类物质脱尽为止，关闭球形漏斗的阀门。放尽三氯甲烷后，再放出脱脂后的蜂毒水溶液；于脱脂后的蜂毒水溶液中加入 1.5～2.0 倍体积的丙酮，使蜂毒沉淀析出。经离心分离，倾出上清液，使溶于其中的糖、酸等被除去。再加入 10 倍蒸馏水，溶解沉淀析出的蜂毒，重新加入 1.5～2.0 倍体积的丙酮。又使蜂毒沉淀析出，离心分离，进一步除去糖、酸等物质。重复进行 2～3 次；经脱脂，去除糖分及酸类物质后的蜂毒，再经热风干燥处理后，装瓶密封。

三、蜜蜂虫蛹

（一）蜂王幼虫

蜂王幼虫又称蜂王胎，是生产蜂王浆时从王台里的王浆表面取出来的幼虫，属生产蜂王浆的副产品。生产 1 kg 蜂王浆可收约 0.2 kg 蜂王幼虫。

蜂王幼虫的化学成分与蜂王浆的成分较接近，含水量 78%～82%，蛋白质 14.5%，脂肪 3.17%，糖原 0.41%，矿物质 3.02%，pH（10% 匀浆水混悬液）5.0～5.4。冷冻干燥的蜂王幼虫粉含蛋白质 48%，脂肪 15%，氨基酸种类与蜂王浆基本一致，其中赖氨酸和谷氨酸的含量最高。蜂王幼虫维生素的含量也很丰富，尤其是维生素 C 和维生素 D。蜂王幼虫还含有蛋白酶、淀粉酶、转化酶及几丁质酶等多种酶类。此外，还含有混合激素，尤以保幼激素和蜕皮激素更为丰富。蜂王幼虫中的胆固醇含量小于 10 mg/100 g，因而是一种低胆固醇类食物。

（二）雄蜂虫蛹

1. 雄蜂虫蛹的化学成分　经测定，10 日龄雄蜂幼虫含水量 73%，干物质中含粗蛋白质 41%、粗脂肪 26.05%、碳水化合物 14.84%。干物质中 17 种氨基酸含量达 29.91%。此外，还含有丰富的维生素和多种矿物质。1 g 新鲜雄蜂幼虫含维生素 D 6 100～7 430 IU。

雄蜂蛹含水量 76.36%～80.16%，干物质中含粗蛋白质 41.50%～63.10%，粗脂肪 15.71%～26.14%，碳水化合物 3.68%～11.16%。雄蜂幼虫含有 17 种氨基酸，含量丰富，自 18 日龄起大都随蛹龄增长而增加。雄蜂蛹中的维生素 A、维生素 D 和矿物质含量也很丰富。

2. 雄蜂蛹的质量要求　雄蜂蛹的质量要求包括雄蜂蛹的感官要求、理化要求、安全卫生要求等。我国现行的雄蜂蛹质量标准是中华人民共和国国家标准《雄蜂蛹》（GB/T 30764—2014）（附录 6）。

第六节　蜂产品精深加工技术

一、蜂产品食品和饮料的加工

（一）蜂产品饮料的加工

饮料一般分为软饮料、固体饮料和酒精饮料三大类。

1. 软饮料的生产　不含酒精的饮料称为软饮料，包括碳酸饮料、醋酸饮料和运动饮料。蜂产品由于营养丰富，易于被机体吸收，因而很适合作为软饮料的原料。

（1）**碳酸饮料**　充有二氧化碳的饮料称为碳酸饮料，即汽水。下面以"蜂蜜花粉汽水"为例，介绍蜂产品碳酸饮料的加工。

① 原料　破壁浸提花粉，纯净蜂蜜，充入 CO_2 的纯净水，白糖，香精，着色剂，甜味剂，防腐剂等。

② 参考配方（100 kg 用料量）　花粉 3 kg，着色剂、香精微量，白糖 18 kg，防腐剂适量，蜂蜜 6 kg，柠檬酸 0.2～0.4 kg，甜味剂 0.01 kg。

③ 工艺流程

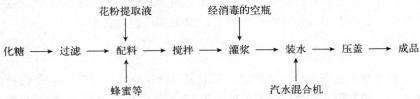

（2）蜂蜜醋酸饮料　是指以蜂蜜为原料，先经酵母菌发酵产生一定量的酒精，再经醋酸菌发酵，使酒精转化为醋酸而酿制出原浆，然后加水配制而成的饮料，又称蜜醋饮料。醋酸饮料的糖度较低，不仅一般人可以饮用，糖尿病和肥胖症患者也可饮用，是一种高营养的软饮料。

蜂蜜醋酸饮料工艺流程：

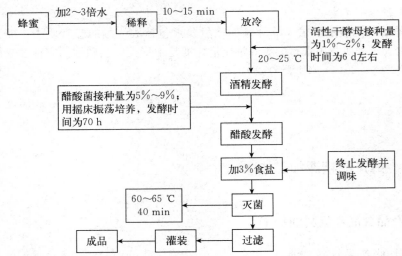

（3）运动饮料　运动饮料是指能及时补充人体运动所需的水分、无机盐和营养成分，使体力得到快速恢复的饮料。蜂蜜、蜂花粉和蜂王浆均具有抗疲劳和生力的功能，是运动饮料很好的原料。但它们须经预处理后，用于饮料中才不会产生混浊与沉淀。通常对蜂蜜采用发酵去混浊处理法，蜂花粉须经破壁、加水浸提和精滤处理，蜂王浆则采用其 70％乙醇的滤出液。

2. 固体饮料的生产　固体饮料是指含水量在 2.5％以下，须经冲溶后才可饮用的颗粒状、粉末状、鳞片状饮料。固体饮料应具有良好的水溶性，应可在 2 min 内全部溶解于 10 倍的冷开水，其中水溶性能优良者，则可在 5 s 内全部溶解。下面以"蜂蜜速溶茶"为例，介绍蜂产品固体饮料的加工。

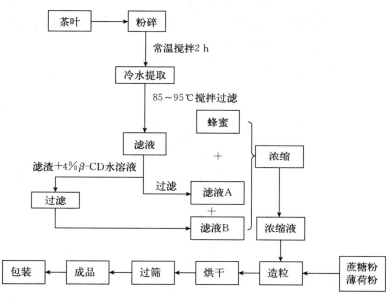

3. 蜂蜜酒的生产 蜂蜜酒是以天然蜂蜜为主要原料，经发酵酿造而成的一类酒精饮料。

下面以"蜂蜜啤酒"为例，介绍蜂蜜酒的加工。

（1）蜂蜜啤酒的优点 选用蜂蜜为辅料，采用啤酒酿造的传统工艺酿制啤酒，能提高发酵度、改善啤酒非生物稳定性；蜂蜜啤酒色浅、泡好，有明显的蜜香和酒花香味；口味纯正，酸甜柔和。蜂蜜啤酒中的氨基酸达 20 多种，含量明显高于一般啤酒，增添了蜂蜜的营养价值和风味，是一种对人体具有一定保健作用的营养饮料。

（2）工艺流程

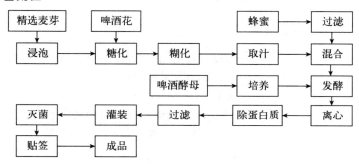

（二）蜂产品糖果的加工

糖果是以砂糖和液体糖浆为主要成分，经过熬煮，配以其他食用物料，再经调和、冷却、成形等工艺而制成的固体块状食品。糖果通常可分为硬糖、半软糖、软糖和其他糖等 4 大类。根据糖果的特性及其工艺原理，可将蜂蜜、蜂王浆、蜂花粉、蜂胶和蜂胎等合理地应用于糖果生产。

以蜂胶硬糖为例，其工艺流程为：

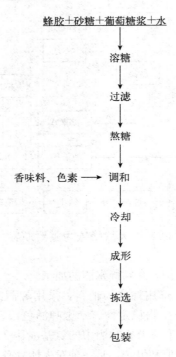

二、蜂产品保健食品及化妆品的加工

（一）蜂产品口服液的加工

口服液是指蜂产品和中草药经提取、精制、灭菌而制成的水溶液制品。

1. 工艺流程　中草药、蜂产品原料的提取或精制→配料→过滤→含量测定检验→罐装→封盖→印字→灯检→包装。

2. 质量检查　包括杂质限量检查、含量测定（以有效成分含量为指标，或以某种成分含量为间接指标，或以提取物总固体量为指标）、酸碱度测定（pH 控制在3.5～8.5）、无菌检查。

"花粉口服液"加工工艺：花粉→破壁→浸提→澄清→分离→调配→脱气→瞬时灭菌→热罐装→封口→冷却→检验。

（二）蜂产品片剂的加工

片剂是指药物与适宜的辅料通过制剂技术制成片状或异形片状的固体制剂。它主要供内服用，具有剂量准确、质量稳定、服用方便、便于识别、成本低廉等优点。

蜂产品片剂种类较多，如蜂王胎片、蜂乳片、蜂胶片、花粉片等。

1. 片剂的赋形剂　片剂中除主药以外的一切附加材料统称为赋形剂，又称为辅料，有以下几种。

（1）填充料（填料）　淀粉、糊精、糖粉、葡萄糖硫酸钙、磷酸钙等。

（2）润湿剂与黏合剂　水、乙醇、淀粉浆、糖浆、明胶浆等。

（3）崩解剂　能引起片剂于水性环境中崩解，一般均为亲水性物质，如干燥淀粉、改良淀粉、微晶纤维素、海藻酸等。

2. 片剂的包衣　包衣能使药物在体外稳定，掩盖药物的臭和味，减少药物对消化道的刺激和不适感，易于区分，病人乐于服用。对包衣的要求是衣层均匀、牢固、与药品不起作用，经较长时间贮藏仍能保持光洁、美观、色泽一致，无裂片现象，不影响药物的溶出与被吸收。

3. 片剂的质量检验　包括外观、重量差异、硬度、脆碎度、崩解时限、卫生指标等。

"蜂王浆片剂"是市场上常见的蜂产品片剂，蜂王浆片剂除蜂王浆冻干片外，还有蜂王浆咀嚼片和含片等片剂产品。片剂的制备包括湿颗粒法、一步制粒法、干法制粒和直接压片法。

湿颗粒法的工艺流程为：蜂王浆预处理→蜂王浆粉末与赋形剂粉末混合→制备黏合剂→黏合剂与粉末共混制成软材→软材过筛→湿粒干燥→干粒过筛→与润滑剂、崩解剂混合→压片。

以下是"花粉片"的工艺流程：

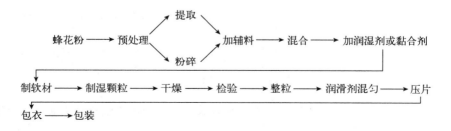

（三）蜂产品胶囊剂的加工

胶囊剂是将粉末、液体或半固体药物填装于硬胶囊或软胶囊中制成的药剂。胶囊剂具有外表整洁、美观、易于吞服的优点。

蜂产品中的蜂胶味苦涩，蜂花粉吸湿性强，蜂王浆对光敏感、遇湿热不稳定。可将它们适当处理后，制成胶囊剂，以掩盖其不良口感，克服其对光敏感、遇湿热不稳定等弱点。

1. 胶囊剂的制备　胶囊剂可分为硬胶囊和软胶囊两种。

硬胶囊是在囊与囊帽紧密配合的空胶囊（胶壳）中，填充各种药物而成的制剂。空胶囊呈圆筒形，以明胶为主要原料另加入适量的增塑剂、食用色素或遮光剂、防腐剂制成。胶囊可制成多种色泽以及透明或不透明的产品，使胶囊剂具有不同的外观，以识别其内容物的不同。

软胶囊指填装液体药物的橄榄形或球形的胶囊产物。由于软胶囊的胶壳中含有甘油，故具有较大的弹性。软胶囊的弹性取决于囊壳的明胶、增塑剂和水三者的比例。

2. 胶囊剂的质量评定　评定指标包括：外观要求（表面光滑纯净、色泽鲜艳一致，不得黏结、变形和破裂）、装量差异限度、崩解时限和溶出速率等。

下面以"花粉硬胶囊"和"蜂胶软胶囊"为例，介绍蜂产品胶囊剂的加工。

（1）"花粉硬胶囊"参考配方

蜂花粉养生胶囊：花粉50%；蜂王浆冻干粉25%；提纯蜂胶粉25%。

降血脂型胶囊：蜂花粉40%；蜂王浆冻干粉20%；蜂胶粉20%；大蒜提取物20%。

强壮型胶囊：油菜花粉50%；蜂王浆冻干粉30%；西洋参提取物10%；蜂蜜10%。

提高机体免疫力胶囊：玉米花粉30%；荞麦花粉30%；蜂王浆30%；西洋参提取物10%。

（2）"花粉硬胶囊"工艺流程

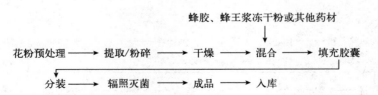

（3）"蜂胶软胶囊"加工工艺流程　纯蜂胶→熔化→用甘油和乳化剂乳化→填充胶囊→成品分装→贴标→成品→入库。

（4）"蜂胶软胶囊"制作过程操作要点　选择纯蜂胶作为原料，置于不锈钢容器中，用水浴加热到 60 ℃使其彻底熔化；熔化好的蜂胶与乳化剂和助溶剂充分混合，最后加入甘油混合 15 min；然后填充软胶囊，填充量一般是 0.5 g 和 1.0 g 两种规格；然后将蜂胶软胶囊装瓶或压版，最后检验贴标入库。

（四）蜂产品软膏剂的加工

软膏剂是指由药物与基质混合制成的容易涂布于皮肤、黏膜或创口的外用半固体制剂。蜂胶、蜂毒以及蜂王浆和蜂蜜都可作为软膏剂的药物组分，而蜂蜡则是软膏剂传统的基质组分之一。

1. 软膏剂的基质　目前常用的基质有如下几种。

（1）油脂性基质　包括动植物油脂（猪油、花生油）、类脂（羊毛脂、蜂蜡）、烃类（凡士林、石蜡）、硅酮等。其优点是滑润，无刺激性，其保护、软化作用比其他基质强，能与较多的药物配伍而不发生禁忌反应，不易长菌；其缺点是吸水性较差，与分泌物不易混合，释放药物的性能差，油腻性大，不易洗除。

（2）乳剂基质　是油相与水相借乳化剂的作用而形成的半固体基质。常用的油相有硬脂酸、蜂蜡、石蜡，常用的乳化剂有各种皂类。

（3）水溶性基质　是由天然或合成的高分子水溶性物质所组成的。常用的有甘油明胶、淀粉甘油、纤维素衍生物等。优点是释放药物较快，无油腻性，易涂展与洗除；缺点是滑润作用较差，且不稳定，易失水、干枯及霉败，故须加保湿剂与防腐剂。

2. 软膏剂制备的工艺

（1）基质的处理　加热熔融→120 目过滤→加热至 150 ℃，1 h，进行灭菌、除去水分。

（2）药物的加入　为减少软膏对病患部位的刺激，制剂必须均匀细腻，不含固体粗粒，且药物离子愈细，对药效的发挥愈有利。

3. 软膏剂的质量评定　主要评定指标有主药含量、熔点与滴点、黏度与稠度、水值、酸碱度、刺激性、稳定性、无菌性。

（五）蜂产品化妆品的加工

用于保护、清洁和美化人体面部、皮肤以及毛发等部位的日常生活用品，称为化妆品。

蜂蜡是化妆品的传统原料，蜂蜜、蜂王浆、蜂花粉和蜂胶也被广泛应用于化妆品的加工。

1. 护肤化妆品　护肤化妆品的作用是清洁皮肤表面，补充皮脂的不足，滋润皮肤，促进皮肤的新陈代谢。要求此类化妆品的成分最好配制成和皮脂及润湿因子十分接近，以起到屏蔽外界物理、化学刺激，抵御细菌感染，又不影响皮肤正常功能的作用。

护肤化妆品根据其乳化体的类型，分为油/水型膏霜（雪花膏）和水/油型膏霜（冷霜）两类。

下面以"花粉美容霜"为例，介绍其配方及制作方法。

（1）配方　花粉精 5%；硬脂酸 15%；单硬脂酸甘油酯 1%；十六醇 1%；丙二醇 10%；氢氧化钾 0.5%；氢氧化钠 0.5%；去离子水 67%；香精、防腐剂适量。

（2）制作方法　将苛性钾、苛性钠溶于去离子水。稍加热（60 ℃）使之溶化，另把硬脂酸、单硬脂酸甘油酯、十六醇、丙二醇混合、加热溶解（90 ℃），过滤后倒入搅拌器。边搅拌边慢慢加入已预热溶化的苛性碱混合溶液，碱液温度与其他配料温度越接近越好，继续搅拌，使之完全乳化。待温度降至 55～60 ℃，加入花粉精、香料和防腐剂，再继续搅拌 20～20 min，使之完全混合均匀。待冷至 40 ℃ 左右即可及时分装与玻瓶中。

2. 洗发化妆品　专用于洗涤头发的化妆品称为香波。主要成分为洗涤剂、助洗剂和添加剂等。洗涤剂的作用是为香波提供良好的去污力和丰富的泡沫；助洗剂能增强洗涤剂的去污力和泡沫稳定性，改善香波的洗涤性能和调理作用；添加剂主要有抗头屑剂、调理剂、滋润剂、香精、色素等，能赋予香波以各种不同的功能。

蜂胶虽不溶于水，但洗涤剂对其有助溶作用，使其杀菌、止痒、减少头屑、促进伤口愈合和营养头发等功效在香波中得以充分发挥。下面以"蜂胶调理香波"为例，介绍其配方及制作方法。

（1）配方

A：月桂醇硫酸酯三乙醇胺盐 40.0%、两性取代的咪唑啉 8.0%、羊毛醇聚氧乙烯醚 1.0%、月桂酰二乙醇胺 4.0%、羟丙基纤维素 1.0%、去离子水 45.0%。

B：5%蜂胶酊溶液 1.0%。

C：香精和色素适量。

（2）制作方法　成分 A 加热至 60 ℃，缓慢搅拌，待降温至 50 ℃时加成分 B，最后加香精和色素。

此香波除具有止痒、去头屑作用外，同时改善发质和梳理性，使头发具有光泽和柔软感。

3. 蜂胶牙膏　蜂胶有消炎、杀菌和镇痛等作用，对口腔疾病有较好的疗效。将蜂胶添加到牙膏里，可以防止牙病，有利于牙齿保健。

（1）配方（质量分数）　蜂胶 5%，无水磷酸氢钠 20%，碳酸钙 20%，十二醇硫酸钠 2.5%，羟甲基纤维素钠 5.0%，香精 1%～2%，甜味剂 1.0%，甘油 40%，去离子水余量。

（2）工艺流程　首先在螺旋桨搅拌下，将羟甲基纤维素钠、蜂胶分散于甘油中，搅拌 10 min，以达到足够的分散度；然后加入碳酸钙和甜味剂并搅拌 5 min，再加入水搅拌 30 min，在搅拌下将分散体于水浴中加热至 60 ℃保持 5 min；然后加入去离子水搅拌，将热胶水移至一般拌和机中，加入磷酸氢钠搅拌 5 min，直至膏体细致光滑；再加入香料拌和 1 min，从配方中取出一部分水溶解十二醇硫酸钠，可以在水浴中加热帮助溶解，将十二醇硫酸钠溶液缓慢搅拌入膏体中，最后将膏体坯移入真空脱气机中，于 86.65～101.3 kPa 脱气 20 min，脱气时缓慢搅拌，防止过多气泡形成，然后将膏体灌入软管。

（胡福良）

第十一章 规模化蜂场病敌害的标准化防治技术

第一节 规模化蜂场细菌病的标准化防治技术

一、美洲幼虫腐臭病标准化防治

美洲幼虫腐臭病（America foulbrood disease）是蜜蜂幼虫和蛹的一种细菌性急性传染病，又名臭子病、烂子病。美洲幼虫腐臭病最早发现于英国，以后蔓延至欧美各国，于 1929—1930 年间由日本传入中国，目前在全国各地仍有发生。

（一）病原

美洲幼虫腐臭病的病原 1904 年由 White 发现，为幼虫芽孢杆菌（*Paenibacillus larvae*），革兰氏阳性菌。该菌具周身鞭毛、能运动、能形成芽孢。幼虫芽孢杆菌对外界不良环境抵抗力很强，在干枯尸体中能存活数年，在干枯的培养基中，低温下能存活 15 年。在 0.5% 过氧乙酸溶液中能存活 10 min，在 0.5% 优氯净中能存活 30 min，在 0.5% 次氯酸钾中能存活 30～60 min，在 4% 甲醛溶液中能存活 30 min。

幼虫芽孢杆菌为兼性厌氧菌，最适生长温度为 35～37 ℃，最适 pH 为 6.8～7.0。将幼虫芽孢杆菌接入上述培养基内，置 34 ℃下培养，一般在 48～72 h 后才能出现菌落。菌落小，乳白色，圆形，表面光滑，略有突起并具有光泽。若接种到没有葡萄糖的培养基上，3～4 d 内形成芽孢。生长过程中产生的霉素能抑制其他细菌的生长，也能抑制自身的生长。所以，在培养过程中可看到自溶现象。有时甚至要用活性炭吸附其毒霉，菌落生长才能良好。

（二）流行病学

1. 发病症状 该病常使 2 日龄幼虫感染，4～5 日龄幼虫发病，主要使蜜蜂封盖后的末龄幼虫和蛹死亡，死亡幼虫和蛹的房盖潮湿、下陷，后期房盖可出现针头大的穿孔，封盖子脾上出现空巢房和卵房、幼虫房、封盖房相同排列，俗称插花子脾。死亡幼虫失去正常白色而变为淡褐色，虫体萎缩下沉直至后端，横卧于蜂室时幼虫呈棕色至咖啡色，并有黏性，可拉丝，有特殊的鱼腥臭味。幼虫干瘪后变为黑褐色，呈鳞片状紧贴于巢房下侧房壁上，与巢房颜色相同，难以区分，也很难取出。患病大幼虫偶尔也会长到蛹期以后才死亡。这时蛹体失去正常白色和光泽，逐渐变成淡褐色，虫体萎缩、中段变粗、体表条纹突起，体壁腐烂；初期组织疏软，体内充满液体、易破裂，以后渐出现上述拉丝发臭等症状。蛹死亡干瘪后，吻向上伸出，是本病的重要特征。

2. 传播途径与发病规律　本病常年均有发生，夏秋高温季节呈流行趋势，轻者影响蜂群的繁殖和采集力，重者造成全场蜂群覆灭。带有病死幼虫尸体的巢脾是病害的主要传染源。内勤蜂在清理巢房和清除病虫尸体时，把病菌带进蜜、粉房，通过饲喂将病害传给健康幼虫。病害在蜂群间的传播，主要是养蜂人员将带菌的蜂蜜作饲料，以及调换子脾和蜂具时，将病菌传染给健康蜂。另外，盗蜂和迷巢蜂也可以将病菌传给健康群。

（三）诊断

1. 症状诊断　从可疑患病蜂群中，抽出封盖子脾查看，若发现上述症状，即可初步诊断为美洲幼虫腐臭病。确诊需依靠实验室进行病原菌的分离鉴定。

2. 牛乳试验　取新鲜牛乳 2～3 mL 置于试管中，再挑取幼虫尸体少许或经分离培养的菌苔少许，加入试管中，充分混合均匀，加热到 74 ℃，若为美洲幼虫腐臭病，在 40 s 内即可产生坚固的凝乳块；健康幼虫需要在 13 min 以后才产生凝集块。

3. 病原诊断　挑取可疑死蜂尸体少许，加少量无菌生理盐水制成悬浮液，将上述悬浮液 1～2 滴，放在干净的载玻片上涂匀，在室温下风干。选择下列两种不同染色方法进行染色后，在显微镜（1 000×）下检查。

（1）孔雀绿、沙黄芽孢染色法　将涂片经火焰固定后，加 5％孔雀绿水溶液于载玻片上，加热 3～5 min，用蒸馏水冲洗后，加 0.5％沙黄水溶液复染 1 min，蒸馏水冲洗，用滤纸吸干，镜检。菌体呈蓝色，芽孢呈红色，即可确诊。

（2）石炭酸复红染色和碱性美蓝复染法　将涂片经火焰固定后，加稀释石炭酸复红液于载玻片上，加热汽腾 2～5 min，用蒸馏水冲洗后，用 5％醋酸褪色，至淡红色为止（约 10 s），以骆氏美蓝液复染半分钟，用蒸馏水冲洗，吸干或烘干，镜检。菌体呈蓝色，芽孢呈红色，即可确诊。

4. 生化诊断法　幼虫芽孢杆菌能分解葡萄糖、半乳糖、果糖，产酸不产气，不分解乳糖、蔗糖、甘露醇、卫矛醇；不水解淀粉；不产生靛基质，缓慢液化明胶，还原硝酸盐为亚硝酸盐。

5. 分子诊断　主要是基于 PCR 方法，用于扩增 16S rRNA 基因的诊断技术，目前在国内外用得较少。

（四）防治措施

美洲幼虫腐臭病不易根除，因此要特别重视预防工作。首先要杜绝病原传入。越冬包装之前，对仓库中存放的巢脾及蜂具等都要进行一次彻底消毒。生产季节操作时要严格遵守卫生规程，严禁使用来路不明的蜂蜜做饲料，不购买有病蜂群。培育抗病蜂王，养强群，增强蜂群自身的抗病性。出现发病蜂群时，要进行隔离治疗，有病蜂群的蜂具要单独存放。对于其他无病蜂群要用 0.1% 的磺胺噻唑糖浆喷脾或饲喂。

对患病蜂群要采取不同方法防治。由于病原菌本身具有芽孢，对外界环境抵抗力很强，加上尸体黏稠，干枯后又紧贴房壁，工蜂难以清除，一般消毒剂也难渗入尸体中杀死病原菌。所以带病菌的巢脾，就成为病害重复感染的主要传染源，难以根除。对于"烂子"面积 30% 以上的重病蜂群，要全部换箱换脾，子脾全部化蜡。患病较轻的蜂群要用镊子将患病幼虫清除，或再用棉花球蘸上 0.1% 新洁尔灭溶液或 70% 的酒精进行巢房消毒。蜂箱、蜂具、盖布、纱盖、巢框可用火焰或碱水煮沸消毒；巢脾可用 6.5% 次氯酸钠、二氯异氰尿酸钠或过氧乙酸溶液浸泡 24 h 消毒，也可用环氧乙烷熏蒸消毒。

二、欧洲幼虫腐臭病标准化防治

欧洲幼虫腐臭病（European foulbrood disease）是由蜂房蜜蜂球菌等引起蜜蜂幼虫的一种细菌性传染病。以 2～4 日龄未封盖的幼虫发病死亡率最高，重病群幼虫脾出现不正常的"花子"现象，群势削弱。蜂群患病后不能正常繁殖和采蜜。

（一）病原

美国 White（1912）首先认为蜂房芽孢杆菌（*Bacillus pluton*）是引起意蜂欧洲幼虫腐臭病的病原菌，但他未能培养出菌株。英国 L. Bailey 于 1957 年培养出该菌株并对其特征进行了详细描述，重新命名为蜂房链球菌（*Streptococcus pluton*）。Bailey（1982）根据 DNA 的 G＋C 碱基数比例为 29%～30%，重新将它划入蜜蜂球菌属，并再命名为蜂房蜜蜂球菌（*Melissococcus pluton*）。另外，在欧洲幼虫腐臭病病虫中也会找到其他的次生菌，如蜂疫芽孢杆菌（*Bacillus alvei*）、尤瑞狄杆菌（*Bacterium euryidae*）。

蜂房蜜蜂球菌为革兰氏阳性菌，容易脱色，披针形，单个、成对或链状排列，大小为（0.5～0.7）μm×1.0 μm 无芽孢，不耐酸，不活动，为厌氧至需微量氧的细菌，需要含有二氧化碳的厌氧条件（25%体积）培养。在含有葡萄糖或果糖、酵母浸膏及钠/钾<1 的比率、pH6.5～6.6 的培养基上生长良好，最适生长温度为 35 ℃。

在平皿上菌落直径为 1 mm，乳白色，边缘光滑，中间透明突起(图 11-1)。

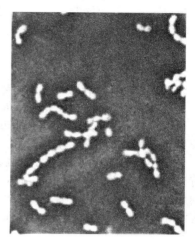

图 11-1　蜂房蜜蜂球菌
（引自周婷）

（二）流行规律

1. 发病症状　患欧洲幼虫腐臭病的幼虫一般 1～2 日龄染病，潜伏期为 2～3 d，3～4 日龄幼虫死亡。刚死亡的幼虫失去正常饱满的状态和光泽，呈苍白色，扁平，以后逐渐变黄，最后呈深褐色。幼虫尸体呈溶解性腐败，因而幼虫的背气管清晰可见，呈放射状。有时病虫在直立期死亡，与盘曲期死亡的幼虫一样逐渐软化在巢房底部，尸体残余物无黏性，用镊子挑取时不能拉成细丝。幼虫死亡后很易被工蜂清除而留下空房，这样就形成空房与子房相间的"插花子脾"。也有受感染的幼虫不立即死亡，也不表现任何症状，持续到幼虫封盖期再出现症状。如幼虫房盖凹陷，有时穿孔，受感染的幼虫有许多腐生菌，产生酸臭味。病虫尸体干后形成鳞片，干缩在巢房底，容易移出。

2. 传播途径与发病规律　蜂房蜜蜂球菌能在病虫尸体中存活多年，在粉蜜中能保持长久的毒力。成年工蜂在传播疾病上起重要作用，内勤蜂在清除巢房病虫和粪便时，口器被病菌污染，在哺育幼虫时，将病菌传给健康幼虫。另外，盗蜂、迷蜂巢及养蜂人随意调换子脾、蜜粉脾和蜂箱也可将病菌互相传播。

东方蜜蜂比西方蜜蜂容易感染，尤以中蜂发病较重。这种病在蜜蜂虫期均可发生，一般在春天达到最高峰，入夏以后发病率下降，秋季有时仍会复发，但病情较轻。各龄未封盖的蜂王、工蜂、雄蜂幼虫均易受感染，一般是 1～2 日龄的幼虫感病，幼虫日龄增大后，就不易感染，成蜂也不感染此病。

（三）诊断

1. 症状诊断　从可疑患病蜂群中，若发现上述症状，即可初步诊断为欧洲幼虫腐臭病。

2. 病原诊断　挑取待检样品少许，加少量无菌生理盐水制成悬浮液，将上述悬浮液 1～2 滴，滴于干净的载玻片上涂匀，自然风干或置火焰上慢慢干燥，用碱性美蓝染色 1～2 min，置 1 000 倍显微镜下检查，若在视野中发现许多蓝色的单个、成对成堆或成链的球菌和部分次生杆菌，即可初步诊断为欧洲幼虫腐臭病。

3. 分子诊断　主要是利用蜂房蜜蜂球菌 16S rRNA 基因设计引物，从纯培养菌落和感染幼虫中扩增出基因片段；也可以采用半套式 PCR 反应特异扩增分离纯化的蜂房蜜蜂球菌基因的 PCR 方法，用此方法可以很灵敏地检测出蜂蜜、花粉、幼虫和成年蜂组织中的蜂房蜜蜂球菌，特异性较高。

（四）防治措施

1. 加强预防工作　平时注意蜂场和蜂群的卫生，对巢脾和蜂具严格消毒。

2. 加强饲养管理　重视早春的保温和充足的饲料，以提高蜂群的抗病能力。

3. 及时更换蜂王　先给病群更换产卵力强的蜂王，大量补充卵虫脾，可促使工蜂更快清除病虫，恢复蜂群健康。

4. 药物治疗　欧洲幼虫腐臭病发病频繁，早期不易发现。病轻的蜂群，周围如有良好蜜源，病情会有好转。重病群需要治疗，治疗用药可参考美洲幼虫腐臭病。同样注意严格执行休药期，大流蜜期前一个月停止喂药，同时将蜂箱中剩余的含有药物的蜜摇出，这样的蜂群可以作为生产群，继续喂药的蜂群不能作为生产群使用。

三、蜜蜂败血病标准化防治

蜜蜂败血病（Septicemia）是西方蜜蜂的一种成年蜂病害，目前广泛发生于世界各养蜂国。在我国北方沼泽地带，此病时有发生。

（一）病原

病原为蜜蜂假单胞菌（*Pseudomonas apisepticus*）。该菌为多形性杆菌，大小为 $(0.8\sim1.5)$ $\mu m \times (0.6\sim0.7)$ μm，革兰氏阴性菌，周生鞭毛，运动力强，兼性厌氧，无芽孢。此菌对外界不良环境抵抗力弱，在阳光和福尔马林蒸气中可存活 7 h，在蜂尸中可存活 30 d，100 ℃沸水中只能存活 3 min。

（二）流行规律

1. 发病症状　病蜂烦躁不安，不取食，不飞翔，在箱内外爬行，最后抽搐而死。死蜂肌肉迅速腐败，肢体关节处分离，即死蜂的头、胸、腹、翅、足分离，甚至触角及足的各节也分离。病蜂血淋巴变为乳白色，浓稠。

2. 传播途径与发病规律　蜜蜂假单胞菌广泛存在于自然界，如污水、土壤中，污水是主要传染源。蜜蜂在采集污水或接触污水后即感染病菌，并将病菌带入蜂巢。病菌主要通过接触，由蜜蜂的节间膜、气门侵入体内。

（三）诊断

1. 根据典型症状诊断　死蜂迅速腐败，肢体分离。取病蜂数只，摘取胸部，挤压出的血淋巴呈乳白色。据此可作初步判断。

2. 显微检查　取病蜂血淋巴涂片镜检，有多形态杆菌，且革兰氏染色阴性。

（四）防治措施

由于污水坑为主要的病菌源，故以防止蜜蜂采集污水为主要预防手段。为此，蜂场应选在干燥处，并设置清洁水源；蜂群内注意通风降湿。

治疗时每 500 g 50% 的糖浆可以加入红霉素 0.1 g，用来饲喂蜂群。每脾蜂喂 25～50 g，每隔 1 d 喂 1 次，一个疗程可喂 4 次。注意严格执行休药期：大流蜜期前一个月停止喂药，同时将蜂箱中剩余的含有药物的蜜摇出，这样的蜂群可以作为生产群，继续喂药的蜂群不能作为生产群使用。

第二节　规模化蜂场真菌病的标准化防治技术

蜜蜂真菌病害是危害蜂业生产的较严重的病害。根据病原性真菌的致病作用可将蜜蜂真菌病害分为两类，一类是病害直接由真菌引起，病征是由真菌寄生后直接引发，例如蜜蜂白垩病；另一类病害则是由真菌产生的毒素所引发，如蜜蜂黄曲霉病。

目前，对养蜂生产威胁较大的蜜蜂真菌病害就是蜜蜂黄曲霉病及蜜蜂白垩病。

一、蜜蜂黄曲霉病的标准化防治

蜜蜂黄曲霉病（Aspergillus disease）又称结石病、石蜂子病，是由黄曲霉菌引起的蜜蜂传染病。该病不仅造成幼虫死亡，还可使蛹和成蜂染病，最常见的是幼虫和蛹发病。黄曲霉病世界各地均有发生，目前仅见西方蜜蜂发病。

（一）病原

黄曲霉菌（*Aspergillus flavus* Link）是该病病原，属于半知菌亚门（Deuteromycotina）。分生孢子梗长 0.4～0.7 mm，直径 10 μm，有时有分隔，顶囊圆球形或棒形，直径 30～40 μm，小便单层或双层，不分支，长 20 μm，直径 6 μm；分生孢子球形，表面光滑，直径 4～8 μm（大多 5～6 μm），成易断裂的链状。菌落绒毛状，黄色、黄绿色或浅褐—绿色（分生孢子的颜色），寄主极广，可寄生于禽鸟、人、畜、昆虫、蜂盾蛹等，腐生性亦极强，非专性寄生。黄曲霉孢子的抵抗力很强，煮沸 5 min 才能杀死，在一般消毒液中经 1～3 h 才能灭活。

（二）流行特点

1. 发病症状　幼虫、蛹和成蜂都可能感染黄曲霉病。幼虫和蛹死亡后最初呈苍白色，以后逐渐变硬，形成一块坚硬的如石子状的东西，在表面长满黄绿色的孢子，充满整个巢房或巢房的一半，若经轻微振动，就会四处飞散。成蜂感染该病以后，常呈现不安和虚弱，行动迟缓，失去飞行能力，多爬出巢门而死去。蜜蜂死亡后身体变硬，在潮湿的条件下，可见腹节处穿出菌丝。

2. 传播途径与发病规律　黄曲霉菌多发生于夏、秋多雨季节，高温、潮湿有利于黄曲霉菌繁殖，是本病发生的诱因。黄曲霉菌的孢子能在蜜蜂幼虫的表皮萌生，长出的菌丝体穿透到皮下组织中去，并产生气生菌丝和分生孢子，引起幼虫死亡。

（三）诊断

根据典型的症状可做出初步诊断。鉴别诊断：黄曲霉病在流行病学和症状方面有时会与白垩病相混淆。这两种病的不同之处是黄曲霉病能够使幼虫、蛹和成蜂均发病。而白垩病只引起幼虫发病。

（四）防治措施

（1）蜂群注意通风降湿，以含水量22％以下的蜂蜜作饲料，并注意药物预防和及早控制其他病害。春季做好保温，增强蜂群本身的抗病能力。

（2）已发病的蜂群要更换被污染的蜂箱、巢脾等。严重的病脾包括蜜脾和粉脾可考虑烧毁。

（3）将制霉菌素拌入花粉饲喂蜂群。应依据推荐用量使用，防止过量饲喂导致药物残留。

（4）中药验方用鱼腥草 15 g、蒲公英 15 g、筋骨草 5 g、山海螺 5 g、桔梗 5 g 加水煎汁，浓缩过滤，配制成糖浆，可喂 1 群蜂（8 框左右）。隔日 1 次，连喂 5 次。

二、蜜蜂白垩病标准化防治

蜜蜂白垩病（Chalk brood disease）最早由 Priss 博士在德国发现并命名，又称石灰质病。蜜蜂白垩病是由蜜蜂球囊菌（*Ascosphaera apis* Olive et Spiltoir）引起的一种蜜蜂幼虫真菌性病害。主要分布于欧洲、北美洲、新西兰、日本。1990 年起在中国流行，危害严重。

（一）病原

病原菌属于囊菌亚门，有两个变种：其一为蜜蜂球囊菌蜜蜂变种（*A. apis* var. *apis*

Olive et Spiltoir），孢囊直径为 33～99 μm，孢子大小为（3～3.8）μm×（1.5～2.3）μm，孢子在孢囊内集合成数个紧密的孢子球；其二为蜜蜂球囊菌大孢变种（A. apis var. major Olive et Spiltoir），孢囊直径为 88.4～1 685 μm，孢子大小为（3.3～4.2）μm×（1.7～2.6）μm，孢子在孢囊内也形成数个孢子球。两变种均为异宗结合。

（二）流行特点

1. 发病症状 一般 4 日龄的幼虫极易感染，雄蜂幼虫较工蜂容易感染，被感染的幼虫出现虫体膨胀并长出白色的绒毛充满整个巢房，虫体呈现六边形状，然后褶皱、变硬、发白、头部发黑，房盖常常被工蜂咬开。蜂箱门口有大量干尸状坚硬发白的虫体。发病初期，病虫成为无头白色幼虫，体色与健康幼虫相似，体表尚未形成菌丝；中期，幼虫柔软膨胀，腹面长满白色菌丝；后期，整个幼虫体布满白色菌丝，虫体萎缩并逐渐变硬，似粉笔状。死虫尸体有白色、黑色两种。工蜂将虫体由巢房内拖出到巢门前的地面上和蜂箱底部，工蜂及雄蜂幼虫均可感病，雄蜂幼虫尤为严重。大幼虫阶段易感，巢房盖被工蜂咬破，挑开后可见死亡幼虫。感染子囊球菌的幼虫，前 3 d 无明显症状表现，多数幼虫在第 5 天死亡。在蜜蜂幼虫体内病变分为 6 个阶段。①孢子静止期（3～48 h）：这一时期在幼虫中肠内可发现孢囊，孢子球已散布在食物中，孢子粘在孢子球上呈静止状态。②孢子萌发期（3～72 h）：孢子在肠道内开始萌发，孢子萌发时膨大为球形，然后伸出发芽管，此时中肠组织未遭侵染，仍属正常。③菌丝增殖期（24～72 h）：孢子萌发后，在中肠内食物团里形成菌丝，并有孢子产生，此时中肠组织仍无病变出现，接种 48～72 h，菌丝由肠道内壁穿透围食膜，侵入真皮细胞。④穿透肠壁期（72～96 h）：接种 72 h 后，菌丝体生长旺盛，且有菌丝团穿透肠壁，中肠外壁真皮细胞有穿孔，部分细胞受破坏，4～5 d 后，中肠受到破坏并发现整团菌丝自马氏管穿出。⑤体腔增殖期（72～120 h）：菌丝穿透肠壁或马氏管后，即在体腔内不断增殖，引起脂肪体、气管和肌肉发生病变。⑥穿透体壁期（96～120 h）：菌丝在体腔内大量繁殖，同时侵染体壁，体表充满菌丝，雌雄菌丝在体外交配产生孢囊。

2. 传播途径与发病规律 白垩病的发生与温、湿度关系密切，当巢内温度下降到 30 ℃，相对湿度 80％以上时，适于子囊孢子生长，春、夏多雨潮湿季节易流行。此外，养蜂员不遵守卫生操作规程，随意将病群中的巢脾调入健康群而传播病原。病原孢子通过污染的蜂饲料、蜂具、人体、工蜂接触等媒介进行传播。

（三）诊断

可根据白垩病的典型症状进行诊断，显微镜诊断，挑取可疑患白垩病死亡的幼虫尸体表层物少许于载玻片上，加 1 滴无菌水，盖上盖玻片，在低倍显微镜下观察，若发现白色似棉纤维状菌体或球形孢子囊或椭圆形孢子，便可确认为白垩病。

（四）防治措施

1. 改变环境法　改变原有的有利于病原体传播、蜜蜂容易接触病原体的环境状态。蜂场选址在通风向阳干燥无污染水源的地方，蜂场通风干燥使病原体没有适合的滋生环境，使其孢子处于休眠状态，病菌无传染能力；远离受污染的水源更能切断病源，防止蜜蜂采水染上病原体。换蜂箱，换患病蜂脾，并对患病蜂群的蜂箱进行消毒，可用烟熏、升华硫烟熏、酒精消毒等；对患病的蜂脾一次性进行烧毁，在换蜂脾时要对蜂脾消毒，可用酒精或新洁尔灭浸泡 8 h，取出用清水冲洗，并用摇蜜机摇出多余的水分，晾干使用。人工操作时要注意消毒，工作人员要穿好工作服，保持好个人卫生，作业时要对手进行消毒，并对所用蜂具清洗、消毒，用完之后更要清理消毒后方可存放。

2. 药物防治法　利用中药所具有的药用成分或者含有的有利于蜜蜂身体健康的有利元素，作用于虫体，使病原体死亡或抑制生长，或提高虫体抗病能力，使病蜂康复。

① 金银花 60 g，连翘 60 g，蒲公英 40 g，川芎 20 g，甘草 12 g，野菊花 60 g，车前草 60 g，加水 2 kg，煎至 1 kg 备用，用于喷脾或加糖浆喂蜂，3 d 一次，3 次为一个疗程，治疗 3 个疗程。

② 川楝子 10 粒，浸泡于 250 mL 的 60 度白酒中，浸 1 周后用该酒喷脾，1 周后可控制病情，1 个月彻底治愈。

③ 蜂胶 10 g，用 95% 酒精 40 mL 浸泡 7 d 后去渣，将沥后的蜂胶液加 100 mL 50 ℃热水过滤备用，抖蜂后直喷巢脾，每天一次，连续 7 d，能达到治愈的目的。

④ 饲喂 0.5% 麝香草酚糖浆，每群每次 200～300 mL，隔 3 d 一次，连续喂 3～4 次。麝香草酚不溶于水，先将麝香草酚 5 g 溶于少量 95% 乙醇，然后兑入 1 kg 糖浆。

3. 选育优良的抗病品种（品系）　用具有抗白垩病能力较强蜂群的蜂王所产生的幼虫，进行育王或繁殖雄蜂，根据种群的抵抗白垩病性能的强弱再进行筛选、交配，直到产生稳定的具有抗病能力的蜂种。

第三节　规模化蜂场病毒病的标准化防治技术

蜜蜂病毒病是由病毒对蜜蜂的侵染所造成的传染性疾病。目前发现能引起蜜蜂发病的病毒有 20 余种，它们在形态及大小上各不相同。至今在我国已发现并报道的蜜蜂病毒病主要有：蜜蜂囊状幼虫病、蜜蜂慢性麻痹病、蜜蜂急性麻痹病、蜜蜂蜂蛹病和残翅病毒病。

一、蜜蜂囊状幼虫病标准化防治

蜜蜂囊状幼虫病（Sacbrood disease）又称"囊雏病"和"尖头病"，是由囊状幼虫病毒（*Sacbrood virus*，SBV）引起的蜜蜂幼虫传染病。一般西方蜜蜂对其有较强的抗性，即使发病也不是很严重，很快便会痊愈。但东方蜜蜂对该病的抗性比较弱，经常在较大的范围内暴发，对蜂场造成较大的损失。蜜蜂囊状幼虫病是危害我国中蜂最大的病害之一。

（一）病原

1917 年，White 首先发现蜜蜂患囊状幼虫病，1963 年，英国学者 L. Bailey 从患该病的幼虫中分离到该病毒并定名，该病毒曾归入肠道病原属，近几年将其归为小RNA 样病毒科传染性家蚕软化症病毒属（*I flavirus*）。该病毒有囊状幼虫病毒、中蜂囊状幼虫病毒（中国株）和泰国蜜蜂囊状幼虫病毒（泰国株）3 个不同的病毒株，这 3 种病毒株在血清血上有明显的差异，且互相不能交叉感染。

1. 囊状幼虫病毒 该病毒空间构型为球形，二十面体，直径为 28～30 nm；无囊膜，核酸型为 RNA 型，核酸相对分子质量为 2.8×10^6。该病毒是一类小核糖核酸病毒（picornavirus），属于正链 RNA 病毒，基因组全长 8 832 nt，比一般的哺乳动物小核糖核酸病毒（7 500 nt）稍大一些，只有一个大的编码框（第 179～8 752 位核苷酸）（GenBank 登录号 AF092924），编码 2 858 个氨基酸，其中结构基因部分在编码框的5′端，非结构基因在 3′端。病毒蛋白含有 3 种多肽，相对分子质量分别为 25 000、28 000 和 31 500。沉降系数 $S_{20w} = 160$，纯化的病毒 A_{260}/A_{280} 为 1.40。

该病毒对蜜蜂侵染力很强，一只病虫体内所含的病毒可使 3 000 只健康的幼虫发病。病毒可在蜜蜂幼虫的大多数组织中繁殖，例如脂肪体细胞、肌肉细胞、气管上皮细胞、中肠细胞、神经细胞、血细胞等。

2. 中华蜜蜂囊状幼虫病毒（*Chinese scabrood virus*，CSBV） 1971 年，在广东省佛冈、从化和增城等地暴发了中华蜜蜂囊状幼虫病，随后分离到该病毒，此病迅速蔓延全国乃至东南亚。该病毒粒子呈球状，二十面体，直径大小不一，为 28～32 nm，粒子带有一个圆形"白帽"；无囊膜，属于小 RNA 病毒科，含有一条正链ssRNA。该病毒主要侵染 2～3 日龄幼虫，潜伏期 4～5 d，成年蜂一般不发病；中蜂较意蜂敏感得多。该病毒粒子大量出现在中蜂工蜂和幼虫中肠、咽腺、气管等多种组织细胞中。

3. 泰国蜜蜂囊状幼虫病毒（*Thai sacbrood virus*，TSBV）　1981 年，有报道指出在泰国的印度蜜蜂（*Apis cerana indica*）上分离到一株囊状幼虫病病毒毒株，其症状与西方蜜蜂囊状幼虫病十分相近，但经生物学和血清学试验两种病毒有差异。该病毒直径为 30 nm，二十面体，单链 RNA，相对分子质量为 2.8×10^6，这些特性与囊状幼虫病病毒一致。该病毒导致的典型症状与欧洲和北美报道的西方蜜蜂囊状幼虫病相似，通常在饲喂病毒悬液 4～10 d 内出现症状。

（二）流行规律

1. 发病症状　该病毒引起蜕皮液积聚在虫体与未脱落的皮之间，致使染病幼虫呈现囊状。染病幼虫不能化蛹，虫体由白变黄，最后变成棕褐色，死亡通常发生在预蛹期。而且二者的病理特征也一样。该病一般通过消化道感染 2～3 日龄幼虫，通常是 5～6 日龄的大幼虫死亡，发病高峰期患病幼虫约有 1/3 死于封盖前，2/3 死于封盖后。在发病初期，同一面脾上会出现"花子现象"；在封盖前死亡的病虫头部上翘、白色、无臭味，体表失去光泽，用镊子很容易从巢房中拉出，内部组织液化，外皮坚韧，提起末端呈"囊状"。在封盖后死亡的病虫，其巢盖变成暗黑色，下凹，有穿孔；残留在巢房中的病死幼虫，体色逐渐变成黄褐色至褐色，最后成为深褐色或黑色干片贴于巢房壁，死虫无臭味，也无黏性，易清理（彩图 49）。

2. 传播途径与发病规律

（1）传播途径　由于囊状幼虫病毒可以在工蜂体内繁殖而不引起明显的症状，因而工蜂为主要传播者，并可通过工蜂的饲喂活动传染给健康的幼虫；另外，盗蜂、迷巢蜂和巢虫可成为该病毒的携带和传播者。养蜂人员日常蜂群管理的操作不规范，蜂群之间随意调换巢脾，蜂具消毒不彻底，均会将病毒从患病蜂群传播至健康蜂群。

（2）发病规律　该病的发生与气候及蜜源情况有一定的关系，一般来说北方地区多集中于 5～6 月份，夏季病情会逐渐减轻。南方地区多集中于早春（2～3 月份）及冬季（11～12 月份），同时当地蜜源情况与发病也有一定的关系，一般蜜源不足而幼虫又缺乏蛋白质饲料时容易发病。此外，该病的发生还与蜂种有关，不同蜂种间抗病性差异很大。西方蜜蜂虽也会受侵袭，但一般发病较轻，且易于治愈。而东方蜜蜂极易感染此病，一旦发病多会引起全场暴发造成重大损失，且不易彻底治愈，会出现常年反复发病的情况。

（三）诊断方法

1. 临床诊断

（1）发病蜜蜂个体诊断　在封盖前死亡的病虫头部上翘、白色、无臭味，体表失去光泽，用镊子很容易从巢房中拉出，内部组织液化，外皮坚韧，提起末端呈囊状。在封盖后死亡的病虫，其巢盖变成暗黑色，下凹，有穿孔；残留在巢房中的病死幼虫，体色逐渐变成黄褐色至褐色，最后成为深褐色或黑色干片贴于巢房壁，死虫无臭味，也无黏性，易清理。染病幼虫通常不能化蛹，死亡发生在预蛹期。

（2）发病蜂群蜂脾 在发病初期，脾面不整，同一面脾上会出现"花子现象""穿孔现象"。

（3）发病蜂群 发病蜂群群势较弱，蜂群很快垮掉，易发生逃王现象。

2. 分子生物学诊断 意蜂囊状幼虫病毒可利用抗血清反应鉴定，也可利用 RT—PCR、巢式 PCR 和 ELISA 方法鉴定。

（四）防治措施

囊状幼虫病的防治以防为主。特别注意的是在生产季节严禁用药，如必须用药，则用药蜂群的蜂产品不得用作商品，只可用于蜂群饲料。一般停药期控制在生产期前一个月，下述各种病症用药均要注意这一点。

（1）隔离病群，严格消毒，杜绝传染源。如发病，严格禁止将病蜂群的子脾换入健康群，工作人员的手及蜂具都应进行严格的消毒之后才能接触健康蜂群，应立即将病蜂群转移至蜂场 1 km 以外的地区。

（2）加强饲养管理，提高蜂群抗病能力。在北方地区，春季气温相对较低时应合并弱群，蜂多于脾。当发病时，应果断幽王断子。应增加蜂群营养，补充蛋白质饲料及维生素。

（3）及时换王，选育抗病品种。

（4）药物防治：贯众 30 g，金银花 30 g，干草 6 g，华千藤 10 g，半枝莲 50 g，板蓝根 50 g；以上 6 种中草药煎煮、过滤加入 0.5 kg 糖水（比例为 1∶1）中，喷喂结合，可用于十框蜂一次。隔日一次，4～5 次为一个疗程。

二、慢性蜜蜂麻痹病标准化防治

慢性蜜蜂麻痹病（Chronic bee paralysis disease）在世界许多国家均有发生。在我国主要发生于春、秋两季，据调查，每年春末夏初或秋末冬初在我国发生的爬蜂病中有超过 60% 是麻痹病。

（一）病原

病毒形状为椭圆形，直径 22 nm；长度有 30、40、50、60 nm 四种，沉降系数分别为 82、100、110、126S（82、79～106、100～124、125～126S）；基因组为单链 RNA。在弱酸或弱碱溶液中保温时，病毒颗粒形成圆形蛋白质空壳。含有 5 条单链 RNA 组分，其中 2 条 RNA 链较大，相对分子质量分别为 $1.35×10^6$ 和 $0.9×10^6$，另有 3 条较小的 RNA 链（RNA3a、RNA3b 与 RNA3c），相对分子质量均约为 0.35×

10^6，无核膜。Bailey 早期提出，不同大小的慢性麻痹病病毒颗粒核酸含量不同，最短的颗粒含有最小的 RNA，长形颗粒含有较大的 RNA。含有最短颗粒的制剂较含有最长颗粒的制剂感染性低。利用蔗糖密度梯度超速离心将不同大小的病毒颗粒分开。该病毒仅含有一种病毒蛋白质，相对分子质量大约为 23 500。病毒核衣壳是由若干相对分子质量相同的蛋白质亚单位组成的。

该病毒在 30 ℃条件下在病蜂体内会大量繁殖，在 35 ℃条件下致病力最强，病蜂症状明显，死亡迅速；在蜜蜂尸体中可以保存毒性 2 年，加热至 90 ℃时，病毒 30 s 内会被杀死。多寄生于成年蜜蜂的头部，在胸、腹部神经节的细胞质内，肠道、上颚腺、咽下腺等部位也含有此病毒，但不侵染肌肉组织及脂肪组织。病毒颗粒大小不同感染力也不同，颗粒越大感染力越大。

（二）流行病学

1. 发病症状　蜜蜂慢性麻痹病有两种典型症状：一种为黑蜂型，另一种为大肚型。黑蜂型表现为病蜂身体瘦小，绒毛脱落，全身油黑发亮，像油炸过一样，反应迟缓，翅残缺，失去飞翔能力，不久衰竭死亡。大肚型表现为病蜂腹部膨大，解剖后观察，蜜囊内充满液体，身体不停地颤抖，翅与足伸开呈麻痹状态。这两种症状在蜂群中往往一起出现，早春及晚秋多以大肚型为主，盛夏及秋季多以黑蜂型为主。

2. 传播途径

（1）由于蜜蜂头部腺体中含有大量的病毒，因此病蜂在潜伏期内采回的花蜜及花粉中也会混有大量的病毒颗粒。当健康蜜蜂吞噬受污染的花粉时则有可能会被感染。

（2）蜜蜂可通过分食性将病蜂蜜囊、上颚腺及咽下腺中的病毒颗粒传至其他健康蜜蜂。

（3）蜜蜂在蜂群中相互摩擦，身体上的刚毛脱落，会留下微孔，病毒从微孔侵入蜜蜂体内造成发病。

3. 发病规律　蜜蜂慢性麻痹病的发病多存在以下一些规律。

（1）该病在蜂群内的发生与传播有较明显的季节性，一般一年中分别在春季及秋季各有一个高发期。在全国范围内一般由南向北、由东向西逐渐蔓延。发病时日平均气温在 15～20 ℃，相对湿度在 50%～60%。

（2）失王蜂群会迅速发病。

（3）当外界蜜、粉源充足时病情会很快减轻甚至消失。相反，当蜜、粉源不足时病情会加重，甚至可以导致全场暴发。

（三）诊断

症状诊断参见流行病学部分。

分子生物学诊断可采用 RT－PCR 方法鉴定，采用如下引物：

CBPV‐F：5′‐AGTRGTCATGGTFAACAGGATACGAG‐3′
CBPV‐R：5′‐TCTAATCTTAGCACGAAAGCCGAG‐3′
通过本方法扩增出 CBPV 的 455 bp 的片段。

（四）防治措施

（1）及时换王　无病蜂群培育抗病品种以替换患病蜂群的蜂王，提高整体蜂场的抗病水平。

（2）加强饲养管理　在早春及晚秋季节，应加强蜂群保温，适时晒箱。适时补充营养，饲喂蛋白酶、奶粉、豆粉、多酶片等以补充蛋白质及维生素。

（3）及时清理　病蜂将病蜂及死蜂统一收集焚毁，同时采用换箱法，清除病蜂。

（4）及时治螨　由于蜂螨对蜜蜂麻痹病有一定的传播作用，应及时治螨。

（5）药物防治

① 用金银花 10 g、菊花 10 g 煮成 500 mL 50％的糖水，饲喂 4 群蜂，隔日 1 次，饲喂 4 次。

② 针对大肚型为主的病群，在用药的同时，可结合喂以大黄苏打片以促进蜜蜂的排泄。用法是每群蜂 2～3 片，喷喂结合，3 d 一次，4 次为一疗程。

③ 核糖核酸酶 2.5 g，溶于 1 kg 水中可治 5 群蜂。傍晚待蜜蜂回巢后喷脾，每周一次，2～3 次为一个疗程。

第四节　蜜蜂原生动物病

一、微孢子虫病标准化防治

蜜蜂微孢子虫病（Nosema disease）又称"微粒子病"，是成年蜂一种常见的消化道传染病。蜜蜂孢子虫寄生在蜜蜂中肠上皮细胞内，蜜蜂正常消化机能遭到破坏，患病蜜蜂寿命很短，很快衰弱、死亡，采集力和腺体分泌能力明显降低，对养蜂生产影响较大。同时它由于中肠受到破坏，其他病原物更容易侵染蜜蜂，进而造成并发症。孢子虫不但侵染西方蜜蜂，也侵染东方蜜蜂，但东方蜜蜂尚未发现流行病。

（一）病原

蜜蜂孢子虫（*Nosema Apis* Zander）属于微孢子虫纲，微孢子虫目，微孢子虫科，微孢子虫属。只侵染蜜蜂各个日龄的成蜂，不侵染卵、幼虫和蛹。

蜜蜂孢子虫呈长椭圆形，米粒状，长 $4\sim6\ \mu m$，宽 $2\sim3\ \mu m$（不同发育阶段大小不同），外壁为孢子膜，膜厚度均匀，表面光滑，具有高度折光性，孢子内藏卷成螺旋形的极丝。完全靠蜜蜂体液为营养发育和繁殖。

蜜蜂孢子虫繁殖方式有两种：无性繁殖和孢子生殖。在蜜蜂体外时以孢子形态存活，发育周期比较短，约 48 h 即可完成一个生活周期。无性繁殖过程：孢子放出极丝形成游走体→单核裂殖体→双核裂殖体→多核裂殖体→双核裂殖子→初生孢子→成熟孢子。孢子生殖方式即 1 个孢子直接分裂形成 2 个孢子。

蜜蜂孢子虫对成年蜜蜂和刚出房的幼蜂都有感染能力。在 $31\sim32\ ℃$ 下，成年蜜蜂吞食到孢子后，36 h 即可受到感染，刚出房的幼年蜂 47 h 就能被感染，孢子最初侵入中肠后端的上皮细胞内，感染时间越长，受害越重，到 86 h 后中肠后端的上皮细胞几乎全被孢子虫所充满。

（二）流行病学

1. 发病症状　患病蜜蜂表现下痢、无力、不愿飞翔和在巢房四周爬行，粪便污染蜂箱、巢脾及周围环境。

2. 传播途径与发病规律　20 世纪 50 年代初中国就有疑似本病的存在。1957 年，蜜蜂孢子虫病在浙江省的江山、临海等地呈地方性流行，发病率达 70%，死亡率较高；进入 70 年代后，蜜蜂孢子虫病已经传遍全国各地，危害已经比较严重。随后几年通过养蜂工作者们的努力，对蜜蜂孢子虫病的研究的深入，发现通过加强饲养管理，配合适当消毒和药物治疗，能够使孢子虫病的发病率大大降低。但是这几年来，我国的孢子虫的危害有扩大的趋势，尤其是在早春和晚秋时期，通过对全国各地的近千份样品进行的检测发现，$3\sim5$ 月各地的病蜂样品多数与孢子虫有关。

（1）孢子侵染过程　蜜蜂微孢子虫与其他生物不同，它具有独特的侵染方式：在体外以孢子形态生存。孢子一般通过混杂在食物或水中进入蜜蜂中肠。在蜜蜂中肠碱性环境的刺激下，孢子壁通透性改变，内部渗透压升高，压迫极丝从顶端的极帽处射出，刺入蜜蜂的中肠细胞，之后孢原质通过中空的极丝进入寄主细胞中增殖。微孢子虫侵染寄主细胞是以其特有的细胞结构为基础的，与侵染有关的孢子结构主要是孢子壁和发芽装置。孢子壁是由电子透明的孢子内壁和电子密集的孢子外壁构成。研究表明，孢子外壁结构十分复杂，由三层组成，从内向外依次为刺突状外层、电子透明薄层和纤维性内层。孢子内壁主要以几丁质为主，包含少量连接孢子外壁和孢子内壁的纤维，坚硬但有一定的选择透性。

蜜蜂孢子虫对成年蜜蜂和刚出房的幼蜂都有感染能力。在 $31\sim32\ ℃$ 下，成年蜜蜂吞食到孢子后，36 h 后即可被感染，刚出房 47 h 的幼年蜂就能被感染，感染时间越长，受害越重，到 86 h 后中肠后端的上皮细胞几乎全被孢子虫所充满。孢子虫的大量增殖将造成蜜蜂中肠上皮被破坏、脱落，借此蜜蜂微孢子虫也进入肠腔，随粪便排出体外侵染其他健康蜜蜂。

（2）影响微孢子虫侵染的因子 研究表明，孢子发芽百分率及发芽速率与离子浓度呈正相关，滞缓时间与离子浓度呈负相关。激活孢子发芽必需的三个条件：①碱性的外界环境；②孢子壁和原生质膜与 Ca^{2+} 结合；③聚合阴离子的存在。

（3）孢子虫传播途径 当蜜蜂进行清理、取食或采集时，孢子虫经口器进入消化道，在中肠上皮细胞内开始发育、繁殖。患病蜜蜂是本病传播蔓延的根源，病蜂排泄含有大量孢子的粪便污染蜂箱、巢脾、蜂蜜、花粉、水源，蜜蜂采集花蜜和花粉时可能也会传播孢子虫。

患病蜜蜂采集的花粉和花蜜有可能带有大量病原，是潜在的、危害极大的传染源。蜜蜂孢子虫病的远距离传播，主要是通过蜂产品（主要是花粉）的交易、蜂种的交换和转地放蜂等做法所造成。

（4）我国蜜蜂微孢子虫病的流行规律 一般的春季当蜜蜂开始春季繁殖时最易食入孢子而被感染，所以春季是蜜蜂微孢子虫病的发病高峰期；夏秋季由于外界有大量的新鲜蜜、粉源，蜜蜂较少食用陈旧的饲料，所以发病率降低；到冬季气温降低，孢子虫病情下降。

（5）影响蜜蜂微孢子虫病传播的因素 许多外界因素都直接影响着蜜蜂微孢子虫病发病率的高低，例如温度、湿度、外界蜜粉源条件等。适合于蜜蜂微孢子繁殖的温度是 31～37 ℃，高于 37 ℃或低于 31 ℃都会使蜜蜂微孢子虫感染水平降低。当外界粉源充足时，蜜蜂微孢子虫感染水平也会下降。除了上述因素外，蜂王、成蜂日龄、蜂种差异及成年工蜂的不同培养方式都会或多或少影响微孢子虫的发病。

（三）防治措施

1. 加强饲养管理 越冬饲料要求不能含有甘露蜜，北方饲喂越冬饲料前时最好做个检查，如果在巢脾上蜂蜜或花粉中发现有孢子虫则要尽快治疗。春繁饲喂蜂蜜花粉时，尽量不要使用来历不明的花粉饲喂蜜蜂，一定要进行消毒，可以采用煮沸、蒸（不少于 10 min）的方法，虽然可能会对饲料的营养稍有破坏，但是相对来说预防病害更为重要。

2. 消毒 严格消毒已受污染的蜂具、蜂箱，用 2%～3%氢氧化钠溶液清洗，再用火焰喷灯消毒。巢脾用 4%的冰醋酸消毒，收集并焚烧已死亡的病蜂。在春季是孢子虫的高发期，繁殖前应对所有养蜂器具进行彻底消毒，蜂箱、巢框可以用喷灯进行火焰消毒，或者用 2%～3%的烧碱（氢氧化钠）溶液清洗也可。

3. 药物防治 孢子虫在酸性环境中会受到抑制，根据这个特性，在早春繁殖时期可以结合蜂群的饲喂选择柠檬酸、米醋等配制成酸性糖水，1 kg 糖水中加入柠檬酸 1 g 或米醋 50 mL，这样就能在春季对孢子虫病的发生起到一定预防作用。

二、阿米巴原虫病标准化防治

1916 年，马森首先在欧洲发现成年蜂的阿米巴原虫病，即马氏管病，该病在欧洲较为流行，特别是德国、瑞士和英国。此病常与蜜蜂孢子虫病并发，并发时的危害大于两病单独发作。

（一）病原

具有变形虫和孢囊两种形态，在蜜蜂体外以孢囊形式存活，孢囊近似球形，大小为 6～7 mm，就有较强的折光性。孢囊外壳有双层膜，表面光滑，难以着色，孢囊内充满细胞质，中间有一个较大的细胞核，细胞核内含一个大的核仁，孢囊会随蜜蜂的粪便排出体外，成为传染源。阿米巴的另一种形态为可变的单细胞小体，称为变形虫，由细胞核和细胞质组成。

（二）流行病学

传播途径与孢子虫相似，患病蜜蜂是本病传播蔓延的根源，病蜂排泄含有大量孢子的粪便污染蜂箱、巢脾、蜂蜜、花粉、水源。当蜜蜂进行清理、取食或采集等活动时，如接触病原就可能被传染。

患病蜜蜂采集的花粉和花蜜有可能带有大量病原，是潜在的、危害极大的传染源。阿米巴原虫病的远距离传播，主要是通过蜂产品（主要是花粉）的交易、蜂种的交换和转地放蜂等做法所造成。

（三）诊断方法及防治

取出疑似病蜂的消化道，去掉蜜囊和后肠，留下中肠、小肠及马氏管部分，滴加无菌水，盖上盖玻片在 400 倍显微镜下观察，如果发现马氏管膨大，管内充满如珍珠般孢囊，压迫马氏管，可见到孢囊散落出来，即可确诊为阿米巴原虫病。

防治此病的方法与防治孢子虫的方法相似，在高发季节前加强蜂群的管理，做好消毒工作，尽可能减少传染源。

第五节　蜜蜂螺原体病标准化防治

蜜蜂螺原体病（honeybee spiroplasmosis）是由蜜蜂螺原体（*Spiroplasma*）引起

的一种成蜂病害。

（一）病原

病原为蜜蜂螺原体（*Spiroplasma*），螺旋状丝状体，无细胞壁，菌体直径约为 0.17 μm，长度随生长期有很大变化。一般初期为单条螺旋丝状，作螺旋式运动，后期则较长，出现分支并聚团，菌体上有泡状结构，螺旋性减弱（图 11-2）。

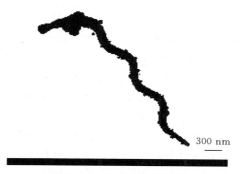

300 nm

图 11-2 螺原体病原照片
（引自李霞，2012）

（二）流行特点

1. 发病症状 患病蜂爬出箱外，在地面上蹦跳、爬行，失去飞翔能力，3~5 只蜜蜂集聚在一起，行动缓慢，不久死亡。死亡蜂大多双翅展开，喙伸出，发病严重时，不仅青壮年蜂死亡，而且刚出房不久的幼蜂也爬出箱外死亡，蜂群群势下降很快。

2. 传播途径与发病规律

（1）地理分布 蜜蜂螺原体分布较为广泛。调查表明，转地放蜂的蜂场发病率高，病情严重；而定地饲养的蜂场发病率低，病情较轻。该病在我国有着广泛的分布。南方春季发病严重，北方春初发病重，患病蜜蜂大都是青壮年蜂。

（2）传播途径 用饲喂和微量注射法接种蜜蜂螺原体，均可使健康蜂感病，证明该病是通过消化道侵入蜂体引起蜜蜂死亡的。据报道，从植物花上能分离得到螺原体，对蜜蜂具有感染力，能使蜜蜂患病死亡。

（3）与其他病害的相关性 蜜蜂螺原体单独感染蜜蜂发病的较少见，而常与其他病害如孢子虫病、麻痹病等混合发生，病情较重，死亡率较高，蜂群群势下降严重。

（三）诊断方法

显微镜直接镜检，取病蜂 5 只，放在研钵内，加无菌水 5 mL，研磨、匀浆，于

5 000 r/min离心5 min，取上清液少许涂片，置暗视野显微镜下放大1 500倍观察，螺原体形态清晰可见。若发现晃动的小亮点并拖有一条丝状体在原地旋转，即为蜜蜂螺原体，从而可确诊此病。

（四）防治措施

控制该病应坚持"以防为主，治疗为辅，防治结合"的方针，采取综合防治法，做到无病先防，防患于未然，有病早治，重点放在切断传染源、提高蜂群抗病能力上。

1. 选留抗病蜂种 选用抗病能力好、群势强的蜂群培育蜂王，淘汰抗病能力差的蜂种，并经常更新蜂王、巢脾、蜂具。

2. 选用优质饲料 蜂场在选留饲料时应注意留足无病原污染的饲料。切实做好饲料、蜂具的保管工作，使之不被污染；蜂场之间减少交换巢脾、蜂具、饲料等。优选放蜂地，尤其在春繁季节更要注意。

3. 做好消毒工作 把好消毒关是切断病源传播的一项有效途径，除平时做好消毒工作外，在发病季节更要抓好巢脾、蜂具、场地的消毒工作。①蜂场和越冬室用10%～20%石灰乳粉刷或喷洒消毒。②木制蜂具、蜂箱用5%的漂白粉液浸泡12 h。③蜂具、工作服、盖布可用3%热碱水浸泡消毒。

4. 药物防治 药物预防宜在早春进行，以在第二批子脾未完全封盖时用药最适宜。

① 柠檬酸30～50 g、白砂糖300 g、水700 mL，煮沸，晾凉后浇框梁饲喂，10框群每次喂100 g，每周1次。在喂越冬饲料时，每千克越冬饲料糖浆加柠檬酸1 g。

② 大黄苏打片2片，碾成粉加糖浆200 g，喂一个10框患病群。在春季雨水多的地方繁殖蜂群时，根据天气预报，在降雨前一天下午用此糖浆奖饲蜂群，促使蜜蜂出巢排泄，可减轻连续阴雨天的病情。

第六节　规模化蜂场螨害的标准化防治技术

一、狄斯瓦螨的标准化防治技术

瓦螨又称"大蜂螨"，属于蜜蜂的外寄生螨类。其分类地位如下：节肢动物门，蛛型纲，蜱螨亚纲，寄螨总目，中气门目，皮刺螨总科，瓦螨科（Varroidae），瓦螨属（*Varroa*）。

（一）分类与分布

狄斯瓦螨（*Varroa destructor*）是瓦螨的一种，是对世界各国养蜂业尤其是对西方蜜蜂饲养业危害最大的蜜蜂寄生虫害。2000 年初，Anderson 等对采自世界各国的大量蜂螨样本进行研究后发现：原被归入雅氏瓦螨的寄生螨，应分为 2 个种，一个是新界定的雅氏瓦螨，主要分布在印尼和马来西亚，已发现 9 个基因型，它们只在东方蜜蜂雄蜂房内繁殖，并不对西方蜜蜂造成危害；另一个是新命名的狄斯瓦螨，广泛分布于东、西方蜜蜂上，已发现 11 个基因型。

危害全世界西方蜜蜂的是狄斯瓦螨的 2 个基因型，即朝鲜基因型和日本/泰国基因型，这两个基因型在东方蜜蜂的雄蜂房以及西方蜜蜂的雄蜂房和工蜂房都可以正常繁殖。在我国东、西方蜜蜂中寄生的大蜂螨全部属于狄斯瓦螨的不同基因型，还未发现雅氏瓦螨的任何一种基因型。

（二）形态与生物学特性

1. 狄斯瓦螨的形态特征　瓦螨属几种瓦螨的形态十分相似：雌成螨呈横椭圆形，棕褐色，背板两侧有 15～26 对棘状刚毛；胸板呈新月形，具 5～6 对刚毛；生殖腹板似五角形，后端膨大并密生刚毛；肛板呈倒三角形；腹侧板和后足板宽大，呈三角形；气门延伸成弯曲的气管，游离于体壁；螯肢定趾退化短小，动趾较长而尖利；足短粗强壮。雄成螨卵圆形，较雌螨小，黄白色略带棕黄；背板上刚毛排列无序；腹面各板除盾形肛板明显外，几丁质化弱，界线不清；螯肢动趾特化为细长的导精趾。

2. 狄斯瓦螨的生物学特性

（1）狄斯瓦螨的虫态　狄斯瓦螨发育过程中有卵、幼虫、前期若虫、后期若虫、成虫五种虫态。

① 卵　乳白色，卵圆形，长 0.60 mm，宽 0.43 mm，卵膜薄而透明。卵产出时即可见 4 对肢芽，形似紧握的拳头。少数卵无肢芽，无孵化能力。

② 幼虫　在卵内发育，卵产出时已具雏形，6 只足，经 1～1.5 d 破卵形成若虫。

③ 前期若虫（第一若虫）　近圆形，乳白色，体表生有稀疏的刚毛，具 4 对粗壮的足。以后随时间的推移，虫体变成卵圆形。已能刺吸蜂蛹的血淋巴。经 1.5～2.5 d 蜕皮成后期若虫。

④ 后期若虫（第二若虫）　雌性螨心脏形，体长 0.87 mm，宽 1.00 mm，足末端有肉突。到后期随横向生长加速，虫体变成横椭圆形，体背出现褐色斑纹，体长增至 1.10 mm，宽 1.40 mm，腹面骨板形成，但未完全几丁质化。经 3～3.5 d 蜕皮，变为成虫。

⑤ 成虫　雌性与雄性形态不同。雌螨呈横椭圆形，宽大于长。体长 1.1～1.2 mm，宽 1.6～1.8 mm。体色为棕褐色。背部明显隆起，腹面平，略凹，侧缘背腹交界处无明显界线。有背板 1 块，覆盖体背全部及腹面的边缘，板上密布刚毛。腹板由数块骨片组成。足 4 对，粗短强健。每只足的跗节末端均有钟形的爪垫（吸盘）。前足具感受化学物质的器官（嗅觉器），其上具不同形状和大小的感觉器。雄螨躯体卵圆形，长 0.8～0.9 mm，宽 0.7～0.8 mm，有背板 1 块，覆盖体背全部及腹面边缘。背板边缘部有刚毛足 4 对，形态结构与雌螨相似。

（2）狄斯瓦螨的繁殖特性　雄螨完全不进食，它在封盖的幼虫巢房中与雌螨交配后立即死亡。母亲螨通常在封盖房内产 1～7 粒卵，雌螨卵经 24 d 孵化为 6 足的幼虫，经 48 d 左右变为 8 足的前期若虫，在 48 d 内蜕皮成后期若虫，再经 3 d 变成成螨，整个发育期为 6～9 d。雄螨整个发育期为 6～7 d。雌螨比较喜欢在未封盖的雄蜂房中产卵。若螨以幼虫的血淋巴为食。已经性成熟、有繁殖力的螨常常侵袭正在羽化的蜜蜂。工蜂幼虫巢房的封盖期为 12 d 时，雌螨在夏季可生存 2～3 个月，在冬季可以生活 5 个月以上。雌螨在一生中有 3～7 个产卵周期，最多可产 30 粒卵。在一个产卵周期，在工蜂幼虫巢房可产 1～5 粒卵，在雄蜂幼虫巢房可产 1～7 粒卵。但在蜜蜂羽化时，能够发育成熟的后代雌螨只有 2～3 只。

狄斯瓦螨有很强的生存能力和耐饥力，在脱离蜂巢的常温环境中可存活 7 d；在 15～25 ℃，相对湿度 65%～70% 的空蜂箱内能生存 7 d；在巢脾上能生存 6～7 d，在未封盖幼虫脾上能生存 15 d，在封盖子脾上能生存 32 d，在死工蜂、雄蜂和蛹上能生存 11 d，在 −10～−30 ℃ 下能存活 2～3 d。狄斯瓦螨在巢房内的生活史见彩图 50。

（三）周年消长规律

狄斯瓦螨的生活史归纳起来可分为两个时期，一个是体外寄生期，一个是蜂房内的繁殖期。蜂螨完成一个世代必须借助于蜜蜂的封盖幼虫和蛹来完成。因此狄斯瓦螨在我国不同地区的发生代数式有很大差异的。对于长年转地饲养和终年无断子期的蜂群，狄斯瓦螨整年均可危害蜜蜂。北方地区的蜂群，冬季有长达几个月的自然断子期，狄斯瓦螨就寄生在工蜂和雄蜂的胸部背板绒毛间，翅基下和腹部节间膜处，与蜂群的冬团一起越冬。

越冬雌成螨在第二年春季外界温度开始上升，蜂王开始产卵育子时从越冬蜂体上迁出，进入幼虫房，开始越冬代螨的危害。以后随着蜂群发展，子脾增多，螨的寄生率迅速上升。

（四）对蜂群的危害

由于狄斯瓦螨起源于亚洲的东方蜜蜂，长期以来与寄主形成一种相互适应关系，因而狄斯对东方蜜蜂危害不大，但对西方蜜蜂群危害极大。研究表明，在螨寄生较多时，一个巢房中可能同时寄生数只雌螨。狄斯瓦螨不仅吮吸幼虫和蛹的血淋巴，造成大量被害虫蛹不能正常发育而死亡，或幸而出房，也是翅足残缺，失去飞翔能力；危害严重的蜂群，群势迅速下降，子烂群亡。狄斯瓦螨还寄生成年蜜蜂，使蜜蜂体质衰弱，烦躁不安，影响工蜂的哺育、采集行为和寿命，使蜂群生产力严重下降以致整群死亡。同时，其蛋白酶与毒素进入蜂体内，还破坏蜜蜂血淋巴的某些组分，降低其对疾病的免疫防御能力。此外，狄斯瓦螨还能够携带蜜蜂急性麻痹病毒、慢性麻痹病病毒、克什米尔病毒、白垩病菌等多种病原，使它们从伤口进入蜂体，引起蜜蜂患病死亡。

（五）传播途径

狄斯瓦螨的传播中有远距离（跨国）蜂群间传染和短距离蜂群间传染。我国不同地区的螨类传播可能是蜂群频繁转地造成的。蜂场内的蜂群间传染，主要通过蜜蜂的相互接触。盗蜂和迷巢蜂也是传染的主要因素。其他途径，如蜂具、饲料甚至老鼠都有可能携带狄斯瓦螨。

（六）发病诊断

1. 症状检查 根据巢门前死蜂情况和巢脾上幼虫及蜂蛹死亡状态可初步判断。若在巢门前发现许多翅、足残缺的幼蜂爬行，并有死蜂蛹被工蜂拖出等情况，在巢脾上出现死亡变黑的幼虫和蜂蛹，并在蛹体上见到狄斯瓦螨附着，即可确定为狄斯瓦螨危害。

2. 蜂螨检查 从蜂群中提取带蜂子脾，随机取样抓取 50～100 只工蜂，检查其胸部和腹部节间处是否有狄斯瓦螨寄生，根据螨数与检查蜂数之比，计算寄生率。用镊子挑开封盖巢房 50 个，用放大镜仔细检查蜂体上及巢房内是否有蜂螨，根据检查的蜂数和蜂螨的数量，计算寄生率。春季或秋季蜂群内有雄蜂时期，检查封盖的雄蜂房，计算蜂螨的寄生率，也可作为适时防治的指标。

（七）防治措施

1. 物理法

（1）**热处理法防治** 狄斯瓦螨发育的最适温度为 32～35 ℃，42 ℃出现昏迷，43～45 ℃出现死亡。因此利用这一特点，把蜜蜂抖落在金属制的网笼中，以特殊方法加热并不断转动网笼，在 41 ℃下维持 5 min，可获得良好的杀螨效果。这种物理方法杀螨可避免蜂产品污染，但由于加热温度要求严格，一般在实际生产中应用不便。

（2）**粉末法** 各种无毒的细粉末，如白糖粉、人工采集的松花粉、淀粉和面粉等，都可以均匀地喷洒在蜜蜂体上，使蜂螨足上的吸盘失去作用而从蜂体上脱落。为了不使落到蜂箱底部的活螨再爬到蜂体上，并为了从箱底部堆积的落螨数来推断寄生状况，应当使用纱网落螨框。使用时，落螨框下应放一张白纸，并在纸上涂抹油脂或粘胶，以便黏附落下的瓦螨。粉末对蜜蜂没有危害，但是只能使部分瓦螨落下，所以只能当作辅助手段来使用。

2. 化学法　用各种药剂来防治蜂螨是最普遍采用的方法。已有的治螨的药物很多，而且新的药物不断地被筛选出来，养蜂者可根据具体情况使用。选择药物时要考虑到对人畜和蜜蜂的安全性和对蜂产品质量的影响，应杜绝滥用农药如敌百虫、杀虫脒等治螨的做法。另外，应交替使用不同的药物，以免因长期使用某一种药物而产生抗药性。

常用的治螨药物有如下几种。

（1）有机酸　甲酸、乳酸、草酸等有机酸都有杀螨的效果，其中以甲酸的杀伤力最强。在欧洲有商品化的甲酸板出售。美国则制成了甲酸粘胶。

（2）高效杀螨片（螨扑）　有效成分为氟胺氰菊酯，对蜜蜂安全。其毒性作用机理主要是持续地延长钠通道的失活，产生缓慢的细胞膜去极化，从而阻断动作电位。

（3）蜂妥（APITOL）内吸杀螨剂　是瑞士 Giba Geigy 有限公司与 Freibury 动物卫生研究所及联邦德国养蜂研究所研制的。通过蜜蜂的血淋巴作用于寄生螨，杀螨效果良好，但国内未见销售。

（4）植物精油　国内外有很多关于使用植物精油防治狄斯瓦螨的研究报告，其中，茴香油、丁香油、桉叶油及精油提取物百里酚等都具有较好的防治效果，有良好的应用潜力，但是其对蜜蜂的毒性和在蜂群中残留的问题还需研究解决。

（5）几丁质酶　中山大学曾报道从中华蜜蜂肠道中分离出的黏质沙雷氏菌对狄斯瓦螨具有毒性，经研究表明其毒性因子为该菌种体内的几丁质酶，目前正进行成果转化的研究。

（6）中草药防治　用中药百部煎水喷蜂脾可治蜂螨，而百部对人无害，有杀虱灭虫作用。

方一：百部 20 g，60°以上白干酒 500 mL。将中药百部浸入酒中 7 d，用浸出液1∶1兑冷水喷蜂、脾，以有薄雾为度，6 d 一次，治 3～4 次，对治大小蜂螨、巢虫均有效。

方二：百部 20 g，苦楝子（用果肉）10 个，八角 6 个，水煎至 200 mL，冷却滤渣，喷蜂脾，以有薄雾为度。

3. 生物法　可以用适当的饲养管理措施来减少寄生狄斯瓦螨的数量，维护正常的养蜂生产。

（1）雄蜂脾诱杀　雄蜂蛹可为瓦螨提供更多的养料，一雄蜂房内常有数只瓦螨寄生、繁殖。所以可利用瓦螨偏爱雄蜂虫蛹的特点，用雄蜂幼虫脾诱杀瓦螨，控制瓦螨的数量。在春季蜂群发展到十框蜂以上时，在蜂群中加入安装上雄蜂巢础或窄形巢础的巢框，让蜂群建造整框的雄蜂房巢脾，蜂王在其中产卵后 20 d，取出雄蜂脾，脱落蜜蜂，打开封盖，将雄蜂蛹及瓦螨振出。空的雄蜂脾用硫黄熏蒸后可以加入蜂群继续用来诱杀瓦螨。可为每个蜂群准备两个雄蜂脾，轮换使用。每隔 16～20 d 割除一次雄蜂蛹和瓦螨。

（2）分群时杀螨　人工分群春季，当蜂群发展到 12～15 框蜂时，采用抖落分蜂法从蜂群中分出五框蜜蜂。每隔 10～15 d 可从原群中分出一群五框分群，在大流蜜期前的一个月停止分群。早期的分群可诱入成熟的王台，以后最好诱入人工培育的新产卵的蜂王。给分群补加蜜脾或饲喂糖浆。新的分群中只有蜜蜂而没有蜂子，蜂体上的瓦螨可用杀螨药物除杀。

（3）勤换新巢脾　狄斯瓦螨喜欢在较小的巢房中繁殖，新巢脾巢房较旧巢脾大，勤换新巢脾可起到一定的预防作用。

二、小蜂螨的标准化防治

（一）分类与分布

小蜂螨是亚洲地区蜜蜂科的外寄生虫。它的原始寄主是大蜜蜂，但小蜂螨能够转移寄主，感染蜜蜂科的西方蜜蜂、大蜜蜂、黑大蜜蜂和小蜜蜂。目前为止，已经确定了小蜂螨至少包括四个种：*T. koenigerum*、*T. mercedesae*、*T. clareae* 和 *T. thaii*。其中 *T. clareae* 和 *T. mercedesae* 是西方蜜蜂寄生螨，而 *T. koenigerum* 和 *T. thaii* 对西方蜜蜂则没有危害。

（二）危害

20 世纪初，西方蜜蜂引入亚洲后，小蜂螨转移到了西方蜜蜂群内，对西方蜜蜂造成严重危害，引起人们的高度重视。据报道，小蜂螨对印度、阿富汗、巴基斯坦、越南、泰国等国家的养蜂业造成较大的危害，导致印度西方蜜蜂群 50％的幼虫死亡。

目前，小蜂螨的危害性已引起各国养蜂业、研究人员、蜂农和有关立法机构的广泛关注。世界动物卫生组织（OIE）已将小蜂螨定为高度威胁性害虫，是必须向 OIE 上报的蜜蜂寄生虫。该害虫也引起了美国、英国和澳大利亚等国家有关部门的高度重视，并投入大量资金对本国的小蜂螨进行大面积普查，还通过会议等形式向蜂农宣传了小蜂螨危害、生物学特征、诊断和防治等知识，并建立了相应的应急措施。

（三）生物学特性

母螨首选雄蜂房产卵，雄蜂房通常是 100％被寄生。蜜蜂幼虫巢房封盖大约 2/3

后，通常 1~4 只母螨会进入同一个幼虫巢房繁殖。巢房封盖 50 d 后，母亲螨产下第一个卵，封盖 50~110 h 是产卵高峰期，以后产卵力逐渐下降。蜜蜂幼虫封盖 208 h 后，小蜂螨产下的卵大多是无肢体卵，不能孵化。一个母亲螨平均能产 6 个卵，通常 1 个雄卵和几个雌卵。

小蜂螨发育的最适温度为 31~36 ℃，一般可存活 8~10 d，有的可达 13~19 d。9.8~12.7 ℃很难长时间生活，只能活 2~4 d，44~50 ℃下 24 h 全部死亡。在蜜蜂大幼虫封盖 48 h 后，母螨通常往巢房产 3~4 粒卵。12 h 左右这些卵孵化，成为前期若螨，即从产卵到发育成成螨需要 6 d。按这样计算，在蜂王产卵 16 d 后就会出现女儿成螨（彩图 51）。

成螨出房后，所有的女儿螨及母亲螨都会同成蜂一起出房寻找新的寄主寄生。而剩余的一些未发育成熟的雌若螨和雄螨在蜜蜂出房后便不能存活，在巢房中死亡。所以，虽然母亲螨平均能产 6 粒卵，但是在成螨出房前，最多只有 2 个女儿螨能发育成熟。但曾经也有报道一个巢房中发现了 14 个成螨和 10 个若螨。

小蜂螨的发育周期较短，导致小蜂螨的种群增长比狄斯瓦螨更快，当小蜂螨和狄斯瓦螨同时危害同一蜂群时，小蜂螨种群数量远远超过狄斯瓦螨。

（四）流行规律

小蜂螨顺利越冬的温度指标为蜂群越冬期的月平均温度在 14 ℃以上；可越冬的温度指标为蜂群越冬期的月平均温度不低于 5 ℃，月平均最低温度不低于 0 ℃；其顺利越冬的生物学指标为蜂群在整个越冬期内无绝对断子期；可越冬的生物学指标为蜂群越冬期的绝对断子期不超过 10 d。

小蜂螨的消长规律与蜂群所处的位置、繁殖状况以及群势有关。在北京地区，每年 6 月以前，蜂群中很少见到小蜂螨，但到 7 月以后，小蜂螨的寄生率急剧上升，到 9 月份即达到最高峰，11 月上旬以后，外界气温下降到 10 ℃以下，蜂群内又基本看不到小蜂螨。

（五）传播途径

（1）小蜂螨靠成年雌螨扩散和传播　通常一部分雌螨留在原群，在巢脾上快速爬行以寻找适宜的寄主，其他携播螨藏匿在成蜂的胸部和腹部之间的位置。

（2）小蜂螨在蜂群间的自然扩散　主要是依靠成年工蜂的传播，即错投、盗蜂和分蜂等。

（3）人为操作不当引起的传播　小蜂螨的传播主要归因于养蜂过程中的日常管理，蜂农的活动为小蜂螨的传播提供了方便。如受感染蜂群和健康蜂群的巢脾、蜂具等混用，使得小蜂螨在同一蜂场的不同蜂群和不同蜂场间传播。尤其是在转地商业养蜂中，感染蜂群经常被转到新的地点，引起该地区蜂群感染，这是一种最主要和最快的传播方式。

（六）症状

在感染西方蜜蜂时，小蜂螨以吸食封盖幼虫、蛹的血淋巴为生，常导致大量幼虫变形或死亡，子区幼虫不整齐，死亡的虫、蛹尸体会特征性地向巢房外突出（彩图52）。勉强羽化的成蜂通常表现出体型和生理上的损害，包括寿命缩短、体重减轻，以及体型畸形，如腹部扭曲变形，残翅、畸形足或没有足。蛹感染小蜂螨后通常具有较深的色斑，尤其在足和头腹部，在这个时候，工蜂就能识别到该蛹被感染。

（七）诊断

1. 开盖检查　选择一小片蛹日龄较大（蛹眼睛刚转变为粉红色）的封盖子区（雄蜂或工蜂），在这个时期用蜜盖叉开盖检查时，蛹体与巢房很容易分离，如果蛹或大幼虫日龄过小，虫体容易破裂。

将蜜盖叉插入房盖以下，和巢脾面平行，用力向上提起蜂蛹，未成熟的蜂螨是乳白色的，吸食寄主血淋巴时很难被发现，因为它们的口器和前足固定在寄主的角质层上。成螨颜色较深，在乳白色的寄主的背景衬托下很容易被发现。

这种方法的优点是比逐个打开巢房盖速度快，效益高，且应用简便，可用于常规的蜂群诊断；可以及时了解蜂群的感染水平。

2. 症状诊断　通过观察蜂群诊断小蜂螨的感染情况：检查封盖子脾，观察封盖是否整齐，房盖是否出现穿孔，幼蜂是否死亡或畸形，工蜂有无残翅以及巢门口的爬蜂情况。最典型的是症状是，当用力敲打巢脾框梁时，巢脾上会出现赤褐色的长椭圆状并且沿着巢脾面爬得很快的螨，这些都是小蜂螨感染的特征。

3. 箱底检查　①在箱底放一白色的黏性板，可以用广告牌、厚纸板或其他白色硬板来制作，外面可以涂上一层凡士林或其他黏性物质，或者用一带黏性的纸。大小同蜂箱底板，使其能完全覆盖箱底，最好设计为抽屉状，可以从箱外拉出和推进，为了防止蜜蜂从底板上叼走小蜂螨，须在白色黏性板上放一铁丝网，如防虫网，网孔必须足够大，直径在3 mm左右，使小蜂螨能顺利通过，铁丝网的外边缘稍微往里折叠，使铁丝网与黏性板有一定的距离，然后把它固定在相应的位置。用以防止蜜蜂清除落下来的小蜂螨，保证统计结果的准确性。②按照蜂药上的标签使用说明使用杀螨剂。③24 h后取出黏性板检查落螨数量。比较快的方法是，向蜂箱喷烟6～10次，然后盖上箱盖10～20 min后取出粘板，数螨。

箱底检查法的优点：敏感，能检查寄生率低的小蜂螨数量；在治螨的同时能对蜂群的感染水平进行估计。

（八）防治方法

小蜂螨感染的早期监测很重要的，早期发现可以及时采取控制、遏制和根除措施。但是如果小蜂螨已经在蜂群中建立种群并且已经广泛传播开时，只有相应的防治措施才能有效避免小蜂螨对蜂群造成较大的损失。

1. 生物法防治

（1）断子法　根据小蜂螨在成蜂体上仅能存活 1～2 d，不能吸食成蜂体血淋巴这一生物学特性，可采用人为幽闭蜂王或诱入王台、分蜂等断子的方法治螨。

① 扣王　工蜂的发育过程中，封盖期为 12 d。如果把被感染的蜂群巢脾上的幼虫摇出或移走，将卵用水浇死，并割除全部的雄蜂蛹，如果扣王 12 d 后，蜂群内就会出现彻底断子，放王 3 d 后蜂群才会出现小幼虫，这时蜂体上的小螨已自然死亡。也有报道称对感染蜂群扣王 9 d 足够。扣王法是一种最常用、简单且对蜂产品没有污染的防治方法，这种方法唯一的不足就是限制蜂王产卵，导致后期蜂群群势下降，对于蜂群的生产能力有较大的影响，所以多在后期没有蜜蜂源的越冬或越夏时采用这种方法。

② 分蜂　春季，当蜂群发展到 12～15 框蜂时，采用分蜂法从蜂群中分出五框蜜蜂。如果群势繁殖较快，可每隔 10～15 d 分一次，在大流蜜期前的一个月停止分群。早期的分出群可诱入成熟的王台，后面分出的新群最好诱入人工培育的新产卵王。给分出群补加蜜脾或饲喂糖浆。由于新的分蜂群中只有成蜂而没有蜂子，会导致蜂体上的小蜂螨自然死亡，这也是一种两全其美的有效防治小蜂螨的方法。

③ 同巢分区断子　用同一种能使蜂群气味和温、湿度正常交换而小蜂螨无法通过的纱质隔离板，将蜂群分隔成 2 个区，各区造成断子状态 2～3 d，使小蜂螨不能生存。据报道，这种防治效果可达 98％以上。具体方法是：在继箱与巢箱间采用一隔王板大小的纱质隔离板，平箱或卧式箱用框式隔离板，注意隔离一定要严密，不使蜂螨通过，每区各开一巢门，将蜂王留在一区继续产卵繁殖，将幼虫脾、封盖子脾全部调到另一区，造成有王区内 2～3 d 绝对无幼虫，待无王区子脾全部出房后，该区绝对断子 2～3 d，使小蜂螨全部死亡后，再将蜂群并在一起，以此达到彻底防治小蜂螨的目的。该法比扣王断子更为优越，它保持了蜂群的正常生活秩序和蜂群正常繁殖，劳动强度低，又不影响蜂群正常生产。

（2）雄蜂脾诱杀　利用小螨偏爱雄蜂虫蛹的特点，用雄蜂幼虫脾诱杀小蜂螨，控制小蜂螨的数量。在春季蜂群发展到十框蜂以上时，在蜂群中加入雄蜂巢础，迫使其建造雄蜂巢脾，待蜂王在其中产卵后第 20 个工作日，取出雄蜂脾，脱落蜜蜂，打开封盖，将雄蜂蛹及小蜂螨振出销毁。空的雄蜂脾用硫黄熏蒸后可以加入蜂群继续用来诱杀小蜂螨。通常每个蜂群准备两个雄蜂脾，轮换使用。每隔 16～20 d 割除一次雄蜂蛹，以此来达到控制小蜂螨的目的。

2. 化学法防治　升华硫防治小蜂螨效果较好，可将药粉均匀地撒在蜂路和框梁上，也可直接涂抹于封盖子脾上，注意不要撒入幼虫房内，造成幼虫中毒。为有效掌握用药量，可在升华硫黄药粉中掺入适量的细玉米面做填充剂，充分调匀，将药粉装入一大小适中的瓶内，瓶口用双层纱布包起。轻轻抖动瓶口，撒匀即可。涂布封盖子脾，可用双层纱布将药粉包起，直接涂布封盖子脾。一般每群（10 足框）用原药粉 3 g，每隔 5～7 d 用药 1 次，连续 3～4 d 为一个疗程。用药时，注意用药要均匀，用药量不能太大，以防引起蜜蜂中毒。

第七节　规模化蜂场蜜蜂中毒处理技术

一、茶花中毒

1. 病因　茶花蜜中除含有微量的咖啡因和糖苷外，主要是含有较高的多糖成分。引起蜜蜂中毒的原因是蜜蜂不能消化利用茶花蜜中的低聚糖成分，特别是不能利用结合的半乳糖成分，引起生理障碍。

2. 症状　茶花蜜中毒主要引起蜜蜂幼虫死亡。死虫无一定形状，也无臭味，与病原微生物引起的幼虫死亡症状明显不同。

3. 解救措施　采用分区饲养管理结合药物解毒，使蜂群既可充分利用茶花蜜源，又尽可能少取食茶花蜜，以减轻中毒程度。分区管理根据蜂群的强弱，分为继箱分区管理和单箱分区管理两种方法。

（1）继箱分区管理　该措施适用于群势较强的蜂群（6 框足蜂以上）。具体做法是，先用隔离板将巢箱分隔成两个区，将蜜脾、粉脾和适量的空脾连同蜂王带蜂提到巢箱的任一区内，组成繁殖区，然后将剩下的脾连同蜜蜂提到巢的另一区和继箱内，组成生产区（取蜜和取浆在此区进行）。继箱和巢箱用隔王板隔开，使蜂王不能通过，而工蜂可自由进出。此外，在繁殖区除了靠近生产区的边脾外，还应分别加一蜜粉脾和一框式饲喂器，以便人工补充饲喂并阻止蜜蜂把茶花蜜搬进繁殖区。巢门开在生产区，繁殖区一侧的巢门则装上铁纱巢门控制器，使蜜蜂只能出不能进。

（2）单箱分区管理　将巢箱用铁纱隔离板隔成两个区，然后将蜜脾、粉脾和适量的空脾及封盖子脾同蜂王带蜂提到任一区内，组成繁殖区。另一区组成生产区。上面盖纱盖，注意在隔离板和纱盖之间应留出空隙，使蜜蜂自由通过，而蜂王不能通过。在繁殖区除在靠近生产区的边框加一蜜粉脾外，还在靠近隔板处加一框式饲喂器，以便用作人工补充饲喂和阻止蜜蜂将茶花蜜搬入繁殖区，但在远离生产区的一侧框梁上仍留出蜂路，以便蜜蜂能自由出入。巢门开在生产区，将繁殖区一侧的巢门装上铁纱巢门控制器，使蜜蜂只能出不能进，而出来的采集蜂只能进生产区，这样就避免繁殖区的幼虫中毒死亡，达到解救的目的。

（3）喂药与饲养管理相结合　第一，繁殖区每天傍晚用含少量糖浆的解毒药物（0.1％的多酶片、1％乙醇以及0.1％大黄苏打片）喷洒或浇灌；隔天饲喂1∶1的糖浆或蜜水，并注意补充适量的花粉。第二，采蜜区要注意适时取蜜。在茶花流蜜盛期，一般3～4 d取蜜1次，若蜂群群势较强，可生产王浆或采用处女王取蜜。每隔3～4 d用解毒药物糖浆喷喂1次。

二、甘露蜜中毒

1. 原因　甘露蜜与蜂蜜不同，它含有比蜂蜜高几倍的糊精和无机盐，蜜蜂取食后不易消化而引起中毒。甘露蜜包括甘露和蜜露两种。甘露是由蚜虫、介壳虫分泌的甜汁。在干旱年份里，这种昆虫大量发生，并排出大量甘露于松树、柏树、杨树、柳树、槭树、椴树等乔木和灌木上及禾本科的高粱、玉米、谷子等植物的叶片及枝干上，吸引蜜蜂去采集；另一方面，这些昆虫分泌的汁液往往被细菌或真菌等病原微生物所污染而产生毒素，蜜蜂吃了这种分泌物也会引起中毒。蜜露则是由于植物受到外界气温的变化影响后，所分泌的一种含糖汁液。甘露色泽深暗，味涩，没有花蜜那种芳香气味，因此，蜜蜂一般不喜欢采集甘露。但在外界蜜源缺乏时，则去采集，将其运回蜂巢，酿制成甘露蜜。甘露蜜中葡萄糖和果糖含量较少，蔗糖含量较高，还含有大量糊精、无机盐和松三糖。甘露蜜的毒性成分主要是由于它们所含的无机盐，特别是钾所引起的；糊精是蜜蜂不易消化的物质；松三糖则是使甘露蜜结晶的主要成分，结晶的甘露蜜，蜜蜂无法食用，从而造成越冬蜂的死亡。

2. 症状　甘露蜜主要是使采集蜂中毒死亡。中毒蜂腹部膨大，下痢，排泄大量粪便于蜂箱壁、巢脾框梁及巢门前。解剖观察，蜜囊膨大成球状，中肠黑色，内含黑色絮状沉淀物，后肠呈蓝色至黑色，其内充满暗褐色至黑色粪便。中毒蜜蜂萎靡不振，有的从巢脾上和隔板上坠落于蜂箱底，有的在箱底和巢门附近缓慢爬行，失去飞翔能力，死于箱内和箱外。严重时幼虫和蜂王也会中毒死亡。

3. 检验方法

（1）蜜蜂的检验

消化道检验：解剖消化道，观察中肠及后肠有无异常变化。

电导率测定：取待检蜜蜂20只研磨，加无菌水10 mL，制备悬浮液，过滤后，取滤液6 mL置于小称量瓶中，用电导仪测定。如测得电导率在1 200 mV/cm以上时，则可确定为甘露蜜中毒。

（2）蜂蜜的检验

电导率检验法：根据甘露蜜中无机盐含量比蜂蜜高而电导率也相应增高的原理，采用电导仪测定法，若测得电导率在（80±20）mV/cm 以上时，即可证明含有甘露蜜。

酒精检验法：取待检蜜 3 mL，放于玻璃试管内，用等量蒸馏水稀释，再加入 95％酒精 10 mL，摇匀后若出现白色混浊或沉淀时，则表明含有甘露蜜。

石灰水检验法：按上述方法将待检蜜稀释后，再加入饱和并经澄清的石灰水 6 mL，充分摇匀，在酒精灯上加热煮沸，静止数分钟，如出现棕色沉淀，即表明含有甘露蜜。

4. 防治方法　对甘露蜜中毒的防治，以预防为主。在晚秋蜜源结束前，蜂群内除留足越冬饲料外，应将蜂群搬到无松、柏树的地方。对于缺蜜少蜜的蜂群要及时作补充饲喂。对于已采集甘露蜜的蜂群，在蜂群越冬之前，将其箱内含有甘露蜜的蜜脾全部撤出，换以优质蜜脾或喂以优质蜂蜜及白糖作为越冬饲料。如蜜蜂因甘露蜜中毒而并发孢子虫病、阿米巴原虫病或其他疾病时，应采取相应的防治措施。

三、农药中毒

由于农药的大量使用，蜜蜂中毒事件逐年增加，使养蜂业蒙受重大的经济损失，也使一些农作物因为得不到充分授粉而导致产量降低和品质下降，影响农业收益和生态效益。农药可导致蜜蜂急性中毒和慢性中毒。

1. 农药中毒常见症状　全场蜂群突然出现大量死蜂；性情暴躁；无力附在脾上而坠落箱底；幼虫从巢房脱出挂于巢房口，出现"跳子"现象。

2. 农药对蜜蜂的风险　农药对蜜蜂的风险评估在实验室水平上的指标主要是死亡率。由于农药尤其是杀虫剂在亚致死剂量下使蜜蜂个体的性能减弱，而且使种群动态紊乱，因此，越来越多的政府机构和专家意识到农药对蜜蜂的亚致死效应，尤其是长期效应更应该受到重视。国外已有关于农药对蜜蜂亚致死效应的研究。经济合作发展组织（OECD）、欧洲和地中海植物保护组织（EPPO）和美国联邦环保署（EPA）制定了相关的实验室标准。OECD 和 EPPO 指导方针要求记录蜜蜂异常行为，以及反常的蜜蜂数量。EPA 蜜蜂急性毒性指导方针草案中有更多的规定，如记录中毒征兆、其他异常行为，包括混乱、无力和超敏反应，以及每个剂量下的测试期、起始时间、持续时间、严重程度和受影响的数量。

欧盟利用室内数据和半大田与大田数据得来的危害商值（hazard quotient，HQ）和蜜蜂行为的改变来进行风险评估。危害商值＝农药使用剂量/LD_{50}，农药使用剂量的单位为 g/hm²，LD_{50} 的单位为 μg/只。如果在某个区域蜜蜂取食或接触农药的危害商值超过 50，或者对蜜蜂幼虫、蜜蜂行为、或蜂群生存与发育产生影响，则在该区域该农药不会被批准应用。

已报道的农药对蜜蜂的亚致死效应有对蜜蜂行为、蜂群生存和发育的影响。行为效应包括破坏气味识别、回巢行为引起的采集蜂消失等。半大田和大田研究应该对暴躁反应、巢门护卫行为和能力、影响蜂群发育和生存的采集行为进行常规观察。

3. 预防与急救措施　为了避免发生农药中毒，养蜂场和施用农药的单位应密切合作，共同制定施药时间、药剂种类和施用方法，既要达到施药效果，又不能让蜜蜂中毒。

对发生严重中毒的蜂场应尽快包装蜂群，撤离施药区，清除蜂箱内的有毒饲料，将被农药污染的巢脾放入 2% 苏打水中浸泡 12 h 以上，然后用清水冲洗晾干后备用。

对发生轻微农药中毒的蜂群，立即饲喂稀薄的糖水（1∶4）或蜜水。

（徐书法）

第十二章　规模化蜂场疾病的防控

第一节　规模化蜂场蜜蜂病害的预防

蜜蜂病害是威胁蜜蜂生产的最主要因素。蜂场中的蜜蜂一旦发生病害，尤其是传染性病害，如果处理不及时，就会造成大面积流行，给养蜂造成致命的打击。所以，规模化蜂场防治蜂病一定要注意蜜蜂病害。一般来说，蜜蜂的病害可以分为两种，一种是非传染性的，一种是传染性病害。

一、蜜蜂传染性病害的病原

引起传染病的病原是一类结构较简单、繁殖快、分布广、个体小的生物。引起蜜蜂传染病的病原主要是细菌、病毒、真菌及寄生虫。

1. 细菌　是一类单细胞微生物，一般要在光学显微镜下才能看见。测定细菌的大小的量度单位是微米和纳米。细菌由于其染色特性不同，可分为革兰氏阳性（G^+）菌和革兰氏阴性（G^-）菌。此外，有些细菌还具有鞭毛等特殊结构，或能够形成芽孢，增强了其对外界不良环境的抵抗力。细菌对抗生素敏感。

2. 真菌　在生物学分类地位上，真菌是一大类不分根、茎、叶和不含叶绿素的叶状植物。真菌在自然界中分布很广，大部分对人或其他动物有利，只有少数真菌可以引起人或其他动物患病，称为病原性真菌。根据真菌的致病作用将病原真菌分为两类，一类是真菌病病原，例如引起白垩病的蜜蜂子囊球菌；另一类是真菌中毒病的病原，真菌产生的毒素引起动物中毒。还有一些真菌兼有感染性和产毒性，例如黄曲霉菌。治疗蜜蜂真菌病效果比较好的药物是制霉菌素和一些有抗真菌作用的中草药。

3. 病毒　病毒是一类体积微小，只能在活细胞内生长繁殖的非细胞形态的微生物。用以测量病毒大小的单位是纳米。大部分病毒只有用电子显微镜才可以看得到。用理化因素使病毒失去感染能力称为灭活。大部分病毒耐冷不耐热，一般病毒在液体中 50 ℃、30 min 可以被灭活，紫外线也能灭活病毒。病毒对 84 消毒液、漂白粉和食用碱很敏感。对于蜜蜂病毒有抑制作用的药物是一些中草药，用抗生素无效。

4. 寄生虫　　与蜜蜂有关的寄生虫主要有原虫（比如微孢子虫）和寄生螨类等。微孢子虫进入蜜蜂活的中肠上皮细胞，在其中生长繁殖，引起细胞破裂、死亡和脱落，蜜蜂肠道溃疡，蜜蜂下痢并营养不良。蜜蜂的寄生螨有蜜蜂体表寄生的狄斯瓦螨和热厉螨，以及蜜蜂气管中寄生的武氏蜂盾螨，它们靠吸食蜜蜂的血淋巴生存，同时传播蜜蜂的多种病毒病，引起蜜蜂畸形、衰竭和死亡。

二、蜜蜂传染性病害的特点

病原微生物或寄生虫侵入蜜蜂机体，并在一定的部位定居、生长繁殖，从而引起蜜蜂一系列的病理变化，这个过程叫作传染。凡是由病原微生物或寄生虫引起的，具有一定的潜伏期和表现，并有传染性的疾病，称为传染病或寄生虫病。所以传染性病害一定是由生物引起的。

例如，病原微生物把蜜蜂作为生长繁殖的场所，过寄生生活，蜜蜂出现得病的症状，并且不断使其他蜜蜂也出现同样症状，这个过程就是传染，这个蜜蜂就患了传染病。

蜜蜂传染性病害有三个典型的特征，一是一种传染病或寄生虫病都有其特定的病原微生物或寄生虫存在。例如欧洲幼虫腐臭病就有蜂房蜜蜂球菌存在。二是传染性病害具有传染性。从患病蜜蜂体内排出的病原微生物，侵入另一只健蜂体内，能引起同样疾病。三是传染病具有特征性的症状。例如慢性麻痹病的病毒主要侵害神经系统、所以病蜂往往表现震颤的症状。

三、蜜蜂传染性病害的发展阶段

蜜蜂的传染病有它规律性的发展阶段，这些规律有助于我们认识传染病，同时也便于我们将传染病和其他种类的病相区别。

1. 潜伏期　　由病原体侵入并开始繁殖起，直到症状开始出现止，这段时间称为潜伏期。不同传染病的潜伏期长短不同，而同一种传染病的潜伏期的长短有一定的规律性。比如，欧洲幼虫腐臭病的潜伏期一般为 $2 \sim 3$ d，而囊状幼虫病的潜伏期一般为 $5 \sim 6$ d。同一种传染病潜伏期短促时，疾病常较严重；反之，潜伏期延长时，病程常较轻缓。

2. 前驱期　　是疾病的征兆阶段，其特点是症状开始表现出来，但该病的特征性症状不明显，如蜜蜂行动呆滞或烦躁不安。

3. 症状明显期　　在这个阶段，特征性症状逐渐明显地表现出来，是疾病发展的高峰阶段。这时诊断较容易。

4. 转归期　如果病原体致病性增强，或蜂群抵抗力减退，则传染以动物死亡为转归；如果蜜蜂抵抗力得到改进，则蜂群逐渐恢复健康。在疾病过后的一定时间内还有带菌（毒）、排菌（毒）现象存在，但最后病原体可被消灭清除。

对一个蜂场来说，从传染病的发生到严重是有一个过程的。开始一般表现 1~2 群发病，然后逐渐增多，蔓延到整个蜂场。严重时可以从一个蜂场传染到周围所有蜂场甚至几个县、区。

以下两个情况，基本可以判断为不是传染病：①一个蜂场的蜜蜂，头一天下午还一切正常，一夜之间全群覆没，发生传染病的可能性就很小，而蜂群中毒的可能性大；②如果一个蜂场内，在混用蜂具的情况下，只有个别群得病而且没有扩散的迹象，传染病的可能性也很小，应该考虑其他问题，比如蜂王的状况。

四、蜜蜂传染性病害流行的基本环节

病原微生物从已受感染的蜜蜂体内排出，在外界环境中停留，经过一定的传播途径，侵入新的蜜蜂，如此连续不断地发生、发展，就形成了传染过程。传染病在蜂群中传播，必须具备传染源、传播途径和易感动物三个基本环节。缺少任何一个环节，新的传染就不能发生。

1. 传染源　是指病原体或寄生虫在其中寄生、生长繁殖，并能不断排出体外的蜜蜂，具体讲就是病蜂。至于被病原体污染的各种外界因素（如蜂箱、蜂具、饲料、水源等），病原体不能在其中生存繁殖，因此不是传染源，而为传播途径。

2. 传播途径　是指病原体或寄生虫由传染源排出后，经一定的方式，再侵入其他易感动物所经的途径，它可分为两种形式。

（1）直接传播　是在没有外界因素的参与下，病原体通过被感染的蜜蜂与健蜂直接接触而引起传播。例如，哺乳蜂用口器饲喂幼虫，传染幼虫病。

（2）间接传播　是指病原体通过蜂具再传给其他蜜蜂。常见的有通过空气、被污染的饲料和水源以及活的媒介物传播等。

3. 蜂群的易感性　易感性是抵抗力的反面，是指蜂群对于某种疾病的容易感受程度。

五、蜜蜂传染性病害流行过程的表现形式

在传染病的流行过程中，根据在一定时间内发病率的高低和传播范围的大小可分为散发型、地方流行性、流行性和大流行四种类型。此外，由于季节可以影响病原体在外界的散播（例如阴雨多湿的季节有利于真菌的发生），可以影响活的传播媒介，可以影响蜂群的活动和抵抗力，所以传染病往往表现出季节性。

综上所述，只要我们了解了传染病流行的特征，就可以杜绝其发生和发展。

六、防治原则

1. 加强蜂群的日常饲养管理 蜂场要选择在蜜源条件好、地势高燥、温度适宜的地方，附近要有清洁的水源；远离噪声、工业污染区域和刚喷洒过农药的植物；蜜蜂的饲料要品质优良，没有孢子虫和引起蜜蜂其他传染病的病原菌污染；蜂箱要定期检查，根据季节和群势的变化及时调整蜂群；防止盗蜂和迷巢蜂等；从而给蜂群创造良好的生活条件，提高蜜蜂本身的抵抗力。这是减少病虫害发生的基本措施。

2. 注意观察本蜂场蜂群间抗病性的差异，选择抗病性强的蜂群培育蜂王，替换容易得病得蜂王 在育种期间，应将容易得病蜂群的雄蜂全部驱杀，这一措施可在每年春季进行，经过连续几代选育，可大大提高蜂群抗病性。

3. 提倡蜜蜂福利 花期生产蜂王浆时要注意补充花粉；越冬时要在蜂箱中留 2 脾优质的蜂蜜，饲养强群，夏季防暑，冬季防寒，使蜂群有一个好的生活空间。

七、防治措施

（一）蜂场的卫生制度

（1）要注意保持蜂场和蜂群内的清洁卫生，蜂尸、杂物要经常清扫。在传染病发病期间，更应勤扫，并将清扫出来得杂物深埋或焚烧。

（2）养蜂员要注意个人卫生，衣服要勤洗勤换，打开前后要用肥皂洗手，特别是接触过病蜂群之后，要用肥皂洗手，并替换消过毒的用具才能再接触健康蜂群。

（3）蜂箱、蜂具要按规定进行消毒，发霉变质的巢脾要淘汰。不用情况不明或带有病原体的饲料喂蜂，急需补饲的可用白糖代替。

（4）蜂场要有库房，库房内要保持清洁，蜂产品与蜂具在库房内要分类存放，注意消灭鼠类。

（5）发现病蜂群要及时隔离，与病蜂群有接触的健康蜂群可根据情况预防性给药。

（6）不到传染病发病区域购买蜜蜂或放蜂。

（二）隔离

当发现传染病时，应立即将病群隔离，以便将传染控制在最小范围内扑灭。首先要对蜂群逐群进行检查，根据检查结果分成病群、疑似病群和假定健康群三类，以便分别对待。

病群：有典型症状的发病蜂群，它们是主要的传染源，应选择离健康蜂群 2 km 以外、不容易散播病原体、消毒处理方便的地方隔离治疗。养蜂员治疗病群后，要用肥皂洗手，病蜂的蜂产品、蜂具等不要带回健康蜂蜂场。

疑似病群：是指没有症状但与病蜂群有密切接触的蜂群，如同用水源、蜂具，近期进行过调脾等的蜂群。这些蜂群可能处于潜伏期，应另选地方与健蜂相隔 2 km，进行隔离观察，也可预防性给药。隔离时间的长短根据该种传染病的潜伏期长短而定，如潜伏期 2～4 d，那么经 10 d 后可以取消隔离。

假定健康群：与病蜂没有密切接触的邻近蜂场的蜜蜂，可以进行观察，必要时进行预防性给药或转移到其他地方。

隔离的病群，在没有病蜂出现，又过了该传染病潜伏期 2 倍的时间后，经过全面消毒，可以解除隔离。如果经过传染病后，有的蜂群十分衰弱，失去经济价值，又有带菌（毒）危险的，可以淘汰，考虑焚烧蜂群。

（三）消毒

1. 消毒方式 蜂场为了防治传染病的发生，应该建立严格的消毒制度。一般蜂场的消毒包括以下几种，不同的情况下，采用不同的消毒方式。

（1）预防性消毒 一般每年在秋末和春季蜂箱陈列时对蜂场周围环境、蜂具、蜂箱、仓库等要定期消毒，结合饲养管理进行，以达到预防一般传染病的目的。

（2）随时消毒 在传染病发生时，为了防止疾病的传染而采取的消毒措施。消毒的对象主要有被病蜂群污染的蜂箱、蜂具，工作人员的衣物和蜂场的环境等。

（3）终末消毒 在病蜂群解除隔离之前要对隔离区的蜂箱、蜂具等各种用具及环境进行消毒。

2. 消毒方法

（1）机械性消毒 包括清扫、铲刮、洗涤和通风等，以除去物体表面大部分的病原体。清扫和铲刮的污物要深埋。机械性消毒不能达到彻底消毒的目的，必须配合其他消毒方法进行；通风也有消毒意义，在冬季要注意越冬室的通风，通风虽不能杀灭病原体，但可在短时间内使越冬室空气中的病原体数目明显减少。

（2）物理消毒 包括日光烘烤、灼烧、煮沸等。阳光是天然的消毒剂，一般的病毒和细菌在直射的阳光下几分钟或几小时就可以被杀死，一些小型蜂具、覆布和工作服等可以采取煮沸消毒的方法，煮沸的时间一般为 15～30 min；烘烤和灼烧的方法可用于蜂箱、蜂具的消毒。

（3）化学消毒 在以上几种消毒方法中，消毒效果最好的是化学消毒方法。但是化学消毒方法也有一些弊病：首先为了搞好化学消毒，需要购买化学消毒剂，增加了养蜂的成本；此外化学消毒剂使用不当，还会造成蜂产品的化药污染。

3. 影响消毒作用的因素

（1）药物的浓度　要按使用说明的剂量配制消毒液，药物浓度过高则毒性增强，而浓度不够又达不到消毒作用。

（2）作用时间　药物与病原体接触时间要充分。

（3）环境中的有机物　大多数消毒药都可因环境中存在有机物而减弱效力。这是因为有机物能消耗掉部分药物，有些有机物本身对病原体有机械保护作用，使药物不易与细菌等接触。因此，在用化学药物消毒之前，要充分清洁被消毒的物品，才能更好地发挥药物的作用。

第二节　规模化蜂场蜜蜂敌害的防控

蜜蜂的敌害，是指以蜜蜂躯体为捕食对象的其他动物。一些掠食蜂群内蜜、粉及严重骚扰蜜蜂正常生活及毁坏蜂箱、巢脾的动物也属于敌害。

对蜜蜂个体的捕杀是蜜蜂敌害最突出的特点，往往发生对蜂群一过性伤害，但危害程度却十分严重。如1只熊一夜能毁坏数十群蜜蜂，造成子、蜜脾毁坏，蜂箱迸裂；2只金环胡雄蜂，2～3 d可咬杀4 000余只外勤蜂；蜂场周围的蜂虎，可造成婚飞的处女王损失；蟾蜍一口气可吞食百余只外勤蜂；黄喉貂一夜可以使10余群蜜蜂遭受灭顶之灾。特别是在山区，有时某种敌害的威胁高于病害的威胁，造成的损失也大于病害，如中蜂的巢虫危害。

蜜蜂的敌害主要有两栖类、虫类、鸟类、兽类及其他生物，其危害程度比病虫害要小。虫类病敌害主要是昆虫及蜘蛛，蛛形纲则包括蜘蛛目及伪蝎目的种类。

一、大蜡螟

大蜡螟（*Galleria mellonella*）俗称大巢虫。是一种很常见的鳞翅目害虫，属螟蛾科（Pyralidae），蜡螟亚科（Galleriinae）。

（一）分布

大蜡螟属世界性害虫，几乎遍及全世界的养蜂地区。它的分布主要受气候限制。气候温暖的地区，大蜡螟繁殖迅速，分布广，危害较严重。而在寒冷的地区，大蜡螟生活受限，分布少，危害很小。

（二）危害

大蜡螟只在幼虫期造成危害，其幼虫主要以蜂群的老旧巢脾和花粉以及蜂粮为食料。由于在西方蜜蜂饲养过程中，有大量的巢脾需要贮存待用，而在贮存过程中容易受到大蜡螟的侵害。如果未得到及时的处理，大蜡螟会很快将贮存不当的巢脾吃净。当老熟幼虫将要化蛹时，会用上颚在巢框或蜂箱等木质的蜂具上钻蛀，使蜂具遭到损坏。一般地，大蜡螟的危害主要包括两方面：一方面是对仓贮巢脾、蜂箱、花粉等的危害，另一方面是对蜂群中蜜蜂幼虫或蛹的危害。

对于蜂群来说，只要蜜蜂数量不足以保护暴露巢脾，蜡螟的滋长将不受阻碍。西方蜜蜂有较强的护脾和清除巢虫幼虫的能力，除一些弱小群或无王群外，大蜡螟很少造成危害。东方蜜蜂护脾能力差，不论蜂群大小都容易受到严重的侵袭。由于大蜡螟幼虫在子脾房底部蛀食，工蜂为驱逐大蜡螟幼虫而咬开子房盖，使蜂群中出现大量呈"白头蛹"状的幼虫，封盖子因此而损失，群势迅速下降，最终导致蜂群死亡或逃亡。

（三）形态特征

大蜡螟属于鳞翅目螟蛾科蜡螟亚科蜡螟属昆虫。大蜡螟是全变态昆虫，一生要经历卵、幼虫、蛹、成虫 4 个阶段。

1. 卵　卵乳白色，短椭圆形，长约 0.5 mm，宽约 0.3 mm，卵壳较硬且厚，表面布有网状刻纹。在缝隙中的卵一般呈扁圆形，但若在裸露场所产的卵则不太规则，多数呈圆球形。卵浅黄色，有的呈粉红色；将孵化的卵呈暗灰色。卵块一般为单层，卵粒紧密排列。雌蛾后期产的卵分散，形状多样。

2. 幼虫　幼虫乳白色，老熟幼虫体长 23～25 mm，虫体黄褐色。初孵幼虫头大尾小，呈倒三角形。2 龄以后，虫体呈圆柱形，浅黄色。

3. 蛹　蛹纺锤形，长 12～14 mm，黄褐色，尾部背面有 2 个横向排列的大而扁平的齿状突起。幼虫在茧中化蛹。茧通常裸露，白色；常有许多茧并列在一起，形成茧团。茧长 12～20 mm，直径 5～7 mm。常在箱底和副盖处结茧。

4. 成虫　雌成虫体较大，体长 13～14 mm，平均体重达 169 mg。前翅棕黑色，近长方形，翅展 27～28 mm，从顶角到臀角有 1 列锯齿状凹纹，翅中部近前缘处有紫褐色、呈半圆形深色斑，近顶角处有剑状灰白色斑。下唇须向前延伸，使头部成钩状。头胸部色淡。前翅的前端 2/3 处呈均匀的黑色，后部 1/3 处有不规则的灰色和黑色区域。前翅顶端外缘较平直。从背面看，胸部与头部色淡。雄成虫较雌成虫个体小、重量轻、体色淡，头部背面及前翅近内缘处呈灰白色，前翅顶端外缘有一明显的扇形内凹区，略成卧式 V 形。雌雄蛾的大小和颜色深浅，随幼虫期食料的变化差异很大。以蜡质巢础为食的两性蛾，颜色呈银白色，而以虫脾为食的蜡螟则呈褐色、深灰或黑色。若幼虫的食物不好，长出的成虫个体很小（图12-1）。

♀　　　♂

图12-1　大蜡螟雌虫和雄虫（成虫）形态

（四）生物学特点

1. 生活史　大蜡螟的发育从卵到成虫需2个月左右；若发育条件不佳，则可长达6个月。年世代数受气温影响很大，在福建福州、贵州锦屏，室内以旧巢脾饲养，大蜡螟1年发生3代，且有世代重叠现象；而在广州可发生5代。在福州，到11月底，室内饲养的大蜡螟开始以老熟幼虫越冬，要到次年的3月底才开始羽化。若将其放入温箱中饲养，则可打破越冬期，周年繁殖。

2. 习性　羽化出来的雌蛾，一般经过5 h以上才能交尾，最短的在羽化后1.5 h即可交尾。成虫可交尾1～3次，每次交尾历时几分钟，长的可达3 h。一般在夜间交尾，但白天亦可进行。交尾前，雄蛾不停地扇动翅膀追逐雌蛾。交尾后，雌蛾寻找合适的场所产卵。雌蛾喜在1 mm以下的缝隙间产卵，蜂箱体上有许多这样的缝隙，这有利于保护卵不受其他动物的侵害。雌蛾也可在裸露场所产成片的卵块，如蜂箱内外表面的破损处。成虫在白天常静止不动；室内饲养的成虫对黄昏或黎明两时间段反应强烈，表现出激烈的振翅、飞翔、跑动等行为。据报道，这两时间段是成虫进出蜂群的主要时间。羽化后的成虫无须取食。多数在羽化后4～10 d内才开始产卵。产卵期平均3.4 d。产卵量600～900粒，个别可产1 800粒卵。雌蛾寿命3～15 d，在30～32 ℃条件下，多数交尾过的雌蛾会在7 d内死亡。卵期一般6～9 d。在29～35 ℃，温度越高，发育越快。在18 ℃下卵的孵化期可延至30 d。湿度对卵的孵化影响也很大，湿度高于94%时卵易发霉，低于50%时卵易干枯，适宜湿度为60%～85%。幼虫期一般45～63 d。幼虫发育最低温度为18 ℃，最适温度30～35 ℃。初孵幼虫活泼，爬行迅速，2龄以后的幼虫活动性明显减弱。在中蜂群中，幼虫有上脾危害的习性。初孵幼虫个体小且爬行迅速，工蜂对其明显无反应，上脾率可高达90%。上脾的幼虫以巢脾为食，1～2龄幼虫食量小，对蜂子影响不大；3～4龄食量大，在巢脾底部钻蛀隧道，蜜蜂已能觉察，故咬开封盖子的房盖，拖出蜂蛹，驱逐大蜡螟幼虫，未及时拖走的蜂蛹则呈"白头蛹"状，使蜂蛹大量损失。5～6龄幼虫个体大，易被工蜂咬落箱底，不再上脾。由于工蜂不断咬开巢脾以驱逐大蜡螟幼虫，使受害的巢脾脾面凹凸不平，尤其老脾更是如此。大蜡螟幼虫抗饥饿能力很强，在食物短缺的情况下，也能长期存活，不过幼虫不会长大。在食物短缺而同居的幼虫较多时，幼虫会变成肉食性，互相争斗，取食同类。在无蜂护脾的情况下，幼虫可取食蜂群里除蜂蜜外的所有蜂产品，特别嗜好黑色巢脾。在巢础等纯蜂蜡制品上，幼虫是无法完成生活史的。老熟幼虫停止取食后，寻找适宜的场所结茧。幼虫在巢框、箱体表面蛀槽并钻入其中结茧，许多幼虫喜欢集结在巢脾中央、箱体边角处结茧；茧团中少则几十只，多则有成百只茧，茧呈圆柱形。前蛹期的幼虫体显著缩小，体色加深。通常以老熟幼虫越冬。

（五）防治方法

1. 中蜂群内的防治　由于大蜡螟幼虫主要是在有蜂子的巢脾上危害和藏匿，故用一般药物难以奏效，还有污染蜂产品的危险。根据大蜡螟的生活习性，应采取"以防为主，防治结合"的方针，在饲养管理上采取适当措施，可遏制其发生发展。

（1）经常清理箱底蜡屑、污物，防止蜡螟幼虫滋生。

（2）对于中蜂，根据中蜂喜爱新脾的特点，及时造新脾更换老旧脾，利用新脾恶化其食物营养，阻止其生长发育。

（3）蜂场中不随意放置蜡屑、赘脾，以防大蜡螟滋生，旧脾及时化蜡处理。

（4）保持强群，调整群势，做到蜂多于脾或蜂脾相称，提高蜂群护脾能力，阻止幼虫上脾危害。

（5）扑杀成蛾与越冬虫蛹，当子脾中出现少量"白头蛹"时，可先清除"白头蛹"，寻找房底的大蜡螟幼虫，加以挑杀。若"白头蛹"面积过大，可提出曝晒或熔蜡处理。

（6）在蜂箱底部放置引诱器具，引诱成虫在其上产卵，定期清理消毒引诱器具。

2. 仓贮巢脾的大蜡螟防治　贮存的老旧巢脾是大蜡螟经常侵袭的对象。首先要做到严密保存，并且要常检查是否有蜡螟危害的迹象，一旦发现，及时采取措施，减少损失。

（1）物理方法　优点是无污染，但要求有一定的设备条件。常见的是冷处理、热处理、清水浸泡处理、阳光曝晒等方法。因冷处理不会污染和损坏巢脾，故较为为常用。

冷处理：理论上 $-6.7\,℃$ 冷冻 $4.5\,h$，$-12.2\,℃$ 冷冻 $3\,h$，$-15\,℃$ 冷冻 $2\,h$，可杀死各期大蜡螟，但实践中建议 $-18\,℃$ 冷冻 $24\,h$ 以上。巢蜜上的大蜡螟也可用此法防除。

热处理：处理巢脾时，温度不能超过 $49\,℃$，$40\sim60\,min$ 即可杀死各期大蜡螟。

（2）化学方法　甲酸或冰乙酸熏蒸的方法较为安全，没有污染和残留。方法如下：甲酸或冰乙酸熏蒸对蜡螟的卵和幼虫有较强的杀灭能力。用 96% 的甲酸或 98%

的冰乙酸，按每个继箱 10～20 mL 防治巢脾蜡螟。取继箱 5～6 个为一组，每个继箱放巢脾 9～10 张，顶箱放 7～8 张，中间空出放置盛药容器或用厚纸糊严缝隙。防治时将药倒进容器，迅速密闭，药物自行挥发并下沉，熏治 24 h 以上。许多用于仓贮食物保存的熏蒸熏烟杀虫剂都可以用于空巢脾的保护，出于对食品安全和使用者安全的考虑，我们不建议使用此类药物。

（3）生物方法　现已发现多种微生物、寄生昆虫、捕食性昆虫可用于大蜡螟的防治。如苏云金芽孢杆菌中的蜡螟亚种（*Bacillus thuringiensis* subsp. *galleriae*）、核型多角体病毒（NPV）、DD‐136 线虫（*Neoaplectana carpocapsae* Weiser）、蜡螟绒茧蜂（*Apanteles gaueriae* Wilkinson）、麦蛾绒茧蜂（*Habrobracon hebetor*）、仓蛾姬蜂、蜡螟大腿小蜂（*Brachymoria* sp.）、红火蚁（*Solenopsis invicta*）和大头蚁（*Pheidole megacephala* Fabricius）等，其中蜡螟绒茧蜂又为其主要天敌。尽管有多种生物有望用于大蜡螟的防治，但目前除苏云金芽孢杆菌之外，多属探索性研究，离实际应用尚有一定距离。

二、小蜡螟

（一）分布

小蜡螟（*Achroia grisella* Fabricius）属鳞翅目螟蛾科，俗称小巢虫。主要分布在亚热带地区，我国南方气候温暖地区较常见。

（二）危害

小蜡螟的危害不如大蜡螟严重。它主要破坏贮藏的巢脾；在中蜂群中，多数小蜡螟幼虫只是在箱底取食蜡屑。只在群势很弱、巢脾无蜂防护时才有少数小蜡螟幼虫上脾蛀食。因此，在蜂群中小蜡螟的危害远不如大蜡螟严重。

（三）形态特征

1. 卵　初产水白色，后渐变黄色。卵圆形，长 0.39 mm，宽 0.28 mm。卵块单层，常有数十粒至百余粒。

2. 幼虫　初龄幼虫水白色，圆筒形，长 1～1.3 mm；老龄幼虫蜡黄色，体长 13～18 mm。是主要的危害虫态。

3. 蛹　蛹纺锤形，腹面褐色，背面深褐色。雌蛹长 8～12 mm、宽 2.3～3. mm；雄蛹长 7～10 mm。茧长 11～20 mm，宽 3.2～4.8 mm，长椭圆形。茧白色，但其表面有黑色粪粒包裹。

4. 成虫　雌蛾头部橙黄色，体呈银灰色，被有深灰色鳞片。体长 10～13 mm，触角丝状，长接近蛾体长 1/2。复眼近球形，呈浅蓝色至深蓝色。雄蛾体长 8～

11 mm。体色比雌蛾略浅，触角长为蛾体长 1/2 以上。

（四）生活史及习性

小蜡螟是全变态昆虫，有卵、幼虫、蛹、成虫 4 个发育阶段。在福建 1 年可发生 4～5 代，每代历时 2～2.5 个月。每年 3 月初，越冬代幼虫开始羽化，11 月底至 12 月初进入越冬休眠阶段。一般雌蛾蛹期 7～9 d，雄蛾蛹期短 1 d 左右。小蜡螟的羽化主要在下午，尤其以 16:00～20:00 为羽化高峰，午夜后至次日午前一般不羽化。羽化后的雌蛾，一般经过 2～3 h 即可交尾，最早只经 0.5 h 左右。交尾前雄蛾追随并围绕雌蛾转动，振翅，吸引雌蛾，30～40 min 后，与其交配。交配中的雌、雄蛾体不易离开。雌、雄蛾交尾一般在 17:00 至次日 4:00，以 19:00～23:00 为交配高峰，一般交尾仅 10～15 min。在正常情况下，雌蛾一生只交尾 1 次，个别雌蛾有多次交尾现象；雄蛾也有多次交尾的现象。交尾成功的雌蛾，往往都在当晚开始产卵，最快可在交尾 1 h 后开始产卵。雌蛾一生可产卵 3～5 次，产卵 278～819 粒，以第一次产卵量居多，通常为 200～400 粒。雌蛾寿命 4～11 d，平均 6 d；雄蛾 6～31 d，平均 14.8 d，约是雌蛾的 2 倍。未交尾的雌蛾寿命有延长的现象。雄蛾体重 11.3 mg，雌蛾 20.3 mg。初产的卵为水白色，2～3 d 后转成淡黄色，卵期 4 d。孵化后幼虫即在蜂箱底板的蜡屑中生活，少数爬上巢脾危害粉脾和子脾。不同日龄的幼虫，其食量差异较大。1～2 日龄的幼虫食量微小，5 日龄以上的幼虫食量大增，占其一生总食量的 88% 以上。幼虫的发育历期受外界气温与食料质量的影响，气温高，饲料为老旧脾，历期短。幼虫常在蜡屑覆盖的丝裹隧洞内独自生活，不像大蜡螟幼虫喜欢群居。小蜡螟越冬多在保温物与箱底间和箱内各角落，以老熟幼虫越冬。某些大蜡螟天敌，如核多角体病毒、蜡螟绒茧蜂也会感染或寄生于小蜡螟。

（五）防治方法

与大蜡螟防治方法相同。

三、胡蜂

胡蜂是指膜翅目胡蜂总科的昆虫，全世界约有 6 000 种，我国分布有 208 种。胡蜂不仅对人造成伤害，还捕食蜜蜂，严重时对蜂群危害严重。

（一）分布

胡蜂是蜜蜂的主要敌害之一，世界性分布。我国南部及东南亚一带种类较多，危害也较重。据记载，我国胡蜂属有 14 个种和 19 个变种。捕食蜜蜂的胡蜂常见的有：金环胡蜂（*Vespa mandarinia* Smith）、墨胸胡蜂（*Vespa velutina nigrithorax* Buysson）、基胡蜂（*Vespa basalis* Smith）、黑尾胡蜂（*Vespa ducalis* Smith）、黄腰胡蜂（*Vespa affinis* L.）、黑盾胡蜂（*Vespa bicolor* Fabricius）。此外还有黄边胡蜂（*Vespa crabro* L.）、凹纹胡蜂（*Vespa velutina auraria* Smith）、大金箍胡蜂（*Vespa tropica leefmansi* van der Vecht）、小金箍胡蜂（*Vespa tropisca haematodes* Bequaert）等种类。

（二）危害

在我国南方，自四五月份起，胡蜂就陆续开始捕食蜜蜂，到气候炎热的 8～10 月，胡蜂为害最为猖獗，常常造成蜜蜂越夏困难。在山区，胡蜂种类和数量较多，蜜蜂受害也较严重。墨胸胡蜂等中小型胡蜂一般不敢在巢门板上攻击蜜蜂，而是常在蜂箱前 1～2 m 处飞行，寻找捕捉机会，抓捕进出飞行的蜜蜂；而像金环胡蜂和黑尾胡蜂一类体大的胡蜂，除了在箱前飞行捕捉外，还能伺机上巢门口处直接咬杀蜜蜂，若有多只胡蜂，还可攻进蜂群中捕食，造成全群飞逃，中蜂受到攻击后尤其容易发生飞逃。全场蜂群均可受害，外勤蜂损失可达 20%～30%。

（三）　形态特征及习性

1. 金环胡蜂　体大型，雌蜂体长 30～40 mm，最大可达 50 mm。头宽大于复眼宽，头部橘黄色至褐色，中胸背板黑褐色，腹部背、腹板呈褐黄与褐色相间，有金黄色的环纹。上颚近三角形，橘黄色，端部呈黑色。雄蜂体长约 34 mm。体呈褐色，常有褐色斑。卵为长椭圆形、白色。幼虫白色无足。蛹为离蛹，初为白色，渐变为黑褐色。金环胡蜂对蜜蜂的危害主要表现在以下三个方面：一是空中捕食飞行蜜蜂；二是攻击蜜蜂巢，捕食守卫蜂，侵入巢内，盗食蜂蜜，衔食幼虫、蛹、成蜂并运回胡蜂巢穴，蜜蜂群蜜光、子毁、整群飞逃；三是威胁蜜蜂，即使不能入侵蜜蜂巢，也会使蜂群受到惊吓，守卫蜂缩入巢内，外勤蜂几天不敢出巢，影响采集和繁殖。

2. 墨胸胡蜂　体中小型，雌蜂体长约 20 mm。头宽等于复眼宽。头部呈棕色，胸部均呈黑色。腹部第一至第三节背板为黑色，第五、第六节背板呈暗棕色，上颚红棕色，端部齿呈黑色。雄蜂较小。可根据头部大小和胸部颜色特征作简易识别。墨胸胡蜂选择在树上、废弃窑洞、房檐下及土崖等地方筑巢，其中以树上筑巢最多。选择筑巢的树种主要有刺槐、杨树、核桃树、苹果树、椿树、泡桐等，其中又以刺槐最多。蜂巢形状大都呈近圆形或梨形，巢壳轻质、易碎，外表大多呈虎皮花纹状。直径 15～40 cm，以 20～35 cm 的居多。筑巢高度距地面 3～30 m 不等，并且因筑巢位置不同而有较大差异，一般于树上筑巢的蜂巢位置较高（苹果树除外），大多数高度在 5～25 m。

3. 黑盾胡蜂　体中小型，雌蜂体长约 21 mm。头宽等于复眼宽，头部呈鲜黄色，中胸背板呈黑色，其余呈黄色，翅为褐色，腹部背、腹板呈黄色，其两侧各有 1 个褐色小斑。上颚鲜黄色，端部齿黑色。雄蜂体长 24 mm，唇基部有不明显突起的 2 个齿。可根据蜂体除中胸背板外通身鲜黄的特点来简易识别。

4. 基胡蜂　体中型，雌蜂体长 19～27 mm。头部浅褐色。中胸背板黑色，小盾片褐色。腹部除第二节黄色外，其余均为黑色。上颚黑褐色，端部 4 个齿。可根据腹部颜色来简易识别。

5. 黑尾胡蜂　体中到大型，雌蜂体长 24～36 mm。头宽略大于复眼宽，头部橘黄色。前胸与中胸背板均呈黑色，小盾片浅褐色。腹部第一、第二节背板褐黄色，第三至第六节背、腹板呈黑色。上颚褐色、粗壮近三角形，端部齿黑色。可根据头部大小和腹部颜色来简易识别。它不像金环胡蜂那样成群结伙围攻蜜蜂，攻击对象不断变动，在箱前飞行中咬蜜蜂或在巢门板捕捉蜜蜂，危害情况同金环胡蜂相似。黑尾胡蜂在蜂场出现次数较多，危害仅次于金环胡蜂。它的危害期是 8 月至 11 月中旬。

6. 黄腰胡蜂　雌蜂体长 20～25 mm。头部深褐色。中胸背板黑色，小盾片深褐色。腹部除第一、第二节背板黄色外，第三至第六节背、腹板均为黑色。上颚黑褐色。雄蜂体长 25 mm，头胸黑褐色。可根据腹部颜色特征来简易识别。

（四）生物学特点

1. 群体组成　以墨胸胡蜂为例来说明。每群均由蜂王、工蜂和雄蜂组成。越冬后的蜂王经过一段时间活动和补充营养后，各自寻找相对向阳避风的场所营巢，边筑巢边产下第一代卵，还担负御敌捕猎食物，饲育第一代幼虫和羽化不久的工蜂等内外勤一切工作，它是这时巢内唯一的成年蜂。从第二代羽化后的雌蜂中少数个体与雄蜂交尾成功，成为当年正常产卵的首批新王，接着越冬蜂王被替代了。因此从第二代起，胡蜂就出现多王同巢产卵繁殖，以后最多可多至几十只蜂王同巢产卵繁殖的生物学现象。第三代出现雄蜂 100 多只，它是第二代雌蜂中未经交尾受精的个体产卵繁育而来的，它们可与同巢或异巢的少数雌蜂交尾，亦可与同代或母一代雌蜂交尾，交尾后不久陆续死亡，而最后一代雄蜂数量多占总数 1/6～1/5。可见，墨胸胡蜂一年中雄蜂至少发生 2 代。工蜂（职蜂）专司扩大蜂巢的建筑、饲喂、清巢、保温、捕猎食物、采集、御敌、护巢等内外勤活动。这些工蜂性情暴烈凶狠，螫针明显，排毒量大，有攻击力，第一代的成蜂全为担任内外勤工作的工蜂。第二代雌蜂中除少数交尾成功成为新蜂王和个别个体未经交尾产雄性卵的雌蜂外，余下大部分是工蜂。

2. 群势　因种类不同有很大差异，最后一代的墨胸胡蜂三型蜂总蜂数有的可达 4 000 只以上，其成蜂数约为同期基胡蜂 29 倍。而同一种类最大群势多出现在越冬代的前一代。

3. 营巢　黑盾胡蜂或墨胸胡蜂顺利越冬的受精雌蜂，最早 3 月中旬开始活动，4 月上旬单独在屋檐下或避风向阳的小灌木丛中营巢。第一次筑巢并开始产下第一代卵，这时蜂巢单脾悬挂，巢房口向下，巢房数仅 20～30 个。整个巢脾边缘开始有巢壳，但仍自然可见巢内蜂王逐房饲喂幼虫的情况。第二代出现第二片巢脾（有的还筑成第 3 片巢脾），总巢房数 100～150 个，这时巢脾已被巢壳所包裹，蜂巢呈球状，仅留直径约 2 cm 的巢口出入。

4. 出勤 夏、秋两季胡蜂每天出勤通常都有明显的两个高峰，夏季 5：30 和 16：30 前后，而秋季均推迟 1 h 左右。日活动情况均呈"双峰"状，分别在 8：00 和 18：00 达到高峰，14：00 左右取水频率最高；均有采蜜行为，8 月份，墨胸胡蜂和金环胡蜂日捕食蜜蜂的高峰时间为 11：00～14：00。

5. 食性 通过观察越冬代（12 月中旬）胡蜂采回的食物，可以辨认的多为昆虫类，它是杂食性的，但在山区蜜蜂为主要的捕食对象，特别在食物短缺季节更集中捕杀蜜蜂。以墨胸胡蜂、基胡蜂和金环胡蜂三种胡蜂为例，它们在 8 月份捕食蜜蜂时行为各不相同。墨胸胡蜂一般先在蜂箱门口盘旋，若蜂箱门口蜜蜂数量较少，则迅速俯冲，捕获一只蜜蜂而去，有时也在空中追击蜜蜂并将其捕获；金环胡蜂则不顾蜂箱门口的蜜蜂数量多少，直接飞向蜂箱，将活动中的蜜蜂捕获；基胡蜂一般只捕食在地上爬行的蜜蜂，将蜜蜂扑倒后咬住。三者捕到蜜蜂后均飞到蜂场附近的树上或灌木上，咬掉蜜蜂的翅，啃咬其头部，再撕成碎片分几次带走。有数据显示 3 种胡蜂捕捉蜜蜂的能力也不同，金环胡蜂捕捉蜜蜂迅速，花费时间最短，墨胸胡蜂次之，基胡蜂最慢。墨胸胡蜂日捕食蜜蜂的数量最大，金环胡蜂次之，而基胡蜂的捕食量最小，虽然金环胡蜂的种群数量比墨胸胡蜂和基胡蜂小得多，但是其捕食蜜蜂的能力较强。墨胸胡蜂和金环胡蜂在 12：00～13：00 捕食次数达到最高峰，而金环胡蜂未见捕食高峰期。3 种胡蜂在日捕食蜜蜂数量间有显著差异。

6. 越冬 闽东、闽南黑盾胡蜂、墨胸胡蜂和基胡蜂越冬代交尾成功受精的工蜂均于 1 月中旬至 2 月初分批逐渐弃巢迁飞到暖和、气温较稳定又干燥避风的山村屋檐下、墙洞裂缝、腐蛀的树洞孔隙、蜜蜂土蜂箱盖下和墓洞裂缝等处，通常集结越冬，越冬期 50～70 d。

（五）防治方法

1. "毁巢灵"防除法 将约 1 g 的"毁巢灵"药粉装入带盖的广口瓶内，在蜂场用捕虫网网住胡蜂后，把胡蜂扣进瓶中，立即盖上盖，因其振翅而使药粉自动敷在身上，稍停几秒钟后引迅速打开盖子，放其飞走。敷药处理的胡蜂归巢后，自然将药带入巢内，起到毒杀其他个体的作用。此法称为"自动敷药法"，简单快速，但药量不定。亦可用人工敷药器，给捕捉到的胡蜂胸背板手工敷药，此法用药位置和药量均较准确，但操作时间较长。胡蜂巢距离蜂场越近，敷药蜂回巢的比例就越大，反之越少。处理后归巢的胡蜂越多，全巢胡蜂死亡就越快。采用自动敷药法，一般在敷药处理后 1～3 h 后，胡蜂出勤锐减，大多数经 1～2 d，最长 8 d 全巢胡蜂中毒死亡，遗留下的子脾也中毒或饥饿而死。由于胡蜂巢的远近不明，最好能多处理一些胡蜂或两种方法兼用，以保证有一定数量的敷药蜂回巢，确保达到毁除全巢的效果。

2. 人工扑打法 当蜂场上发现有胡蜂危害时，可用薄板条进行人工扑打。

3. 诱引捕杀法 用少量敌敌畏拌入少量咸鱼碎肉里，盛于盘内，放在蜂场附近诱杀。日本学者 Okada（1980）曾使用杀蟑螂的粘虫纸放在蜂场，先在纸上粘上一只已死的胡蜂，可诱引其他胡蜂，被粘上的胡蜂还有互相咬食的现象。

4. 防护法 胡蜂危害时节，应缩小巢门、加固蜂箱或者在蜜蜂巢口安上金属隔王板或毛竹片，可防胡蜂侵入。

四、蚂蚁

（一）分布

蚂蚁有 21 亚科 283 属，主流沿用的是 16 亚科的分类系统，和 21 亚科的系统相比，新的系统从猛蚁科（Ponerine）中分出了若干亚科。蚂蚁分布极广，以高温潮湿地区分布最多，全世界已知有 1 万多种。在我国，会危害蜂群的常见种类有大黑蚁（*Camponotus japanicus* Mayr）、棕色黄家蚁（*Monomorium pharasonis* L.）等。

（二）危害

尽管蚂蚁个体小，但其数量众多，捕食能力很强。蜂巢前或蜂箱内总是能见到蚂蚁的活动。有的是在蜂巢内外寻找食物，有的则在蜂箱内或副盖上建造蚁巢。蜂群由于受到蚂蚁的攻击而变得非常暴躁，易螫人，还可能导致蜂群弃巢飞逃，给蜂群管理造成很多麻烦。

（三）形态特征

一般体型小，颜色有黑、褐、黄、红等，体壁具弹性，且光滑或有微毛。口器咀嚼式，上颚发达。触角膝状，柄节很长，末端 2～3 节膨大，全触角分 4～13 节。腹部呈结状。分有翅或无翅。前足的距离大，梳状，为净角器（清理触角用）。

蚂蚁是全变态社会性昆虫。由卵至成虫要经卵、幼虫、蛹和成虫 4 个阶段。幼虫白色，无足；化蛹于茧中。蚁群中有细致的分工，有雌蚁、雄蚁、工蚁和兵蚁 4 种。

（四）生物学特点

常在地下空洞、石缝等地方营巢，食性杂，有贮食习性。喜食带甜味或腥味的食物。工蚁嗅觉灵敏，找到食物后，靠分泌的示踪激素给其他成员指示路线和传递信息。有翅的雌蚁和雄蚁在夏季飞出交配，交配后雄蚁死亡，雌蚁脱翅，寻找营巢场所，产卵育蚁。一个蚁群工蚁可多达十几万只。

（五）防治方法

1. 拒避法　将蜂箱垫脚周围涂上凡士林、沥青等黏性物，可防止蚁上蜂箱。若用铁架为箱架，可用废旧的矿泉水瓶的底部盛水后放在 4 个架脚底下，亦可防止蚂蚁上箱。

2. 捣毁蚁巢　找到蚁穴后，用火焚毁或用煤油或汽油灌入毒杀。

3. 药剂毒杀　在蚁类活动的地方，采用硼砂、白糖、蜂蜜的混合水溶液作毒饵，可收到良好的诱杀效果。

此外，清除蜂场周围的灌木、烂木和杂草也可减少蚂蚁筑窝。

五、驼背蝇

（一）分布与危害

驼背蝇（*Phora incrassata* Meisen）是双翅目蚤蝇科（Phoridae）的一种，主要危害蜜蜂幼虫，在我国偶尔有危害蜜蜂的情况发生，不是重要的敌害。

（二）形态特征

体黑色，胸部大而隆起，个体较小，体长 3～4 mm。腹部可见 3 节。卵暗红色。幼虫蛆形。

（三）生物学特点

成蝇从巢门潜入箱内，在较老熟的幼虫体上产卵。卵约 3 h 后孵化，幼虫咬破蜜蜂幼虫的体壁，进入体内取食体液。6～7 d 后，幼虫就离开寄主尸体，咬破房盖，爬出巢房，潜入箱底脏物中或土中化蛹。蛹期 12 d。

（四）防治方法

加强蜂群的饲养管理，经常保持蜂多于脾或蜂脾相称，以抵御驼背蝇的侵入；保持蜂箱内清洁卫生，随时将箱底的脏物清除烧毁。

六、蟾蜍

蟾蜍俗称癞蛤蟆，属两栖纲蟾蜍科（Bufonidae），是蜜蜂夏季的主要敌害之一。

（一）分布

蟾蜍科分布于世界各地。这一科有 10 个属，以 Bufo 属的蟾蜍对蜜蜂危害最大。

蜂场中常见的有：中华大蟾蜍（*Bufo gargarizans* Cantor）、黑眶蟾蜍（*Bufo mela-nostictus* Schneider）、华西大蟾蜍（*Bufo andrewsi* Schmidt）、花背蟾蜍（*Bufo raddei* Strauch）。

（二）危害

每只蟾蜍一晚上可吃掉数十只甚至 100 只以上蜜蜂。若每晚都在蜂群前捕食，对蜂群危害比较严重。

（三）形态特征

比蛙属动物大，也称蛤蟆。体表有许多疙瘩，内有毒腺，俗称癞蛤蟆、癞刺。在我国分为中华大蟾蜍和黑眶蟾蜍两种。

（四）生物学特点

白天，大蟾蜍多在陆地较干旱的地区生活，隐蔽在阴暗的地方，如石下、土洞内或草丛中。蟾蜍冬季多潜伏在水底淤泥里，有些也在陆上泥土里越冬。傍晚，在池塘、田边等处活动，黄昏时爬出觅食。蟾蜍是农作物害虫的天敌，捕食的对象是蜗牛、蛞蝓等，在热天的夜晚，蟾蜍会待在巢门口捕食蜜蜂，雨后尤甚。

（五）防治方法

1. **垫高蜂箱**　使蟾蜍无法接近巢门捕捉蜜蜂。
2. **注意蜂场卫生**　铲除蜂场周围的杂草，减少蟾蜍藏身之处。
3. **捕捉**　蟾蜍对农业来说属于有益动物，捕捉后应放生于远处。

七、蛛形类

这类敌害以蜘蛛为代表。蜘蛛是节肢动物门蛛形纲蜘蛛目所有种的通称。

（一）分布

除南极洲以外，全世界都有蜘蛛分布。从海平面分布到海拔 5 000 m 处，均为陆生。

（二）危害

蜘蛛常在蜂场附近的墙角、屋檐、树间及草丛上面吐丝作网，捕捉蜜蜂。蜘蛛平时停留在蛛网边缘或中心等候，一旦有蜜蜂触网，立即上前缚住，先吐丝将蜜蜂团团围紧，然后用口器刺入蜜蜂颈部注入毒液，将其内脏全部化为液体，供其吸吮食用，遭受危害的蜜蜂最后仅剩下一个空壳。在蜂场附近蜜蜂经常出入的地方，常可以看到蜘蛛网着一些蜜蜂，有的刚被网住仍在挣扎，有的已被围死，有的则被食成空壳。在蜂王婚飞交尾的季节，处女蜂王也往往被其捕杀。

（三）形态特征

体长1～90 mm，身体分头胸部（前体）和腹部（后体）两部分，头胸部覆以背甲和胸板。头胸部有附肢两对：第一对为螯肢，有螯牙，螯牙尖端有毒腺开口，直腭亚目的螯肢前后活动，钳颚亚目者侧向运动及相向运动；第二对为须肢，在雌蛛和未成熟的雄蛛呈步足状，用以夹持食物及作感觉器官，但在雄性成蛛，须肢末节膨大，变为传送精子的交接器。

（四）生物学特点

蜘蛛的生活方式可分为两大类，即游猎型和定居型。游猎型者，到处游猎、捕食，居无定所，完全不结网、不挖洞、不造巢，如鳞毛蛛科、拟熊蛛科和大多数狼蛛科的蜘蛛等。定居型蜘蛛有的结网，有的挖穴，有的筑巢，作为固定住所。危害蜜蜂的主要是结网型蜘蛛。

（五）防治方法

（1）注意蜂场卫生，铲除蜂场周围的杂草，清晨蜜蜂出巢前清扫巢门前的蛛网。

（2）对于蜘蛛类敌害没必要扑灭，清除蛛网后基本不会对蜂群造成危害。

八、鼠类

鼠科有500余种，啮齿动物，其成员非常多样化，可以分成几个亚科，其中多数成员属于鼠亚科。鼠科中鼠属的黑家鼠、褐家鼠和小鼠属的小家鼠。随着人类到达了世界各地，是最成功最常见的哺乳动物。

（一）分布

鼠已遍布亚洲、欧洲、美洲。危害蜂群鼠可分为家栖鼠和野栖鼠两大类。家栖鼠主要有小家鼠（*Mus musculus*）、褐家鼠（*Rattus norvegicus*）、黄胸鼠（*Rattus flavipectus*）、屋顶鼠（*Rattus rattus*）。野栖鼠主要有乌尔达黄鼠（*Citellus dauricus*）、黑线姬鼠（*Apodemus aqrarius*）、森林鼠（*Apodemus sylvaticus*）。在我国，小家鼠各地均有，黄胸鼠分布在长江以南和西藏东南部，屋顶鼠分布在南方地区和北方沿海。

（二）危害

在蜂群越冬季节，蜂团收缩，巢脾部分裸露，鼠钻入蜂箱或咬破箱体，进入蜂箱中，取食蜂蜜、花粉，毁坏巢脾，并有可能在箱中筑巢繁殖，使蜂群饲料短缺。鼠的粪便和尿液的浓烈气味使越冬蜂骚动，造成散团而死，严重影响了蜂群越冬。此外鼠类还破坏木质的蜂箱和蜂具。

（三）形态特征

它们的共同特征是体型小，被毛鼠灰色，吻光，眼小，尾裸而具鳞片。具有两上两下共四个齿形门齿，无犬齿。齿髓腔不封闭，故门齿能一直生长。为抑制门齿生长，鼠就要经常啃咬硬物，结果给人类造成极大危害。

（四）生物学特点

家鼠常栖息于仓库、杂物堆和墙体等阴暗角落。野鼠多栖息于田埂、草地。食性杂，家鼠以人的各种食物为食，野鼠以植物种子、草根等为食，也食昆虫。鼠性成熟快，繁殖力强，一年多胎，一胎多仔。

（五）防治方法

1. 蜂箱防鼠 将蜂箱架高，箱体及架子离墙 30 cm。在巢门前加上铁丝网防鼠入箱。发现鼠迹（即发现无头蜂尸），即开箱捉鼠。

2. 器具捕鼠 在鼠经常出没的地方放置鼠夹、捕鼠笼、粘鼠胶等器具杀鼠。

九、蟑螂

蟑螂是东方蜚蠊的俗称，属昆虫纲不完全变态昆虫。

（一）分布与危害

世界分布，对蜜蜂的危害主要是偷吃蜂蜜和花粉，粪便污染蜂产品，惊扰蜜蜂正常工作，传播细菌，导致蜂群发病及群势下降。

（二）形态特征和生物学特性

成虫体扁平，黑褐色，头小，动作敏捷。卵经 1 个月左右孵化，经半年左右发育为成虫。

（三）防除方法

选择背风向阳的地方放置蜂群；保持强群；加强卫生管理；采用诱捕法杀灭蟑螂的成、若虫或使用灭蟑螂药笔。

十、蜂箱小甲虫

蜂箱小甲虫（*Aethina tumida* Murray）属于鞘翅目（Coleoptera）露尾甲科（Nitidulidae），对西方蜜蜂危害严重。

（一）分布与危害

最早发现于非洲，危害不严重；1998 年在美国被发现，随后加拿大和澳大利亚也发现。成虫和幼虫取食蜂巢中的蜂粮，摄食过的蜂蜜呈水样并发酵，成虫则喜食蜂卵和幼虫，严重影响蜂群繁殖力，致使蜂群飞逃。

（二）形态特征和生物学特性

卵呈珍珠白色，1.4 mm×0.26 mm，卵一般 3 d 孵化；幼虫呈乳白色，体表布满荆状突起，在蜂巢生活 13.3 d，待长到 1 cm 左右时进入土壤，3 d 后化蛹，蛹期 8 d。成虫灰色至黑色，椭圆形，5.7 mm×3.2 mm；雌成虫在数量和体重上略大于雄性（彩图 53）。

（三）防治方法

贮蜜库房要保持清洁，库内的相对湿度应低于 50%；经常清蜡屑，妥善保管花粉和花粉脾；可用二硫化碳熏贮存巢脾；也可在蜂场洒些漂白粉对其进行防治。

十一、蜂虎

蜂虎（Meropidae）属于佛法僧目（Coraciiformes）蜂虎科（Meropidae）。

（一）分布与危害

广泛分布于东半球的热带和温带地区，尤其是非洲、欧洲南部、东南亚和大洋洲。蜂虎属有栗头蜂虎（*Merops viridis*）、绿喉蜂虎（*Merops orientalis*）、栗喉蜂虎（*Merops philippinus*）、黄喉蜂虎（*Merops apiaster*）及蓝喉蜂虎（*Merops viridis*）。蜂虎在我国分布于云南、新疆、四川和广东沿海等地区。夜蜂虎属分布于云南、海南及广西，本属仅有一个种，即蓝须夜蜂虎（*Nyctyorn athertoni*）。蜂虎属中的绿喉蜂虎和黑胸蜂虎是国家二级保护动物。大多种类的蜂虎是蜜蜂的重要敌害；一般认为蜂虎是在飞行中捕捉采集蜂，然后返回栖息地再进行食用。一只蜂虎每天可吃掉60 只以上的蜜蜂，更为严重的是，有时婚飞的处女王会被吃掉，也给育王带来很多不利因素。蜂虎有时可结成 250 只左右的群体捕食蜜蜂，给蜂群带来灭顶之灾。

（二）形态特征

体长 15～35 cm，嘴细长而尖，从基部稍向下弯曲，嘴峰上有脊；羽毛颜色鲜艳，多为绿色；许多种类中央尾羽较长，初级飞羽 10 枚，尾羽 12 枚，有些种类中央一对尾羽长形突出；翅形狭而尖，跗蹠短弱而裸出，外趾和中趾间第二关节上有蹼膜连接；内趾和中趾仅基部联合。

（三）生活习性

蜂虎飞行敏捷，善于在飞行中捕食蜜蜂、胡蜂以及甲壳类生物；多栖息于乡村附近的丘陵或林地，喜好开阔原野；集群生活，常数百对在同一巢区内；在堤坝的高处挖洞为巢或在山地坟墓等隧道中筑巢。每窝产 2～6 枚卵，白色略带粉红，椭圆形，26 mm×22 mm。

（四）防治方法

对蜂虎的防治随地区的不同而有所差异，在蜂虎严重捕食蜜蜂时，可用惊吓法进行驱赶或采取将蜂场搬离的措施；在山区蜜源结束后，应将蜂群转移到半山区或平原区，这是增加采蜜量和防止鸟类危害蜜蜂的有效方法。

十二、啄木鸟

啄木鸟属鴷形目（Piciformes）啄木鸟科（Picidae）啄木鸟亚科（Picinae）。

（一）分布与危害

除大洋洲和南极洲外，几乎遍布全世界，主要栖息于南美洲和东南亚；在我国各地均有分布；其中白腹黑啄木鸟是国家二级保护动物。啄木鸟飞到蜂场，用尖利的嘴啄蜂箱板，啄破后到邻近的蜂箱上继续破坏蜂箱；它用长而坚硬的嘴在巢脾中乱啄，在其中寻找食物，将巢脾毁坏严重，最终导致巢破蜂亡，尤其对越冬蜂群具有严重的危害性。

（二）形态和习性

不同种类啄木鸟的体长差异较大，嘴长且硬直；舌长而能伸缩，先端列生短钩；脚具 4 趾；尾呈平尾或楔状，尾羽大都 12 枚。我国最常见的黑枕绿啄木鸟，体长约 30 cm；身体为绿色，雄鸟头有红斑。啄木鸟有 180～200 种，多数为留鸟，少数种类有迁徙性。大多数啄木鸟终生在树林中度过，在树干上螺旋式地攀缘搜寻昆虫；只有少数在地上觅食的种类能栖息在横枝上。夏季常栖于山林间，冬季大多迁至平原近山的树丛间；春夏两季大多吃昆虫，秋冬两季兼吃植物。在树洞里营巢，卵为纯白色。

（三）防治方法

冬季蜂群排泄前后要加紧防范；蜂箱摆放不要过于暴露，不宜过高；蜂箱宜采用坚硬的木料钉制；可用惊吓方法使啄木鸟离开或用铁丝网包裹蜂箱。

十三、浣熊

浣熊（*Procyon lotor*）属于食肉目（Carnivora）浣熊科（Procyonidae）。

（一）分布与危害

浣熊源自北美洲，到 20 世纪中叶时，已分布到欧洲大陆、高加索地区和日本等地区。在北美地区，浣熊多在夜里盗食蜂蜜，危害蜂群。

（二）形态和习性

体长 41～71 cm，皮毛大部分为灰色，也有部分为棕色和黑色；尾长 19.2～40.5 cm，带有深浅交错的环纹；体重随生境变化较大，为 1.8～13.6 kg；浣熊眼睛周围为黑色。浣熊为杂食动物，食物有浆果、昆虫、鸟卵和其他小动物；常栖息在靠近河流、湖泊或池塘附近的树林中，它们大多成对或结成家族一起活动。白天常在树上，并在树上筑巢；活动多在晚间，有时也白天觅食。通常在每年 1 月下旬到 3 月中旬交配，妊娠期 63～65 d，每胎产 2～5 个幼仔。

（三）防治方法

由于浣熊善于攀爬，最好将蜂箱用铁丝网扣严或养狗防护。

十四、熊

熊是食肉目（Carnivora）熊科（Ursidae）的杂食性大型哺乳动物，以肉食为主。

（一）分布与危害

从寒带到热带均有分布，我国最常见是亚洲黑熊，属于珍稀物种。在山区它们对蜂群的危害极大，一只熊在一夜能毁掉 1～3 群蜜蜂，严重时可将整个蜂场毁掉。

（二）形态和习性

熊类躯体粗壮，四肢有力，头圆颈短，眼小吻长；短尾隐于体毛内，毛色一致，厚而密；齿大，但不尖锐，裂齿不如其他食肉目动物发达；前后肢均具有 5 趾，弯爪强硬，不能伸缩，跖行性。黑熊生活在森林中，尤其是植被茂盛的山地。在夏季时，它们常在海拔 3 000 m 的山地活动，在冬季则会迁居到海拔较低的密林中去；属杂食性动物，以植物为主，如植物嫩叶、各种浆果、竹笋和苔藓等，另外也捕食各种昆虫、蛙和鱼类等，尤其喜爱蜂蜜。

（三）防治方法

有条件可建立电网；也可将蜂群悬吊起来，离地 2～3 m，可避免熊的危害；夜间场外点灯或放鞭炮进行驱避。

第三节　规模化蜂场的防疫

一、给蜜蜂创造良好环境和条件

1. 首先要注意选择蜜粉源好的场地　蜜和粉是蜜蜂赖以生存的食物，在蜜粉充足的时期，蜂群特别有生机，一般的病症也随之消失。因此，不论是固定蜂场还是临时放蜂场地，必须在蜜蜂采集的有效半径内有良好的蜜粉源，蜂群离蜜源距离越近越好。定地养蜂时，可种植一定量的蜜源植物供蜜蜂采集，缺蜜粉时要及时供足。

2. 水源充足且水质好　蜜蜂在繁殖和生产期间需水量较大，要确保蜂场周围水源无污染，保证人和蜜蜂有充足卫生的饮用水。

3. 远离对蜜蜂有毒、有害的场所　如农药的喷洒，化工厂、石灰厂对空气的污染等，发现这种情况时，要采取必要措施。

4. 远离无线电波发射台　据有关资料报道，信号发射台发出的电磁波对蜜蜂有信息干扰，对蜜蜂的生存有一定影响，要注意尽量远离发射台。

二、加强蜂病的防治

（一）正确诊断疫病的来源与传播途径

正确诊断是蜂病防治的一个重要环节。对于疾病的诊断，其意义并不只在于发现致病的病原，而是要搞清楚导致发病的病因是什么。蜂群内部作为一个生态系统，无时无刻不存在着各种对蜜蜂有益和有害的因子。这些因子间相互作用、相互影响；任何一种因子出现变化都不仅仅是它本身的原因，与系统中其他因素的影响密不可分。只有详细了解了这些相互关系，才能提出综合性的防治策略。例如，蜜蜂寄生螨在吸食蜜蜂体液的同时还会通过寄主转移传播病毒和细菌，所以蜜蜂麻痹病的发生有时与蜂螨寄生率的上升有较密切的关系。另一个例子：天气炎热往往可刺激蜜蜂慢性麻痹病暴发，所知可能的原因之一是高温使得蜜蜂活动加剧，蜜蜂个体间接触和摩擦频繁，造成了病毒的快速传播。基于这一原因，我们在进行病原研究和诊断时，不应只考虑到病原因素，还应综合考虑包括环境、其他生物等因素与该病原间相互作用的关系。只有摸清了各种因素间的相互关系，才能从系统的角度进行病虫害诊断。

任何疾病的流行与传播都有其发生和传播的过程，发病就用药，这是养蜂者的本能反应。但是，用药往往对生产有机蜂产品带来影响。在多次蜂病流行中，某些蜂场发病了，有的还很严重，但是也有很多蜂群和蜂场安然无恙。究其原因，还是由于防疫和免疫工作做得好，蜂群健康，抗病力强。蜜蜂疾病种类很多，但归纳起来可分为传染性疾病与非传染性疾病两大类。疾病传染的环节主要有 3 个：一是传染源，二是传播的途径，三是蜂场中的易染蜂群。这是构成传染病流行传播的生物学基础，若缺少其中任何一个环节，新的传染都不可能发生。因此，作为养蜂者就应该想方设法抑制这 3 个环节，即切断疫病的源头与传播途径，养强群不养弱群。

（二）加强对蜂场、蜂具和饲料的消毒工作

由于养蜂者对消毒工作的重要性认识不到位、措施不力而造成损失的事例经常发生。消毒的方法很多，这里简要介绍几种方法：场地消毒可撒石灰粉或喷石灰水，也可喷洒其他消毒剂，并注意及时清除杂草和蜂尸；蜂箱、隔板、隔王板、副盖等耐热物最好用喷灯灼烧的办法进行消毒，也可用石灰乳等消毒液消毒；覆布应运用煮沸方法消毒；花粉应用微波炉消毒，注意时间要短（第一次 30 s，翻动后再用 30 s，再翻动一次再用 30 s 即可）；巢脾可用二氧化氯消毒，这是一种环保型消毒剂，也可用硫黄熏蒸巢脾（每箱巢脾用 3～5 g），或用饱和食盐溶液（每千克水加食盐360 g）浸泡 1 d，再用清水冲洗晾干。现在用于消毒的方法很多，消毒效果好的新药也很多，只要符合规定又环保，都可以使用。

（三）加强蜂病的防治工作

养蜂者要熟知蜂病防治的基本知识，若发现有传染性疾病的蜂群，应立即隔离治疗，防止传染。平时注意观察蜂群的变化，善于发现问题，及早采取预防措施。秋繁前一定彻底治螨，还要注意防止盗蜂发生等。

（四）加强蜜蜂的检疫

检疫工作很重要，它能切断传染病传播，杜绝疫情的扩大和蔓延。有关部门应加强这一工作。

三、加强饲养管理，增强蜜蜂的免疫力

1. 加强蜂群管理　蜂群的免疫力是抵抗疾病的首要因素。蜂群群势强，蜜蜂则健康，抗病力也强，反之，蜂群弱则很难育出高质量的蜜蜂，病敌害一旦出现就成为易感染蜂群。因此必须提高养蜂技术，加强蜂群的管理，特别是要饲养强群，保持强群生产，及时调整合并弱群，处理好蜂脾关系，常年保持蜂脾相称或蜂多于脾。

2. 加强饲喂，保证饲料充足　蜜、粉和水是蜜蜂生活的主要必需品，再加上风、雨、温度等气候因素的影响，不管在哪种环境中一般都难保证蜜蜂饲料的充足。因此，人工饲喂就显得尤其重要。定地饲养的蜂群，要做到缺什么补喂什么，保证蜂巢内任何时候都有充足和优良的饲料。还要及时进行奖励饲喂。在饲喂时适当添加一定的保健药物，如大蒜汁、维生素等。

3. 选育生产性能优良且抗病力强的蜂种　目前饲养的蜂群品种多而杂，有以产浆为主的浆蜂，有偏于采蜜的蜜蜂，也有蜜浆兼优的蜜蜂；有黑色蜂种，有黄色蜂种，还有杂交蜂种；有西方蜜蜂，还有中蜂。作为养蜂者一定要选择适合自己的生产方式（大转地还是定地，生产蜂蜜还是王浆）和适合本地区气候、蜜粉源情况的蜂种，并不断优选抗病力强的蜂种。

四、加强信息交流与沟通

养蜂者之间要经常互通情报，加强信息交流与沟通，有条件的要互相观摩，相互切磋蜂群管理和蜂病防治的做法，经常交流经验，做到有疫情早知晓，早预防，治疗预案早制定，有备无患。总之，蜜蜂防疫和免疫工作是一项经常性的工作，要有超前意识。只要思想重视，措施到位，养蜂工作就一定能立于不败之地，蜜蜂病敌害的侵扰就不会造成大的影响，养蜂事业会更加兴旺发达。

（徐书法）

第十三章　规模化蜂场的经营与管理

　　蜂场经营管理是为了获得最大的收益，运用其有形和无形资产等资源，用最少的成本创造出社会所需要产品的经济活动。蜂场经营和蜂场管理是两个不同的概念，但相互渗透，密不可分。经营是对外的，主要面对蜂产品和蜜蜂授粉等市场开拓，蜜粉源植物和放蜂场地等资源的占有，追求蜂场从外部获取生存发展资源和市场空间；管理是对内的，强调对蜂场内部资源的整合和秩序的建立。蜂场经营追求的是养蜂生产效益，要开源，要赚钱；蜂场管理追求的是养蜂生产效率，要节流，要控制成本。蜂场经营是扩张性的，要积极进取，善于抓住机会，敢于开拓；蜂场管理是收敛性的，要谨慎稳妥，控制和规避风险。

　　规模化蜂场与一般的蜂场不同之处在于人均饲养的蜂群数量多，因此具有技术集成度高、蜜蜂产品产量多、养蜂人数少、机械化和社会化程度高等特点。在经营管理中，应以整合和高效利用物质资源、市场资源、社会资源和金融资源为主，人力资源管理为辅。

第一节　规模化蜂场经营与管理的模式

　　对规模化蜂场所拥有的资源进行有效的组织整合，通过计划、协调、控制、实施等过程，达到蜂场发展目标和经济效益目标。规模化蜂场所有拥有的资源包括蜂群、蜂箱、养蜂机具设备、生产建筑、放蜂场地、蜜粉源等物质资源，销售渠道、消费群体、合作伙伴等市场资源，流动资金、融资渠道等金融资源。规模化蜂场应充分利用社会化的生产资源和市场资源进行大生产。社会化能够提供的条件，如蜂箱、蜂机具、巢础、蜜蜂饲料、生产性蜂王等的供给及蜜蜂产品的流通，蜂场就不必自己去做。一般企业将人力资源管理往往放在很重要的位置，规模化蜂场养蜂人少，所以经营管理的重点不放在人力资源管理上。

一、规模化蜂场的发展战略

规模化蜂场的经营管理包括蜂场发展战略、年度生产经营管理方案、市场巩固与开拓。规模化蜂场作为企业，在生存和发展过程中面临着逆水行舟的风险。必须根据社会发展、市场变化、行业特点、蜂场状况进行长远规划，明确蜂场的发展目标，努力将蜂场做强做大。

1. 长远发展规划　分析蜂产业现状和发展趋势，把握社会经济发展动态、了解消费者对蜂产品的需求等前提下，根据蜂场自身的优势和不足，确定规模化蜂场未来的发展定位。在蜂场未来发展定位的基础上，制定可行性强的蜂场发展路线图，划分蜂场发展的阶段，规划各发展阶段的目标和实施方案。

2. 制定经营管理方案　根据发展战略制定长期、中期和近期的蜂场经营管理方案。充分调动蜂场一切的资源，高效利用蜂场资产。谨慎投资，控制资金负债风险。经营管理方案内容包括蜂场生产的产品定位明确，养蜂生产的核心技术研发和集成，控制蜜蜂产品安全卫生和品质的技术规范，财务和资产的管理制度，产品和市场的定位，经济效益和成本支出控制等。

3. 创造良好的外部环境　规模化蜂场在社会中生存和发展，需要与相关各方都能保持良好的关系。规模化蜂场定位的水平不同，需要的外部环境也不同，根据蜂场近期和长期的发展规划，与不同层次的政府部门、合作伙伴、相关群体进行公关活动，建立和谐关系，尽可能获得社会各方面的支持和帮助，避免恶性竞争。

4. 生产经营专业化　规模化蜂场生产提倡专业化，不宜多种经营。专业化的内涵包括生产一种产品、研发一套技术、添置一个系列的机械设备、开拓一个市场、稳定一个方面的商业伙伴。专业化可使规模化蜂场在同样的投入下，把事情做得更好，有利于蜂场效益的最大化。在制定规模化蜂场发展战略时，需要明确蜂场的主营业务，可以是生产蜂蜜、蜂王浆、蜂花粉等某一蜂产品的蜂场，或专门出售笼蜂和蜂群的蜂场，或专业蜜蜂授粉蜂场等。

5. 市场开拓战略　分析我国蜂产品市场的现状与存在的问题，重视规模化高产造成潜在的产品积压风险，蜂场应未雨绸缪，积极开拓产品销售的市场渠道。在巩固现有的市场前提下，积极探索开拓新的市场。蜂产品不是生活的必需品，应该是高端的奢侈品，可以借鉴其他高端商品的经营模式，寻求蜂产品市场瓶颈的突破。

二、高端蜂产品市场开拓

我国蜂产品中端和低端的市场已处于饱和状态，而高端市场发展极不成熟。规模化蜂场应充分利用其技术优势，研发高质量蜂产品生产的核心技术，开拓蜂产品的高端市场。我国经济快速发展，消费群体壮大，社会对健康产品的重视，都为高端蜂产品的市场发展奠定了经济基础。市场的开拓需以提高蜂产品的质量为前提。

1. 优质蜂产品生产技术研发　我国蜂产品品质提升空间很大，要突破蜂产品中低端市场瓶颈，需要研发高端蜂产品的生产技术，为开拓蜂产品的高端市场奠定物质基础。蜜蜂产品按是否需要深度加工分为两类：一类是蜂蜜、蜂王浆、蜂花粉等，从蜂场生产出来后可以直接进入市场消费；另一类是蜂胶、蜂毒等在蜂场生产出来后，还需要经过提取、加工后成为制品进入消费市场。无论哪一类蜂产品，要形成高端产品都需要研究其应有的属性，针对属性特点研发生产技术。尤其是蜂蜜、蜂王浆、蜂花粉等直接进入消费市场的蜂产品，更需要品质升级。没有高端产品的产业，不是好的产业。

2. 品牌形象定位　规模化蜂场品牌形象定位由产品质量水平、目标客户层次、品牌宣传战略等决定。规模化蜂场技术水平相对较高，应开发生产高质量蜂产品和开拓中高端蜂产品市场。高端产品有 3 个重要特征：产品质优，优到极致；价格昂贵，远高于同类一般产品；数量少，严苛的生产资源要求、高昂的成本和市场容量限制了产品的数量。蜂场的高端蜂产品要获得市场认同，品牌形象非常重要。从商标的设计注册、品牌宣传、品牌运作、品牌维护都应精心规划。从产品包装设计、产品宣传、产品定价、销售策略、售后服务等方面协调统筹，服务于品牌形象定位。为了应对蜂产品市场存在的虚假宣传对高端市场的危害，在品牌和高端产品宣传时，提供真实客观的行业知识，将消费者培养成蜂产品的内行。

3. 目标客户群培育　与中低端蜂产品市场相比，高端市场的目标客户群体数量相对较小，在目标客户群管理上有所不同。采取建立目标客户档案、跟踪回访沟通、产品咨询服务等稳定客户群措施。

由于蜂产品的高端市场还没有完全形成，高端蜂产品市场的目标客户群规模很小。但是随着根据我国社会经济发展和人们对生活质量追求及对健康的重视，国内消费市场容量巨大，高端蜂产品市场潜在目标客户群规模总量仍很可观。准确对准目标群体，采用分众品牌宣传的策略，吸引潜在的客户消费高端蜂产品，扩大高端目标客户群体。

三、蜂场规范经营管理

规范经营管理对蜂场的生存和发展至关重要，是提高蜂场生产效率和经济效益所必需的。为了提高规模化蜂场的生产效率，需要健全管理制度，使蜂场的管理有序化和高效化。通过研发形成系列的生产技术方案，使养蜂生产高效化。制定蜂场生产经营计划，开拓和维护市场，提高蜂场经济效益。

（一）生产管理规范

1. 规章制度　健全蜂场的组织构架，明确岗位责任；制定安全生产制度，明确责任事故的定责和处理；制定蜂场防控防疫制度，措施有力，责任到人。

2. 财务管理规范　按企业财务管理规范要求，制定蜂场的财务管理制度。蜂场要重视财务的规范管理，明确与财务相关人员的责任。

3. 档案管理　建立完善的蜂场档案和完整的蜂场记录，便于总结经验和完善管理。蜂场档案管理包括蜂场发展战略、年度计划和年度总结等文档，蜂场发展中大事记录文档，蜂群饲养管理记录，人事档案和财务文档，各项规章制度文档。

（二）生产技术规范

生产技术规范应是现有的生产技术最高水平的体现，只有按照技术规范从事生产活动才能取得最好的生产效果。实施生产技术规范有利于发现技术环节的不足，针对问题促进研发，提高技术水平和生产效率。

1. 蜂场建设规划　规模化蜂场蜂群数量多，蜂群需要放置多个场地。蜂场建设包括场部建设和放蜂场地建设。蜂场建设规划内容主要有选址、布局、预算、阶段建设计划等。

（1）放蜂场地建设规划　放蜂场地建设一切以方便蜂群的饲养管理和蜜蜂产品生产为中心。选址以蜜粉源和小气候环境为重点，兼顾环境安全卫生和交通方便。建设项目主要有环境的整治、放蜂区域和场区道路的建设、生产操作和库房等建筑。

（2）场部建设规划　场部是规模化蜂场的中心，具有管理、生产、业务、外联等职能。在建设规划中，要根据现有的财力和发展空间充分定位，量力而行。场部应进行功能分区，根据需要可设立办公区、生产区、销售区、休闲宣传区、生活区等。

2. 饲养管理　规模化蜂场需要建立系列蜜蜂饲养管理技术规范，包括蜂群的基础管理、阶段管理、规模化饲养管理、健康养殖等。蜜蜂饲养管理技术在不断地进步中，需要不断地研发和完善饲养管理技术方案。蜜蜂饲养管理技术措施要与蜂场环境密切相关，根据天气状况、蜜源花期、蜂群现状实施有效的饲养管理技术操作方案。随着养蜂机械化的发展，蜜蜂饲养管理技术也随着之发展而改进。

3. 产品生产　不同的蜂产品生产技术规范不同，规模化蜂场提倡主要生产一种产品，只针对一种蜂产品生产技术的研发，创造更高的技术水平。蜜蜂产品生产技术要求高效、优质、安全。

4. 产品贮存　保证蜜蜂产品质量的重要环节。蜜蜂产品贮存的总要求是安全、低温、避光、密封、干燥、卫生、无异味。不同质量档次和不同种类的蜜蜂产品贮存的要求不同。蜂蜜高端产品需要在 0 ℃以下的低温环境保存。蜂王浆高端产品要求取浆环境温度控制在18℃以下，取浆后2 h内及时冷冻。高端蜂王浆和蜂花粉应贮存在−18℃以下的低温环境。

5. 产品包装 其功能是保护蜜蜂产品的品质和提升产品形象。蜜蜂产品包装要精心选择包装容器和精心设计商标。

（三）生产经营规划

1. 发展目标 分为总目标和阶段目标。总目标是蜂场发展长远定位，阶段目标是为实现总目标研究的阶段发展目标，阶段目标使实现总目标更具可操作性。

2. 产品定位 蜜蜂产品定位是指品质和档次定位，根据市场需求和市场开拓确定。我国中低端蜜蜂产品市场已饱和，规模化蜂场的蜜蜂产品应定位中端市场的维持和高端市场的开拓。生产决策应定位于提升中端产品的质量和研发生产高端产品。

3. 蜂场形象宣传 在规划中明确蜂场形象定位，突出重点可根据蜂场实际选择高科技型、科普休闲型、品质高端型、大众消费型等。针对蜂场定位制定宣传规划和宣传手段。

四、年度生产经营管理方案

在新的一年生产季度到来前，根据年度蜂场发展目标和生产经营计划，制定年度生产经营管理方案。

1. 产前决策 产前决策是规避蜂场经营管理风险和获取蜂场更高效益的一项工作，是制定年度生产经营管理方案的重要依据。此项工作应在前一年的下半年启动，在新一年开始前基本结束。

（1）市场调查和市场预测 市场调查是市场预测的基础。重点了解所生产蜂产品的市场现状，包括产品的档次、价格、消费量等。蜜蜂产品不是民生的必需品，其消费水平受到社会政治经济影响。市场预测应根据市场需求动态、社会消费水平和消费心理变化、总体社会经济环境预期等动态进行判断。

（2）经营管理计划编制 根据市场预测和蜂场总体规划，制定蜂场年度生产计划、市场开拓计划和建设发展计划。明确年度计划目标和任务，确定可行性强的实施措施。

2. 生产管理方案 根据蜂场年度经营管理计划，天气蜜源预测和蜂群状态、数量制定生产管理方案。明确产量和质量指标，确定蜂群管理阶段目标、任务，制定生产技术方案。

（1）蜜蜂饲养管理技术方案 根据年度经营管理计划和对天气、蜜粉源植物花期及泌蜜量等的预测，制定可操作性强的年度蜜蜂饲养管理技术方案。明确蜂群发展的预期和采取的具体措施。

（2）蜜蜂产品生产技术方案　制定生产群的培育和组织技术方案，及蜜蜂产品优质高产技术方案。

3. 市场经营方案　市场经营的内容包括品牌宣传、定价策略、消费群体定位、产品促销、产品销售形式等。在制定市场经营方案时还要参考市场环境变化、国家政策、经济形式、竞争强度等因素。

（1）市场维护方案　其目的是保证蜂场现有的市场份额。重要的工作之一是加强售后服务，建立稳定的消费客户群和商业合作伙伴。

（2）市场开拓方案　市场经营也面临着不进则退的风险，蜂场经营必须重视市场的开拓。市场开拓包含原市场份额扩大和新市场开拓。蜂场在市场开拓应本着立足于原市场的前提下，开拓新的市场。

第二节　规模化蜂场管理制度

规模化蜂场作为现代企业，需要制定并有效地执行管理制度。我国蜂场多以家庭式的小型生产单位为主，以数量不多的蜂群，生产有限数量的产品，自销或交售为收入形式，生产经营的随意性较大。小型蜂场没有规模化蜂场的管理概念，由小农经济模式发展到现代规模化蜂场企业，就必须有现代企业经营管理的思维和措施。

一、人员管理

养蜂发达的国家规模化蜂场多为场主一人，蜂场的管理制度重在生产管理，没有人员管理的问题。我国现处于规模化蜂场发展的初期，还是需要通过聘用员工才能帮助蜂场达到规模化水平。企业有员工，就需要制定和实施管理制度。管理制度不仅是约束员工，更要约束蜂场的场主和高层管理人员。在制定管理制度中，要注意既要在我国相关的政策法规的框架内，又要根据蜂场实际，要有很强的可操作性。

1. 人员配置　我国蜜蜂规模化蜂场的人员配置包括管理、技术、生产、销售、采购和财务人员，组织结构多为场长管理 3 个部门，生产部、销售采购部和财务部。生产部管理技术人员和生产人员，销售采购部管理销售和采购人员，财务部管理会计和出纳。规模化蜂场可以一人多职，减少员工数量，通过制度和合理布局提高蜂场的生产效率。通过规模化饲养管理技术，在蜂群的饲养管理中减轻了养蜂的劳动投入，减少养殖人员。人员配置多为蜂场主兼蜂场的管理人员、技术人员、销售采购人员和财务人员，聘用人员主要从事技术、养殖和临时工作。大型的规模化蜂场也可以聘用管理人员和销售采购人员，但分工要明确，职责要具体。

2. 管理人员　管理人员主要负责规模化蜂场的行政事务，在蜂场主授权范围内开展工作。蜂场管理人员的主要工作是日常事务管理、蜂场人员管理、生产管理和财务管理。

（1）日常事务管理　规模化蜂场管理人员的日常事务管理主要是蜂场日常工作的布置和检查落实，及时妥当处理蜂场的突发事情，对生产和销售全面掌控和及时调整，完善蜂场的管理制度。

（2）蜂场人员管理　管理人员全面负责人力资源的管理，组织实施对蜂场人员的招聘、培训、考核和奖惩。

（3）生产管理　管理人员在蜂场发展规划框架内，组织制定和实施生产计划和购销计划。

（4）财务管理　管理人员通过经营核算加强固定资产和流动资金的管理，掌握生产经营过程中的资金流动。通过财务评估掌握蜂场收入、支出和盈利动态，为蜂场的销售、贷款、投入等经营活动决策提供可靠的依据。

3. 蜂场技术人员　规模化蜂场的技术人员主要有两类，饲养技术人员和产品包装贮运技术人员。饲养技术人员主要职责是蜂群饲养管理，此外，还应根据气候变化和蜜粉源植物开花泌蜜的动态，制订蜂群周年饲养管理计划和生产方案，制定换王、换脾、人工分群等饲养环节的具体计划，制定蜂场病害防控的技术方案和流行性疾病暴发处置预案。在聘用临时工作人员的时候，对产品采收临时工作人员开展技术培训和技术考核，组织实施安全生产。产品包装贮运技术人员主要职责是从技术角度保证产品在包装贮运过程中的品质。制定和实施产品原料、半成品和成品的仓储制度，制定和实施产品包装技术规范，制定产品质量检测标准。在聘用临时工作人员的时候，对包装贮运临时工作人员进行技术培训和技术考核，组织实施安全生产。

4. 财务人员　规模化蜂场的财务管理对企业的生存和发展均非常重要，蜂场主和高层管理人员需要随时了解蜂场的财务状况，对蜂场资金的投入和流通做出决策，促进蜂场发展和抵抗财务和资金风险。财务管理的重要内容就是财务人员的职责明确，财务人员主要包括会计和出纳。

（1）会计职责　严格遵守和执行国家财经法律法规和财务会计制度。掌管好财务印章，记好财务总账和各种明细账目，编制月、季、年终决算和其他方面相关报表。每月书面汇报蜂场的财务情况，发挥财务监管和财务参谋的作用。认真审核原始凭证，杜绝违规凭证入账。严控开支范围和标准，为规模化蜂场把好财务关。协助出纳做好现金的收放和安全保管。

（2）出纳职责　严格遵守国家财经法律法规，严格执行国家的财会制度。认真审查报销和支出的原始凭证，根据原始凭证记账，妥善保管好账本和各类原始凭证。做好工资的造册发放工作。根据规定和协议做好应收款项的收缴工作，定期向主管汇报收款的进展情况。

5. 临时工　从临时工招聘、培训、安全教育、生产规范、解聘等均需制定严格的管理制度。临时工不需要很高的技术水平，但需要经过认真的岗前培训。基本要求是身体健康，有较强的体力，无传染性疾病；勤劳肯干，认真负责；有安全生产的意识。临时工是蜂场根据生产需要临时招聘的员工，主要有产品采收临时工、产品包装贮运临时工、安保临时工等三大类。

（1）产品采收临时工　规模化蜂场饲养的蜂群数量多，通过规模化饲养技术手段和养蜂机械化水平的提高，蜂群的日常饲养管理由技术人员能够完成。但在蜂蜜、蜂王浆等产品采收，笼蜂装笼和授粉蜂群分装等生产季节，就需要招聘临时工作人员。这类临时工直接与蜂群接触，有一定的危险性，需要完善的防护措施。临时工上岗前必须做好安全教育，并制定临时工被蜂螫伤的处理预案。

（2）产品包装贮运临时工　产品包装贮运临时工作人员多在车间工作，主要从事蜂蜜等产品的分离、过滤、封装和包装贮运等工作。针对车间每一岗位和每一工序都需制定具体的生产操作规范，保证人身和财产安全，保证产品质量。产品包装贮运临时工的健康要求严格，必须按国家要求定期体检。

（3）蜂群蜂场安保临时工　规模化蜂场的蜂群需要放置在不同地点，一般一个放蜂点放置 100 群左右，放蜂点间直线距离 5 km 以上。国外规模化蜂场放蜂点一般10 个以上，最多可达 300 个。为蜂场的蜂群安全，可聘用专职或兼职的蜂场保安。蜂群蜂场安保临时工的管理要划清责任界限，明确奖惩措施。

二、生产管理

生产管理要制度化和规范化。根据蜂场的发展规划、市场变化、气候蜜源等环境制订生产计划。建立健全高效安全的生产制度，要有规范的生产记录和系统完整的生产档案。生产管理制度注重实用性和可行性，在生产管理中根据生产的变化及时调整完善。

1. 生产计划　生产计划是规模化蜂场周年生产活动指导性文件，在年初完成。在生产计划制定过程中，要仔细分析蜜粉源植物动态和气候环境变化对蜂群发展和养蜂生产的影响，准确预测和判断蜂产品市场走向。针对开拓市场的预期、员工技术水平提升和蜂场资金筹措等综合因素，合理提出生产目标。根据生产目标，制定具体的生产技术方案。蜂场生产受天气变化、蜜粉源植物开花泌蜜、蜜蜂群势的消长以及市场波动等影响，在制订生产计划时，要估计相关要素变化的可能性。根据生产计划各要素变化的可能性，制定预备方案，以便及时调整生产计划。

2. 高效安全生产制度　高效安全生产制度重在保证安全的前提下提高生产效率。高效安全生产制度是生产者在生产过程中的规范，生产者必须牢记，严格遵守。高效安全生产制度要简明扼要，易于生产者理解和掌握。生产环节不同，高效安全生产的要求也不同，高效安全生产制度应分别制定。高效安全生产制度主要包括蜂群管理、蜂产品采收、蜂产品包装和蜂产品贮运等方面。

3. 生产记录　生产记录是总结生产经验、查找生产问题、追究事故责任的重要材料和依据。规模化蜂场应在制度层面重视各环节的生产记录，并对记录内容有明确具体的要求。规模化蜂场的生产记录主要有蜂群饲养管理的操作记录、蜂产品生产采收记录、蜂产品过滤包装生产记录、蜂产品贮运记录。

4. 生产档案　规模化蜂场应建立生产档案管理制度，明确责任人、存档材料的范围、贮存形式、调档查阅规定、档案安全保障、档案时效等。生产档案包括生产计划、总结、相关制度、生产记录、销售记录等。

三、技术管理

规模化蜂场的技术管理也要制度化和规范化。根据蜂场的技术水平，将各生产环节的技术标准化，根据标准化技术编制各项技术措施和工艺流程。随着社会的进步和蜂场的发展，规模化蜂场的技术需要改进和革新，蜂场应在制度上促进和鼓励技术改革和创新。与生产技术相关的过程和变化需要准确记录，为技术方案的制定和技术改革提供依据。

1. 技术规范和技术方案　规模化蜂场的生产技术标准化是规范生产的必要保证。蜂场应组织技术人员根据现实掌握的生产技术和蜂场的实际条件，将生产的各技术环节标准化。随着技术革新和技术进步，应及时修订生产技术标准。在生产技术标准化过程中，应参照国家和地方的相关标准，一般情况下企业标准应高于国家标准和地方标准，至少不能低于国家标准和地方标准。技术方案是在生产环节中关键技术问题的解决方案。在制定技术方案过程中，应反复试验，充分保证技术方案的可行性。

2. 技术措施和工艺流程　技术措施是指生产过程中单一环节的操作方法，如蜂群快速恢复和快速增长的技术措施、规模化蜂场新脾修造的技术措施、规模化饲养蜂群的检查技术措施、控制分蜂热的技术措施、规模化蜂场换王和人工分群技术措施等。

工艺流程主要是指在车间各生产环节的生产过程。每一道生产工序都要制定清晰简洁的生产工艺流程。

3. 技术创新　蜂场的生产活力来自于技术创新。规模化蜂场的生产技术很多有别于一般蜂场，在规模化蜂场发展的初期，很多生产技术有待于改进。蜂场需要从制度上规定技术创新的组织、资金设备等条件的支持、对技术创新的奖励等。

4. 技术记录　规模化蜂场从制度上规范与生产有关的技术记录。主要的技术记录包括技术创新、技术操作、蜂群周年消长、蜜源植物和粉源植物的花期、泌蜜量、提供的花粉量、与养蜂生产有关的天气变化记录等。

5. 技术档案　规模化蜂场应建立生产技术档案的管理制度，明确责任人、存档材料的范围、贮存形式、调档查阅规定、档案安全保障、档案时效等。生产技术档案包括蜂场的生产技术标准、技术方案、技术措施、工艺流程和各项生产记录等。

第三节　规模化蜂场经营计划

规模化蜂场实现经济效益取决于能否生产出的优质高产蜜蜂产品和能否将优质蜜蜂产品以合适的价格销售出去。规模化蜂场经营计划的制订，需要从产品生产经营计划和市场销售经营计划两个方面入手。产品生产计划和产品销售计划相辅相成，生产计划制定需要根据市场开拓和市场变化，产品销售计划取决于产品的生产能力和市场的维护开拓能力。

一、蜜蜂产品生产经营计划

蜜蜂产品生产经营计划决定规模化蜂场生产蜜蜂产品的种类和数量。生产经营计划需要根据对市场开拓和市场变化的预期，蜜粉源植物和气候条件的养蜂生产环境，蜜蜂生长发育水平及病敌危害等来制定。规模化蜂场的产品种类不宜多，一般主产一类蜜蜂产品，实现生产专业化。多数规模化蜂场生产的蜜蜂产品均与蜜粉源的开花泌蜜密切相关。蜜粉源植物开花受天气环境影响。准确预测天气变化、蜜源植物的花期和泌蜜量、蜂群的发展和群势消长等，对规模化蜂场经营计划的制定至关重要。

1. 市场开拓和市场变化的预期　在制定生产经营计划前，蜂场要对蜜蜂产品的销售能力进行准确评估。以销定产，避免产品积压。规模化蜂场的特点之一是产品产量高，所以需要更广阔的市场。开拓稳定的市场，对规模化蜂场生产经营非常重要。市场动态变化受国际国内政治经济形势动态影响，在制订经营计划过程中，需要密切关注政治经济形势动态变化，准确判断与蜂场产品相关的市场走向。养蜂生产动态也是影响市场变化的重要因素，一般来说某一产品的总产增加，市场价格往往会走低。规模化蜂场生产技术能够生产出质量更高的产品，所以应该努力开发高端市场。

2. 生产能力的预期　生产经营计划需要明确何时、何地、生产何种产品及其产量。规模化蜂场生产能力除了技术水平和设备条件外，主要受气候条件变化、蜜粉源植物生长发育和蜜蜂群势发展等养蜂环境影响。优质高产需要良好的天气、丰富的蜜源和强壮的蜂群。气候条件能够直接影响蜜源植物开花泌蜜、蜜蜂生长发育和巢外活动。蜂场不仅需要长期观察蜂场气候因子的变化规律，还要密切关注中长期的天气形势和天气预报。准确预测天气变化对蜜粉源植物的生长发育和主要蜜源植物开花泌蜜的影响，为确定蜂群恢复发展和蜂群生产时段提供依据。蜂群的恢复和发展水平决定了生产能力。预测蜂群发展动态主要依据蜜蜂的基础群势、健康程度、蜜粉源植物的生长发育和天气变化。此外，不同时段不同主要蜜源生产的蜂蜜市场价格的不同，根据市场需求决定生产何种蜂蜜。

二、蜜蜂产品市场开拓计划

蜜蜂产品市场开拓对规模化蜂场的发展非常重要，高产的蜜蜂产品只有销售出去，才能实现经济效益。规模化蜂场需要花更多的精力研究市场规律，密切关注市场环境的变化，探索市场的开拓措施。

1. 市场需求分析　市场需求分析是判断蜜蜂产品市场走向的重要方法，市场需求由蜜蜂产品的产量和消费者潜在的购买量决定。产量降低，蜜蜂产品不能满足市场需求，产品价格上涨，销售顺畅；蜜蜂产品超出市场需求就会积压降价。规模化蜂场要随时观察分析市场走向，增强市场变化的判断能力。在蜂产品市场需求分析中，应深入研究不同层次蜜蜂产品市场的需求情况。蜜蜂产品的市场根据品质可简单分为高端市场、中端市场和低端市场。我国蜂产品低端市场需求经常处于饱和状态，中端市场正在成长，高端市场初见端倪。

2. 市场培育和维护计划　应深入分析蜂产品市场的现状和潜在需求，开拓并占领自己的市场领域，形成稳定的忠实于自己品牌的消费群体。首先要分析不同层次消费群体的现实需求和潜在需求。不同层次的消费群体消费能力不同，对产品品质要求也不同。潜在需求是指某一层次的消费者对相应品质的产品，因不了解或没有购买渠道，暂时没有购买欲望，但这一层次的市场形成后就能产生消费力。我国经济发展，市场购买力旺盛，蜜蜂产品高端市场存在着很大的潜在需求空间。从我国蜜蜂产品市场的总体现状，规模化蜂场应以中端市场为基础，开拓高端市场。

　　蜜蜂产品高端市场的培育需要制定完善可行的计划方案，重点应做两方面的工作，研发和生产高端蜜蜂产品；分析潜在的高端消费群体，使潜在的高消费群体了解高端蜜蜂产品。蜜蜂产品高端市场的培育以质取胜，决不能以价格去吸引消费者，更不能打价格战。高端蜜蜂产品应苛求品质，不追求产量，在生产环境、生产技术、生产工艺、包装贮运等各生产环节下足功夫，形成高端产品特点。高端蜜蜂产品宣传是开拓市场的重要手段，必须让潜在的消费者知道他们的需要和我们能够提供给他们的需要。规模化蜂场的经济总量还没有在大媒体做广告宣传的实力，可以通过公众传媒有针对性地向高端潜在消费群体宣传。通过各种形式，在潜在的高端消费群体活动的区域做宣传。

　　高端市场的维护对规模化蜂场非常重要，蜜蜂产品市场的培育是非常艰难的，但失去市场却很容易。蜜蜂产品质量是规模化蜂场的生命，在生产技术上必须要保证产品质量的稳定，高端市场的产品应宁缺毋滥。规模化蜂场应建立专业的售后服务团队，与高端消费者建立顺畅有效的沟通渠道，了解高端消费者的需求，及时解决高端消费者的疑虑和关心的问题，稳定高端消费群体。售后服务团队必须精通产品生产和蜜蜂产品特性，具有较高的情商和较强的沟通能力。

第四节　规模化蜂场产品的销售

　　产品销售是蜂场经营管理中最重要问题之一。产品销售是实现经济效益最重要的环节，往往也是困扰蜂场的难题。蜂场应根据自身情况选择和创造适宜的产品销售模式，确定产品销售策略。

一、产品销售模式

　　规模化蜂场产品的最合理方式应该是原材料生产出售模式，体现高效率的社会分工。在现实的条件下，低端产品的生产购销社会分工体系已形成。中端产品的生产购销体系不稳固，高端产品的生产和销售合作伙伴关系基本没有形成。规模化蜂场生存基础应是提高蜜蜂产品的品质，其价格必然要高于低端，出售原料的销售模式可行性不高。在现阶段，蜂场也可以几种生产销售模式同时尝试应用，最后形成适应本蜂场的产品生产销售模式。

（一）原材料生产销售模式

如果蜂产业社会化完善，有良好的市场合作伙伴，原材料生产销售模式最适用于规模化蜂场。这种模式可以将产品的品牌建设、销售市场开拓等转交给更专业的合作伙伴，蜂场将精力放在蜜蜂饲养管理水平、蜂产品的品质和产量、蜂场机械化水平等方面的提高。这种模式的前提是社会化程度高且社会规范程度高，规模化蜂场已形成稳定可靠的商业合作伙伴。目前的状况，原材料生产销售模式实施条件还不具备。

（二）原材料生产贴牌销售模式

蜂场按品牌商的技术要求生产原材料和包装，出售给品牌商的生产销售模式。品牌商负责设计和开发新产品，控制销售"渠道"。这种模式利弊均突出，不是规模化蜂场发展的长久之策。

1. 有利方面　能够快速进入市场，参与竞争，有利于生产能力强而市场经营能力弱的蜂场；有利于提高蜂场经营管理水平，一般购买方可以在生产管理、市场营销、产品开发等方面具备较强实力，在合作过程中，可以学习产品质量控制、提高经营效率的经验等；节约销售投资，借用品牌商的销售力量，不用付出销售成本就能使蜂场扩大市场。

2. 不利方面　市场的主动权不在蜂场，对品牌商的过度依赖，往往会在产品销售方面容易陷入被动，有被迫让利的风险。长期的贴牌生产，丧失对自己品牌的培育。品牌是蜂场占有和开拓市场的重要基础，当与品牌商合作遇到问题时，品牌缺失将严重影响规模化蜂场生存和发展。

（三）原材料生产成品出售模式

这是一种既生产原材料，也包装成品出售的经营模式。这种模式的最大优点在于蜂场拥有自己的品牌和市场，生产的产品销售掌控在自己手中。这种模式是当前蜂产业社会化发展不成熟的条件下，是规模化蜂场最主要的生产销售模式。不利之处在于增加市场开拓和市场维护成本，独自承担市场风险。

1. 专卖店出售模式　专卖店是大型蜂场专门出售本场产品的商店，可以是一家店，也可以多家连锁。专卖店有利于宣传蜂场，树立地方品牌；有利于与消费者联系沟通，提高消费者信任度，维持稳定的客户群。专卖店的最大问题是成本高，因此对专卖店的利润有严苛的要求。

（1）专卖店的选址　繁华的地段开店成本一般专卖店难以承受，偏僻的地段起不到专卖店的作用，因此选址要在二者之间平衡。选址重点考虑目标消费群体的活动区域，便于吸引目标消费者。中高端的蜜蜂产品专卖店应选择在高档社区和高端商务区等附近。中低端专卖店可选择一般社会和市场周边。

（2）专卖店的品牌宣传　在专卖店内外精心设计布局，清新大方，专业性强，注重科普和文化。使消费者认识本蜂场和本专卖店产品可信度和良好的性价比。连锁专卖店形象、设计风格、经营方式、产品种类和价格保持完全一致。在不同地方出现相同专卖店能够给潜在消费者加深印象。

（3）专卖店的经营　在经营理念上要明确专卖店的职能，为规模化蜂场的生存和发展服务。宣传职能：树立蜂场形象，打造蜂场品牌。效益职能，通过蜂场产品的销售实现增加蜂场收入。维护和开拓市场职能：通过专卖店外观和内饰的布局所起到的广告宣传作用，通过与消费者和潜在消费者的直接联系沟通扩大市场。对专卖店经营者要进行系统的培训和定期轮训，加强专业知识、与客户交流的市场心理学知识、职业道德和敬业精神、文化修养等方面教育。

2. 观光蜂场模式　蜂场经营、品牌形象宣传、专业科学普及、休闲娱乐于一体，以专业科学普及和休闲娱乐为载体，达到提高蜂场知名度和出售本蜂场产品的目的。在经营管理中，第一目的不是能卖出多少产品，赚多少钱，而是能够吸引消费者和潜在的消费者。在观光蜂场建设中要在吸引人和留住人方面下功夫。

观光蜂场布局园林化，借鉴苏州园林的曲径通幽景观设计，在有限的空间内能够取得蜂场范围更大的效果。要体现休闲的舒适性，要有遮阳、避雨设施和休息的桌椅。

科技感可以获得消费者的信赖，蜜蜂科学技术的普及宣传要通过多种形式贯穿于蜂场各个角落。蜜蜂博物馆、观光蜂群、蜜源植物等是集中展示蜜蜂科技的场所。科普宣传注重专业性、通俗性、文化性。专业性要体现权威性和严谨性，不能给消费者误导和错误信息；通俗性是在语言的组织过程中，深入浅出，使非专业人看得懂；文化性体现在蜜蜂专业领域的历史、传说、人文等引人入胜的故事性。

观光蜂群是体现观光蜂场特点最重要的要素，其功能是增加休闲消费者对蜜蜂的深入了解，增进对蜜蜂的爱好兴趣，培养蜂场忠实的消费者。观光蜂群分两类，即用于看的和用于动手操作的。用于看的蜂群要具备可看性，包括各类型蜂箱及介绍；看蜂群内部用观察箱，要说明观察内容和方法，如三型蜂形态和职能、蜂巢结构及其神秘之处、蜜蜂行为和活动等。用于操作的蜂群首先要选择温驯的，操作者要在充分的防护条件下，在技师的指导下进行。

产品体验区和销售区，要宽敞舒适明亮，商业性不必太浓，使消费者和潜在的消费者在精神放松中体验和消费。引导消费者对高端产品的认知。

3. 网络销售模式　网络销售是通过互联网把产品进行销售，实质就是以互联网为平台进行销售。网络销售已成为商品重要的销售形式，规模化蜂场应该系统地了解和掌握网络销售技术手段。在开展网络销售前，要清晰本蜂场网络营销五个精准定位，即核心竞争力定位、目标客户定位、核心产品定位、品牌差异化定位、关键词精确定位。

二、规模化蜂场产品销售策略

规模化蜂场产品销售策略就是将产品以合理的价格卖出去办法的总思路,对蜂场的生存和发展至关重要。

1. 产品优质 蜜蜂产品优质是规模化蜂场立足的基本保证。蜂场应努力从技术层面提高产品的质量水平,尤其是高端蜜蜂产品的研发生产。我国蜂业总体存在产品质量低的情况下,认清高端蜜蜂产品的品质特征非常重要。高端蜜蜂产品追求品质极致,总的要求是安全卫生和高活性。高端蜂产品除了生产环节要求严苛外,在包装和贮存要求更高。用于直接食用高端蜂产品,包装贮存上要求低温、避光和隔离空气。

(1)高质量蜂蜜 安全卫生,无污染、无药残。完全天然成熟,含水量低于17%。单一蜜源的纯度高,蜜种的特点突出。

(2)高质量蜂王浆 由低产蜂种生产,控制单次蜂群的产量。取浆过程环境要求严格,取浆室控制室温在 18 ℃以下,洁净度高,安装除湿设备。及时成品包装,不反复解冻。成品包装后于－18 ℃贮存。

(3)高质量蜂花粉 脱粉蜂箱和脱粉用具清洁,环境无污染、无尘。脱粉后立即冻干脱水,及时包装。成品置于－18 ℃贮存。

2. 品牌建设 品牌是蜂场在商品上的标志,由名称、名词、符号、象征、图案和颜色等要素组合构成。品牌是蜂场产品的形象,是消费者对产品的认知载体,对蜂场的生存和发展非常重要。品牌建设除要努力提高产品品质、保持质量稳定的前提下,还要在品牌宣传、商标定位、商标设计、售后服务、文化价值等方面下功夫,使品牌成为蜂场产品综合品质的体现和代表。提高消费者和潜在消费者对品牌的认同度和忠诚度,稳定蜂场的消费群体。创立品牌不容易,维护品牌更不容易。品牌建设的核心是产品的质量。

3. 注重包装 产品包装有两方面作用,即对产品品质的保护和产品形象宣传。根据产品特征,选择包装容器的材质和包装工艺。保护产品品质的包装基本要求是安全、避光、密封、耐低温。包装在产品形象宣传方面重视容器的造型美观、大气、上档次,以高品质的陶、瓷、玻璃等材料为宜。注重商标和包装盒的设计,要求简洁、鲜明、有特色,能够清晰反映产品的独特性和高品质。

文化宣传也属于产品的包装范畴,在讲好美丽故事的同时,向消费者灌输正确的蜂产品专业知识,突出本蜂场产品的品质特点,杜绝虚假宣传,使消费者成为内行。减少虚假宣传,避免以次充好的蜂产品企业对蜂产品高端市场的干扰。

4. 客户群的培育 蜂产品客户是分层次的,不同经济收入的消费者对蜂产品品质的需求不同。低收入阶层需要价格低廉实惠的产品，中等收入阶层需要质量保证价格合理的产品，高端收入阶层追求产品品质，并不太计较价格。蜂场在生产活动中，首先明确服务对象的消费层次和消费需求。根据产品品质层次的定位，培育客户群。培育客户群的方法，一是靠宣传，二是靠口碑。客户群培育的宣传，要研究客户群的文化层次，要用该层次人群能够理解和喜欢的方式和语言有针对性地进行分众宣传。产品的品质是建立蜂场口碑的基础，同层次的消费个体相互联系密切。

第五节　规模化蜂场的信息化管理

规模化蜂场信息化是以计算机为主的智能化工具，进行高效精准蜂场技术管理、生产管理、经营管理的过程。智能化工具必须具备信息获取、信息传递、信息处理、信息再生、信息利用等功能。信息系统由四个主要部件构成，即信息源、信息处理器、信息用户和信息管理者。信息化管理是以信息化带动蜂场生产和技术管理的自动化，实现蜂场管理现代化的过程。它是将现代信息技术与先进的管理理念融合，转变规模化蜂场的生产方式、经营方式、业务流程、传统管理方式和组织方式，重新整合蜂场内部和外部资源，提高蜂场效率和效益。蜂场信息化管理的精髓是信息集成，其核心要素是数据平台的建设和数据的深度挖掘，通过信息管理系统把蜂场的生产计划、蜂群饲养管理、产品生产、财务管理、营销策略、经营方式、市场的开拓等各个环节集成起来，共享信息和资源，有效地支撑规模化蜂场的决策系统，提高生产效能和质量。规模化蜂场信息化管理打破原来金字塔管理体系，建立扁平化的流水线管理方式。要求对蜂场的管理进行重组和变革，重新设计和优化蜂场的业务流程和技术流程。使蜂场信息传输更为便捷，实现信息资源的共享，使管理者与员工、各部门之间、各生产环节间以及蜂场与外部之间的交流和沟通更直接，效率更高，成本更低。

现阶段规模化蜂场信息化程度低，其发展需要很长的过程。规模化蜂场信息化管理需要做好数据的收集和数据的电子化，建立养蜂生产和养蜂技术的电子档案，形成蜂产品生产溯源系统，编制规模化蜂场信息化管理的应用软件系统。计算机管理的信息化过程，要重视数据的安全。蜂场在向信息化管理发展过程中，应通过蜂场制度层面，确保蜂场电子信息安全。

一、电子监控和电子档案

电子监控是获得规模化蜂场电子数据的有效方法之一。用电子仪器测定蜂箱的重量变化、巢内各点温度和湿度的变化，获得群势增长、蜂子数量、饲料增减、采蜜量、自然分蜂等电子数据。气象测定的电子仪器能够测量记录气温、大气湿度、风力风向、降水、日照等电子数据。影像监控可获得敌害发生和活动规律。多年积累的电子数据，为探索规模化蜂场放蜂点的气候因子变化规律和蜂群变化规律奠定了坚实的数据基础，为开发蜂场信息化管理软件提供必要的条件。

通过电子数据的获取，建立电子档案。电子档案也需要计算机管理，规模化蜂场电子档案的管理软件应界面友好，方便电子数据的存贮和调取。

二、蜂产品生产溯源系统

建立蜂产品质量安全追溯体系能详细、全面地反映出蜂产品的蜜源、采购、生产、加工、检验、贮运、销售等环节的质量安全信息，方便用户或消费者追踪蜂产品的生产制作过程，解决消费者对蜂产品质量的疑虑。让消费者对蜂产品生产及加工的真实情况更全面地了解，以增强消费者对蜂产品质量安全的信任度。

国家蜂产业技术体系初步建立了我国蜂蜜质量安全电子信息化可追溯系统，分别在北京、黑龙江、浙江、广东、四川、新疆等进行了示范和推广。蜂蜜质量安全追溯电子信息管理系统的关键技术包括编码标识技术和信息采集技术。编码标识技术保证编码在应用范围内的唯一性。信息采集技术能够解决数据采集、保存、标识、交换和传递等问题。通过蜂蜜质量安全追溯电子信息管理系统，规模化蜂场可将蜂蜜从蜂场追溯到商场整个环节。蜂场和消费者一旦发现蜂产品存在质量安全问题，就可以利用可追溯标识追踪到蜂产品的生产信息、加工信息、检测信息、出厂信息、仓储信息及销售信息，确定蜂蜜质量安全问题的成因，以便对有关部门采取有针对性的措施。蜂蜜质量安全追溯管理系统的建立能提高对蜂蜜突发质量安全事件的应急处理能力，消除其他国家因农产品追溯机制而设置的贸易壁垒，提高中国蜜蜂产品的国际市场和国内市场的竞争力。

三、互联网的应用

互联网在规模化蜂场信息化管理中所起的作用，是智能化工具信息获取、信息传递、信息处理、信息再生、信息利用等。日新月异发展的今天，互联网在规模化蜂场信息化管理中功能强大。互联网是规模化蜂场信息化管理系统重要的信息源，可以获得市场信息、科技信息、生产信息、销售信息、政策信息、金融信息和法律信息等。规模化蜂场信息化管理系统的信息传递也依赖于互联网。规模化蜂场的信息处理多由规模化蜂场内部的信息化管理系统处理，利用互联网系统软件也可为规模化蜂场的信息处理提供辅助作用。规模化蜂场信息再生是指运用信息技术和科学方法对规模化蜂场原信息进行加工、处理而产生出新的信息的工作过程。信息再生是提高信息质量和效用的工作，是复杂的信息加工过程。信息再生是规模化蜂场信息化管理中重要的环节，需要依据信息自身的规律特征，按照规模化蜂场的需要进行的信息加工处理。这一复杂的信息再生工作需要依赖于强大的互联网系统。

（周冰峰）

参 考 文 献

阿布都卡迪尔，2006. 大棚桃放蜂栽培示范 [J]. 新疆农垦科技，5：16 - 17.

白晓婷，2005. 酵母类产品在饲料中的研究与应用 [J]. 中国饲料，2：8 - 10.

蔡继炳，余中仁，1987. 蜜源植物花粉形态与成分 [M]. 浙江科学技术出版社.

曹剑波，2006. 中蜂囊状幼虫病毒基因组序列分析及其结构蛋白结构预测 [D]. 广州：中山大学.

曾志将，2007. 蜜蜂生物学 [M]. 北京：中国农业出版社.

曾志将，2009. 养蜂学（全国统编教材）[M]. 北京：中国农业出版社.

陈崇羔，1999，蜂产品加工学 [M]. 福州：福建科学技术出版社.

陈国宏，王丽华，2010. 蜜蜂遗传育种学 [M]. 北京：中国农业出版社.

陈黎红，吴杰，2015. 21 世纪蜂业政策法规标准 [M]. 北京：中国农业科学技术出版社.

陈盛禄，2001. 中国蜜蜂学 [M]. 北京：中国农业出版社.

董秉义，许少玉，1992. 蜜蜂螺原体病的流行病学调查 [J]. 中国养蜂 (5)：24 - 26.

董平，杨自平，2000. 利用生物方法防治蜂螨的措施及效果研究 [J]. 蜜蜂杂志 (9)：10.

董文滨，马兰婷，胥保华，等，2014. 意大利蜜蜂春繁、产浆、越冬和发育阶段营养需要建议
标准 [J]. 动物营养学报，26 (2)：342 - 347.

杜桃柱，姜玉锁，2003. 蜜蜂病敌害防治大全 [J]. 北京：中国农业出版社.

范道钦，2004. 谈蜂螨的综合防治 [J]. 蜜蜂杂志 (12)：25 - 26.

方兵兵，2005. 蜜蜂的新敌害——蜂巢小甲虫 [J]. 中国蜂业，56：22 - 23.

方月珍，1990. 大蜂螨生物学研究及其对蜜蜂的影响 [J]. 中国蜂业 (1)：39 - 40.

房宇，等，2008. 美国蜜蜂授粉概况 [J]. 中国蜂业 (5)：49.

冯峰，1995. 中国蜜蜂病理及防治学 [J]. 北京：中国农业科学技术出版社.

冯峰，2000. 蜂螨的生物学防治 [J]. 畜牧兽医科技信息 (8)：9.

冯峰，陈淑静，1989. 蜜蜂麻痹病病毒研究进展 [J]. 病毒学杂志 (3)：227 - 232.

冯倩倩，胥保华，李成成，等. 维生素 A 对意大利蜜蜂群势，封盖子量及抗氧化性的影响 [J].
动物营养学报，2011，23 (06)：971 - 975.

冯倩倩，胥保华，杨维仁，2011. 维生素对蜜蜂生长发育的影响 [J]. 中国蜂业，62 (1)：
14 - 15.

冯倩倩，杨维仁，胥保华，等，2011. 维生素 E 对意大利蜜蜂产浆性能及抗氧化性的影响 [J].
福建农林大学学报（自然科学版），40 (6)：632 - 635.

高永珍，黄可威，戴祝英，等，1999. 家蚕病原性微孢子虫的蛋白质化学性质的研究 [J]. 蚕
业科学，25：82 - 91.

葛凤晨，历延芳，1997. 利用蜜蜂为农作物授粉前景广阔 [J]. 蜜蜂杂志 (9)：26 - 28.

葛凤晨，王金文．1997．养蜂与蜂病防治［M］．吉林：吉林科学技术出版社．

葛为民，2007．蜜蜂的敌害——蜂狼［J］．中国蜂业，58：25．

龚一飞，张其康，2000．蜜蜂分类与进化［J］．福州：福建科学技术出版社．

郭艾林，2004．自然法防治小蜂螨［J］．蜜蜂杂志（11）：25．

郭冬生，彭小兰．2009．玉米蛋白粉的深加工与高值寡肽的利用［J］．畜牧兽医杂志，2：
　　41－43．

郭媛，邵有全，2008．蜜蜂授粉的增产机理［J］．山西农业科学（3）：42－44．

国家畜禽遗传资源委员会，2011．中国畜禽遗传资源志·蜜蜂志［M］．北京：中国农业出版社．

国家蜂产业技术体系，2016．中国现代农业产业可持续发展战略研究（蜂业分册）［M］．北京：
　　中国农业出版社．

胡福良，2005．蜂胶药理作用研究［M］．杭州：浙江大学出版社．

胡福良，2019．蜂胶研究［M］．杭州：浙江大学出版社．

胡福良，黄坚，2004，蜂王浆优质高产技术［M］．北京：金盾出版社．

胡福良，李英华，朱威，2004，蜂胶蜂花粉加工技术［M］．北京：金盾出版社．

黄昌贤，1984．利用蜜蜂授粉增加荔枝座果试验初报［J］．华南师范大学学报（自然科学版）
　　（1）：49－56．

黄少康，2011．蜜蜂生理学［M］．北京：中国农业出版社．

黄帅，2015，基于邻苯二酚以及多指标指纹图谱的杨属型蜂胶真伪鉴别方法的研究［D］．杭
　　州：浙江大学．

黄双修，2004．蜜蜂外寄生螨的主要种类和恩氏瓦螨（*Varroa underwoodi*）在中国的首次发现
　　［J］．中国养蜂，55（1）：6－7．

黄文诚，2000．大蜂螨的繁殖行为［J］．中国养蜂（2）：30－31．

贾玉瑞，2006．对小蜂螨来源的探讨［J］．中国蜂业（5）：25．

贾玉瑞，2001．小蜂螨为何在我地泛滥成灾［J］．中国养蜂（4）：20．

剪象林，2008．大小蜂螨的防治（三）［J］．蜜蜂杂志（9）：26－28．

蒋志农，2008．封盖子脾补弱群是蜂螨传播的重要途径［J］．蜜蜂杂志（8）：34．

金洪，1998．苜蓿切叶蜂在呼和浩特市地区为苜蓿授粉的研究［J］．中国草地（6）：1－6．

金英姿，王大为，张艳荣，2005．玉米黄粉的深加工及应用前景［J］．吉林农业科学，30（5）：
　　60－62．

匡邦郁，1997．东方蜜蜂为金沙李授粉增产效果研究初报［J］．蜜蜂杂志（1）：6．

李海燕，刘朋飞，2013．蜜蜂产业经济研究［M］．北京：中国农业科学技术出版社．

李继莲（译），2013．蜜蜂幼虫的哺育与营养［J］．中国蜂业，64（1）：58－59．

李建伟，2000．日光温室蜜蜂授粉对草莓产量的影响［J］．河北农业科技（1）：22．

李晓峰，2002．蜜蜂为猕猴桃授粉效果初报［J］．养蜂科技（3）：4－5．

李新鑫，2008．蜜蜂为大棚瓜果授粉增产、增效［J］．北京农业（30）：14－17．

李雅晶，2011．蜂胶中挥发性成分的提取方法、化学组成及生物学活性［D］．杭州：浙江大学．

李英华，胡福良，朱威，等，2005．我国花粉化学成分的研究进展［J］．养蜂科技（4）：
　　7－16．

李志勇，2005. 对断子治螨的异议 [J]. 蜜蜂杂志 (6)：25.

历延芳，2005. 蜜蜂为塑料大棚桃树授粉试验报告 [J]. 蜜蜂杂志 (6)：6-7.

历延芳，2006. 蜜蜂为塑料大棚西瓜和田间西瓜授粉试验报告 [J]. 蜜蜂杂志 (1)：6-7.

廖大昆，2003b. 尽量削减小蜂螨的越冬基数 [J]. 蜜蜂杂志 (9)：40.

廖大昆，2003a. 小蜂螨的寄生辑要 [J]. 蜜蜂杂志 (5)：27.

刘锋，王强，代平礼，等，2008. 蜜蜂微孢子虫在中国的自然种系构成初探 [J]. 昆虫知识，45 (6)：963-966.

刘如馥，2001. 一群蜜蜂为两个草莓大棚授粉的操作方法 [J]. 蜜蜂杂志 (12)：27.

刘先蜀，2002. 蜜蜂育种技术 [M]. 北京：金盾出版社.

刘洋，常志光，2006. 啄木鸟对越冬中蜂的危害和防范措施 [J]. 养蜂科技，3：33.

刘一江，石密艳，张嘉彤，等，2015. 我国糖类价格波动分析 [J]. 生产力研究，2：52-54.

鲁晓翔，唐津忠，1999. 玉米麸质综合利用研究进展 [J]. 食品科技，25 (6)：52-53.

罗建能，2002. 对中蜂和意蜂为大棚草莓授粉效果的研究初报 [J]. 养蜂科技 (4)：2-3.

罗卫庭，张学文，余玉生，等，1998. 蟑螂对中蜂的危害及综合防治 [J]. 蜜蜂杂志，11：20.

马兰婷，王颖，胥保华，2012. 蜂花粉中脂类对蜜蜂的作用 [J]. 动物营养学报，24 (9)：1643-1646.

梅娜，周文明，胡晓玉，等，2007. 花生粕营养成分分析 [J]. 西北农业学报，16 (3)：96-99.

莫允功，2003. 小蜂螨无须第二寄主也能越冬 [J]. 蜜蜂杂志 (7)：26.

牛庆生，2002. 蜜蜂对传粉的适应性及温室授粉蜂群管理 [J]. 特种经济动植物 (2)：15-16.

欧阳红燕，刘玉梅，刘彩珍，2002. 蜜蜂微孢子虫病研究进展 [J]. 养蜂科技，(6)：17-19.

钱宗栖，2006. 大小蜂螨必须分开治 [J]. 蜜蜂杂志 (12)：18.

任怀礼，1999. 果树授粉昆虫壁蜂的研究与应用综述 [J]. 甘肃农业科技 (6)：5-7.

阮康勤，周秀文，张晶，等，2007. 蜜蜂螺原体的分离鉴定及致病性研究 [J]. 微生物学通报，34 (4)：695-699.

邵瑞宜，1995. 蜜蜂育种学 [M]. 北京：中国农业出版社.

邵有全，祁海萍，2010. 果蔬昆虫授粉增产技术 [J]. 北京：金盾出版社.

邵有全，宋心仿，2000. 日光节能温室西葫芦蜜蜂授粉研究 [J]. 中国养蜂 (4)：7-8.

邵有全，2001. 蜜蜂授粉 [M]. 山西：山西科学技术出版社.

施跃金，2006. 蜂螨从哪里来 [J]. 中国蜂业 (12)：20.

史小平，王禄增，王捷，等，2004. 试论动物福利概念及实验动物福利内涵 [J]. 中国比较医学杂志，14 (5)：309-310.

宋廷洲，2005. 浅谈小蜂螨的来源 [J]. 中国养蜂 (10)：16.

宋廷洲，2004. 提高警惕，捕杀刺猬 [J]. 中国养蜂，55：27.

苏荣，王建鼎，1994. 小蜂螨的越冬场所及蜂螨防治初探 [J]. 中国养蜂 (6)：3-4.

孙义忠，1988. 小蜂螨在新疆越冬问题的探讨 [J]. 中国蜂业 (3)：22.

孙哲贤，孙力更，商庆昌，2006. 灭鼠谈 [J]. 养蜂科技，4：20-24.

陶春林，2008. 箱底撒升华硫治小蜂螨 [J]. 中国蜂业 (8)：26.

王成章，王恬，2003. 饲料学 [M]. 北京：中国农业出版社.

王改英，吴在富，杨维仁，等，2011. 饲粮蛋白质水平对意大利蜜蜂咽下腺发育及产浆量的影响 [J]. 动物营养学报，23 (7)：1147 - 1152.

王开发，1993. 花粉营养成分与花粉资源利用 [M]. 上海：复旦大学出版社.

王立泽，2008. 用"螨扑"防治大、小蜂螨的方法 [J]. 蜜蜂杂志 (10)：10.

王强，周婷，代平礼，等，2009. 蜜蜂微孢子虫研究进展 [J]. 中国寄生虫与寄生虫病杂志，27 (2)：171 - 174.

王强，1990. 饲用酵母的营养价值及其利用 [J]. 饲料与畜牧，39 - 40.

王帅，王红芳，胥保华，2017. 意大利蜜蜂工蜂幼虫饲粮的适宜赖氨酸水平 [J]. 动物营养学报 (11)：4236 - 4244.

王星，1999. 冬季如何利用蜜蜂为温室草莓授粉 [J]. 中国养蜂 (5)：18.

王星，王强，代平礼，等，2007. 蜜蜂幼虫血淋巴游离氨基酸和微量元素含量的差异对其抗螨特性的影响初探 [J]. 昆虫知识，44 (6)：859 - 862.

王星，周婷，王强，等，2006. 蜜蜂寄生瓦螨的分类学研究进展及存在的问题 [J]. 中国蜂业，57 (2)：4 - 6.

王荫长，2004. 昆虫生理学 [M]. 中国农业出版社.

王颖，马兰婷，胥保华，2011. 蜜蜂营养需要研究的必要性及策略 [J]. 动物营养学报，23 (8)：1269 - 1272.

王勇，2009. 蜂业科技与生态 [M]. 北京：中国农业科学技术出版社.

王云锋，2005. 中国蜂蜜出口贸易研究 [D]. 北京：中国农业大学.

王志，李志勇，2002. 认识蜂虎 [J]. 蜜蜂杂志，2：29.

魏文挺，2014. 基于蜂王浆与盐酸显色反应和饲喂有机酸的蜂王浆质量控制研究 [D]. 杭州：浙江大学.

吴杰，2003. 几种重要授粉蜜蜂的特性及授粉应用 [J]. 中国养蜂 (5)：24 - 25.

吴杰，2004. 蜜蜂为龙眼、荔枝授粉增产技术的研究 [J]. 中国养蜂，55 (5)：4 - 5.

吴杰，2004. 授粉昆虫与授粉增产技术 [J]. 北京：中国农业出版社.

吴杰，2012，蜜蜂学 [M]. 北京：中国农业出版社.

吴杰，邵有全，2011 奇妙高效的农作物增产技术——蜜蜂授粉 [J]. 北京：中国农业出版社.

吴杰，周婷，韩胜明，等，2007. 蜜蜂病敌害防治手册 [J]. 北京：中国农业出版社.

吴美根，等，1984. 蜜蜂为砀山梨授粉增产初报 [J]. 中国养蜂 (6) 7 - 10.

吴艳艳，周婷，王强，等，2008. 苏云金芽孢杆菌及其在蜂病防治中的应用 [J]. 中国蜂业，59 (5)：7 - 8.

席芳贵，2006. 西方蜜蜂莲花授粉增产效益显著 [J]. 养蜂科技，4：42 - 44.

夏振宇，赵晓冬，张卫星，等，2019. 锰对意大利蜜蜂成年工蜂生理机能的影响 [J]. 动物营养学报 (11)：32.

项守信，2006. 谈小螨久治不绝的原因 [J]. 中国蜂业 (1)：19.

胥保华，2014. 蜜蜂人工饲料质量—关于蜂产品安全和蜜蜂健康 [J]. 饲料与畜牧，3：1.

徐景耀，庄元忠，1993. 蜜蜂花粉研究与利用 [M]. 北京：中国医药科技出版社.

徐万林, 1992. 中国蜜粉源植物 [M]. 哈尔滨: 黑龙江科学技术出版社.

徐子成, 2010. 适时除尽小螨, 才能搞好秋繁 [J]. 蜜蜂杂志 (9): 48.

玄红专, 胡福良, 2003. 无刺蜂大棚授粉效果的研究 [J]. 养蜂科技 (4): 5.

薛超雄, 2006. 防治蜂螨应抓前不抓后 [J]. 养蜂科技 (3): 40.

薛承坤, 2006. 利用蜜蜂为冬瓜授粉的探讨 [J]. 养蜂科技, 2: 6.

闫培安, 李树珩, 2001. 浅谈蜂螨的防治技术 [J]. 养蜂科技 (5): 28.

杨凤, 2011. 动物营养 [M]. 北京: 中国农业出版社.

杨桂华, 2008. 曲文利苜蓿切叶蜂 (*Megachile rotundata* F.) 雄蜂对大豆不育系结实率的影响 [J]. 吉林农业科学, 33 (4): 11-13.

杨恒山, 2002. 蜜蜂授粉对大白菜杂交制种产量与质量的影响 [J]. 河南农业科学, 12: 35-36.

于静, 张卫星, 马兰婷, 等, 2019. 饲粮 α-亚麻酸水平对意大利蜜蜂工蜂幼虫生理机能的影响 [J]. 中国农业科学, 52 (13): 2368-2378.

袁耀东, 1999. 养蜂手册 [M]. 北京: 中国农业大学出版社.

张翠平, 2010, 基于 β-葡萄糖苷酶活力和 HPLC 指纹图谱的蜂胶质量控制研究 [D]. 杭州: 浙江大学.

张锋斌, 李维平, 1998. 玉米蛋白粉的营养成分及应用 [J]. 畜牧兽医杂志, 17 (4): 26-28.

张鸽, 胥保华, 2012. 蜜蜂的矿物质营养 [J]. 动物营养学报, 24 (11): 2097-2102.

张秀茹, 2005. 蜜蜂为西瓜授粉效益初报 [J]. 养蜂科技 (4): 5-6.

张中印, 2003. 温室油桃的蜜蜂授粉技术 [J]. 蜜蜂杂志 (12): 7-8.

赵凤奎, 胥保华, 王红芳, 2015. 意大利蜜蜂工蜂幼虫饲料中适宜色氨酸水平 [J]. 中国农业科学, 48 (7): 1453-1462.

赵文友, 2008. 突发小蜂螨给蜂农敲响警钟 [J]. 中国蜂业 (2): 24.

赵晓冬, 夏振宇, 王红芳, 等, 2019. 意大利蜜蜂工蜂幼虫饲粮中铜的适宜水平 [J]. 动物营养学报, 31 (7): 3226-3234.

赵秀毅, 2000. 一种防治小蜂螨的方法 [J]. 蜜蜂杂志 (5): 19.

赵芝俊, 2013. 中国蜂业经济研究 (第一卷) [M]. 北京: 中国农业科学技术出版社.

赵芝俊, 2019. 中国蜂业经济研究 (第二卷) [M]. 北京: 中国农业科学技术出版社.

郑本乐, 李迎军, 杨维仁, 等, 2012. 蜜蜂春季增长阶段饲料适宜蛋白质水平的研究 [J]. 应用昆虫学报, 49 (5): 1196-1202.

郑本乐, 胥保华, 2009. 蜜蜂营养与饲料研究进展 [J]. 中国蜂业, 60 (11): 16-18.

郑国安, 魏华珍, 许正鼎, 等, 1991. 小蜂螨越冬调查和传播途径的研究 [J]. 中国蜂业 (6): 5-7.

中国农业科学院饲料研究所, 2007. 中国饲料原料采购指南 [M]. 北京: 中国农业大学出版社.

中国兽药典委员会, 2006. 中华人民共和国兽药典兽药使用指南化学药品卷 [M]. 北京: 中国农业出版社.

周冰峰, 2001. 蜜蜂饲养管理学 [M]. 厦门: 厦门大学出版社.

周冰峰, 2015. 现代高效蜜蜂养殖实战方案 [M]. 北京: 金盾出版社.

周冰峰, 曾志将, 李建科, 等, 2015. 专家与成功养殖者共谈—现代高效蜜蜂养殖实战方案

[M]. 北京：金盾出版社.

周冰峰，朱翔杰，徐新建，等，2012. 蜜蜂安全生产技术指南 [M]. 北京：中国农业出版社.

周冰峰，朱翔杰，周姝婧，等，2018. 论我国蜂蜜蜂质量 [J]. 中国蜂业，69 (10)：52-53.

周冰峰，朱翔杰，周姝婧，等，2019. 蜜蜂规模化饲养管理技术 [J]. 中国蜂业，79 (1)：18-21.

周冰杰，张淑娟. 蜜蜂授粉效果与增产机理 [J]. 养蜂科技，1994 (04)：34-36.

周婷，1996. 从病理学角度谈谈病原微生物与蜜蜂的免疫防御机能 [J]. 中国养蜂 (3)：12-13.

周婷，1999. 蜜蜂传染病的防治原则 [J]. 蜜蜂杂志 (12)：16-18.

周婷，2005. 狄斯瓦螨的生物学特性及其在我国的自然分布 [J]. 北京：中国农业大学.

周婷，2014. 蜜蜂医学概论 [M]. 北京：中国农业科学技术出版社.

周婷，冯峰，董秉义，2000. 中华蜜蜂的欧洲幼虫腐臭病病原研究 [J]. 昆虫学报，43 (增刊)：104-108.

周婷，冯峰，董秉义，等，2001. 中华蜜蜂欧洲幼虫腐臭病病原的药物试验研究 [J]. 畜牧兽医学报，32 (3)：283-288.

周婷，韩胜明，胡长安，2001. 蜜蜂营养代谢病及其防治 [J]. 蜜蜂杂志 (3)：20.

周婷，王强，姚军，2004. 巧防巧治蜜蜂病虫害 [J]. 北京：中国农业出版社.

周婷，王强，姚军，2004. 我国蜜蜂瓦螨的分类地位研究进展——中国没有发现雅氏瓦螨 [J]. 中国养蜂，55 (5)：22-23.

周婷. 王强，姚军，2006. 蜜蜂巢房大小影响狄斯瓦螨的繁殖行为 [J]. 昆虫知识，43 (1)：89-93.

周婷，王强，姚军，等，2007. 蜜蜂病虫害综合防控体系的研究与建设 [J]. 中国农业科学，40 (增刊)：470-476.

周婷，王强，姚军，等，2007. 中国狄斯瓦螨的研究进展 [J]. 中国蜂业，58 (2)：5-7.

周婷，王强，姚军，等，2007. 中国狄斯瓦螨 (Varroa destructor，大蜂螨) 研究进展 [J]. 中国蜂业 (2)：5-7.

周婷，姚军，兰文升，等，2004. 蜜蜂 KBV 和 APV 病毒 RT-PCR 检测技术研究 [J]. 畜牧兽医学报，35 (4)：459-462.

周婷，姚军，王强，等，2004. 微孢子虫和狄斯瓦螨分别侵染后的意蜂血淋巴蛋白质含量变化 [J]. 昆虫学报，47 (4)：530-533.

周婷，张青文，王强，等，2006. 蜜蜂巢房大小影响狄斯瓦螨的繁殖行为 [J]. 昆虫知识，43 (1)：89-93.

周伟儒，等，1992. 介绍两种优良北方果树授粉壁蜂 [J]. 农业科技通 (6)：15.

朱友民，2003. 猕猴桃蜜蜂授粉技术研究初报 [J]. 中国养蜂，54 (5)：9-11.

朱友民，等，2003. 猕猴桃蜜蜂授粉技术研究初报 [J]. 中国养蜂 (5)：9-11.

Abrol D P, 2006. Factors influencing flight activity of Apis florea F, an important pollinator of Daucus carota L [J]. Journal of Apicultural Research (2)：2-6.

Almeida-Muradian L B, Pamplona L C, Coimbra S, et al, 2005. Chemical composition and botani-

cal evaluation of dried bee pollen pellets [J]. Journal of food composition and analysis, 18 (1):
105 - 111.

Black J, 2006. Honeybee nutrition: review of research and practices [M]. Kingston: RIRDC.

De Groot A P, 1953. Protein and amino acid requirements of the honeybee (*Apis mellifica* L.) [J].
Physiologia comp. et Oecol, 3: 197 - 285.

Graham J M, 1993. The Hive and the Honey Bee [M]. Michigan: A Dadant Publication.

Herbert E W, Shimanuki H, 1977. Brood - rearing capacity of caged honey bees fed synthetic diets
[J]. Journal of Apicultural Research, 16: 150 - 153.

Herbert Jr E W, Shimanuki H, Shasha B S, 1980. Brood rearing and food consumption by honeybee
colonies fed pollen substitutes supplemented with starch - encapsulated pollen extracts [J]. Jour-
nal of apicultural research, 19 (2): 115 - 118.

Herbert J R E W, Shimanuki H, 1978. Effect of fat soluble vitamins on the brood rearing capabilities
of honey bees fed a synthetic diet [J]. Annals of the Entomological Society of America, 71 (5):
689 - 691.

Herbert Jr E W, Shimanuki H, 1978. Mineral requirements for brood - rearing by honeybees fed a
synthetic diet [J]. Journal of Apicultural Research, 17 (3): 118 - 122.

Herbert Jr E W, Svoboda J A, Thompson M J, et al, 1980. Sterol utilization in honey bees fed a
synthetic diet: Effects on brood rearing [J]. Journal of Insect Physiology, 26 (5): 287 - 289.

Human H, Nicolson S W, 2006. Nutritional content of fresh, bee - collected and stored pollen of *Al-
oe greatheadii* var. *davyana* (Asphodelaceae) [J]. Phytochemistry, 67 (14): 1486 - 1492.

Lepage M, Boch R, 1968. Pollen lipids attractive to honeybees [J]. Lipids, 3 (6): 530 - 534.

Li C, Xu B, Wang Y, et al, 2012. Effects of dietary crude protein levels on development, antioxi-
dant status, and total midgut protease activity of honey bee (*Apis mellifera ligustica*) [J].
Apidologie, 43 (5): 576 - 586.

Loper G, Berdel R L, 1980. A nutritional bioassay of honeybee brood - rearing potential [nutritional
requirements for brood rearing [J]. Apidologie (France), 11 (2): 181 - 189.

Ma L, Wang Y, Hang X, et al, 2015. Nutritional effect of alpha - linolenic acid on honey bee colony
development (*Apis mellifera* L.) [J]. Journal of Apicultural Science, 59 (2): 63 - 72.

Manning R, Harvey M, 2002. Fatty acids in honeybee - collected pollens from six endemic Western
Australian eucalypts and the possible significance to the Western Australian beekeeping industry
[J]. Australian Journal of Experimental Agriculture, 42 (2): 217 - 223.

Manning R, 2001. Fatty acids in pollen: a review of their importance for honey bees [J]. Bee world,
82 (2): 60 - 75.

Nation J L, Robinson F A, 1968. Brood rearing by caged honey bees in response to inositol and cer-
tain pollen fractions in their diet [J]. Annals of the Entomological Society of America, 61 (2):
514 - 517.

Zhang G, Zhang W, Cui X, et al, 2015. Zinc nutrition increases the antioxidant defenses of honey
bees [J]. Entomologia Experimentalis et Applicata, 156 (3): 201 - 210.

附　　录

附录 1　蜂蜜 GB 14963—2011

附录 2　蜂王浆 GB 9697—2008

附录 3　花粉 GB 31636—2016

附录 4　蜂胶 GB 24283—2018

附录 5　蜂蜡 GB 24314—2009

附录 6　雄蜂蛹 GB/T 30764—2014

图书在版编目（CIP）数据

蜜蜂标准化生产配套技术 / 吴杰主编 . —北京：
中国农业出版社，2021.1
（畜禽标准化生产配套技术丛书）
ISBN 978 - 7 - 109 - 27481 - 5

Ⅰ.①蜜…　Ⅱ.①吴…　Ⅲ.①蜜蜂饲养－饲养管理
Ⅳ.①S894

中国版本图书馆 CIP 数据核字（2020）第 195374 号

中国农业出版社出版
地址：北京市朝阳区麦子店街 18 号楼
邮编：100125
责任编辑：肖　邦　　文字编辑：陈睿颐
版式设计：王　晨　　责任校对：赵　硕
印刷：中农印务有限公司
版次：2021 年 1 月第 1 版
印次：2021 年 1 月北京第 1 次印刷
发行：新华书店北京发行所
开本：720mm×960mm　1/16
印张：20.75　　插页：6
字数：365 千字
定价：95.00 元